Didaktik der Stochastik in der Sekundarstufe I

Katja Krüger · Hans-Dieter Sill ·
Christine Sikora

Didaktik der Stochastik in der Sekundarstufe I

 Springer Spektrum

Katja Krüger
Universität Paderborn
Paderborn, Deutschland

Hans-Dieter Sill
Christine Sikora
Universität Rostock
Rostock, Deutschland

ISBN 978-3-662-43354-6   ISBN 978-3-662-43355-3 (eBook)
DOI 10.1007/978-3-662-43355-3

Die Deutsche Nationalbibliothek verzeichnet diese Publikation in der Deutschen Nationalbibliografie; detaillierte bibliografische Daten sind im Internet über http://dnb.d-nb.de abrufbar.

Springer Spektrum

Planung: Ulrike Schmickler-Hirzebruch

Gedruckt auf säurefreiem und chlorfrei gebleichtem Papier.

Springer-Verlag GmbH Berlin Heidelberg ist Teil der Fachverlagsgruppe Springer Science+Business Media
(www.springer.com)

Vorwort

Dieses Buch wendet sich vor allem an Mathematik-Lehrkräfte aller Schularten, aber auch an Lehramts-Studierende und Referendare[1]. Wir wollen insbesondere jene, die nur wenige Erfahrungen mit Stochastikunterricht haben, motivieren und dabei unterstützen, sich mit diesem Themengebiet aus fachdidaktischer Perspektive vertraut zu machen, aber auch den erfahrenen Lehrkräften Anregungen für eine zeitgemäße Unterrichtsgestaltung geben. Weiterhin soll unser Buch Impulse zu Diskussionen in der Didaktik des Stochastikunterrichts liefern und Autoren von Lehrplänen und Schullehrbüchern bei der Konzeption von Stochastik-Curricula unterstützen.

Mit unserem Lehrbuch knüpfen wir an frühere wegweisende Arbeiten zur Didaktik der Stochastik im deutschsprachigen Raum an, die u. a. von Biehler, Borovcnik, Eichler u. Vogel, Kütting, Schupp und Wolpers u. Götz vorgelegt wurden. Weiterhin verwenden wir für Schulunterricht bedeutsame empirische Forschungsergebnisse, vor allem auf dem Gebiet des Umgangs mit Daten und Wahrscheinlichkeiten. Unser Hauptanliegen ist es, Lerngegenstände aus der Statistik und der Wahrscheinlichkeitsrechnung enger miteinander zu verbinden. Dazu schlagen wir eine einheitliche Betrachtungsweise und die Verwendung gemeinsamer Grundbegriffe für beide Themengebiete vor. Wir bemühen uns um das Ziel einer „möglichst frühen und intensiven Verschränkung wahrscheinlichkeitstheoretischer und statistischer Betrachtungen" (Schupp 1979, S. 300) und damit einer „Aufhebung der Trennung zwischen Zufalls- und Massenerscheinungen" (Schupp 1982, S. 215).

Die Grundstruktur unseres Buches orientiert sich am Wechselverhältnis von generellen theoretischen Überlegungen und konkreten unterrichtspraktischen Vorschlägen. Im *ersten Kapitel* erläutern wir zunächst unsere Auffassungen zu Gegenstand und Bedeutung des Stochastikunterrichts und geben Besonderheiten an, die ihn aus unserer Sicht von dem übrigen Mathematikunterricht z. T. erheblich unterscheiden. Als eine weitere theoretische Grundlage legen wir im *zweiten Kapitel* die Grundzüge unserer Auffassungen zur Modellierung stochastischer Situationen durch eine Prozessbetrachtung sowie unser Konzept von Entwicklungslinien zur langfristig angelegten Ausbildung stochastischen Wissens und Könnens dar. Wir unterbreiten ebenfalls in knapper Weise Vorschläge für

---

[1] Bei allen Personenbezeichnungen verwenden wir zur besseren Lesbarkeit in der Regel die männliche Form.

Ziele und Inhalte in der Primarstufe, die aus unserer Sicht eine geeignete Grundlage für den Stochastikunterricht in der Sekundarstufe I darstellen.

Im Hauptteil des Buches in den *Kapiteln drei, vier und fünf* unterbreiten wir konkrete Unterrichtsvorschläge für grundlegende Inhalte des Stochastikunterrichts und erläutern mögliche Probleme bei Lernenden. Dabei verwenden wir eigene Beispiele und solche aus aktuellen Schullehrbüchern und Fachzeitschriften, die wir für empfehlenswert halten. Mit Blick auf eine konkrete Umsetzung in einem gewissen Zeitrahmen haben wir die Unterrichtsvorschläge nach den Doppeljahrgangsstufen 5/6, 7/8 und 9/10 strukturiert, womit auch unser spiralförmiges Konzept verdeutlicht wird.

Im abschließenden *sechsten Kapitel* wenden wir uns erneut ausgewählten theoretischen Fragen zu, die im Zusammenhang mit unseren Unterrichtsvorschlägen aufgetreten und bedeutsam sind. Im *Anhang* stellen wir zur Information für Lehrkräfte besondere Probleme der Stochastik zusammen, die im Unterricht auftreten können, aber aufgrund ihres anspruchsvollen Charakters nicht explizit behandelt werden. Das Buch enthält keine systematische Darstellung der fachwissenschaftlichen Grundlagen. Dazu verweisen wir auf entsprechende Publikationen wie etwa die Lehrbücher „Elementare Stochastik" (Kütting und Sauer 2011), „Elementare Stochastik" (Büchter und Henn 2007) oder „Stochastik für Einsteiger" (Henze 2013) und auch die bedeutsamen Schriften von Arthur Engel (1976, 1983).

Wir bedanken uns für die Anregung zu diesem Buch und die vielen wertvollen Hinweise bei Friedhelm Padberg sowie für die Unterstützung bei der Gestaltung der Abbildungen bei Anna Gorny und für das sorgfältige Korrekturlesen bei Anna Schäfer.

Als Autorenteam haben wir im Spannungsfeld von theoretischen Grundlagendiskussionen und praktikablen Unterrichtsvorschlägen in über zweijähriger Zusammenarbeit sehr kritisch und konstruktiv über oft mehrere Zwischenstufen an der Ausformung unserer Ideen und Ansätze gerungen. Wir sind in neuer Weise von der Stochastik begeistert und überzeugt, dass Grundelemente allen Lernenden verständlich gemacht werden können und unverzichtbar für eine zeitgemäße Allgemeinbildung aller Bürger sind.

Paderborn und Rostock im November 2014
Katja Krüger, Christine Sikora und Hans-Dieter Sill

Inhaltsverzeichnis

Bedeutung und Besonderheiten des Stochastikunterrichts

Die Stellung des Stochastikunterrichts in der Schule hat sich in den letzten Jahren erheblich verändert. Elemente der Stochastik sind in den Bildungsstandards aller Schulstufen und Lehrplänen aller Bundesländer enthalten und haben als eigenständiges Unterrichtsgebiet einen höheren Stellenwert bekommen. Dies entspricht der Bedeutung, die eine stochastische Grundbildung im Leben eines jeden Bürgers spielt.

Wir legen in diesem Kapitel unsere Auffassungen zur Stochastik als Zusammenfassung von Wissenschaftsdisziplinen und zum Gegenstand eines allgemeinbildenden Stochastikunterrichts dar, der die Förderung stochastischer Grundbildung in der Sekundarstufe I bei allen Schülern zum Ziel hat. Dafür ist nicht nur eine zweckmäßige Auswahl der Lehrinhalte notwendig, sondern auch eine auf dieses Ziel hin ausgerichtete Unterrichtsgestaltung. So weisen die Gegenstände von Stochastikunterricht unserer Auffassung nach spezifische Besonderheiten auf, die ihn von dem übrigen Mathematikunterricht unterscheiden. Da diese Besonderheiten einen großen Einfluss auf die von uns in den Kap. 3 bis 6 unterbreiteten Vorschläge zur Planung und Durchführung von Stochastikunterricht in der Sekundarstufe I haben, werden wir sie im Abschn. 1.2 in Form von didaktischen Orientierungen skizzieren.

1.1 Bedeutung und Gegenstand des Stochastikunterrichts

Wir werden in unserem persönlichen, beruflichen und gesellschaftlichen Leben fast täglich mit Daten und Wahrscheinlichkeitsaussagen konfrontiert: „Immer mehr Entscheidungen und Vorhersagen beruhen auf der Analyse statistischer Daten, die Gefahr von Fehlinterpretationen und Missbrauch von Daten nimmt zu. Der Einsatz stochastischer Modelle zum Treffen von Entscheidungen in Situationen der Ungewissheit gewinnt an Bedeutung." (Arbeitskreis Stochastik der GDM 2003, S. 21).

Allgemeinbildender Stochastikunterricht soll möglichst alle Schüler am Ende der Sekundarstufe I dazu befähigen, den oben genannten Anforderungen gerecht zu werden.

© Springer-Verlag Berlin Heidelberg 2015
K. Krüger et al., *Didaktik der Stochastik in der Sekundarstufe I*,
Mathematik Primarstufe und Sekundarstufe I + II, DOI 10.1007/978-3-662-43355-3_1

Wir verwenden in diesem Zusammenhang bewusst den Begriff der stochastischen Grundbildung und nicht den enger gefassten Kompetenzbegriff. Auf der einen Seite greifen
wir damit die Diskussionen um *statistical literacy*[1] auf, die seit einigen Jahren im englischsprachigen Raum geführt werden (vgl. Gal 2002; Watson und Callingham 2003). In
Anlehnung an Gals Charakterisierung von *statistical literacy* verstehen wir unter stochastischer Grundbildung die Fähigkeit zur Interpretation und kritischen Bewertung stochastischer Informationen, Argumentationen und Schlussfolgerungen sowie zur Modellierung
stochastischer Phänomene in verschiedenen Kontexten. Dabei beziehen wir bewusst stochastische Situationen mit ein, die mithilfe von Daten und/oder Wahrscheinlichkeitsmo-
dellen beschrieben werden. Zum anderen wollen wir mit unserer Schwerpunktsetzung auf
stochastische Grundbildung aus fachdidaktischer Perspektive erfassen, welchen Beitrag
Stochastikunterricht zur Allgemeinbildung von Schülern in der Sekundarstufe I leisten
kann. Schupp hat in einer bildungstheoretisch fundierten Analyse der Ziele, Inhalte und
zentralen Ideen von Stochastikunterricht nachgewiesen, dass dessen Beitrag für den Allge-
meinbildungsauftrag der Schule insgesamt und des Mathematikunterrichts im Besonderen
unverzichtbar ist (Schupp 2004). Für die Sekundarstufe I stellt er die Bewältigung stochastischer Situationen durch Befähigung zu rationalem Verhalten und sinnvollem Handeln in
den Vordergrund (Schupp 1982). Insbesondere kann Stochastikunterricht einen spezifi-
schen Beitrag leisten, Fähigkeiten und Einstellungen zum mathematischen Modellieren
in realen, bedeutsamen Sachkontexten auszubilden. Im Zuge der Ausweitung des schulischen Stochastikunterrichts in den beiden Sekundarstufen während der 1980er Jahre
haben sich Mathematiker und Mathematikdidaktiker mit der Rechtfertigung von Teilgebieten der Stochastik für den Mathematikunterricht befasst. Dabei stand die Auseinander-
setzung mit der Rolle der Beschreibenden Statistik im Fokus des Interesses (Winter 1981;
Schupp 1984; Borovcnik 1986, 1987).

Hinter der Bezeichnung „Stochastik"[2] verbirgt sich eine Zusammenfassung unter-
schiedlicher Teildisziplinen. Wir verstehen in diesem Buch unter „Stochastik" eine
Sammelbezeichnung für folgende einzelne Disziplinen mit unterschiedlichen historischen
Wurzeln und teilweise unterschiedlichen Begriffssystemen:

- Mit einer über 2000-jährigen Geschichte ist die Beschreibende (Deskriptive) Statistik
  die mit Abstand älteste Disziplin, die wir zur Stochastik zählen. Ihre Anfänge liegen in
  den Volkszählungen im Römischen Reich und sie ist heute sogar in staatlichen Behör-
  den, den statistischen Ämtern, institutionalisiert.
- In den 70er Jahren des 20. Jahrhunderts hat sich in Ausweitung der Methoden und
  Verfahren der Beschreibenden Statistik als neue Richtung in dieser Disziplin die so-

---

[1] Einen internationalen Vergleich verschiedener *Literacy*-Konzepte im englischsprachigen Raum
findet man bei Ullmann (2012a). Er spricht sogar von der Notwendigkeit, zwischen einer *mathematical literacy,* einer *quantitative literacy* und *critical literacy* zu unterscheiden.
[2] Im englischen Sprachraum wird für diesen Bildungsbereich meist die Bezeichnung *statistics* (Statistik) verwendet, womit bereits eine andere Grundorientierung zum Ausdruck kommt, die stärker
das Arbeiten mit Daten betont.

genannte Explorative Datenanalyse (EDA), beginnend in den USA, entwickelt (Tukey 1977). In erstaunlich kurzer Zeit haben ihre Betrachtungsweisen und Methoden auch im deutschsprachigen Raum Eingang in den Mathematikunterricht gefunden (z. B. Biehler 1982; Borovcnik und Ossimitz 1987).

- Die Anfänge der Wahrscheinlichkeitsrechnung liegen im 17. Jahrhundert. Sie wurde zunächst als eine sogenannte gemischte Mathematik aufgefasst, d. h. als eine Wissenschaft, die analog etwa zur Optik oder Akustik nicht von ihren Anwendungen zu trennen ist. Erst in den 30er Jahren des 20. Jahrhunderts gelang es, die Wahrscheinlichkeitsrechnung axiomatisch zu fundieren und damit losgelöst von konkreten Objekten und realen Vorgängen als ein Teilgebiet der Mathematik aufzubauen.
- Bereits zu Beginn des 20. Jahrhunderts bildete sich, beginnend in den USA und England, als eine Anwendung der Wahrscheinlichkeitsrechnung auf die Auswertung von Daten die Mathematische (Beurteilende, Schließende, Induktive) Statistik (Inferenzstatistik) heraus, die aus zahlreichen Teilgebieten besteht und ein großes Anwendungsgebiet in vielen Bereichen hat.

Manche Autoren im deutschsprachigen Raum fassen den Begriff „Stochastik" enger. So stellen Fahrmeir et al. (2007) fest, dass die Deskriptive Statistik und die Explorative Datenanalyse keine Stochastik verwenden. In der Monografie „Didaktik der Stochastik" von Kütting (1994b) treten keine Elemente der Beschreibenden Statistik auf. Stochastik wird oft noch immer als eine Zusammenfassung von Wahrscheinlichkeitsrechnung und Mathematischer Statistik verstanden (Büchter und Henn 2007; Müller 1991) oder von Wahrscheinlichkeitsrechnung und Statistik (Henze 2004; Wolpers 2002), wobei die Statistik in die Beschreibende und Beurteilende Statistik eingeteilt wird. Es gibt aber auch Autoren, deren Auffassung von Stochastik unserem Verständnis entspricht, wie z. B. Borovcnik (1986) oder Sachs (2006, S. 26), der zusätzlich noch Spezialgebiete wie Stichprobentheorie oder Spieltheorie anführt. In diesen unterschiedlichen Auffassungen zum Gegenstand von Stochastik spiegeln sich verschiedene Sichtweisen vom Inhalt und Umfang stochastischer Situationen wider, worauf wir ausführlicher in Abschn. 2.1 eingehen werden.

Zur Einordnung der Kombinatorik in die Stochastik gibt es ebenso unterschiedliche Auffassungen. Wir schließen uns den Standpunkten des Arbeitskreises Stochastik der GDM in seinen Empfehlungen zum Stochastikunterricht an (Arbeitskreis Stochastik der GDM 2003, S. 22) und zählen die Kombinatorik nicht zum Aufgabenfeld der Stochastik. Dies entspricht auch den aktuellen Bildungsstandards für die Primarstufe, den mittleren Schulabschluss und den Hauptschulabschluss, in denen das Lösen kombinatorischer Aufgaben nicht in der Leitidee „Daten und Zufall" enthalten ist, sondern (wenn überhaupt) in die Leitidee „Zahl" eingeordnet wird. Dies schließt nicht aus, dass Mittel und Methoden der Kombinatorik in der Wahrscheinlichkeitsrechnung verwendet werden.

Für die Sekundarstufe I halten wir die Wahrscheinlichkeitsrechnung und Beschreibende Statistik für die beiden wesentlichen Teilgebiete zur Vermittlung einer stochastischen Grundbildung. Dabei stellt sich die Frage nach dem Verhältnis der verschiedenen Teilge-

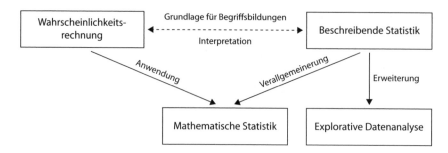

Abb. 1.1 Teilgebiete der Stochastik

biete von Stochastik untereinander (s. Abb. 1.1). Im weiteren Verlauf des Buches werden wir an passenden Stellen konkretisieren, inwiefern die Beschreibende Statistik Begriffsbildungen in der Wahrscheinlichkeitsrechnung wie etwa den Wahrscheinlichkeitsbegriff, die Wahrscheinlichkeitsverteilung, die Zufallsgröße oder den Erwartungswert vorbereitet. Umgekehrt lassen sich diese Grundbegriffe aus statistischer Perspektive durch Betrachtung von Häufigkeiten deuten. Jedoch kommt der Beschreibenden Statistik nicht nur eine dienende Funktion zu. Mit ihrer Erweiterung zur Explorativen Datenanalyse hat die Förderung von Datenkompetenz heute und auch zukünftig ein eigenständiges Gewicht erhalten. Grundkenntnisse im Umgang mit Massendaten zu bekommen und die Fähigkeit, auf Daten basierende Entscheidungen treffen und begründen zu können, gehört zu den Bildungsaufgaben eines modernen Mathematikunterrichts (Arbeitskreis Stochastik der GDM 2003, S. 21).

Eine Analyse aller Lehrpläne und Rahmenrichtlinien der Bundesländer für die verschiedenen Schularten der Sekundarstufe I, die der Arbeitskreis Stochastik im Jahre 2000 durchgeführt hat, zeigte ein uneinheitliches Bild der Aufnahme von Teilgebieten der Stochastik. Nur in wenigen Bundesländern waren zumindest für einige Schularten Themen aus allen Teilgebieten vorgesehen. Eine Ausnahme bildete die Mathematische Statistik, deren Inhalte in der Regel erst Gegenstand der Sekundarstufe II sind. In fünf Bundesländern waren in den Lehrplänen für einige (teils sogar alle Schularten) außer der Arbeit mit Tabellen und Diagrammen keine weiteren Elemente der Stochastik enthalten. Diese Situation hatte sich auch 2006 noch nicht grundlegend geändert (Kaun 2006).

Mit den Beschlüssen der Kultusministerkonferenz zu Bildungsstandards für den mittleren Schulabschluss (KMK 04.12.2003), Bildungsstandards für die Primarstufe (KMK 15.10.2004a) und für den Hauptschulabschluss (KMK 15.10.2004b) gibt es nun verbindliche zentrale Vereinbarungen zur Aufnahme von Elementen der Stochastik in alle Lehrpläne der Sekundarstufe I. Als eine von fünf Leitideen enthalten alle Bildungsstandards die Leitidee „Daten und Zufall"[3]. Heute findet man zwar in allen Lehrplänen der Bundesländer für verschiedene Schularten mehr oder weniger umfangreiche und explizite Angaben

---

[3] In den Bildungsstandards für die Primarstufe wird diese Leitidee mit „Daten, Häufigkeit, Wahrscheinlichkeit" bezeichnet.

zu Zielen und Inhalten für meist alle Teilgebiete der Stochastik. Es gibt allerdings große Unterschiede in Bezug auf die Verteilung und Vernetzung der Inhalte. Wir haben deshalb ein eigenes Konzept für eine langfristig angelegte, schrittweise Entwicklung stochastischen Wissens und Könnens von Klasse 1 bis 10 entworfen (vgl. Abschn. 2.2), das der Vermittlung stochastischer Grundbildung verpflichtet ist. Bei der Auswahl und Sequenzierung der Lehrstoffe haben wir außerdem die kognitive Entwicklung von Schülern sowie das zu erwartende Vorwissen aus dem übrigen Mathematikunterricht in den jeweiligen Jahrgangsstufen berücksichtigt, sodass sinnvolle Vernetzungen zu anderen Unterrichtsthemen wie z. B. der Bruch- und Prozentrechnung sowie dem Funktionsbegriff hergestellt werden können.

Dem Mathematikunterricht kommt bei der Vermittlung einer stochastischen Grundbildung eine wesentliche Rolle zu, aber der Umgang mit Daten und stochastischen Schlussweisen betrifft Inhalte in allen Unterrichtsfächern im naturwissenschaftlichen und gesellschaftswissenschaftlichen Aufgabenfeld. Eine Mathematiklehrkraft hat dabei folgende Aufgaben:

- Sie muss in ihrem Unterricht grundlegende Begriffe, Verfahren sowie Denk- und Arbeitsweisen der Stochastik so vermitteln, dass diese in anderen Fächern verwendet und vertieft werden können.
- Sie muss Koordinator und Berater im Gesamtprozess der Vermittlung stochastischen Wissens und Könnens an ihrer Schule sein.

Aus Gesprächen mit vielen Mathematiklehrkräften und durch eigene Erfahrungen in der Schule haben wir den Eindruck gewonnen, dass Stochastikunterricht oft nur in geringem Umfang, randständig oder sogar überhaupt nicht im Mathematikunterricht stattfindet. Es gibt allerdings nur wenige gesicherte Kenntnisse über diesen Zustand. Eine wesentliche Ursache für die partielle Vernachlässigung des Stochastikunterrichts in der Schule sehen wir in der bisherigen und teilweise auch der aktuellen Lehrerausbildung an den Universitäten und Pädagogischen Hochschulen. Dabei gibt es große regionale Unterschiede und nach unserer Einschätzung immer noch erhebliche Defizite sowohl in der Fach- als auch in der Didaktikausbildung. So werden Stochastik und ihre Didaktik teilweise nur wahlobligatorisch im Studium angeboten. Besonders problematisch erscheint uns, dass in der Ausbildung für das Lehramt an Gymnasien die Beschreibende Statistik und Explorative Datenanalyse oft gar nicht oder nur marginal enthalten sind. In Diskussionen zu diesem Thema wird von Fachmathematikern angeführt, dass die Beschreibende Statistik und Explorative Datenanalyse fachlich so anspruchslos seien, dass sie nicht Gegenstand einer Fachausbildung für Gymnasiallehrer, sondern bestenfalls für Lehrer der Sekundarstufe I sein könnten. Auch seien die Planung statistischer Erhebungen und die damit verbundenen Probleme kein Gegenstand der Mathematik, sondern der Sozialwissenschaften und würden deshalb nicht in die Fachausbildung aufgenommen. Es ist dann auch nicht mehr verwunderlich, dass insbesondere Lehrkräfte an Gymnasien unter Stochastik vor allem Wahrscheinlichkeitsrechnung und Mathematische Statistik verstehen und teilweise in

Gymnasialcurricula die Beschreibende Statistik ein Schattendasein führt. Im Unterschied zu den Schwerpunkten der gymnasialen Fachausbildung an vielen Universitäten verlagert sich in der fachdidaktischen Diskussion und auch in den zentralen Planungsdokumenten der Schwerpunkt des intendierten Stochastikunterrichts in der Schule immer mehr in Richtung der Ausbildung von Wissen, Können und Einstellungen zum Umgang mit Daten.

Hinzu kommt ein weiteres grundlegendes Problem, das nach unserer Einschätzung an einigen lehrerausbildenden Hochschulen besteht. Die von Fachmathematikern durchgeführte Stochastikausbildung führt häufig *nicht* dazu, dass die Studierenden anschließend sicheres Wissen und Können in der Beherrschung des Schulstoffs der Sekundarstufe I besitzen. Eine Ursache sehen wir in der theoretischen Überhöhung und der geringen Schulbezogenheit vieler Fachveranstaltungen. Zu diesem Problem wird von Kollegen der Fachausbildung oft angeführt, dass sie die Funktion der Lehrerausbildung nicht in einer Berufsvorbereitung der Studierenden sehen, sondern dass ihre Aufgabe darin bestünde, die mathematischen Theorien in exakter und möglichst lückenloser Form darzulegen.

Aus den dargestellten Problemen im Mathematikunterricht und der Lehrerausbildung ergibt sich ein Teufelskreis im Leben von Mathematiklehrkräften, der nur schwer zu durchbrechen ist. Als Schüler erlebten sie oft keinen oder nur randständigen Stochastikunterricht. Werden sie dann an der Universität mit einer theoretisch überhöhten und schulfernen Fachausbildung konfrontiert, sind angehende Lehrkräfte verständlicherweise kaum in der Lage, an ihrer Schule ausreichend guten Stochastikunterricht zu gestalten und damit als Vorbild zu wirken. Angesichts der seit Langem bekannten Probleme und Defizite im Umgang mit Daten und Wahrscheinlichkeiten sowohl in der Schule als auch im alltäglichen Leben haben die Qualität von Stochastikunterricht und damit insbesondere das stochastische Wissen und Können der Mathematiklehrkräfte eine besondere Bedeutung. Wir halten deshalb Veränderungen in allen drei Phasen der Lehrerausbildung für dringend erforderlich. Die Hauptansatzpunkte zur Durchbrechung des Teufelskreises sehen wir in der zweiten und vor allem in der dritten Phase der Lehrerausbildung, der Lehrerfortbildung. Mit unserem Buch wollen wir deshalb vor allem Referendare und Lehrkräfte bei der Verbindung von theoretischen Grundlagen und ihrer praktischen Umsetzung im Unterricht unterstützen. Dabei haben wir keine Illusionen, was die mögliche Wirkung eines einzelnen Buches betrifft. Der Stochastikunterricht in Deutschland befindet sich trotz deutlicher Fortschritte in den letzten Jahren insgesamt aus unserer Sicht noch in einer frühen Phase seiner Entwicklung. Es ist zu erwarten, dass er sich erst nach mehreren Generationen von Lehrkräften so profiliert und etabliert haben wird wie der Arithmetik- und Geometrieunterricht.

1.2 Besonderheiten des Stochastikunterrichts

Unter *Stochastikunterricht* verstehen wir alle Unterrichtsphasen, in denen sich Schüler explizit stochastisches Wissen und Können aneignen. Stochastikunterricht ist insofern nicht nur ein Bestandteil des Mathematikunterrichts, sondern auch anderer Unterrichtsfächer.

Stochastikunterricht wird nicht nur von Schülern, sondern auch von Lehrern oft als besonders anspruchsvoll eingeschätzt. Es ergeben sich bereits bei einfachen stochastischen Situationen wie dem Werfen eines Würfels naheliegende Fragestellungen, die fachlich nur mit einigem Aufwand bewältigt werden können. Dazu gehört etwa die Frage, ob man alle Augenzahlen nach einem Würfelexperiment als gleichwahrscheinlich ansehen kann, oder die Frage, wie lange man im Durchschnitt warten muss, bis man jede Augenzahl einmal gewürfelt hat. Auch im Bereich der vermeintlich anspruchslosen Beschreibenden Statistik gibt es zahlreiche herausfordernde Aufgaben. Liegt ein umfangreicher Datensatz zu mehreren Merkmalen vor, stellen die Auswahl geeigneter Methoden zur Auswertung der Daten, die Fragen der Interpretation der ermittelten Ergebnisse und die Suche nach Zusammenhängen in den Daten hohe Anforderungen dar. Es gibt zahlreiche mögliche Fehlerquellen und Fehlinterpretationen, wie die alltägliche Praxis des Umgangs mit statistischen Daten in den Medien, aber auch in wissenschaftlichen Publikationen beweist. Eine Lehrkraft sollte die typischen auftretenden Schwierigkeiten kennen, um eine zielgerichtete Auswahl von geeigneten Aufgaben für ihre Klasse vornehmen zu können. Es ist im Unterricht oft nicht möglich, alle auftauchenden Fragen zu beantworten sowie alle interessanten Problemstellungen und spannenden fachlichen Inhalte zu behandeln. Daher weisen wir in unserem Buch auch auf Inhalte hin, die aus unserer Sicht (noch) nicht im Unterricht der Sekundarstufe I thematisiert werden sollten.

Besonderheiten der Unterrichtsgestaltung

Aus den in Abschn. 1.1 dargelegten übergreifenden Zielen von Stochastikunterricht ergibt sich eine Reihe von Besonderheiten, die zu teilweise erheblichen Unterschieden im Vergleich zur Gestaltung des sonstigen Mathematikunterrichts führen. Auf diese Besonderheiten wird von vielen Autoren hingewiesen (Schupp 1979, 1982; Schmidt 1990; Arbeitskreis Stochastik der GDM 2003).

Das traditionelle systematische Vorgehen im Mathematikunterricht, zuerst alle benötigten Begriffe und Verfahren einzuführen und dann zu komplexen Anwendungen überzugehen, ist im Stochastikunterricht nur selten anwendbar. Schupp spricht von einer problem- und adressatenorientierten, also genetischen Sequenzierung der Inhalte (1979, S. 300). Es ist in der Regel sinnvoll, von Anfang an reale Anwendungen und Projekte zu bearbeiten, obwohl deren fachliche Grundlagen in ihrer Gesamtheit noch nicht Gegenstand des Unterrichts waren. Dieses *vorwiegend exemplarische Arbeiten* erfordert eine Auswahl paradigmatischer Beispiele, die besonders ansprechend, typisch für stochastische Arbeits- und Denkweisen und nicht zuletzt einprägsam sind. Das verwendete Begriffssystem sollte möglichst minimal sein und sich auf zentrale Begriffe beschränken. Ausgedehnte Übungsphasen sind dabei nur bei wenigen ausgewählten Unterrichtsgegenständen sinnvoll. Die notwendige Sicherung grundlegender Kenntnisse, Vorstellungen und Fertigkeiten muss in der Regel immanent erfolgen.

Stochastikunterricht ist in erster Linie *anwendungsorientierter Unterricht*. Diese Orientierung wird nicht nur von Didaktikern, sondern auch von Fachmathematikern vertreten: „Die Stochastik kann auf technisch wenig anspruchsvoller Ebene zeigen, was Anwendung von Mathematik sein kann" (Dinges 1984). Daraus ergeben sich besondere Chancen für die Unterrichtsgestaltung. Eine Konsequenz aus der Anwendungsorientierung ist die besondere Rolle der *Modellierung* im Stochastikunterricht. So hat beispielsweise Schupp schon zu Beginn der 80er Jahre „seinen" Modellierungskreislauf im Zusammenhang mit Überlegungen zum Verhältnis statistischer und wahrscheinlichkeitstheoretischer Komponenten im Stochastikunterricht der Sekundarstufe I entworfen (1982, S. 209). Im Abschn. 2.1 gehen wir auf die Spezifik stochastischer Modellbildungen genauer ein.

Insbesondere bei Themen der Beschreibenden Statistik ist es sinnvoll, mit realen Daten zu stochastischen Situationen zu arbeiten und damit echte Anwendungsprobleme zu lösen. Dabei ist es oft zweckmäßig, diese Problemstellungen im Rahmen eines projektorientierten und fächerverbindenden Unterrichts zu bearbeiten. Diese *Datenorientierung* spielt auch in den anderen Teilbereichen von Stochastik eine herausragende Rolle. Neben realen Daten ist dabei häufig der Einsatz fiktiver realistischer Daten im Rahmen von Sachaufgaben sinnvoll, wenn ein tieferes Verständnis von stochastischen Begriffsbildungen oder Methoden angebahnt werden soll. Sachaufgaben – nicht nur in der Stochastik – erfordern Fähigkeiten im Mathematisieren und Problemlösen. Dafür sind heuristische Vorgehensweisen erforderlich, um den jeweiligen realen Sachverhalt zu erfassen und zu analysieren.

In höherem Maße als im übrigen Mathematikunterricht spielt die *Verwendung verschiedener Herangehensweisen und Methoden* zur Bearbeitung eines stochastischen Problems eine Rolle. Stochastische Situationen können nach der Erfassung geeigneter Daten durch verschiedene Kenngrößen oder Diagramme modellhaft beschrieben werden, in der Wahrscheinlichkeitsrechnung sind oft verschiedene Modelle für eine reale Situation möglich. Es gibt daher oft nicht nur die eine richtige Lösung einer Aufgabe. Folglich ist Stochastikunterricht häufig *offener Mathematikunterricht*.

Eine weitere Besonderheit ist das Auftreten von Unterrichtsphasen, die der *experimentellen Methode* in naturwissenschaftlichen Fächern entsprechen. Deren wesentlicher Kern ist das Aufstellen und Überprüfen von Hypothesen auf der Basis von Daten. Um Sicherheit im Umgang mit Daten als auch mit Wahrscheinlichkeiten zu erreichen, ist es überaus sinnvoll, eigene statistische Erhebungen und Experimente zu sowie Simulationen von stochastischen Vorgängen in der Wahrscheinlichkeitsrechnung durchzuführen. Schüler können dabei Erfahrungen mit der zufallsbedingten Variabilität empirischer Daten sammeln. Häufiger als sonst in der Schulmathematik gibt es in der Wahrscheinlichkeitsrechnung *fehlerhafte Primärintuitionen*, die bei der Entwicklung stochastischer Grundbegriffe berücksichtigt werden müssen. Für deren Aufklärung kann es hilfreich sein, Lernenden im Unterricht eigene Erfahrungen mit den betreffenden stochastischen Situationen in Form von Experimenten zu ermöglichen.

Eine weitere Spezifik des Stochastikunterrichts ist die *erhöhte Bedeutung verbaler Erläuterungen und Begründungen*. Die Auswertung von Daten besteht nicht allein in der Berechnung bestimmter Kenngrößen oder der Anfertigung von Diagrammen, sondern beinhaltet eine Interpretation der Kenngrößen und Diagramme im Sachkontext. Daten erlauben oft mehr als eine mögliche Schlussfolgerung. Schüler müssen Texte verfassen, um ihre Interpretationen darzulegen und Schlussfolgerungen zu erklären (Arbeitskreis Stochastik der GDM 2003). Daraus ergeben sich u. a. Konsequenzen für die Gestaltung von Leistungserhebungen, in denen verbale Darlegungen eine größere Rolle spielen sollten. Stochastikunterricht ist also insbesondere geeignet, die Kompetenzen der Schüler im (stochastischen) Argumentieren und Kommunizieren zu entwickeln. Dabei kommt sprachlich-logischen Fähigkeiten bei der Bearbeitung von Stochastikaufgaben eine wichtige Rolle zu. In der Statistik müssen z. B. Abhängigkeiten von Merkmalen auch in ihrer logischen Struktur erkannt werden. In der Wahrscheinlichkeitsrechnung müssen Schüler z. B. schon bei Aufgaben in den Jahrgangsstufen 5 und 6 Konjunktionen und Disjunktionen von Aussagen erfassen und später dann Anzahlaussagen negieren können.

Die Didaktik des Stochastikunterrichts hat aus den genannten Gründen eine Reihe von Gemeinsamkeiten mit der Didaktik des naturwissenschaftlichen Unterrichts (z. B. experimentelle Methode), aber auch des gesellschaftswissenschaftlichen Unterrichts (z. B. projektorientierter Unterricht). Guter Stochastikunterricht ist demzufolge zu Teilen auch guter naturwissenschaftlicher und guter gesellschaftswissenschaftlicher Unterricht.

Konzeptionelle Grundlagen

2

In diesem Kapitel stellen wir in groben Zügen unser Konzept eines anwendungs- und datenorientierten Stochastikunterrichts vor, das mit der Prozessbetrachtung stochastischer Situationen eine einheitliche Grundlage der Begriffsbildungen und Modellierungen in der Statistik und der Wahrscheinlichkeitsrechnung liefert. Die Prozessbetrachtung wird hier nur in ihren Grundzügen dargestellt, ausführliche Erläuterungen und Begründungen erfolgen im Abschn. 6.1.

Zu den bereits erwähnten Besonderheiten von Stochastikunterricht zählt der hohe Stellenwert von Modellierungstätigkeiten. Im ersten Abschnitt beschreiben wir die Modellierung von stochastischen Situationen genauer und berücksichtigen dabei die besondere Rolle von Daten. Auf dieser einheitlichen Grundlage basiert unser Vorschlag für ein spiralförmiges Curriculum stochastischer Inhalte und Ziele von der Jahrgangsstufe 1 bis zur Jahrgangsstufe 10, das wir im zweiten Abschnitt in einem Überblick darstellen. Hier erfolgt eine Einordnung unserer Vorschläge in die Diskussionen um zentrale Ideen von Stochastikunterricht sowie um stochastisches Denken.

Im dritten Abschnitt skizzieren wir die aktuelle Situation von Stochastikunterricht in der Primarstufe und schlagen begründet ausgewählte Ziele und Inhalte vor, die altersgemäß zur langfristig angelegten, stufenweisen Entwicklung stochastischen Wissens und Könnens beitragen können.

2.1 Modellierung stochastischer Situationen

In jüngster Zeit werden Prozessschritte mathematischer Modellierung zunehmend in der mathematikdidaktischen und fachmathematischen Literatur diskutiert, etwa von Hinrichs (2008), Ortlieb (2009), Greefrath und Padberg (2010), Stillman und Galbraith (2012) und Holzäpfel und Leiss (2014). Die Schritte eines Modellierungsprozesses werden oft als Kreislaufschema dargestellt. Während in vielen Schemata ein direkter Übergang von der Realität ins Modell erfolgt, findet man bereits bei den ersten didaktischen Betrachtun-

© Springer-Verlag Berlin Heidelberg 2015
K. Krüger et al., *Didaktik der Stochastik in der Sekundarstufe I*,
Mathematik Primarstufe und Sekundarstufe I + II, DOI 10.1007/978-3-662-43355-3_2

gen von Modellbildungsschritten Zwischenstufen (Blum 1985; Fischer und Malle 1985; Schupp 1988). So spricht Blum davon, dass zunächst ein Realmodell geschaffen werden muss, das sich noch auf der Ebene der Realität befindet. Fischer u. Malle betonen, dass zunächst eine Situationsanalyse erfolgen, Daten beschafft sowie Annahmen und Vernachlässigungen getroffen werden müssen, bevor ein mathematisches Modell erstellt werden kann. Bei komplexeren Modellbildungsprozessen kommt nach ihrer Auffassung noch ein Prozessschritt hinzu – die Erstellung eines „Vormodells", eines Modells der Situation ohne Verwendung von Mathematik. Wird dieses im Rahmen einer Realwissenschaft erstellt, spricht man nach Fischer und Malle (1985, S. 101) auch von einem „Realmodell". Bei der Bildung von Realmodellen finden aber bereits Prozesse der Abstraktion und Idealisierung statt, auf die Henning (2011) besonders hinweist. Wir schließen uns diesen Sichtweisen an und betrachten Realmodelle als eine erste Stufe der Modellierung. Realmodelle vermitteln zwischen der Realität und der Modellebene innerhalb der Mathematik. Diese Auffassung erweist sich für Modellierungen in der Stochastik als nützlich, wie noch gezeigt werden soll.

Die Bereiche der Realität, die Gegenstand von Stochastik in unserem Sinne sind (vgl. Abschn. 1.1), bezeichnen wir im Anschluss an Schupp (1984) als **stochastische Situationen**. Unter einer stochastischen Situation verstehen wir zum einen Situationen in der Realität, in denen Daten entstehen und erfasst werden können, und zum anderen Situationen, in denen verschiedene Ergebnisse möglich sind, aber nicht mit Sicherheit feststeht, welches eintreten wird. Mit dem Begriff der stochastischen Situation wollen wir alle Anwendungsbereiche der Stochastik in unserem Sinne erfassen.

Die Modellierung stochastischer Situationen, die Gegenstand der Beschreibenden Statistik sind, wird in den oben genannten Arbeiten zur Modellierung wenig beachtet. Im Unterschied dazu wird in der Fachliteratur zur Stochastik und ihrer Didaktik bei Fragen der Modellierung verstärkt auf die Rolle der Daten eingegangen. Engel (2010) beschreibt das Finden mathematischer Standardfunktionsmodelle zu erhobenen Daten. Sachs (2006, S. 77) spricht davon, dass Modelle beschreiben, wie Daten entstanden sein könnten und welche Zusammenhänge zwischen Daten bestehen. Die Beurteilende Statistik sieht er als Anwendungsfeld abstrakter Wahrscheinlichkeitsmodelle. Nach Eichler und Vogel (2013) geht es in der Stochastik darum, im Rahmen von Wahrscheinlichkeits- und Datenanalysen Modelle der Realität aufzustellen, zu bearbeiten und zu bewerten. Dabei nehmen Daten in Modellbildungen der Beschreibenden Statistik die Rolle des Realmodells ein. Bei Modellbildungen in der Wahrscheinlichkeitsrechnung lasse sich das Realmodell einer stochastischen Situation nicht mehr auf Daten beschränken, sondern es kommen theoretische Überlegungen zum Prozess der Entstehung von Daten hinzu. Die Rolle von Realmodellen hat zuvor bereits Borovcnik (1984) herausgestellt. Er verdeutlicht an Beispielen, dass die Anwendung von Verfahren der Mathematischen Statistik nur möglich ist, wenn bestimmte „Oberhypothesen" wie etwa eine bestimmte Verteilungsart oder die Wiederholbarkeit unter gleichen Bedingungen angenommen werden. Unter diesen Voraussetzungen entsteht aus der realen Situation, die er als Realität 1 bezeichnet, ein Realmodell, das er Realität 2 nennt. Erst auf diese Modellsituation ist dann die mathematische Theorie anwendbar.

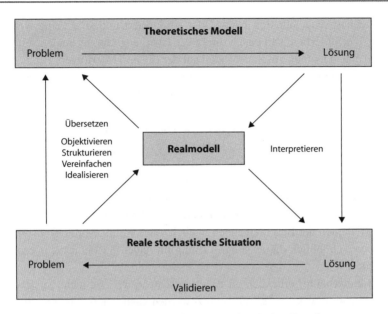

Abb. 2.1 Schematische Darstellung der Modellierung stochastischer Situationen

Wir halten es für sinnvoll, drei verschiedene Ebenen zu unterscheiden (s. Abb. 2.1):

- die Ebene **R** der realen stochastischen Situationen,
- die Ebene **RM** der Realmodelle,
- die Ebene **TM** der theoretischen Modelle der Wahrscheinlichkeitsrechnung und Beurteilenden Statistik.

Diese Unterscheidung von drei Ebenen ist nicht als expliziter Gegenstand des Stochastikunterrichts aufzufassen, sondern lediglich eine wissenschaftstheoretische Grundlage für die folgenden Überlegungen zur Modellierung stochastischer Situationen im Unterricht.

In der ersten Modellebene, der Ebene der Realmodelle, geht es um die Vereinfachung realer Vorgänge z. B. durch Vernachlässigung von möglichen Ergebnissen (Der Würfel fällt vom Tisch. Der Weitsprung ist übertreten.) oder durch Idealisierung von Objekten (idealer Würfel). Weiterhin müssen Verfahren zur Messung von Eigenschaften der Objekte festgelegt werden. In diese Ebene können Grundbegriffe der Beschreibenden Statistik eingeordnet werden wie z. B. Grundgesamtheit, Merkmal, Skala und Daten (vgl. Abschn. 6.2). Somit werden in der Ebene der Realmodelle eine Vereinfachung und Strukturierung der realen stochastischen Situation vorgenommen. Dazu verwenden wir ein Prozessmodell, das in diesem Abschnitt noch in seinen wesentlichen Zügen skizziert wird.

In der zweiten Modellebene, der Ebene der theoretischen Modelle, werden u. a. Wahrscheinlichkeitsverteilungen festgelegt, Zufallsgrößen definiert sowie Methoden und Verfahren der Wahrscheinlichkeitsrechnung und Mathematischen Statistik angewendet. Ist die reale stochastische Situation bereits klar strukturiert und sind keine weiteren Vereinfachungen erforderlich, kann auch direkt der Übergang von der realen stochastischen Situation zu einem mathematischen Modell auf der Ebene TM erfolgen. Für das Verständnis des Wahrscheinlichkeitsbegriffs ist die Unterscheidung von relativer Häufigkeit, also einem Element der Ebene der Realmodelle, und Wahrscheinlichkeit als Element der Ebene der theoretischen Modelle von grundlegender Bedeutung.

Nimmt man das Prinzip der Anwendungsorientierung im Stochastikunterricht ernst, so müssen Prozesse der Modellierung immer wieder an ausgewählten Beispielen im Unterricht durchlaufen werden. Das bedeutet, dass sich Problemstellungen in einem realen Sachverhalt darstellen lassen und anschließend in ein Realmodell der Beschreibenden Statistik oder direkt in ein Wahrscheinlichkeitsmodell übersetzt werden. Anschließend wird mit dem vorliegenden Modell gearbeitet und das Problem mit den jeweils zur Verfügung stehenden Methoden der Beschreibenden Statistik oder Wahrscheinlichkeitsrechnung bearbeitet, bevor schließlich die jeweilige Lösung im realen Sachkontext interpretiert und geprüft wird.

Stochastik erscheint Lernenden oft daher so schwer, weil sie nicht verstehen, warum in welcher Situation welches Modell benutzt werden kann. Diese Übersetzungsprobleme haben eine Ursache darin, dass reale stochastische Situationen häufig einen komplexen Charakter besitzen und geeignete Modellannahmen und Vereinfachungen nicht immer offensichtlich sind, sondern erst in die jeweiligen Sachkontexte hineingedacht werden müssen. Darüber hinaus können subjektive Einschätzungen die Modellierungsprozesse beeinflussen. Wenn es sich beispielsweise um stochastische Situationen handelt, in die Schüler selbst einbezogen sind, wirken sich ihre diesbezüglich gesammelten Erfahrungen oder darauf bezogenen Wünsche auf die Modellierung der Situation aus. Dieses Problem wird besonders in Spielsituationen deutlich, die modellhaft mittels der Gleichverteilung der Ergebnisse beschrieben werden können. Diese Gleichverteilung zu akzeptieren, fällt selbst Erwachsenen schwer. Beispielsweise scheinen beim Spiel „Mensch ärgere dich nicht" die Sechsen nicht am Anfang zu fallen, wenn man das Haus verlassen möchte, sondern am Ende, wenn man auf die Einsen und Zweien wartet, die man für den Gewinn braucht. Solche individuellen Einschätzungen von Spielsituationen sind nicht förderlich für die Objektivierung stochastischer Situationen.

Um die notwendigen Schritte der Objektivierung, Vereinfachung und Idealisierung bei der Bildung eines Realmodells zu unterstützen, verwenden wir eine Form der Strukturierung der realen Situation, die wir als **Prozessbetrachtung** bezeichnen. Mit dieser Art der Modellierung erfassen wir in gleicher Weise sowohl die Gegenstandsbereiche der Beschreibenden Statistik als auch der Wahrscheinlichkeitsrechnung. Die Grundzüge der Prozessbetrachtung sind in Sill (1991) und Sikora (1991) enthalten und bereits bei Hellmann (1986) angelegt. Sie wurde seitdem in Rostock in Lehrveranstaltungen und in einer Lehrbuchreihe eingesetzt und fortlaufend weiterentwickelt (Sill 2010). Anstelle des Wortes „Prozess" empfehlen wir, im Unterricht die Bezeichnung „**Vorgang**" zu verwenden, da dieses Wort in der Umgangssprache häufiger vorkommt und insbesondere für jüngere Schüler leichter zugänglich ist.

Vorgang	ein Schüler springt	Werfen eines Würfels	Wachstum einer Getreideähre
Merkmal	Zensur für die Weite	Augenzahl	Länge
mögliche Ergebnisse	Zensuren 1 bis 6	1, 2, 3, 4, 5, 6	Längen zwischen 5 cm und 15 cm
Bedingungen	z. B. Sprungkraft, Technik, Anlaufweite, Windbedingungen	z. B. Wurftechnik, Unterlage, Würfel	z. B. Bodengüte, Erbanlagen, Wetter

Abb. 2.2 Beispiele zur Prozessbetrachtung aus *Mathematik: Duden* 6, S. 92; mit freundlicher Genehmigung von © Cornelsen Schulverlage GmbH, Berlin. All Rights Reserved

Die Grundidee der Prozessbetrachtung ist, reale Situationen nicht als statisch, sondern in ihrer Dynamik zu sehen. Es wird nicht nur das betrachtet, was eingetreten ist, sondern auch der Vorgang untersucht, bei dem verschiedene Ergebnisse eintreten können. So wird etwa bei der Auswertung von Weitsprungergebnissen auch der Vorgang des Springens untersucht und beim Würfeln betrachten wir nicht nur die gewürfelten Augenzahlen, sondern auch das Würfeln als Vorgang selbst. Eine solche Sichtweise erleichtert es, sich von den konkreten Resultaten und auch von persönlichen Erfahrungen zu lösen und einen einzelnen Vorgang unabhängig von der eigenen Person als etwas Objektivierbares anzusehen. Die weitere Betrachtung der konkreten Situationen ist dadurch gekennzeichnet, dass man ein interessierendes Merkmal des Vorgangs auswählt, wie etwa die Sprungweite oder Note bei einem Weitsprung. Der nächste Schritt bei der Strukturierung der realen Situation besteht darin, die möglichen Ergebnisse des Vorgangs bezüglich des interessierenden Merkmals zu bestimmen. Auch hierbei erfolgt eine Loslösung von einem aktuellen Resultat des Vorgangs. Spätestens bei der Interpretation von statistischen Ergebnissen, aber auch schon bei der Planung statistischer Untersuchungen muss man die Bedingungen beachten, die den Vorgang und damit die betrachteten Ergebnisse beeinflussen. Wird die Länge von Getreideähren untersucht, könnten die Kinder ihr Wissen aus der Biologie anwenden und die Bedingungen Sonneneinstrahlung, Wasser- und Nähstoffzufuhr beachten (s. Abb. 2.2).

Als heuristische Orientierungen sind folgende Fragen und das in Abb. 2.3 angegebene Prozessschema geeignet:

1. Welcher Vorgang läuft mit welchen Objekten oder Personen ab?
2. Welches Merkmal interessiert mich? Wie kann ich das Merkmal erfassen?
3. Welche Ergebnisse sind möglich?
4. Welche Bedingungen beeinflussen den Vorgang?

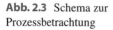**Abb. 2.3** Schema zur
Prozessbetrachtung

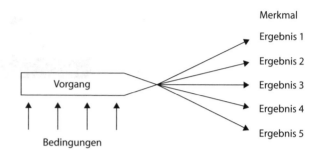

Das Schema kann nach rechts erweitert werden, um Ereignisse und Zufallsgrößen und
deren Wahrscheinlichkeiten oder mehrstufige Vorgänge zu veranschaulichen. Das ist ein
großer Vorteil und spricht dafür, es als Modellierungshilfe ab Klasse 1 wie einen roten Faden durch den gesamten Stochastikunterricht zu ziehen. Es ist aber nur hilfreich, wenn es
altersgerecht anhand geeigneter Modellierungen schrittweise eingeführt und benutzt wird.
Wie mit der Prozessbetrachtung im Laufe der Sekundarstufe gearbeitet werden kann, wird
in unseren Unterrichtsvorschlägen in den Kap. 3, 4 und 5 an passenden Stellen konkreti-
siert.

2.2   Entwicklungslinien stochastischen Wissens und Könnens

Es gibt verschiedene Möglichkeiten zur Auswahl von Zielen und zur Anordnung von Inhalten des Stochastikunterrichts in der Sekundarstufe I. In Lehrplänen und Schulbüchern
findet man meist eine Orientierung an der Struktur der Wissenschaftsdisziplin, also eine
Strukturierung nach fachlichen Inhalten. Daraus ergibt sich dann oft eine Zweiteilung in
Beschreibende Statistik (Daten) und Wahrscheinlichkeitsrechnung (Zufall), wie es etwa in
den KMK-Bildungsstandards für den Mittleren Schulabschluss in Mathematik der Fall ist
(KMK 04.12.2003). Der Arbeitskreis Stochastik in der Gesellschaft für Didaktik der Mathematik, dem Fachwissenschaftler, Fachdidaktiker und Fachlehrer angehören, hat nach
intensiver zweijähriger Diskussion einen Katalog von Minimalzielen für die langfristige Entwicklung stochastischen Wissens und Könnens, strukturiert nach Bildungsgängen,
vorgelegt. Diese Empfehlungen bilden gewissermaßen das Fundament unserer curricularen Vorschläge. Daneben gibt es Ansätze zur Auswahl und Strukturierung von Zielen
und Inhalten, die sich an sogenannten zentralen oder fundamentalen Ideen der Stochastik sowie an Aspekten „statistischen Denkens" orientieren. Auf Bezüge dieser Ansätze zu
unseren curricularen Vorschlägen, die wir nachfolgend in Form von Entwicklungslinien
darstellen werden, gehen wir am Ende dieses Abschnitts ein.

Die Herausbildung stochastischen Wissens und Könnens kann nur als ein langfris-
tiger Prozess konzipiert werden, der bereits in der Primarstufe beginnen muss (vgl.
Abschn. 2.3). Zur Strukturierung dieses Gesamtprozesses verwenden wir *Entwicklungslinien*. Unter einer Entwicklungslinie verstehen wir einen Prozess der Aneignung

stochastischen Wissens und Könnens zu einem fachspezifisch abgrenzbaren Teilbereich, der sich über mehrere, oft über alle Schuljahre erstreckt und in verschiedene Phasen eingeteilt werden kann. Die Entwicklung verläuft „spiralförmig", d. h., in jeder Phase werden Elemente des Wissens und Könnens der vorherigen Phase aufgegriffen, vertieft und weitergeführt.

Zur Beschreibung der Ziele und Inhalte verwenden wir das Begriffspaar „Wissen und Können", das seit vielen Jahrzehnten in der Schulpraxis benutzt wird und sich als Verständigungsmittel bewährt hat. Der Begriff Können umfasst dabei neben Fähigkeiten und Fertigkeiten auch Gewohnheiten und Einstellungen. Wir sind uns bewusst, dass sich die Begriffe Wissen und Können auf der theoretischen Ebene nicht genau voneinander abgrenzen lassen. Die heute oft verwendete Bezeichnung „Kompetenzen" halten wir aus zwei Gründen zur Formulierung fachspezifischer Ziele für weniger geeignet. Als Kompetenzen werden nach Weinert (2001) bestimmte kognitive Fähigkeiten und Fertigkeiten sowie motivationale, volitionale und soziale Bereitschaften und Fähigkeiten bezeichnet. Der Kompetenzbegriff beinhaltet damit keine Kenntnisse, was wir für eine unzulässige Einschränkung fachspezifischer Ziele halten. Dies zeigt sich auch in den Formulierungen zu den Leitideen der Bildungsstandards, in denen die Aneignung von Begriffen eine sehr geringe Rolle spielt (KMK 04.12.2003). Weiterhin versteht man unter Kompetenzen in der üblichen Verwendung des Begriffs Fähigkeiten und Fertigkeiten, die jederzeit verfügbar und universell verwendbar sind und somit eine hohe Qualität der Erfüllung der betreffenden Anforderungen gewährleisten. Dies ist eine erneute Einschränkung der notwendigen Breite der Qualität der auszubildenden Kenntnisse, Fähigkeiten und Fertigkeiten im Unterricht, zu denen auch erste, nur exemplarische Einsichten und Kenntnisse gehören.

Die folgenden Tabellen enthalten unser Konzept inhaltsbezogener Entwicklungslinien stochastischen Wissens und Könnens für die Klassen 1 bis 10. Bei der Erarbeitung dieses Konzepts haben wir uns von folgenden Überlegungen leiten lassen. Die einzelnen Entwicklungslinien sollten eine relative Eigenständigkeit haben und die spiralförmige Entwicklung eines bestimmten Komplexes von stochastischem Wissen und Können beschreiben. Mit den Entwicklungslinien sollen zur Vermittlung einer stochastischen Grundbildung notwendige Fachinhalte sowie grundlegende Denk- und Arbeitsweisen der Stochastik erfasst werden. Mit den Entwicklungslinien 2, 3 und 4 erfassen wir wesentliche Komponenten des Umgehens mit Daten. Die fünfte Entwicklungslinie bezieht sich auf die Ausbildung des Wahrscheinlichkeitsbegriffs und des damit verbundenen Wissens und Könnens. Die Entwicklungslinien 1, 6 und 7 beinhalten mit der Prozessbetrachtung sowie dem Umgang mit Verteilungen und stochastischen Zusammenhängen wesentliche Aspekte der Verbindung von Beschreibender Statistik und Wahrscheinlichkeitsrechnung.

Wir verzichten aus Gründen der Übersichtlichkeit auf eine genaue Beschreibung des auszubildenden Wissens und Könnens und nennen in der Regel nur stichpunktartig Tätigkeiten bzw. einzelne Begriffe. Genauere Angaben sowie Rechtfertigungen der dort aufgeführten Fachinhalte und der damit verbundenen Ziele erfolgen zu Beginn der Kap. 3, 4 und 5, die Konkretisierungen unserer Entwicklungslinien für die Doppeljahrgangsstufen 5/6, 7/8 und 9/10 in Form von Unterrichtsbeispielen beinhalten. Ebenso geben wir dort Erläuterungen zur Stufung des von uns vorgesehenen Lehrstoffs innerhalb der Doppeljahrgangsstufen. Hinweise zur Reaktivierung von bisher erworbenem stochastischen Wissen und Können werden ebenfalls an passenden Stellen in diesen Kapiteln exemplarisch herausgestellt.

Angesichts der gesellschaftlichen Bedeutung einer stochastischen Grundbildung halten wir die Verwendung von mindestens 10 % der Unterrichtszeit für erforderlich, um die Mindestziele des von uns konzipierten Stochastikunterrichts am Ende der Sekundarstufe I zu erreichen. Damit schließen wir uns den Empfehlungen des Arbeitskreises Stochastik der GDM (2003, S. 23) an, der dem Vorschlag von Biehler (2014, S. 69) entspricht, in jedem Schuljahr vier Wochen Stochastikunterricht vorzusehen.

1. Erkennen von stochastischen Situationen und ihre Modellierung durch eine Prozessbetrachtung

Jahrgangsstufe	Ziele und Inhalte
1–4	– Einführen in die Prozessbetrachtung an Beispielen zum Erfassen von Daten und Schätzen von Wahrscheinlichkeiten – Anwenden dieser Betrachtungen im Sachkundeunterricht
5/6	– Anwenden der Prozessbetrachtung bei stochastischen Situationen, die mit Mitteln der Beschreibenden Statistik oder elementaren Wahrscheinlichkeitsmodellen beschrieben werden können
7/8	– Verwenden eines Schemas zur Prozessbetrachtung bei Modellierungen – Anwenden dieser Betrachtung bei mehrstufigen Vorgängen
9/10 alle BG	– Anwenden der Prozessbetrachtung beim Simulieren stochastischer Vorgänge, bei Erwartungswerten und Untersuchen der Abhängigkeit/Unabhängigkeit von Merkmalen
9/10 nur Gy[a]	– Anwenden der Prozessbetrachtung bei Erkenntnisvorgängen

[a] BG … Bildungsgänge, Gy … gymnasialer Bildungsgang.

2. Planen und Durchführen statistischer Untersuchungen

Jahrgangsstufe	Ziele und Inhalte
1–4	– Durchführen von Befragungen zunächst mit vorgegebenen Fragen – Arbeiten mit Urlisten und Strichlisten
5/6	– Erfassen von Daten in der Klasse oder häuslichen Umgebung mithilfe von Datenkarten und Datentabellen – Durchführen von kleineren Befragungen, Messungen und Experimenten zu ausgewählten Fragestellungen
7/8	– Planen und Durchführen von Befragungen in der Klasse, Jahrgangsstufe oder der Schule mit selbst erstellten Fragen – Phasen einer statistischen Untersuchung, besondere Bedeutung der Problemstellung am Anfang – Probleme der Festlegung von Grundgesamtheit und Stichprobe, repräsentative Stichprobe durch Zufallsauswahl
9/10 alle BG	– Statistische Untersuchungen in den Medien bewerten – Probleme und mögliche Fehler bei der Planung statistischer Untersuchungen kennen
9/10 nur Gy	– Weitere Möglichkeiten der Stichprobenziehung – Simulation von Zufallsstichproben

3. Anfertigen und Interpretieren von Tabellen und grafischen Darstellungen zu statistischen Daten

Jahrgangsstufe	Ziele und Inhalte
1–4	– Lesen und Zeichnen einfacher Diagramme (Streifendiagramme, Piktogramme) – Diskutieren fehlerhafter Diagramme in einfachen Fällen
5/6	– Erstellen und Lesen von Häufigkeitstabellen – Sicheres Umgehen mit absoluten und relativen Häufigkeiten – Auswerten metrischer Daten mithilfe von Stamm-Blätter-Diagrammen und Klasseneinteilungen – Nutzen angemessener Diagrammarten (Säulen- und Balkendiagramm, Band- und Kreisdiagramm, Liniendiagramm) bei der Aufbereitung von Daten – Lesen und Interpretieren statistischer Informationen in Tabellen und Diagrammen
7/8	– Erstellen von Boxplots (und Histogrammen) – Lesen und Interpretieren von Boxplots (und Histogrammen) – Erstellen und Lesen von Vierfeldertafeln, Interpretationen in Bezug auf die statistische Abhängigkeit von Merkmalen
9/10 alle BG	– Manipulationsmöglichkeiten bei grafischen Darstellungen – Analyse und Interpretation von Tabellen und Diagrammen
9/10 nur Gy	– Bivariate metrische Daten in Streudiagrammen darstellen und auswerten

4. Berechnen und Interpretieren von statistischen Kenngrößen

Jahrgangsstufe	Ziele und Inhalte
1–4	– Kleinster, größter, häufigster Wert bei geringen Stichprobenumfängen und ganzzahligen Daten – Erste inhaltliche Vorstellungen zum arithmetischen Mittel und Zentralwert
5/6	– Arithmetisches Mittel und Zentralwert ermitteln können, Vertiefen der inhaltlichen Aspekte beider Mittelwerte bei deren Interpretation – Spannweite als Maß für die Streuung der Daten kennen
7/8	– Arithmetisches Mittel bei Klasseneinteilungen berechnen – Viertelwerte als Ergänzung zum Zentralwert kennen und deren Differenz (Quartilsabstand) als ein weiteres Streuungsmaß nutzen lernen – Nutzen von Kenngrößen beim Vergleich von Datensätzen und Häufigkeitsverteilungen
9/10 alle BG	– Auswählen geeigneter Kenngrößen bei Datenanalysen – Arithmetisches Mittel und Zentralwert einer Häufigkeitsverteilung ermitteln können, Vergleich dieser Kennzahlen bei symmetrischen und schiefen Verteilungen

5. Vergleichen, Schätzen, Ermitteln und Interpretieren von Wahrscheinlichkeiten und Chancen

Jahrgangsstufe	Ziele und Inhalte
1–4	– Vergleichen und verbales Beschreiben von Wahrscheinlichkeiten sowie erste Interpretationen – Darstellen geschätzter Wahrscheinlichkeiten auf einer Wahrscheinlichkeitsskala
5/6	– Quantitative Angabe von Wahrscheinlichkeiten durch gemeine Brüche, Dezimalbrüche, Prozente und Chancenverhältnisse – Zusammenhang von Wahrscheinlichkeit und relativer Häufigkeit erleben (empirisches Gesetz der großen Zahlen) – Erwartete absolute Häufigkeiten zum Interpretieren von Wahrscheinlichkeiten nutzen – Berechnen von Wahrscheinlichkeiten bei Gleichverteilungen (Laplace-Regel) und elementare Summenregel – Berechnen von Wahrscheinlichkeiten eingetretener, aber unbekannter Ergebnisse in einfachen Fällen
7/8	– Modellierung mehrstufiger stochastischer Vorgänge mithilfe von Baumdiagrammen – Berechnen von Wahrscheinlichkeiten zusammengesetzter Ergebnisse und Ereignisse mit den Pfadregeln
9/10 alle BG	– Ermitteln von Wahrscheinlichkeiten durch Simulationen – Inhaltliche Vorstellungen zu bedingten Wahrscheinlichkeiten
9/10 nur Gy	– Wahrscheinlichkeit von Hypothesen über unbekannte Zustände mit umgekehrten Baumdiagrammen berechnen, bedingte Wahrscheinlichkeiten kennen

6. Ermitteln, Untersuchen bzw. Vergleichen von Verteilungen

Jahrgangsstufe	Ziele und Inhalte
1–4	– Erstellen von Häufigkeitstabellen
5/6	– Überlegungen und indirekter Nachweis von Gleichverteilungen an Spielgeräten – Vergleiche von Häufigkeitsverteilungen mittels Stamm-Blätter-Diagrammen, einfacher Diagramme und geeigneter Mittelwerte
7/8	– Vergleiche von Häufigkeitsverteilungen mittels Boxplots und Histogrammen sowie weiterer geeigneter Kenngrößen
9/10 alle BG	– Berechnen von Erwartungswerten diskreter Zufallsgrößen in Analogie zum arithmetischen Mittel einer Häufigkeitsverteilung – Typische Formen von Verteilungen kennen
9/10 nur Gy	– Stichprobenverteilungen erzeugen und untersuchen

7. Ermitteln und Untersuchen von stochastischen Zusammenhängen und Abhängigkeiten

Jahrgangsstufe	Ziele und Inhalte
1–4	– Erste Betrachtungen zu Bedingungen von Vorgängen
5/6	– Unterschiede zwischen Häufigkeitsverteilungen erkennen, beschreiben und mittels Prozessbetrachtung interpretieren können
7/8	– Untersuchen bivariater Daten mit Vierfeldertafeln und Baumdiagrammen – Erwerb inhaltlicher Vorstellungen zur stochastischen Unabhängigkeit von Teilvorgängen bei mehrstufigen Vorgängen
9/10 alle BG	– Untersuchen statistischer Abhängigkeiten mit Vier- und Mehrfeldertafeln
9/10 nur Gy	– Stochastische Abhängigkeiten von Merkmalen bei bivariaten metrischen Daten in Streudiagrammen untersuchen; Anpassen einer Ausgleichsgeraden per Augenmaß

Bei weiteren Konkretisierungen der Entwicklungslinien sollten bestimmte Grade der Ausprägung von Qualitätsparametern des Wissens und Könnens bestimmt werden. Wir halten insbesondere den Grad ihrer Verfügbarkeit für wesentlich. In Anlehnung an Sill und Sikora (2007, S. 132 ff.) unterscheiden wir zwischen einem *sicheren Wissen und Können,* das jederzeit ohne eine spezielle Reaktivierung in einer für die Bewältigung der betreffenden Anforderungen erforderlichen Qualität verfügbar ist, einem *reaktivierbaren Wissen und Können*, das nicht jederzeit verfügbar ist, aber bei Bedarf reaktiviert werden kann, und einem *exemplarischen Wissen und Können*, das erste Einsichten, Vorstellungen bzw. Fähigkeiten umfasst. Eine Unterscheidung solcher Qualitätsparameter ist angesichts der Fülle der Inhalte des Stochastikunterrichts und ihres teilweise hohen Anspruchsniveaus von besonderer Bedeutung, um zu realisierbaren Unterrichtszielen zu kommen. Unsere Auffassungen zum Grad der Beherrschung des Wissens und Könnens sind an vielen

Stellen implizit aus den Zielbeschreibungen ersichtlich, auf durchgängige explizite Beschreibungen aller Beherrschungsgrade haben wir aus Umfangsgründen verzichtet.

Bezüge unserer Konzeption zu anderen Ansätzen

Nationale und internationale Lehrpläne bzw. Vorschläge für Ziele und Inhalte von Stochastikunterricht bestehen in der Regel aus einer meist nach Klassen- oder Jahrgangsstufen strukturierten reinen Auflistung der Ziele bzw. Inhalte. Schupp (1984) hat dagegen ein spiralförmiges Curriculum für die Sekundarstufe I vorgeschlagen, das aus sechs Phasen besteht: Experimentieren, Quantifizieren, Kalkulieren, Charakterisieren, Systematisieren und Beurteilen.

Mit den fundamentalen, universellen bzw. zentralen Ideen (Bruner 1970; Schreiber 1979; Schweiger 1992; Heymann 1996) wird der Versuch unternommen, grundlegende Begriffsbildungen, Denkweisen, Arbeitsmethoden und andere allgemeine Bestandteile mathematischer Theorien zu beschreiben und als mathematikdidaktisches Organisationsprinzip nutzbar zu machen. Auch wenn stets ein enger Bezug zum Lernen von Schülern im Hintergrund steht, liegt der Fokus in der Regel auf der Auswahl und Strukturierung stofflicher Inhalte.

Für den Stochastikunterricht hat Heitele eine Liste von fundamentalen Ideen entwickelt (1976, S. 94–103), mit der sich Borovcnik (1997) kritisch auseinandersetzt und feststellt, dass Heitele lediglich eine Liste grundlegender Fachbegriffe der Stochastik erfasst und sich damit noch nicht von der Gleichsetzung fundamentaler Ideen mit der Struktur des Faches nach Bruner gelöst hat. Für Borovcnik dagegen sollen fundamentale Ideen Begriffe und Methoden in ihrer sozial-kommunikativen Funktion für Schüler erlebbar machen. Insbesondere sollen sie dabei helfen, Phänomene zu ordnen und Wissen zu transferieren, zu rekonstruieren und zu antizipieren. Dazu schlägt er folgende Leitlinien für den Stochastikunterricht vor: Ausdruck von Informationen über eine unsichere Sache, Revidieren von Informationen unter neuen (unterstellten) Fakten, Offenlegen verwendeter Information, Verdichten von Information, Präzision von Informationen – Variabilität, Repräsentativität partieller Information, Verbesserung der Präzision. Dabei handelt es sich um stochastikspezifische Ideen, die quer zur üblichen Fachsystematik die besondere Art stochastischer Informationsgewinnung herausstellen mit dem Ziel, mathematikdidaktische Überlegungen zu fokussieren und zu organisieren. Sie liegen einer Reihe von Schülertätigkeiten zugrunde, die in unserem Konzept von Entwicklungslinien in den angegebenen Teilprozessen der Entwicklung des stochastischen Wissens und Könnens aufgeführt werden, und liefern somit eine weitere Orientierungsgrundlage für die Auswahl der Ziele und Inhalte sowie deren Konkretisierung in Form von Unterrichtsbeispielen.

Weiterhin haben wir uns bei unserer Konzeption von Entwicklungslinien vom Prinzip der Datenorientierung leiten lassen, wie es in den KMK-Bildungsstandards unter der Leitidee „Daten und Zufall" zum Ausdruck kommt. Insbesondere gehören dazu das selbstständige Planen, Durchführen und Auswerten statistischer Untersuchungen, was sich in unseren Entwicklungslinien 2, 3 und 4 widerspiegelt. Wild und Pfannkuch (1999) beschreiben ein Modell statistischen Denkens, das sich primär auf den Umgang mit Daten bezieht. Neben der typischen Vorgehensweise bei statistischen Untersuchungen (Problem – Planung – Datenerhebung und -auswertung vgl. Abb. 4.1) führen sie als grundlegende Aspekte statistischen Denkens das Erkennen der Notwendigkeit von Daten, deren flexible Repräsentation zur Sicherung von Verständnis, die Berücksichtigung der Variabilität von Daten, das Argumentieren mithilfe statistischer Modelle sowie die Integration von Kontext und Statistik an.

2.3   Zum Stochastikunterricht in der Primarstufe

Seit den 60er Jahren gibt es in Deutschland eine Reihe von Vorschlägen zur Aufnahme von Elementen der Stochastik in die Primarstufe . Es wurden Konzepte für geeignete Inhalte und die Gestaltung des Unterrichts entwickelt und teilweise erprobt (Engel 1966; Varga 1972; Heitele 1976; Winter 1976; Lindenau und Schindler 1977; Fischbein et al. 1978; Steinbring 1980; Jäger und Schupp 1983; Bohrisch und Mirwald 1988; Wenau 1991; Wollring 1994). So schreibt Winter (1976, S. 23): „Eine der Hauptaufgaben der Grundschule insgesamt ist es, die Schüler zu befähigen, ihre eigenen Erfahrungen in ihrer Umwelt besser zu ordnen, ihnen zu helfen, ihre Welt zu erschließen. Junge Kinder machen nun aber auch schon vielfältige Erfahrungen zum Zufallsaspekt unserer Welt (nicht nur in Glücksspielen!). Diese Erfahrungen können und sollten wir aufgreifen, fortsetzen, partiell systematisieren und das Sprechen darüber behutsam disziplinieren." Auch Jäger und Schupp (1983, S. 15) stellen fest: „Ähnlich der Entwicklung des Zahlbegriffs wird das Verständnis für stochastische Phänomene, verbunden mit einem Konzept für Wahrscheinlichkeit, in einem langfristigen, phasenweise verlaufenden Prozess ausgebildet. Die Entwicklung stochastischen Denkens fällt weitgehend in die Zeitspanne, in welcher der Schüler die Primarstufe und Sekundarstufe I besucht."

Eine Zäsur in der Entwicklung von Stochastikunterricht in der Grundschule stellt der KMK-Beschluss zu den Bildungsstandards für die Primarstufe dar (vgl. Tab. 2.1). Er enthält die Leitidee „Daten, Häufigkeit und Wahrscheinlichkeit", die gleichberechtigt neben den anderen (Zahlen und Operationen, Raum und Form, Muster und Strukturen, Größen

Tab. 2.1 Inhalte der KMK-Bildungsstandards für die Primarstufe zur Leitidee „Daten, Häufigkeit und Wahrscheinlichkeit" (KMK 15.10.2004b)

Daten erfassen und darstellen	– In Beobachtungen, Untersuchungen und einfachen Experimenten Daten sammeln, strukturieren und in Tabellen, Schaubildern und Diagrammen darstellen – Aus Tabellen, Schaubildern und Diagrammen Informationen entnehmen
Wahrscheinlichkeiten von Ereignissen in Zufallsexperimenten vergleichen	– Grundbegriffe kennen (z. B. sicher, unmöglich, wahrscheinlich) – Gewinnchancen bei einfachen Zufallsexperimenten (z. B. bei Würfelspielen) einschätzen

und Messen) aufgeführt wird. In der Folge sind Elemente der Stochastik in fast alle Lehrpläne und Unterrichtsmaterialien für die Primarstufe integriert worden (Kurtzmann und
Sill 2012). Es wurden zahlreiche Artikel zur Umsetzung der Bildungsstandards in Fachzeitschriften publiziert. Die Bildungsstandards markieren den Beginn der Entwicklung
des Stochastikunterrichts in der Primarstufe in den meisten Bundesländern.

Die Kompetenzbeschreibungen zur Leitidee „Daten, Häufigkeit und Zufall" enthalten
einige Probleme, die sich aus unserer Sicht negativ auf die aktuelle Entwicklung des Stochastikunterrichts in der Primarstufe ausgewirkt haben. Es beginnt mit teilweise unklaren
Formulierungen. So bleibt offen, welche Rolle der Begriff „Häufigkeit" spielen soll, der
in der Bezeichnung der Leitidee, aber nicht in den ihr zugeordneten inhaltsbezogenen
Kompetenzen auftritt. Die Wörter „Diagramm" und „Schaubild" werden üblicherweise synonym verwendet. Es wird nicht klar, wozu sie hier unterschieden werden. Die
Wörter „sicher" und „unmöglich" sind für sich genommen keine Grundbegriffe der Wahrscheinlichkeitsrechnung. Das Wort „wahrscheinlich" hat nur eine umgangssprachliche
Bedeutung. Die Beziehungen von Wahrscheinlichkeit und Gewinnchancen bleiben un-
klar. Außerdem gehören die Begriffe „Ereignis" und „Zufallsexperiment" zur Ebene der
theoretischen Modelle, die in der Primarstufe noch nicht erreicht werden kann.

Über diese rein begrifflichen Probleme hinaus gibt es weitere, die mit den inhaltlichen
Orientierungen der Standards verbunden sind. Mit der Forderung der Einschätzung von
Gewinnchancen bei einfachen Zufallsexperimenten erfolgt implizit eine einseitige Her-
vorhebung von Vorgängen im Glücksspielbereich. Analysen von aktuellen Lehrbüchern,
Unterrichtsmaterialien sowie Publikationen zur Fachdidaktik der Primarstufe bestätigen
diese Vermutung. Es erfolgt in den gesichteten Materialien bis auf sehr wenige Ausnahmen eine ausschließliche Beschränkung auf Vorgänge, bei denen Objekte geworfen,
Glücksräder gedreht, Karten gezogen oder aus Behältern bzw. Beuteln Objekte zufällig
ausgewählt werden.

Der Erarbeitung der aktuellen Bildungsstandards für die Primarstufe erfolgte in einer
kleinen Gruppe aus je einem Vertreter eines Bundeslandes in einer vorgegebenen, sehr
kurzen Zeit. Es wurden keine fachlichen oder fachdidaktischen Experten einbezogen und
es gab auch keine Diskussion der Standards in der Lehrerschaft und der Fachdidaktik, wie
es in vergleichbaren Fällen in anderen Ländern (z. B. in der Schweiz und den USA) der
Fall war. Auch bis heute haben, soweit uns bekannt ist, leider keine kritischen Diskussionen der Standards für die Primarstufe mit Blick auf die Stochastik und Bestrebungen zu
ihrer Weiterentwicklung stattgefunden.[1]

---

[1] Eine ähnliche Situation ist auch bei der Entwicklung der KMK-Bildungsstandards für die mittlere Reife zu verzeichnen. Sill (2007) hat den Prozess der Entstehung dieser Standards sowie die
inhaltlichen und begrifflichen Probleme ausführlich analysiert.

Vorschläge zur Entwicklung stochastischen Wissens und Könnens in der Primarstufe

In der Primarstufe können aus unserer Sicht zu allen sieben Entwicklungslinien (vgl. Abschn. 2.2) wichtige Beiträge geleistet werden.

Um Schüler an das *Erkennen von stochastischen Situationen und ihre Modellierung* heranzuführen, sollte an einfachen Beispielen aus ihrem Alltag, aber auch aus dem Glücksspielbereich eine Prozessbetrachtung durchgeführt werden. Dabei sollte anstelle von „Zufallsexperimenten" von „Vorgängen mit mehreren möglichen Ergebnissen" gesprochen werden.

Am Ende der Klasse 4 sollten Schüler in der Lage sein, bei für sie fassbaren stochastischen Vorgängen in ihrem Umfeld zu erkennen, ob der Vorgang bezüglich eines interessierenden Merkmals mehrere mögliche Ergebnisse hat, und einige Bedingungen angeben können, die Einfluss auf das Eintreten von Ergebnissen haben. Mit Überlegungen zu diesen Bedingungen werden erste Erfahrungen zum *Ermitteln und Untersuchen von stochastischen Zusammenhängen und Abhängigkeiten* ermöglicht. Bei der Durchführung eigener Befragungen in der Klasse, bei denen die Fragen in der Regel noch durch die Lehrkraft vorgeben werden, können erste Kenntnisse und Erfahrungen im *Durchführen statistischer Untersuchungen* angeeignet bzw. gesammelt werden.

Das *Anfertigen und Interpretieren von Tabellen und grafischen Darstellungen zu statistischen Daten* stellt einen Schwerpunkt der Arbeit in der Primarstufe dar. Bis zum Ende der Klassenstufe 4 sollten die Schüler eine Urliste, eine Strichliste sowie eine Häufigkeitstabelle erstellen können. Darauf aufbauend sollten sie ein Streifendiagramm mit einer Überschrift und Beschriftung der beiden Achsen zu einer einfachen, vom Lehrer vorgegebenen Skalierung zeichnen sowie einfache Diagramme (Streifendiagramme, Banddiagramme, Kreisdiagramme, Piktogramme) lesen und Probleme bei der Skalierung von Achsen in einfachen Fällen diskutieren können.

Zum *Berechnen und Interpretieren von statistischen Kenngrößen* sollte am Ende der Klasse 4 folgendes Wissen und Können vorhanden sein, das eine Grundlage für das Arbeiten mit diesen Kenngrößen in der Sekundarstufe liefert. Für erste elementare Schritte der Datenreduktion sollten Schüler den kleinsten und größten Wert sowie die Spannweite eines Datensatzes bestimmen können sowie exemplarisch den Zentralwert kennengelernt haben. Die Interpretationen dieser Kennzahlen sind für Primarstufenschüler gut fassbar. Sie sollten weiterhin den häufigsten Wert bei kategorialen oder ordinalen Daten bestimmen können sowie erste inhaltliche Vorstellungen zum arithmetischen Mittel besitzen (arithmetisches Mittel als Ausgleichswert, vgl. Abschn. 3.3). Das arithmetische Mittel können sie enaktiv auch durch Umstapeln ermitteln (beispielsweise mit dem Mittelwertabakus nach Spiegel (1985)). Dabei sollte nur mit geringen Stichprobenumfängen gearbeitet werden und die Daten und Kenngrößen möglichst ganzzahlig sein.

Ohne bereits eine Quantifizierung der Wahrscheinlichkeit als Bruch oder Dezimalbruch vorzunehmen, können durch *Vergleichen, verbales Beschreiben, Einschätzen und Interpretieren von Wahrscheinlichkeiten* bereits folgende reichhaltige Vorstellungen zum Begriff der Wahrscheinlichkeit ausgebildet werden:

- Aussagen zur Wahrscheinlichkeit möglicher Ergebnisse werden in vielen Bereichen verwendet.
- Die Angabe einer Wahrscheinlichkeit ist ein Maß für das Erwartungsgefühl zum Eintreten des möglichen Ergebnisses.
- Wahrscheinlichkeiten möglicher Ergebnisse können geschätzt und das damit verbundene Erwartungsgefühl auf einer Skala ohne Zahlen zwischen den Endpunkten „sicher" und „unmöglich" markiert werden.
- Ist ein Ergebnis eingetreten, kann mit der Wahrscheinlichkeit seines möglichen Eintretens eine Bewertung erfolgen.
- Die Wahrscheinlichkeiten von Ergebnissen können miteinander verglichen werden.

Exemplarisch können Wahrscheinlichkeiten auch durch die Angabe von Chancen beschrieben werden. Weiterhin sollte an Beispielen verdeutlicht werden, dass mit einer Wahrscheinlichkeit auch angegeben werden kann, wie sicher sich eine Person ist, ob ein bestimmtes Ergebnis eingetreten ist. Je mehr Informationen man über das eingetretene Ergebnis erhält, umso sicherer kann sich die Person sein.

Im Abschn. 3.4 unterbreiten wir konkrete Unterrichtsvorschläge, mit denen die genannten inhaltlichen Vorstellungen zum Wahrscheinlichkeitsbegriff vor seiner Quantifizierung ausgebildet werden können.

Stochastikunterricht in den Jahrgangsstufen 5 und 6

Der Stochastikunterricht in den Jahrgangsstufen 5 und 6 hat eine wichtige Brückenfunktion zwischen dem Stochastikunterricht in der Primarstufe und der Sekundarstufe I. In der Primarstufe werden Grundlagen zu fast allen Entwicklungslinien des stochastischen Wissens und Könnens gelegt (vgl. Abschn. 2.2 und 2.3). Dazu gehören die Herangehensweise an die Analyse stochastischer Situationen, das Planen und Durchführen statistischer Erhebungen und die Auswertung von Daten in Tabellen und Diagrammen sowie die Ausbildung inhaltlicher Vorstellungen zum Wahrscheinlichkeitsbegriff.

Zu Beginn der Sekundarstufe I werden diese Grundlagen aufgegriffen und fortgeführt. In den Jahrgangsstufen 5/6 gehören dazu insbesondere folgende Ziele und Inhalte: Die Schüler . . .

- lernen Daten selbst zu erfassen und auszuwerten,
- nutzen zur Aufbereitung von Daten geeignete Diagramme und lernen diese sachgerecht auszuwählen sowie zu interpretieren. Das Verständnis für die aus der Primarstufe bekannten Diagramme wird dabei vertieft und ergänzt, indem sie mit Band- und Stamm-Blätter-Diagrammen vertraut gemacht werden,
- wenden das arithmetische Mittel und den Zentralwert zur Auswertung statistischer Daten an und interpretieren diese Kenngrößen im Sachkontext,
- lernen ihre bisherigen qualitativen Schätzungen von Wahrscheinlichkeiten zu normieren und zu quantifizieren,
- vertiefen und erweitern ihre Kenntnisse zur Interpretation von Wahrscheinlichkeitsangaben insbesondere durch die Häufigkeitsinterpretation,
- lernen den Ereignisbegriff kennen,
- können Wahrscheinlichkeiten auf der Grundlage von relativen Häufigkeiten sowie bei Vorgängen mit gleichwahrscheinlichen Ergebnissen angeben und erste Berechnungen damit durchführen.

© Springer-Verlag Berlin Heidelberg 2015
K. Krüger et al., *Didaktik der Stochastik in der Sekundarstufe I*,
Mathematik Primarstufe und Sekundarstufe I + II, DOI 10.1007/978-3-662-43355-3_3

In der Sekundarstufe I sollte auch eine Bezeichnung für das betreffende Themengebiet erfolgen, die dann auch für die weiteren Schuljahre gültig ist. Wir schlagen vor, dafür die Bezeichnung „Daten und Wahrscheinlichkeit" zu verwenden. Die Bezeichnung „Stochastik" ist aus unserer Sicht weniger geeignet, da sie in der Fachwissenschaft unterschiedlich verwendet wird und meist nur die Wahrscheinlichkeitsrechnung und Mathematische Statistik erfasst (vgl. Abschn. 1.1). Die Bezeichnung „Daten und Zufall" analog zur entsprechenden Leitidee der Bildungsstandards halten wir ebenfalls nicht für günstig, da Zufall kein mathematischer Begriff ist und im Alltag sowie in den Wissenschaften in sehr unterschiedlicher Weise verwendet wird (vgl. Abschn. 6.1.1). Die Bezeichnung „Daten und Wahrscheinlichkeit" knüpft zudem an die Bezeichnung der entsprechenden Leitidee in den Bildungsstandards für die Primarstufe an, die dort „Daten, Häufigkeit und Wahrscheinlichkeit" heißt. Auf den Begriff „Häufigkeit" in der Leitidee kann verzichtet werden, da er zum Umgang mit Daten gehört, wobei er im Sinne der relativen Häufigkeit ein Verbindungsglied beider Themenbereiche darstellt.

3.1   Erfassen von Daten

Schüler sollen lernen, eine statistische Erhebung zu planen, durchzuführen und auszuwerten. Dies ist ein langfristiges Ziel von Stochastikunterricht der Sekundarstufe I (KMK 04.12.2003, S. 12). Für die Jahrgangsstufen 5 und 6 sollte das selbstständige Erfassen von Daten sowie deren Auswertung im Vordergrund stehen. Auf diese Weise wird das Planen einer statistischen Untersuchung vorbereitet, indem Schüler weitere Erfahrungen mit eigenständiger Datengewinnung machen und reflektieren. Dabei ist im Unterricht darauf zu achten, dass problemorientiert vorgegangen wird. Den Einstieg sollte eine für Schüler gleichermaßen interessante und relevante Fragestellung bilden. Es soll ja schließlich einen Zweck haben, wenn man mit einigem Aufwand Daten im Mathematikunterricht erfasst und auswertet.

Selbstständige Datenerhebungen ermöglichen Schülern lehrreiche Erfahrungen, indem sie dabei unmittelbar typische Vorgehensweisen und Schwierigkeiten kennenlernen. Weiterhin ist mit einer höheren Motivation beim Einstieg in die Beschreibende Statistik zu rechnen: Wie lassen sich die selbst erfassten Daten so aufbereiten und auswerten, dass interessante Informationen sichtbar werden? Durch die Verwendung realer Daten aus dem Umfeld von Schülern wird das Erlernen sachgerechten Interpretierens gefördert.

Für die Lehrkraft stellt sich bei der Unterrichtsvorbereitung die Herausforderung, nach passenden Daten zu suchen, die sich für den Unterricht in der unteren Sekundarstufe I eignen. Bei unseren nachfolgenden Beispielen legen wir die folgenden Kriterien zugrunde:

- Als Ausgangspunkt der Datenerhebung dient eine Fragestellung im Kontext eines für Schüler interessanten und relevanten Themas.
- Die Daten sollen aus dem Erfahrungsbereich der Schüler stammen, sodass sie in der Lage sind, die Bedingungen zu erfassen, die Einfluss auf die Entstehung der Daten haben (vgl. Prozessbetrachtung in Abschn. 6.1).

- Die Auswertung muss mit den mathematischen Kenntnissen von Schülern aus den Jahrgangsstufen 5 oder 6 möglich sein.
- Die eigentliche Durchführung der Datenerhebung soll nicht zu zeitaufwändig sein, der Stichprobenumfang sollte überschaubar bleiben.
- Mit den Daten sollten nicht einzelne Schüler oder Schülergruppen diskriminiert werden können.

Hieraus ergibt sich, dass Datenerhebungen im Stochastikunterricht von der Lehrkraft gut geplant werden müssen. Für die Jahrgangsstufen 5 und 6 eignen sich dabei besonders Daten, die direkt in der Klasse oder zu Hause erhoben werden können.

3.1.1 Daten- und Skalenarten

In einer statistischen Untersuchung werden Daten zu Eigenschaften von Personen oder Objekten erfasst. In der Umgangssprache hat das Wort „Eigenschaft" zwei unterschiedliche Bedeutungen: Es bezeichnet sowohl eine Eigenschaft im Allgemeinen (das Alter, die Mitarbeit im Unterricht) als auch eine konkrete Ausprägung dieser Eigenschaft bei einer Person oder einem Objekt. Diese zweite Bedeutung ist zum Beispiel gemeint, wenn man von den Eigenschaften eines Menschen spricht (Paul ist 12 Jahre alt und hat im Mai Geburtstag.). Wenn ohne weitere Einbettungen vom Alter eines Menschen die Rede ist, können beide Bedeutungen gemeint sein. Diese Unterschiede werden aber in der Regel nicht bewusst wahrgenommen, da sich die Bedeutung implizit aus dem Kontext ergibt. Auch bei dem oft synonym zu „Eigenschaft" gebrauchten Wort „Merkmal" gibt es diese beiden Bedeutungen.

Der Begriff **Merkmal** ist ein Grundbegriff der Beschreibenden Statistik und auch unserer Prozessbetrachtung stochastischer Situationen (vgl. Abschn. 6.2.1). Er kann als Eigenschaft von Personen oder Objekten, die bei einer statistischen Untersuchung von Interesse sind, erklärt werden. Dabei sollte sprachlich zwischen einem Merkmal als einer Eigenschaft im Allgemeinen (s. o.) und **Merkmalsausprägungen** als den konkreten Werten eines Merkmals unterschieden werden. Die untersuchten Personen oder Objekte können als **Merkmalsträger** bezeichnet werden. Statistische **Daten** sind die bei einer statistischen Untersuchung erfassten Merkmalsausprägungen. Der Begriff Merkmal lässt sich in Anlehnung an den Größenbegriff von Griesel (1997) definieren (s. Abschn. 6.2.1).

Bevor allerdings eine Datenerhebung durchgeführt werden kann, muss ein Verfahren zur Messung der Merkmalsausprägungen festgelegt werden. Dazu gibt es oft verschiedene Möglichkeiten, die zu unterschiedlichen Arten von Daten führen können. So kann das Alter eines Menschen zum einen zahlenmäßig erfasst werden, wobei unterschiedliche Genauigkeiten (auf Jahre, Monate oder Tage genau) möglich sind. Bei Neugeborenen wählt man sinnvollerweise eine Angabe in Tagen oder Wochen. Die Geburtsmonate können in einer geordneten Reihenfolge erfasst werden: Wer im Januar geboren ist, kann früher im Jahr seinen Geburtstag feiern als ein im Februar oder März geborener Schüler.

Abb. 3.1 Merkmalsträger:
Kind in einer Klasse

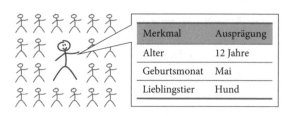

Merkmal	Ausprägung
Alter	12 Jahre
Geburtsmonat	Mai
Lieblingstier	Hund

Die möglichen Ergebnisse bilden in dieser Betrachtung eine Rangfolge. Für das Merkmal Lieblingstier werden zur Datenerfassung Bezeichnungen verwendet. Bei Umfragen mit vorgegebenen Ergebnissen kann es sinnvoll sein, Tierarten zu Gruppen zusammenzufassen und insbesondere die Kategorie „Sonstige" aufzunehmen.

Bei der Festlegung der Merkmalsausprägungen handelt es sich eigentlich um eine Messung im statistischen Sinn. Im Beispiel aus Abb. 3.1 wurde jeweils eine andere Messskala verwendet, um die Merkmale Alter, Geburtsmonat oder Lieblingstier statistisch zu erfassen. Für diese Skalen gibt es spezielle Namen (Nominalskala, ordinale Skala und metrische Skala, vgl. Abschn. 6.2.1). In der Schule halten wir die Benennung von Skalenarten nicht für erforderlich. Die Art der Messung kann implizit über die Festlegung des interessierenden Merkmals und seiner möglichen Ergebnisse (Ausprägungen) im Rahmen einer Prozessbetrachtung beschrieben werden. Bei grafischen Darstellungen von Häufigkeitsverteilungen entspricht die Skala der Merkmalsachse. Es sollten aber zur besseren Verständigung im Unterricht drei Arten von Daten unterschieden werden. Wir empfehlen, dazu keine Fachtermini einzuführen, sondern die Datenarten wie folgt zu beschreiben:

- Bezeichnungen, deren Reihenfolge beliebig sein kann, wie z. B. Tiernamen,
- Bezeichnungen, die in einer Reihenfolge angeordnet werden können, wie z. B. Geburtsmonate, und
- Anzahlen oder Messwerte bei Größen wie z. B. dem Alter in Jahren.

Wir sprechen im Folgenden je nach verwendeter Skala von **kategorialen, ordinalen** und **metrischen Daten**. Diese Fachtermini sind nur zur besseren Verständigung gedacht und sollten zum fachlichen Hintergrundwissen von Lehrkräften gehören (vgl. Abschn. 6.2.1). Für den Unterricht empfehlen wir, von Beginn an bei Schülern ein grundlegendes Verständnis dafür anzulegen, welche Auswertungsmethoden sich für welche Datenarten eignen (vgl. Abschn. 3.2 und 3.3). Dieses Grundverständnis sollte Schülern sowohl beim Erstellen und Lesen von Diagrammen als auch beim Umgang mit statistischen Kenngrößen vermittelt werden. Nicht zuletzt ist das Wissen über Datenarten auch für die Planung einer statistischen Erhebung hilfreich, da von Beginn an bedacht werden muss, wie die erhobenen Daten schließlich ausgewertet werden können.

3.1.2 Daten aus der Klasse bzw. Jahrgangsstufe

In Schulbüchern findet man häufig Anregungen für Datenerhebungen zum Thema „Meine Klasse und ich". Dabei geht es über persönliche Einzelkontakte hinaus darum, eine Übersicht über die neue Klasse als Ganzes zu bekommen. Für ein solches „statistisches" Kennenlernen der eigenen Klasse sind etwa die folgenden Daten von Interesse

- über die eigene Person: Neben Alter und Geburtstag eignen sich Freizeitaktivitäten und Hobbys für ein gegenseitiges Kennenlernen.
  - Was machst du am liebsten in deiner Freizeit? (spielen, Freunde treffen, fernsehen, Sport treiben, Musik hören, Computer nutzen, mit Tieren beschäftigen, mit der Familie zusammen sein, Bücher lesen, ...)
  - Was ist dein Lieblingstier, -schulfach, -sender im TV, -essen, ...?
- über die Schule: Hier liefert ein Vergleich der Schulwege weitere Hintergrundinformationen über die neuen Mitschüler.
  - Wie lange brauchst du für deinen Weg in die Schule vom Verlassen der Wohnung bis zum Betreten des Schulgebäudes?
  - Wie kommst du meistens zur Schule?
  - In welchem Stadtteil/Ort(steil) wohnst du?

Diese Daten lassen sich vergleichsweise einfach per Befragung ermitteln. Hierbei muss man überlegen, wann es sinnvoll ist, Antworten vorzugeben, wie z. B. bei der Frage nach der Lieblingsfreizeitbeschäftigung. Die Gefahr bei offenen Fragen z. B. nach dem Lieblingstier ist, dass die Umfrage sehr viele verschiedene Antworten hervorbringt, die sich nicht mehr übersichtlich auswerten lassen. Daher sollte die Lehrkraft vorher genau überlegen, welches Ziel sie mit einer Umfrage im Unterricht primär verfolgen möchte. Geht es darum, Metawissen über Umfragen zu vermitteln, ist der Einsatz von offenen und geschlossenen (auch von Schülern selbst gestellten) Fragen zu empfehlen. Ein anderes Ziel wäre, Methoden der Auswertung von Daten und deren Interpretation anhand ausgewählter Sachkontexte gezielt zu vermitteln. Hierfür sind geschlossene Fragen besser geeignet.

Die oben vorgestellte Auswahl an Fragen lässt die Erhebung von Daten zu, die uns aus Sicht einer Prozessbetrachtung geeignet erscheinen. Beispielsweise werden Schüler bei der Schulwegdauer unterschiedliche Einflussfaktoren wie die Entfernung des Wohnortes zur Schule oder die Wahl des Verkehrsmittels vermuten können. Bei der Wahl des Lieblingstiers oder der Lieblings-Freizeitbeschäftigung können das Geschlecht oder aktuelle Trends an der Schule eine Rolle spielen. Dabei kann die Lehrkraft durch geeignete Nachfragen wie „Kommt die 5b wohl auf das gleiche Umfrageergebnis?" ihren Schülern verdeutlichen, dass mit den selbst erhobenen Daten nur Informationen über die eigene Klasse vorliegen. Schlussfolgerungen mit Blick auf andere Klassen oder die gesamte Jahrgangsstufe sind hier nicht möglich. Die Klasse wird somit als statistische Grundgesamtheit angesehen.

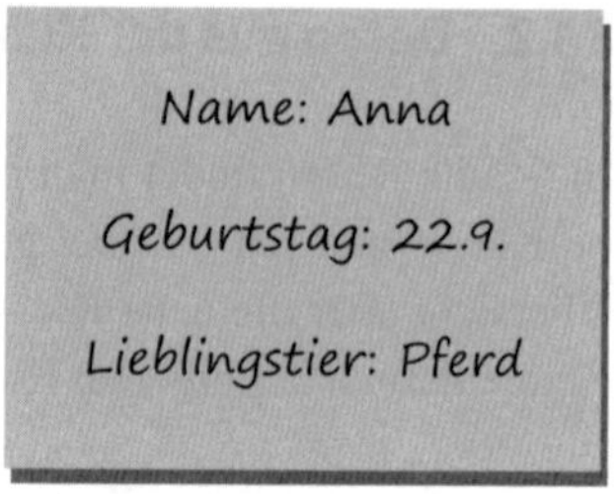

Abb. 3.2 Datenkarte einer
Schülerin

Name: Anna

Geburtstag: 22.9.

Lieblingstier: Pferd

Datenkarten und Datentabellen

Besonders geeignet für die Datenerfassung ist die Verwendung sogenannter **Datenkarten**
(Abb. 3.2). Dabei werden die Daten eines jeden Schülers auf einer Karte festgehalten. Die
Datenkarte repräsentiert somit das einzelne Kind als Merkmalsträger. Die Ausprägungen
einzelner Merkmale können auf ihr direkt abgelesen werden. Datenkarten lassen sich gut
für das Ordnen und Klassifizieren von Daten nutzen, z. B. bei der Erstellung einer Ge-
burtstagsübersicht nach Monaten in Form eines Säulendiagramms (vgl. Abschn. 3.2.1)
oder beim Vergleich zweier Merkmale in einer Vierfeldertafel (vgl. Abschn. 4.2.1).

Jeder Datenkarte entspricht ein Objekt, die Merkmale und ihre ermittelten Werte stehen
untereinander. Alternativ zu Datenkarten bieten sich für die Erfassung z. B. bei Schulwe-
gen auch **Datentabellen** an. Hier wird für jedes Objekt eine Zeile verwendet und für jedes
Merkmal eine Spalte, in der die entsprechenden Werte stehen. Damit entspricht die tabel-
larische Anordnung der Daten in einer Datentabelle der üblichen Darstellung von Daten in
Statistikprogrammen wie z. B. in den für die Schule geeignete Datenanalyse-Programmen
Fathom 2, TinkerPlots und VU-Statistik.

Dabei ist es sinnvoll, dass sich Schüler anhand ihres eigenen oder eines Codenamens,
wenn man Anonymität wahren möchte, in der Datentabelle wiederfinden können. Beim
Auswerten von Datentabellen mittels Strichlisten und Häufigkeitstabellen lässt sich somit
der Informationsverlust bei der Datenreduktion verdeutlichen.

Ist man dagegen nur an einem Merkmal interessiert, so wird man bei der Datenerfassung auf eine **Urliste** zurückgreifen, eine Form der Datenerfassung, die bereits in der
Primarstufe verwendet wird. Dabei werden die Daten in der Reihenfolge ihres Auftretens
aufgelistet, z. B. bei der Dauer des Schulwegs (vgl. die rechte Spalte in Tab. 3.1).

Urliste der Schulwegdauern in Minuten: $10, 16, 15, 20, \ldots$

Die Daten der Urliste enthalten somit keine Informationen über die Merkmalsträger.
Sie ist im Vergleich zur Datentabelle vergleichsweise unübersichtlich, kann aber gut verwendet werden, wenn Daten zu lediglich einem Merkmal erhoben werden, bei denen
vorher mögliche Ausprägungen unbekannt sind oder sehr viele verschiedene Werte auftreten können, wie z. B. bei Reaktionszeiten, Schulweglängen oder Körpergrößen.

Tab. 3.1 Datentabelle „Schulwege"

| | | Merkmale in den Spalten | | |
| | | ↓ | ↓ | ↓ |
		Name	Wohnort	Verkehrsmittel	Dauer
Objekte	→	Marc	Sachsenhausen	Fahrrad	10 min
in den	→	Nadine	Oberrad	Bus	16 min
Zeilen	→	David	Niederrad	Auto	15 min
	→	Anja	Sachsenhausen	zu Fuß	20 min

Tab. 3.2 Bevorzugtes Verkehrsmittel auf dem Weg zur Schule

	Strichliste	Häufigkeit
Zu Fuß	~~IIII~~ IIII	9
Fahrrad	~~IIII~~ I	6
Bus	~~IIII~~ ~~IIII~~	10
PKW	II	2

Strichlisten und Häufigkeitstabellen

Bei Daten zu vorher bekannten und wenigen verschiedenen Merkmalsausprägungen kann man zu deren Erfassung auch eine **Strichliste** einsetzen, die den Schülern ebenfalls aus der Grundschule bekannt sein sollte (s. Tab. 3.2). Dabei werden die Daten nacheinander mit einem senkrechten Strich erfasst. Der fünfte Strich wird quer gesetzt, sodass hier die Fünfer-Bündelung eine bessere Übersicht erlaubt. Die Häufigkeiten der einzelnen Merkmalsausprägungen lassen sich so direkt ablesen.

Das Erstellen einer Strichliste bietet sich außerdem als Übergang von einer Urliste zu einer **Häufigkeitstabelle** an, in der zu jeder Merkmalsausprägung die Anzahl ihres Auftretens in der Stichprobe angegeben ist. Dieser Vorgang ist Schülern sicher von der Auszählung der Stimmen bei einer (geheimen) Klassensprecherwahl bekannt. Das Ermitteln der Häufigkeiten über das Gruppieren der Daten stellt den ersten Schritt zur Datenauswertung dar. Strichlisten sind allerdings überflüssig, wenn beispielsweise bei einer mündlichen Befragung alle Befragten in einem Raum sind und sich öffentlich melden können. Dann können durch Auszählung der Meldungen die Häufigkeiten direkt erfasst werden.

Im Vergleich zu den Datenkarten und -tabellen wird bei der Strichliste oder der Häufigkeitstabelle bereits eine Reduktion der Daten vorgenommen. Die Zuordnung der einzelnen Merkmalsträger zu den Merkmalsausprägungen ist hier nicht mehr erkennbar. Das einzelne Kind verschwindet in der statistischen Masse. Es interessieren nicht mehr individuelle Merkmalsausprägungen, sondern die Häufigkeiten mehrfach aufgetretener Merkmalsausprägungen. Liegen Daten in Form von Häufigkeitstabellen vor, so spricht man nicht mehr von **Rohdaten** der Urliste, sondern von **gruppierten Daten**. (engl. *grouped data*). Dabei kommen einzelne Ausprägungen eines Merkmals mehrfach bei verschiedenen Merkmalsträgern vor, sodass man nur noch die voneinander verschiedenen Ausprägungen aufführt und angibt, wie oft sie auftreten.

Stolpersteine bei der Auswahl geeigneter Daten

Bei Datenerhebungen in der eigenen Klasse sind einige Stolpersteine zu beachten, auf die wir im Folgenden aufmerksam machen möchten. So ist bei Daten zum Thema Schulweg die Dauer einfacher zu ermitteln als die Länge, da Schüler beim Weg in die neue Schule insbesondere morgens auf die Zeit achten werden. Die Schulweglänge kann einfach, aber relativ ungenau über die Luftlinienentfernung von der Wohnung zur Schule gemessen werden. Oder Schüler ermitteln die Weglänge mit einem Routenplaner. Viele Handys haben heute ein Navigationssystem. Alternativ können Schüler den gefahrenen Weg in einem Straßenplan einzeichnen und messen. Hier bietet sich beim maßstabsgetreuen Ermitteln und Umrechnen von Längen eine Verbindung zum Thema Größen an. Je nach Lage der Schule können die Rohdaten sehr weit streuen und bei der Datenauswertung nur wenig interessante Informationen liefern. Sowohl bei den Schulwegzeiten als auch bei den -längen handelt es sich um metrische Daten, bei deren grafischer Darstellung eine Klasseneinteilung sinnvoll ist (z. B. mit Stamm-Blätter-Diagrammen, vgl. Abschn. 3.2.3). Daher macht es wenig Sinn, Schulweglängen erst möglichst genau zu messen, wenn anschließend bei der Auswertung eine grobe Klasseneinteilung z. B. in Kilometer-Intervalle vorgenommen wird.

Da die meisten Unterrichtsvorschläge zu Datenerhebungen in der Jahrgangsstufe 5 nicht anonym sind, eignen sich *heikle persönliche Themen* wie die Höhe des Taschengelds oder das eigene Körpergewicht nicht für Befragungen. Fragen zum Taschengeld bzw. Einkommen werden nicht nur von Kindern, sondern auch von Erwachsenen oft nicht beantwortet.[1] Häufig findet man in Schulbüchern auch Fragen rund um die Familie wie z. B. „Wie viele Geschwister hast du?" oder „Wie viele Personen leben in eurem Haushalt?", die für Kinder aus Scheidungs- oder Patchwork-Familien eventuell nicht einfach zu beantworten sind.

3.1.3 Datenerhebungen in anderen Unterrichtsfächern

In den Jahrgangsstufen 5/6 bieten insbesondere die naturwissenschaftlichen Fächer, aber auch der Sportunterricht geeignete Sachkontexte für selbstständige Datenerfassungen von

---

[1] In einer repräsentativen Umfrage des Kinderbarometers Hessen 2006 (Kuther 2006, S. 111) haben 14 % der befragten 9- bis 14-jährigen Kinder nicht auf die Frage nach der Höhe ihres Taschengelds geantwortet. Im Rahmen der jährlichen Umfrage Mikrozensus des Statistischen Bundesamtes liegt der Antwortausfall bei der Frage nach dem Körpergewicht noch höher als bei der nach dem Nettoeinkommen.

Ruhepuls	Puls nach Anstrengung
56	96
80	116
68	112
...	...

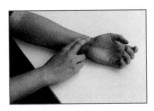

Abb. 3.3 Pulsmessung

Schülern in Form von Messungen. Dabei lassen sich gut die folgenden Fragen aus dem Umfeld von Schülern untersuchen:

- Wie ändert sich der Puls bei körperlicher Anstrengung?
- Wie hoch/weit kann jeder springen? Springen Jungen höher/weiter?
- Wie viel Regen fällt an den einzelnen Tagen im Monat April?
- Wie ändert sich die Temperatur im Laufe eines Tages?

Die Beantwortung dieser Fragen führt in natürlicher Weise zur Erhebung und Auswertung metrischer Daten. Sie dienen jedoch nicht nur als Einstieg in elementare Verfahren der Beschreibenden Statistik, sondern auch dazu, mehr über den jeweiligen Sachverhalt zu lernen. Betrachtet man beispielsweise die Frage nach der Pulsänderung bei körperlicher Anstrengung, so liegt es nahe, Pulsmessungen unter jeweils gleichen Randbedingungen durchzuführen, einmal vor und ein weiteres Mal direkt nach einer körperlichen Anstrengung (z. B. 20 Kniebeugen). Dabei genügt es für die Messung des Handgelenkpulses, die Anzahl der Herzschläge innerhalb von 15 Sekunden zu zählen und das Ergebnis mit 4 zu multiplizieren. So vermeidet man Fehler durch Verzählen. Außerdem liefert dieses Verfahren aussagekräftigere Daten für den Puls nach einer Anstrengung, da sich dieser innerhalb einer Minute schon wieder merklich beruhigen kann.

Beispiel 3.1 Messung des Handgelenkpulses

Pulsdaten lassen sich schnell und ohne großen Materialaufwand ermitteln. Mit einer Uhr und durch Auflegen von Zeige- und Mittelfinger der einen Hand am Handgelenk der anderen kann man mitzählen, wie oft das eigene Herz in einer Minute schlägt. Vor der eigentlichen Datenerhebung sollten die Schüler genügend Zeit haben, den Puls bei sich selbst und bei jemand anderem zu ertasten und zu zählen (s. Abb. 3.3).

Am Beispiel des Vergleichs von Pulsdaten vor und nach einer körperlichen Anstrengung bietet es sich an, den Prozess der Entstehung der Daten genauer zu betrachten (s. Abb. 3.4), indem man sich fragt:

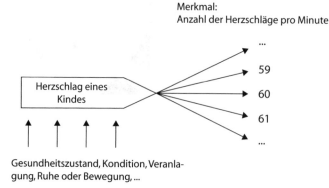

Abb. 3.4 Schema der Prozessbetrachtung am Beispiel der Pulsmessung

1. Zur Bestimmung des *Vorgangs*: „Was läuft ab?"
2. Zur *Festlegung des interessierenden Merkmals* und Bestimmung der *Merkmalsausprägungen* (Wahl des Messverfahrens): „Was interessiert mich? Wie kann ich die Ergebnisse erfassen?"
3. Zur *Bestimmung der möglichen Ergebnisse*: „Welche Ergebnisse sind möglich?"
4. Zur *Betrachtung der Bedingungen des Vorgangs*: „Wovon hängt es ab, was eintritt?"

Die vierte Frage nach den Bedingungen, die den Vorgang beeinflussen, hilft dabei, nach der Datenauswertung zu einer sachgerechten Interpretation der Ergebnisse zu gelangen. Für einen Vergleich der (metrischen) Pulsdaten vor und nach einer festgelegten körperlichen Anstrengung bieten sich in den Jahrgangsstufen 5/6 Stamm-Blätter-Diagramme an (vgl. Abschn. 3.2.3). Das Thema Pulsmessung eignet sich besonders für einen fächerverbindenden Unterricht mit der Biologie. Dabei könnten die Funktionen des Blutes (Transport) und des Herzens (Pumpe) behandelt werden. Auf dieser Grundlage lässt sich dann auch eine Erklärung finden, warum das Herz bei körperlicher Anstrengung häufiger schlägt und der Puls ansteigt. Bei sportlicher Belastung steigt die Herzfrequenz an, weil die arbeitende Muskulatur vermehrt Sauerstoff benötigt.

Messungen und Beobachtungen zum Wetter
Weiterhin eignet sich die Planung und Durchführung einer kleinen überschaubaren statistischen Erhebung am Beispiel des Themas Wetter aus den folgenden Gründen. Zunächst einmal ist es ein Thema, das fast jeden interessiert und nicht nur im Alltag in Form von Wettervorhersagen, sondern auch in Wissenschaft und Politik im Zusammenhang mit der Untersuchung des Klimawandels auftritt. Die Erfassung von Wetterdaten liefert somit einen Beitrag zum Verständnis der Datengrundlagen von Wetterprognosen und Klimauntersuchungen. Unter „Wetter" verstehen Meteorologen den Zustand der Atmosphäre zu einer bestimmten Zeit an einem bestimmten Ort, der sich mittels verschiedener Größen wie z. B. Lufttemperatur, Luftdruck, Windgeschwindigkeit, Niederschlag oder Sonnen-

scheindauer beschreiben lässt. Für Schüler der Jahrgangsstufen 5/6 gut zugänglich sind die Merkmale Lufttemperatur und Niederschlagsmenge, die mittels eigener Messungen genauer untersucht werden können.

Beispiel 3.2 Messung von täglichen Regenmengen

Sebastians Eltern haben einen großen Garten. Die Pflanzen brauchen regelmäßig Wasser. Sebastian hilft in den Ferien beim Gießen. Daher interessiert es ihn, wie viel Regen täglich fällt. Er hat einen Regenmesser angebracht. Jeden Morgen liest Sebastian die Niederschlagsmenge auf Millimeter genau ab und notiert die Daten.

Datum	Niederschlag in mm
1.4.	0
2.4.	2
3.4.	6
4.4.	13
5.4.	1
6.4.	0

Diese Niederschlagsdaten lassen sich sehr gut mit einem Säulendiagramm veranschaulichen, das die Regenmengen an den aufeinanderfolgenden Tagen wiedergibt, und mittels des arithmetischen Mittels zusammenfassen (vgl. das Gedankenexperiment zur Ausgleichseigenschaft des arithmetischen Mittels in Abschn. 3.3.1). Die in Baumärkten zu erwerbenden Regenmesser sind gerade so geeicht, dass die Niederschlagshöhe in dem Auffanggefäß angibt, wie viel Liter in dem beobachteten Zeitraum auf $1\,m^2$ Fläche gefallen sind, z. B. entspricht eine Niederschlagshöhe von 5 mm einer Niederschlagsmenge von 5 Liter auf einen Quadratmeter. Welchen Rauminhalt erhält man bei einer Regenmenge von 5 mm auf $1\,m^2$?

$$5\,mm \cdot 1\,m^2 = 0{,}05\,dm \cdot 100\,dm^2 = 5\,dm^3 = 5\,l.$$

Beispiel 3.3 Temperaturverlauf an einem Tag

Wie ändert sich die Lufttemperatur über den Verlauf eines Tages?

Die Messung der Lufttemperatur mit einem handelsüblichen Außenthermometer dürfte Schülern der Jahrgangsstufen 5/6 aus dem Alltag oder dem Sachunterricht der Grundschule bekannt sein. Wie aber erhält man möglichst gute Temperaturdaten? Dabei sollte

Tab. 3.3 Temperatur in Bad Lippspringe am 21.7.2014

Uhrzeit	5.00	6.00	7.00	8.00	...
Temperatur in °C	18	20	22	24	...

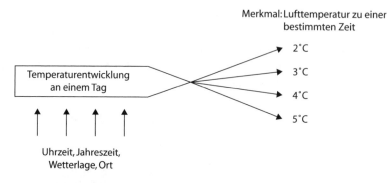

Abb. 3.5 Prozessschema zur Temperaturentwicklung

man sich an der Vorgehensweise des Deutschen Wetterdienstes orientieren. Würde die Temperatur zu nah am Boden oder an einer Hauswand gemessen werden, könnte es Verfälschungen durch Abstrahlung geben. Um störende Einflüsse möglichst gering zu halten, wird bei der Messung der Lufttemperatur darauf geachtet, dass das Thermometer nicht direkt der Sonneneinstrahlung ausgesetzt ist und in einer festen Höhe über dem Boden gemessen wird. Je nach dem Vorwissen der Klasse sollte die Lehrkraft bei der Datenerhebung die Genauigkeit der Messwerte anpassen (auf °C genau reicht für die Beantwortung der Fragestellung zu Bsp. 3.3, s. Tab. 3.3).

Auch für die Entwicklung der Lufttemperaturen lässt sich gut eine Prozessbetrachtung durchführen (s. Abb. 3.5): Durch welche Faktoren wird die Lufttemperatur im Verlauf eines Tages eigentlich beeinflusst? Hier werden Schüler sicher auf Bedingungen wie die Tageszeit, aktuelle Wetterlage, Jahreszeit und bei entsprechendem Vorwissen aus dem Geografieunterricht auf die Position des Messortes auf der Erdkugel kommen. So ist es im Allgemeinen tagsüber bei Sonnenschein wärmer als nachts.

Um die Temperaturentwicklung über einen Tag hinweg genauer untersuchen zu können, sollte die Lufttemperatur am besten stündlich mit einem handelsüblichen Außenthermometer gemessen werden. Daten zur Einschätzung der Wetterlage (sonnig, teilweise bedeckt, bedeckt, regnerisch) lassen sich ergänzend direkt durch Beobachtung gewinnen. Bei einer Auswertung mittels Liniendiagramm kann der Einfluss der Tageszeit, aber auch der jeweiligen Wetterlage auf die Temperatur verdeutlicht werden (s. Abb. 3.14 in Abschn. 3.2.1).

Weitere Anregungen für einen interessanten fächerverbindenden Stochastikunterricht mit Blick auf Naturwissenschaften liefert die Beispielsammlung auf der Webseite www. stat4u.at, ein von der Universität Wien in Zusammenarbeit mit der Österreichischen Statistischen Gesellschaft durchgeführtes Projekt. Dort finden sich Unterrichtsmaterialien zu den für die Jahrgangsstufe 5/6 geeigneten Themen Wetterbeobachtung, Messung des Lungenvolumens, Weitsprung usw.

3.2 Diagramme erstellen und lesen

Für die Jahrgangsstufe 5/6 bietet es sich an, die in der Grundschule vorbereiteten Diagrammarten (vgl. Abschn. 2.3) wieder aufzugreifen und in Verbindung mit der Bruch- und Prozentrechnung das Verständnis für Kreis- und Banddiagramme zu vertiefen. Mit diesen Diagrammen lassen sich kategoriale und ordinale Daten gut veranschaulichen. Bei der grafischen Darstellung metrischer Daten werden Klasseneinteilungen nötig. Diese Datenart lässt sich besser mit einem Stamm-Blätter-Diagramm oder einem Histogramm veranschaulichen. Bei Letzterem empfehlen wir für die Jahrgangsstufe 5/6 in Analogie zum Stamm-Blätter-Diagramm mit gleich breiten Klassen und absoluten Häufigkeiten zu arbeiten.

Ein wesentliches Ziel von Beschreibender Statistik in der Sekundarstufe I ist es, dass Schüler lernen, angemessene grafische Darstellungen für Daten auszuwählen und in einfachen Fällen selber zu erstellen. Darüber hinaus ist das „Lesen" und Interpretieren grafischer Darstellungen von Bedeutung (Arbeitskreis Stochastik der GDM 2003, S. 4). Dabei haben empirische Untersuchungen aus dem englischsprachigen Raum gezeigt, dass Schülern das Interpretieren von Diagrammen viel schwerer fällt als das Lesen. Mit „Lesen von Diagrammen" („reading (within) the graph") ist gemeint, dass Schüler die an den Achsen verwendeten Größen und Skalen verstehen sowie in der Lage sind, einzelne Häufigkeiten und Merkmalswerte korrekt abzulesen und miteinander in Beziehung zu setzen. Dagegen kommt es beim Interpretieren darauf an, Beziehungen zwischen dem Diagramm und dem Sachkontext herzustellen und mögliche Ursachen für Auffälligkeiten der erhobenen Daten herauszufinden, die sich bei der grafischen Darstellung zeigen („reading behind the graph", vgl. Shaugnessy 2007, S. 989).

Daher werden heute Fähigkeiten im Umgang mit Diagrammen bereits in der Grundschule angelegt (vgl. die Leitidee „Daten, Häufigkeit und Zufall", KMK 15.10.2004b, S. 11): Schüler sollen lernen, Daten in Tabellen und Diagrammen darzustellen sowie aus diesen Darstellungen Informationen zu entnehmen.

3.2.1 Säulendiagramme, Piktogramme, Balken- und Liniendiagramme

Bei der Auswertung von Daten sind Diagramme besonders hilfreich, da hierbei eine Strukturierung und gegebenenfalls auch Reduktion der Rohdaten erfolgt. Dazu werden Rohdaten gruppiert und in Form von Häufigkeitstabellen zusammengefasst. Dabei sollte Schülern bewusst gemacht werden, dass der Übergang von den Rohdaten zu gruppierten Daten einen Informationsverlust bedeutet (vgl. Abschn. 3.1.2). Auf der anderen Seite sollte der

Tab. 3.4 Häufigkeitstabelle zur bevorzugten Verkehrsmittelwahl

Verkehrsmittel	Fahrrad	Bus	Auto	Zu Fuß	Summe
Abs. Häufigkeit	6	10	2	9	27
Rel. Häufigkeit	$\frac{6}{27} = \frac{2}{9}$	$\frac{10}{27}$	$\frac{2}{27}$	$\frac{9}{27} = \frac{1}{3}$	1
Rel. Häufigkeit (gerundet)	0,22	0,37	0,07	0,33	1

Gewinn an Übersichtlichkeit durch die Gruppierung der Daten deutlich gemacht werden. Schüler sollten die Erfahrung machen können, dass in einer Häufigkeitstabelle Eigenschaften sichtbar werden, die in den Rohdaten verborgen bleiben.

Auswertung von Daten mit einer Häufigkeitstabelle
Aus statistischer Perspektive sind absolute und relative Häufigkeiten der ermittelten Merkmalswerte von besonderem Interesse. Die Zuordnung der Häufigkeiten zu den betreffenden Werten liefert eine **Häufigkeitsverteilung**, aus der abgelesen werden kann, welche Merkmalswerte besonders häufig, selten oder sogar gar nicht aufgetreten sind. Falls nur Daten aus einer Grundgesamtheit ausgewertet werden sollen, genügt es meist, die absoluten Häufigkeiten der einzelnen Merkmalsausprägungen zu betrachten. Möchte man allerdings hervorheben, welchen Anteil eine interessierende Merkmalsausprägung an allen Daten hat, so bietet sich die Auswertung mittels relativer Häufigkeiten an. Dazu wird die Häufigkeitstabelle um eine weitere Zeile ergänzt, in der die relativen Häufigkeiten als Bruch oder Dezimalzahl angegeben werden. Das ist allerdings erst ab der Jahrgangsstufe 6 nach Einführung der Bruchrechnung möglich. Es ist sinnvoll, zusätzlich zu den Merkmalausprägungen noch eine Spalte „Summe" anzugeben, sodass Schüler bei der Auswertung direkt überprüfen können, ob keine Daten vergessen wurden, und die Summe aller absoluten Häufigkeiten die Gesamtanzahl der Befragten wiedergibt (vgl. Tab. 3.4).

Wir empfehlen, zunächst in den Jahrgangsstufen 5 und 6 von Häufigkeitstabellen und nicht von Häufigkeitsverteilungen zu sprechen, da diese Bezeichnung eingängiger ist und analog zu den Wertetabellen bei Funktionen verwendet werden kann. Schüler können bei der Erstellung einer Häufigkeitstabelle mit relativen Häufigkeiten entdecken, dass deren Summe 1 ergibt, sofern bei der statistischen Erhebung keine Mehrfachantworten möglich sind. Diese Entdeckung lässt sich als „Summenprobe" am Beispiel aus Tab. 3.4 durch folgende Rechnung begründen

$$\frac{6}{27} + \frac{10}{27} + \frac{2}{27} + \frac{9}{27} = \frac{27}{27} = 1$$

und bei der Erstellung oder Überprüfung von Häufigkeitstabellen nutzen.

Summenprobe bei relativen Häufigkeiten
Addiert man die relativen Häufigkeiten aller Merkmalsausprägungen, so erhält man
als Summe 1.

Mit dieser grundlegenden Eigenschaft einer Häufigkeitsverteilung wird die entsprechende Eigenschaft einer Wahrscheinlichkeitsverteilung vorbereitet (s. Abschn. 3.5.2).

Säulendiagramme bei Rohdaten und gruppierten Daten im Vergleich
Das Erstellen und Lesen von Säulendiagrammen sollte Schülern der Jahrgangsstufe 5
bereits aus der Grundschule bekannt sein, sodass dieses Wissen und Können nun im
Zusammenhang mit der Auswertung selbst erhobener Daten reaktiviert und vertieft werden kann. Falls dieses Vorwissen nicht bei Schülern vorhanden ist, kann die Lehrkraft
Säulendiagramme gut mithilfe von Datenkarten erarbeiten lassen. Die Kinder einer Klasse notieren z. B. ihre Geburtstage auf Datenkarten (vgl. Abschn. 3.1.1). Diese lassen
sich nach dem Merkmal Geburtsmonat ordnen und übersichtlich nebeneinander auf einer gemeinsamen Achse stapeln (s. Abb. 3.6). Diese Darstellung kann anschließend in ein
Säulendiagramm auf Kästchenpapier überführt werden, indem die entsprechende Anzahl
an Kästchen für jeden Geburtsmonat markiert wird.

Beim Übergang zum Säulendiagramm erscheinen die Häufigkeiten der Geburtsmonate auf Kästchenpapier als Streifen (s. Abb. 3.7). Daher werden Säulendiagramme häufig
als „Streifendiagramme" bezeichnet (vgl. Abschn. 6.2.2). Anhand der Streifen kann man
nicht mehr erkennen, welche Kinder z. B. im April geboren wurden, sondern nur noch
wie viele. So erleben Schüler die Reduktion von Daten bei deren grafischer Darstellung.
Eine Häufigkeitsskala an der vertikalen Achse dient schließlich dazu, die Anzahlen der
Geburtsmonate direkt aus der „Streifenhöhe" ablesen zu können.

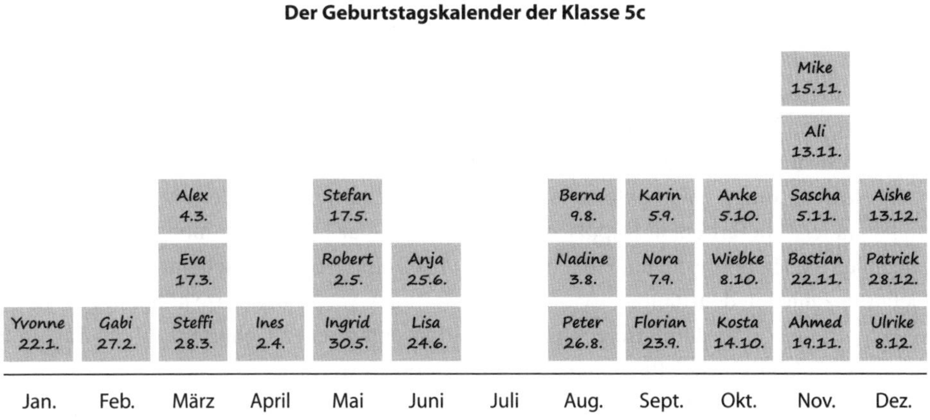

Abb. 3.6 Geburtstagskalender als Säulendiagramm aus Datenkarten

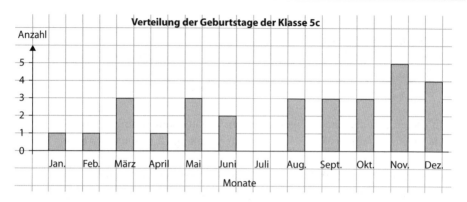

Abb. 3.7 Übergang zum Säulendiagramm

Anschließend sollten Schüler das Entnehmen von Informationen aus einem Diagramm anhand folgender Fragen einüben:

- Wie viele Kinder sind in den Sommermonaten Juni, Juli und August geboren?
- In welchem Monat sind die meisten Kinder geboren?
- Sind die im Dezember geborenen Schüler die jüngsten in der Klasse?

Die letztgenannte Frage lässt sich aus dem Diagramm heraus nicht beantworten, da hier die Information zum Geburtsjahr fehlt. Sie dient dazu, auf mögliche Fehlinterpretationen aufmerksam zu machen.

Anhand eines Geburtstagskalenders lässt sich Schülern die zufallsbedingte Variabilität einer kleinen Stichprobe verdeutlichen, indem man die Verteilung der Geburtsmonate in einer Klasse mit der einer größeren Stichprobe vergleicht. Während innerhalb einer Klasse durchaus mehr als doppelt so viele Kinder in einem Monat im Vergleich zu einem anderen Geburtstag haben können, kommt das bei der Geburtsmonatsverteilung in einer Großstadt (z. B. Hamburg mit insgesamt knapp 18.000 Geburten in 2012, s. Abb. 3.8) nicht vor. Hier schwanken die monatlichen Geburtenhäufigkeiten relativ betrachtet weniger stark. Anhand dieser Geburtenverteilung kann die Lehrkraft mit Schülern das Lesen eines Säulendiagramms zu einem größeren Datensatz einüben, indem sie analoge Fragen wie oben angegeben stellt, etwa: „In welchen Monaten wurden 1400 Kinder oder mehr geboren?"

Die offene Frage „Wie unterscheiden sich die Geburtenzahlen der einzelnen Monate voneinander?" liefert einen Impuls zur Interpretation der Daten. Die monatlichen Geburtenzahlen in Hamburg lagen 2012 zwischen 1300 und 1600. Es scheint so, als ob die Geburtenzahlen in den „langen" Monaten mit 31 Tagen vergleichsweise höher liegen. Diese Hypothese könnte durch Berechnung der durchschnittlichen Geburtenzahl pro Tag und mittels der Geburtenstatistiken anderer Jahre überprüft werden.

Allerdings werden Säulendiagramme nicht nur im Zusammenhang mit Häufigkeitsverteilungen verwendet, sondern auch bei der Darstellung von Rohdaten einer Urliste.

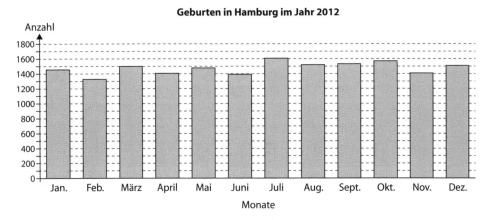

Abb. 3.8 Häufigkeitsverteilung der Geburten in Hamburg 2012. (Quelle: Statistisches Bundesamt)

Anhand der nachfolgenden Diagramme zu einem fiktiven realistischen Datensatz der Geschwisteranzahl von Schülern einer Klasse lässt sich diese unterschiedliche Verwendung gut verdeutlichen. Während das Säulendiagramm in Abb. 3.11 ein Häufigkeitsdiagramm der Geschwisterzahlen der Schüler einer Klasse zeigt, sind in Abb. 3.9 die Geschwisterzahlen der einzelnen Schüler – die Rohdaten – als Säulen dargestellt.

Um das Verständnis von Säulendiagrammen zu vertiefen, ist es sinnvoll, dass die Lehrkraft Übergänge zwischen grafischen Darstellungen im Unterricht thematisiert (vgl. Bright und Friel 1998). Der Zusammenhang zwischen den beiden Säulendiagrammen der Rohdaten und der Häufigkeitsverteilung lässt sich herausstellen, indem die Rohdaten der Größe nach sortiert werden (Abb. 3.10). Dabei wird deutlich, wie die einzelnen Häufigkei-

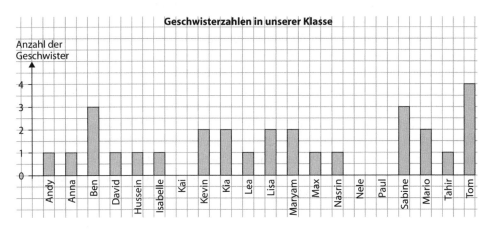

Abb. 3.9 Säulendiagramm der Rohdaten: Geschwisterzahlen der alphabetisch sortierten Schüler

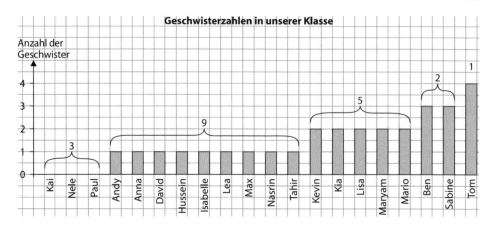

Abb. 3.10　Säulendiagramm mit sortierten Rohdaten der Geschwisterzahlen

Abb. 3.11　Säulendiagramm der Häufigkeitsverteilung der Geschwisterzahlen

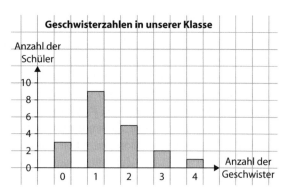

ten für 0, 1, 2 usw. Geschwisterkinder in den verschiedenen Darstellungen repräsentiert werden.

Da Säulendiagramme sowohl für die Darstellung von Rohdaten als auch von Häufigkeitsverteilungen genutzt werden, ist es wichtig, beim Lesen dieser Diagramme genau auf die Bedeutung der Achsen zu achten. Die Anzahl der Geschwister tritt bei der Häufigkeitsverteilung als Merkmalsausprägung an der x-Achse auf, im Diagramm der Rohdaten an der y-Achse. So kann die Lehrkraft beim Vergleich der in Abb. 3.9 und 3.11 gezeigten Säulendiagramme etwa danach fragen, was z. B. die erste oder zweite Säule angibt. Weiterhin kann das Verständnis der beiden Diagramme überprüft werden, indem gefragt wird, wie man daraus die Anzahl der Schüler in der Klasse entnehmen kann. Insgesamt wird an dieser Stelle deutlich, dass Zahlen in der Statistik in unterschiedlicher Bedeutung auftreten, etwa als Häufigkeiten oder als Werte eines Merkmals.

Piktogramm und Balkendiagramm
Nachdem Schülern der prinzipielle Aufbau von Säulendiagrammen und deren Anwendungsbereiche verdeutlicht wurden, lassen sich als alternative grafische Darstellung von

Abb. 3.12 Piktogramm zu Verkehrsmitteln auf dem Schulweg

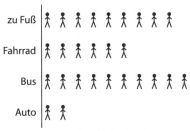

Häufigkeitsverteilungen auch die dazu verwandten Piktogramme oder Balkendiagramme einsetzen. Dabei werden im Vergleich zum Säulendiagramm die Rollen der horizontalen und vertikalen Achse miteinander vertauscht bzw. die Säulen durch aneinandergereihte Ikonen ersetzt. Jede Ikone in einem Piktogramm repräsentiert eine festgelegte Häufigkeit, in Abb. 3.12 steht beispielsweise ein Strichmännchen für jeweils einen Schüler.

Balkendiagramme werden in Medien aus Platzgründen gerne verwendet, um Häufigkeiten zu einer größeren Zahl an Merkmalsausprägungen grafisch darzustellen. Bei der Darstellung kategorialer Daten werden Merkmalsausprägungen oft entsprechend ihrer Häufigkeiten oder nach sachlichen Gesichtspunkten sortiert (wie z. B. in Abb. 3.13 nach motorisierten und nicht motorisierten Verkehrsmitteln).

Liniendiagramm

Bei der Auswertung selbst erhobener Wetterdaten wie z. B. der stündlich gemessenen Lufttemperaturen aus Bsp. 3.3 in Abschn. 3.1.3 eignen sich sowohl ein Säulendiagramm der Rohdaten als auch ein Liniendiagramm. Möchte man den zeitlichen Temperaturverlauf über den Tag hinweg darstellen, so ist das Liniendiagramm geeignet. Hierbei werden den einzelnen Messzeitpunkten die jeweiligen Temperaturwerte zugeordnet und als Punkte in einem Koordinatensystem dargestellt. Insofern können Schüler beim Erstellen und

Abb. 3.13 Balkendiagramm zu Verkehrsmitteln auf dem Schulweg

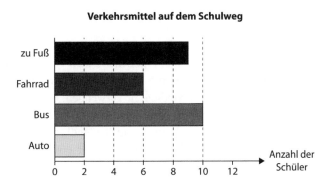

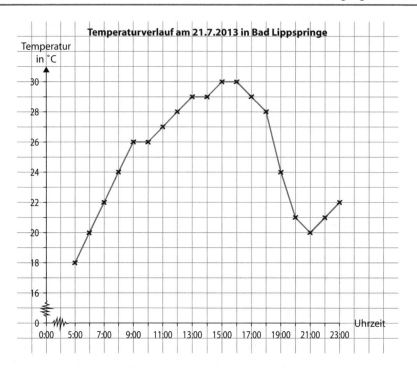

Abb. 3.14 Liniendiagramm zur Temperaturentwicklung über einen Tag

Lesen von Liniendiagrammen inhaltliche Vorstellungen zum Funktionsbegriff aufbauen (Zuordnungs- und Kovariationsaspekt bei der Temperaturänderung im Tagesverlauf).

In Abb. 3.14 wird deutlich, dass die Temperatur im Tagesverlauf steigt und schließlich in den Abendstunden nach 18 Uhr stark absinkt. Da es sich an diesem Tag um einen weitgehend sonnigen Tag gehandelt hat, ist der Verlauf des Temperaturgraphen gut zu interpretieren. Nach Sonnenaufgang beginnt sich die Luft zu erwärmen und die Temperatur steigt an. Die Höchsttemperatur wird erst in den Nachmittagsstunden nach dem Sonnenhöchststand erreicht, wenn sich die Erde aufgewärmt hat. Dies ist das in Sommertagen typische Phänomen der Nachmittagshitze, das Schüler sicher aus eigener Erfahrung kennen.

Wir empfehlen, sich im Unterricht nicht nur auf das Erstellen von Säulen-, Balken- und Liniendiagrammen selbst erhobener Daten zu beschränken. Um Schüler frühzeitig an das Lesen und Interpretieren auch komplexerer Diagramme zu gewöhnen, bietet es sich an, Diagramme aus Medien zu verwenden, die sich mit für Schüler zugänglichen Sachkontexten befassen. Hierfür eignen sich z. B. die in Reiseführern häufig verwendeten Klimadiagramme, die ein Linien- und Säulendiagramm in einer grafischen Darstellung gemeinsam enthalten. Dabei können Schüler etwa herausfinden, in welchen Monaten oder welcher Jahreszeit besonders viel oder wenig Regen fällt oder wie sich die monatliche Durchschnittstemperatur über den Jahresverlauf entwickelt (vgl. Bsp. 3.13 in Abschn. 3.3.4).

3.2.2 Relative Häufigkeiten in Band- und Kreisdiagrammen

Ab der Jahrgangsstufe 6 können nach der Behandlung der Bruchrechnung Datensätze auch mittels relativer Häufigkeiten ausgewertet werden. Der relative Vergleich von Häufigkeiten führt in natürlicher Weise zum Prozentbegriff und kann daher in günstiger Weise für den Einstieg in die Prozentrechnung genutzt werden. Relative Häufigkeiten werden in Schulbüchern mit Blick auf den Stochastikunterricht an den beiden folgenden Stellen explizit thematisiert:

- Auswertungsmethode im Rahmen einer Datenerhebung

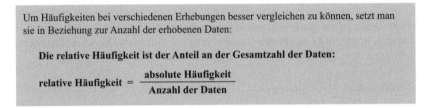

Abb. 3.15 Vgl. *Mathematik interaktiv* 6, S. 188

- und/oder beim Einstieg in die Wahrscheinlichkeitsrechnung.

Abb. 3.16 Aus *Mathematik: Westermann* 6, S. 96; mit freundlicher Genehmigung von © Westermann Schulbuchverlag. All Rights Reserved

In beiden Fällen stellt das Arbeiten mit relativen Häufigkeiten eine Anwendung der Bruchrechnung dar und ermöglicht eine Vertiefung von relevanten Bruchzahlaspekten. Der Begriff der relativen Häufigkeit weist Analogien zu den Grundbegriffen in der Bruch- und Prozentrechnung auf. Relative Häufigkeiten sind nichts anderes als Anteile oder Prozentsätze, wobei das Ganze bzw. der Grundwert im Kontext von Daten speziell den Umfang der Stichprobe oder der Grundgesamtheit darstellt (s. Abb. 3.17). Während relative Häufigkeiten allerdings immer kleiner als 1 sind, können Prozentsätze (in anderen Sachkontexten) auch größer als 1 sein.

Bei der Definition der relativen Häufigkeit als Quotient aus absoluter Häufigkeit und Gesamtzahl (der Versuche, der Daten, der Befragten, der Beobachtungen ...) wird der

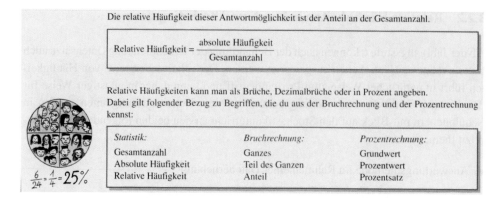

Abb. 3.17 Analogien in der Bruch- und Prozentrechnung und Statistik aus *Elemente der Mathematik*, Klasse 6, S. 243; mit freundlicher Genehmigung von © Bildungshaus Schulbuchverlage

Quotientenaspekt sowie der Aspekt „Teil mehrerer Ganzer von Bruchzahlen" angesprochen (vgl. Padberg 2009). Bei der Datenauswertung mittels relativer Häufigkeiten steht oft der Vergleich von Datensätzen im Vordergrund.

Beispiel 3.4 Geschlechterunterschiede in zwei Schulklassen

In der 6a sind 15 der 24 Schüler Mädchen, in der 6b gibt es 16 Mädchen und 11 Jungen. Vergleiche die Anzahl und den Anteil der Mädchen in beiden Klassen.

In Bsp. 3.4 werden zwei Grundgesamtheiten, die Schüler der Klassen 6a und 6b, mit Blick auf das Merkmal „Geschlecht" verglichen. Während die Anzahl an Mädchen in der 6b höher ist, ist ihr Anteil mit rund 0,59 niedriger als deren Anteil von 0,625 in der 6a. Mit den relativen Häufigkeiten wird der Anteil der Mädchen in den beiden Klassen erfasst. Auf diese Weise wird Schülern der Unterschied zwischen einem absoluten und relativen Vergleich verdeutlicht.

Band- und Kreisdiagramme

Band- oder Kreisdiagramme zeigen die Anteile einzelner Merkmalsausprägungen an der Gesamtanzahl der Daten auf einen Blick. Bei der Erstellung eines Banddiagramms kommen Schüler noch ohne die Berechnung relativer Häufigkeiten aus. Man wählt eine passende Gesamtlänge für das Rechteck, deren Maßzahl am besten ein Vielfaches oder ein Teiler der Gesamtanzahl ist (s. Abb. 3.18). Möchte man z. B. die Daten der 27 Kinder einer Klasse aus Tab. 3.4 als Banddiagramm darstellen, kommt man hier mit einer Gesamtlänge von $0,5 \, \text{cm} \cdot 27 = 13,5 \, \text{cm}$ aus. Die Längen der einzelnen Abschnitte im Banddiagramm lassen sich direkt über die absoluten Häufigkeiten ermitteln: Zum Beispiel kommen 9 von 27 Schülern zu Fuß in die Schule. Der Abschnitt im Banddiagramm ist entsprechend $9 \cdot 0,5 \, \text{cm} = 4,5 \, \text{cm}$ lang.

zu Fuß
Fahrrad
Bus
Auto
0
$\frac{1}{4}$
$\frac{1}{2}$
$\frac{3}{4}$
1

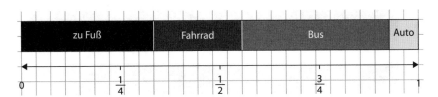

Abb. 3.18 Banddiagramm einer Häufigkeitsverteilung zur Verkehrsmittelwahl

Abb. 3.19 Kreisdiagramm einer Häufigkeitsverteilung zur Verkehrsmittelwahl

Verkehrsmittel auf dem Schulweg
$\frac{9}{27}$
$\frac{6}{27}$
$\frac{10}{27}$
$\frac{2}{27}$
zu Fuß
Fahrrad
Bus
Auto

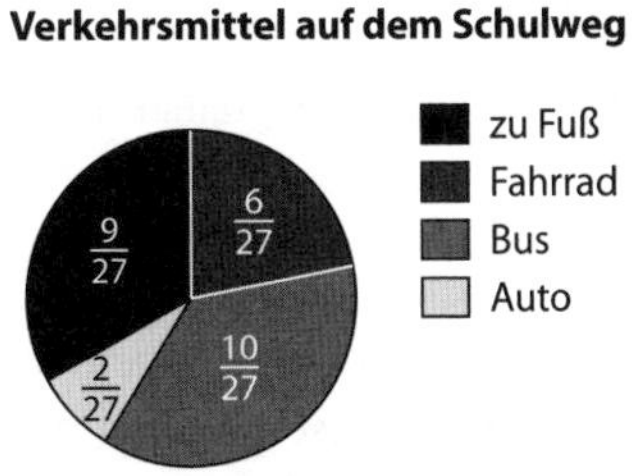

Während das Zeichnen eines Banddiagramms vergleichsweise einfach ist, müssen beim Kreisdiagramm aus den relativen Häufigkeiten die Mittelpunktswinkel der Kreissektoren ermittelt werden (s. Abb. 3.19). Um dies durchführen zu können, benötigen die Schüler ein sicheres Grundwissen im Umgang mit Winkeln und der Bruch- oder gegebenenfalls der Prozentrechnung.

Die Mittelpunktswinkel (Zentriwinkel) für das Kreisdiagramm zur Häufigkeitsverteilung der Verkehrsmittelwahl lassen sich auf unterschiedlichen Wegen ermitteln, je nach dem Vorwissen der Schüler:

1. mit Brüchen: 9 von 27 Schülern kommen zu Fuß in die Schule. Der Anteil ist somit $\frac{9}{27} = \frac{1}{3}$. Der zugehörige Mittelpunktswinkel beträgt $\frac{1}{3}$ von 360°, das sind $\frac{1}{3} \cdot 360° = 120°$.
2. mittels Prozentrechnung: 100 % entsprechen dem Vollwinkel 360°. Zu 1 % gehört der hundertste Teil des Vollwinkels 3,6°. Zu 33,3 % gehört dann ein Mittelpunktswinkel von $33{,}3 \cdot 3{,}6° \approx 120°$.

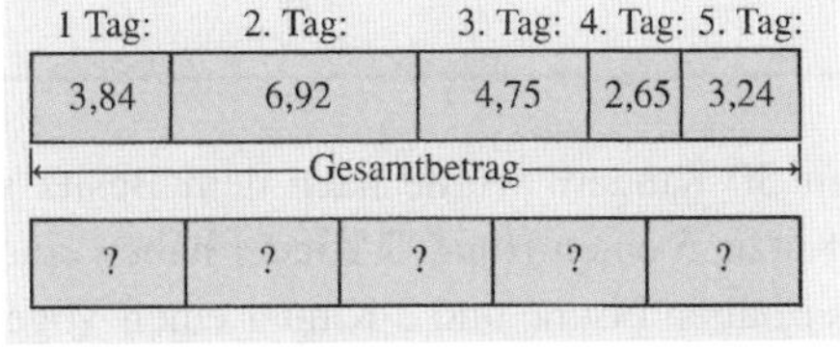

1 Tag:
2. Tag:
3. Tag:
4. Tag:
5. Tag:
3,84
6,92
4,75
2,65
3,24
Gesamtbetrag
?
?
?
?
?

Abb. 3.20 Banddiagramm zu täglichen Ausgaben bei einer Klassenfahrt (Aus *Elemente der Mathematik* 6, S. 268; mit freundlicher Genehmigung von © Bildungshaus Schulbuchverlage. All Rights Reserved)

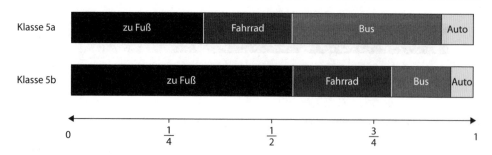

Abb. 3.21 Banddiagramme beim Vergleich zweier Grundgesamtheiten

Das selbstständige Zeichnen von Kreisdiagrammen ist allerdings kein Gegenstand der Statistik, sondern vielmehr eine Anwendung der Bruch- oder Prozentrechnung. Daher findet man dieses Thema auch gelegentlich in Schulbüchern unter dieser Überschrift. Außerdem wird beim Anfertigen von Kreisdiagrammen das Zeichnen von Winkeln wiederholt. Mit Blick auf unser Thema Statistik ist vielmehr die Frage interessant, wann sich Kreis- und Banddiagramme zur grafischen Darstellung von Daten eignen und wann nicht. Mit beiden Diagrammen lassen sich sehr gut Anteile veranschaulichen. Diese können von Häufigkeitsverteilungen kommen, aber es lassen sich auch Rohdaten visualisieren, wie die in Abb. 3.20 angegebenen täglichen Ausgaben bei einer Klassenfahrt (zur Veranschaulichung des Verteilungsaspekts des arithmetischen Mittels vgl. Abschn. 3.3.1).

Bei der grafischen Darstellung von Häufigkeitsverteilungen darf die Anzahl an Merkmalsausprägungen nicht zu hoch sein, sonst würde die Darstellung unübersichtlich. Ein besonderer Vorteil von Kreisdiagrammen ist, dass sie auf einen Blick Anteile über 50 % deutlich machen. Banddiagramme eignen sich eher als Kreisdiagramme zum Vergleich von Häufigkeitsverteilungen bei kategorialen oder ordinalen Daten (s. Abb. 3.21).

Hat man Ergebnisse von Umfragen vorliegen, bei denen Mehrfachantworten möglich waren, so ist das Kreisdiagramm zur Darstellung der Daten ungeeignet, da in diesem Fall die Summe der relativen Häufigkeiten 100 % überschreitet und die Kreisfläche nicht mehr den Umfang der Stichprobe als Ganzes darstellt. Fragen mit Mehrfachantworten sollten daher als Abgrenzung zu Fragen mit Auswahlantworten im Unterricht thematisiert werden. Dafür eignet sich das Thema Haustier im Vergleich zum Lieblingstier. Die erhobenen Daten lassen sich dann besser mit einem Säulendiagramm darstellen.

Beispiel 3.5

In einer 6. Klasse mit 30 Kindern wurde nach dem Besitz von Haustieren gefragt. 8 Kinder haben eine Katze, 5 einen Hund, 7 Kinder haben einen Hamster, 5 ein Meerschweinchen, 4 Kinder haben Fische und 2 Kinder einen Vogel. 7 Kinder haben keine Haustiere.

a) Wie viele Haustiere haben die Kinder in der 6. Klasse insgesamt?

b) Stelle das Umfrageergebnis in einem geeigneten Diagramm dar. Warum ist ein Kreisdiagramm nicht sinnvoll?

3.2.3 Stamm-Blätter-Diagramme und Histogramme

Säulen-, Balken-, Band- und Kreisdiagramme eignen sich zwar gut zur Darstellung kategorialer und ordinaler Daten. Liegen jedoch metrische Daten mit vielen verschiedenen Ausprägungen vor, so sind diese Diagrammarten ungeeignet. In der Jahrgangsstufe 5/6 bietet sich das Stamm-Blätter-Diagramm (auch Stängel-Blätter-Diagramm, vgl. Abschn. 6.2.2) für die Darstellung metrischer Daten wie Körpergröße, Pulsdaten oder Schulwegzeiten von Schülern einer Klasse an. Es gehört zu den in der Explorativen Datenanalyse neu entwickelten Auswertungsmethoden und stellt eine Mischung aus Diagramm und Tabelle dar, die sich für die Auswertung kleinerer Datensätze eignet. Die Ursprungsdaten bleiben dabei erhalten, gleichzeitig werden in natürlicher Weise Gruppierungen der Daten in gleich großen Klassen vorgenommen. Für die Erstellung eines Stamm-Blätter-Diagramms werden die Daten in zwei Teile von Stellenwerten aufgeteilt. Bei zweistelligen Zahlen wie den in Abb. 3.23 dargestellten Pulsdaten bilden die Zehner den „Stamm" und die Einer die „Blätter". Der Stamm enthält die Zehner von oben nach unten der Größe nach aufsteigend und ist durch einen senkrechten Strich von den Blättern abgetrennt. In der Zeile rechts neben einem Zehner findet man die in den Daten vorkommenden Einerwerte. Dabei ist es wichtig, dass die „Blätter" direkt untereinandergeschrieben werden. Dafür eignet sich im Unterricht die Verwendung von kariertem Papier. In der ersten Zeile des Stamm-Blätter-Diagramms erkennt man, dass der Ruhepuls 56 insgesamt dreimal vorkommt (s. Abb. 3.23). Um die Interpretation der Daten zu erleichtern, haben wir die Anzahl der Herzschläge auf 1 Minute bezogen und nicht auf die im Experiment erfassten Herzschläge in 15 Sekunden (vgl. Bsp. 3.1 in Abschn. 3.1.3). Daher treten bei den Pulsdaten jetzt nur Vielfache von 4 auf.

Wir empfehlen, diese Diagrammart im Unterricht schrittweise ausgehend von einer Urliste oder Datentabelle zu erarbeiten. Wie kann man sich einen Überblick über die vielen verschiedenen Messwerte verschaffen? Hier kann die Lehrkraft den Unterrichtsverlauf mit dem Impuls „Gruppiert die Daten nach ihrer Größenordnung!" steuern. Bei den Ruhepulsdaten bieten sich Zehnergruppen an. Anschließend werden die Daten der Übersichtlichkeit halber innerhalb der Zehnergruppen sortiert:

50–59:   56, 56, 56
60–69:   60, 60, 60, 60, 60, 60, 60, 64, 64, 64, 68, 68, 68, 68, 68, 68
70–79:   72, 72, 72, 76, 76, 76, 76
80–89:   80, 80, 80, 80, 80, 80, 80, 84, 84, 84, 84, 88, 88, 88, 88
90–99:   92, 92, 92, 96
100–109: 100, 100, 104

Abb. 3.22 Vorform eines
Stamm-Blätter-Diagramms der
Ruhepulsdaten aus Bsp. 3.1

Zehner	Einer																
5	6	6	6														
6	0	0	0	0	0	0	0	0	4	4	4	8	8	8	8	8	8
7	2	2	2	6	6	6	6										
8	0	0	0	0	0	0	0	0	4	4	4	4	8	8	8	8	
9	2	2	2	6													
1 0	0	0	4														

Abb. 3.23 Stamm-Blätter-
Diagramm der Ruhepulsdaten

Ruhepuls

```
 5 | 6  6  6
 6 | 0  0  0  0  0  0  0  4  4  4  8  8  8  8  8  8
 7 | 2  2  2  6  6  6  6
 8 | 0  0  0  0  0  0  0  4  4  4  4  8  8  8  8
 9 | 2  2  2  6
10 | 0  0  4  ◄─── Blätter
11 |
12 | ◄─── Stamm
```

„Wie kann der Schreibaufwand verringert werden? Was haben die Daten in einer Zeile jeweils gemeinsam?" Diese Fragen könnten Schüler auf die Idee bringen, die Stellenwerte aufzuspalten und eine Tabelle anzufertigen (s. Abb. 3.22).

Jetzt braucht man nur noch die Kommas und die Tabelle wegzulassen und schon hat man ein Stamm-Blätter-Diagramm erstellt (s. Abb. 3.23).

Vergleichen von metrischen Daten mit Stamm-Blätter-Diagrammen
Mithilfe der Stamm-Blätter-Diagramme lassen sich Datensätze von Messwerten oder Anzahlen (metrische Daten) gut miteinander vergleichen. Dazu bietet sich ein zweiseitiges Stamm-Blätter-Diagramm an. In Abb. 3.24 ist eine Auswertung der Datenerhebung aus Bsp. 3.1 „Wie ändert sich der Puls bei körperlicher Anstrengung?" dargestellt.

Beim Vergleich der beiden Seiten des Diagramms wird deutlich, dass die Pulsdaten nach einer körperlichen Belastung insgesamt angestiegen sind. Die Blätter liegen weiter unten am Stamm bei höheren Zehnerstellen. Worin unterscheiden sich die Pulsdaten noch? Schüler könnten dabei erste Erfahrungen mit dem Konzept der Streuung machen: Die Pulsdaten nach der Anstrengung liegen weiter auseinander, also „verstreuter". Will man dieses „Weiter-Auseinanderliegen" quantifizieren, so bietet sich für diese Jahrgangsstufe die Betrachtung des kleinsten und größten vorkommenden Messwerts an. Während der Ruhepuls der untersuchten Schüler von 56 bis 104 streut , liegen die Pulsdaten nach einer Reihe von Kniebeugen zwischen 72 und 160. Die Unterschiede zwischen dem größten und kleinsten Wert betragen demnach 48 beim Ruhepuls und 88 nach den Kniebeugen. Die Differenz aus dem größten und kleinsten Wert der Daten, die sogenannte **Spannweite w**, dient als ein Maß für das Auseinanderliegen, also der **Streuung** der Pulsdaten. Der Vergleich der beiden Diagramme zeigt nicht nur den Anstieg des Pulses insgesamt, sondern

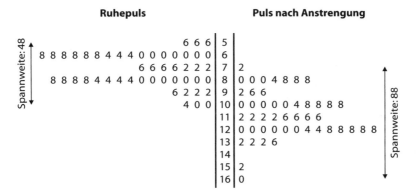

Abb. 3.24 Zweiseitiges Stamm-Blätter-Diagramm

auch die größere Streuung der Pulsdaten nach einer körperlichen Anstrengung. Entsprechend unserer Prozessbetrachtung (vgl. Abschn. 3.1.3) kann als wesentliche Bedingung, die den Pulsanstieg erklärt, die körperliche Anstrengung ausgemacht werden. Die höhere Streuung nach dem Anstieg des Ruhepulses lässt sich dagegen vermutlich auf die körperliche Verfassung der einzelnen Probanden zurückführen.

Empirische Untersuchungen haben gezeigt, dass es Schülern Schwierigkeiten bereitet, anhand des Vergleichs zweier Stamm-Blätter-Diagramme Beziehungen zwischen zwei Datensätzen herzustellen (vgl. Bright und Friel 1998, S. 80). Übertragen auf unser Beispiel der Pulsdaten fällt es Schülern typischerweise nicht leicht, den Unterschied zwischen Ruhepuls und Belastungspuls zu quantifizieren. Das ist auch nicht verwunderlich, da anhand der Datenmenge Schülern zunächst nicht klar sein dürfte, welche Differenzen welcher Zahlenpaare hierfür zu betrachten sind. Für den Vergleich von Häufigkeitsverteilungen ist es daher notwendig, mit statistischen Kennzahlen vertraut zu sein. Erst wenn die Eigenschaft von Mittelwerten, einen Datensatz zu repräsentieren, bekannt ist (vgl. Abschn. 3.3),

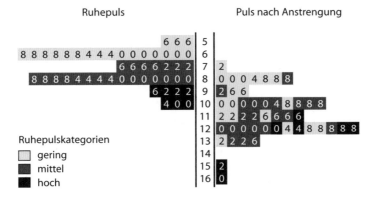

Abb. 3.25 Pulsdaten im Stamm-Blätter-Diagramm nach Ruhepulskategorien

können Häufigkeitsverteilungen als Ganzes betrachtet und miteinander quantitativ in Beziehung gesetzt werden.

Ein entscheidender Vorteil von Stamm-Blätter-Diagrammen ist, dass sie einfach von Hand hergestellt werden können. Die Daten werden bei der Erstellung dieses Diagramms auch der Größe nach sortiert, sodass sich direkt statistische Kenngrößen wie die Spannweite, der Zentralwert oder Viertelwerte ermitteln lassen (vgl. Abschn. 4.2.4). Zudem sind einfache Variationen möglich, z. B. das Strecken oder Aufspalten in Kategorien, sodass Schüler mit Stamm-Blätter-Diagrammen erste Erfahrungen mit der Explorativen Datenanalyse machen können (vgl. Biehler und Steinbring 1991, S. 12). Beim Vergleich der Pulsdaten lassen sich beispielsweise die Ruhepulsdaten in drei Kategorien „niedriger Puls", „mittlerer Puls" und „hoher Puls" einteilen. Anschließend kann überprüft werden, ob sich in allen Kategorien eine Erhöhung der Pulsfrequenz zeigt. Abbildung 3.25 belegt ebenfalls die Zunahme der Streuung nach der körperlichen Anstrengung in jeder einzelnen Kategorie.

Ausblick auf Histogramme mit absoluten Häufigkeiten
Mit Stamm-Blätter-Diagrammen werden die Daten über die führende Dezimalstelle im Stamm in gleich breite **Klassen** eingeteilt. Dabei erhält man eine Häufigkeitsverteilung zu einer **Klasseneinteilung** (s. Tab. 3.5).

Tab. 3.5 Häufigkeitstabelle der Ruhepulsdaten nach Klassenbildung

Ruhepuls	Von 50 bis 59	Von 60 bis 69	Von 70 bis 79	Von 80 bis 89	Von 90 bis 99	Von 100 bis 109
Häufigkeit	3	16	7	15	4	3

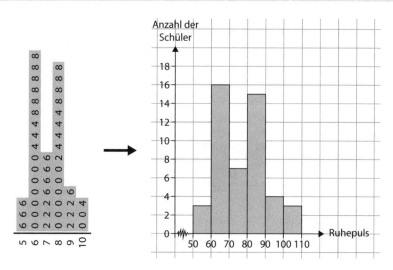

Abb. 3.26 Vom Stamm-Blätter-Diagramm zum Histogramm

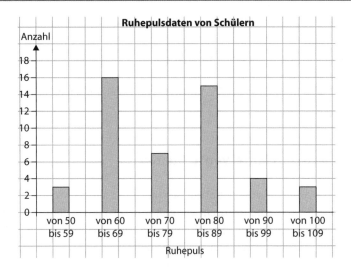

Abb. 3.27 Säulendiagramm bei metrischen Daten

Durch das Drehen eines Stamm-Blätter-Diagramms entgegen dem Uhrzeigersinn erhält man ein Histogramm mit absoluten Häufigkeiten (s. Abb. 3.26). So lässt sich ein Übergang zu einer weiteren wichtigen Diagrammart vorbereiten.

Wir empfehlen allerdings, das Histogramm erst im Zusammenhang mit dem Boxplot in den Jahrgangsstufen 7/8 bei Datenanalysen zu verwenden, wenn Schüler sicherer im Umgang mit grafischen Darstellungen von Daten sind. Schließlich sollen Schwierigkeiten beim Lesen von Histogrammen die ersten Erfahrungen mit der Datenanalyse und -interpretation nicht negativ beeinflussen. Alternativ kann man die einzelnen Klassen bei metrischen Daten auch als Merkmalsausprägungen von ordinalen Daten auffassen, sodass mit dem vertrauten Säulendiagramm gearbeitet werden kann (s. Abb. 3.27).

3.3 Daten zusammenfassen: arithmetisches Mittel und Zentralwert

Neben Diagrammen werden auch statistische Kenngrößen wie etwa das arithmetische Mittel – meist als „Durchschnitt" bezeichnet – häufig in Medien verwendet. Beim Vergleich von Datensätzen ist es oft hilfreich, diese auf geeignete Vergleichswerte zu reduzieren. Dabei eignen sich für die Jahrgangsstufe 5/6 elementare Kenngrößen wie das arithmetische Mittel und der Zentralwert. Das arithmetische Mittel kann wegen der Summen- und Quotientenbildung nur bei metrischen Daten berechnet werden. Je nach Vorliegen der Daten in einer Urliste als Rohdaten oder gruppiert in Form einer Häufigkeitstabelle gibt es unterschiedliche Verfahren zur Bestimmung, die in den folgenden Abschnitten genauer erläutert werden. In den Jahrgangsstufen 5/6 sollen Schüler

- das arithmetische Mittel und den Zentralwert bei einer Urliste und einer Häufigkeitsverteilung bestimmen können,
- erläutern können, wie diese Kennwerte bestimmt werden und wozu man sie braucht, und
- das arithmetische Mittel und den Zentralwert von Daten im Sachkontext interpretieren können.

3.3.1   Arithmetisches Mittel von Rohdaten

Schülern sollte das arithmetische Mittel am Beispiel ganzzahliger Werte und Durchschnitte bereits aus dem Grundschulunterricht vertraut sein. Damit sie ein tieferes Verständnis für die Bedeutung und den Nutzen dieser Kenngröße erwerben können, reicht die Kenntnis der Vorschrift zur Berechnung des Durchschnitts nicht aus.

> **Berechnungsvorschrift für das arithmetische Mittel (aus Rohdaten)**
> Bilde die Summe aller Werte und dividiere durch die Anzahl aller Werte.

Erst wenn auch inhaltliche Vorstellungen zum arithmetischen Mittel ausgebildet wurden, können Schüler gegebene Durchschnittswerte in dem jeweiligen Kontext richtig deuten oder zur Lösung von Sachproblemen heranziehen. Dazu ist es notwendig, dass die Lehrkraft im Unterricht wesentliche Aspekte des arithmetischen Mittels an ausgewählten inhaltlichen Interpretationen thematisiert.

Beispiel 3.6 Arithmetisches Mittel von Daten aus einer Urliste

Jakobs Großvater züchtet Rassekaninchen einer bestimmten Art. Jakob erfährt, wie viele Junge die 10 Kaninchen seines Großvaters bei ihrem letzten Wurf bekommen haben: 4, 3, 6, 4, 2, 4, 6, 7, 3, 5. Er berechnet das arithmetische Mittel. Was bedeutet sein errechneter Wert?

$$\bar{x} = \frac{\text{Summe aller Einzelwerte}}{\text{Anzahl aller Einzelwerte}} = \frac{4+3+6+4+2+4+6+7+3+5}{10} = 4{,}4$$

Bei der Interpretation dieses arithmetischen Mittels ergibt sich das Problem, dass der Wert 4,4 nicht im Datensatz enthalten ist und zudem eine **fiktive Größe** darstellt, da es keine 0,4 Kaninchen geben kann. Der Wert 4,4 bezieht sich auf ein Kaninchen der betreffenden Rasse und sagt etwas über die Geburtenzahlen dieser Rasse aus. Man muss dabei allerdings voraussetzen, dass die 10 Kaninchen des Großvaters typische Vertreter der Rasse und auch etwa gleich alt sind. Mit dem arithmetischen Mittel sind daher Vergleiche mit den Geburtenzahlen bei anderen Kaninchenrassen möglich. Somit ist das arithmetische Mittel ein **Vergleichswert**. Mit der fiktiven durchschnittlichen Jungenzahl 4,4 kann ein

Kaninchenzüchter beispielsweise auch berechnen, wie viele Junge bei 10 oder 15 Kaninchen dieser Art beim nächsten Wurf zu erwarten sind. Das arithmetische Mittel dient somit auch als **Prognosewert**.

Anhand dieses Beispiels kann die Lehrkraft außerdem deutlich machen, dass es sich beim arithmetischen Mittel um einen **repräsentativen Wert** handelt, der den gesamten Datensatz in einer Kennzahl zusammenfasst. Empirische Untersuchungen haben gezeigt, dass dieser repräsentative Aspekt des arithmetischen Mittels Schülern Schwierigkeiten bereiten kann (vgl. Strauss und Bichler 1988, S. 76). Wie kann ein so unauffälliger Wert den ganzen Datensatz repräsentieren? Wäre dafür nicht besser der häufigste Wert (**Modalwert**) eines Datensatzes geeignet, der sofort ins Auge sticht? Hierzu lässt sich einwenden, dass dieser einzelne Wert nicht den gesamten Datensatz mit einbezieht.

Als Synonym für das arithmetische Mittel wird häufig das Wort „Durchschnitt" verwendet. Dabei sollte beachtet werden, dass „Durchschnitt" und „durchschnittlich" je nach Kontext verschieden interpretiert werden können. So spricht man bei durchschnittlichen Schulleistungen auch von mittelmäßigen Leistungen, während eine durchschnittliche Körpergröße als „normal" eingeschätzt wird.

Da die Definition des arithmetischen Mittels über die Berechnungsvorschrift wenig hinsichtlich möglicher inhaltlicher Deutungen dieses Begriffs aussagt, müssen diese gemeinsam mit den Schülern erarbeitet werden. Dabei kommt geeigneten Veranschaulichungen in Form von Diagrammen und Handlungen eine wichtige Rolle zu.

Der Aspekt der gleichmäßigen Verteilung

Die gleichmäßige Verteilung der Summe aller Daten auf die Objekte führt direkt zur Berechnungsvorschrift für das arithmetische Mittel: Summe aller Werte dividiert durch die Anzahl aller Werte. Die inhaltliche Vorstellung der gleichmäßigen Verteilung wird in der Abb. 3.28 veranschaulicht. Dabei werden die einzelnen Daten als Längen von Strecken repräsentiert, die zu einer Gesamtstreckenlänge aneinandergehängt und anschließend dann in gleich viele Teilstrecken derselben Länge zerlegt werden. So erhält man die

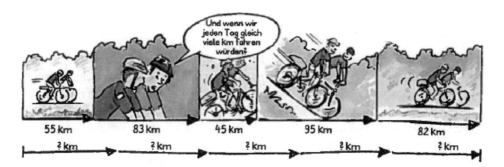

Abb. 3.28 Visualisierung des Verteilungsaspekts. (Aus *Sekundo* 6, S. 152; mit freundlicher Genehmigung von © Bildungshaus Schulbuchverlage. All Rights Reserved)

durchschnittlich pro Tag zurückgelegte Streckenlänge. Alternativ kann man anstelle der Strecken auch Rechtecke aneinanderhängen (s. Abb. 3.20 in Abschn. 3.2.2).

Diese inhaltliche Vorstellung der gleichmäßigen Verteilung knüpft an den Verteilungsaspekt der Division natürlicher Zahlen an (Padberg und Benz 2011, S. 154 f.). Eine Gesamtmenge wird gleichmäßig auf Objekte verteilt. Eine solche Betrachtung ist zwar auf formaler Ebene immer möglich,

$$n \cdot \bar{x} = x_1 + x_1 + x_2 + \ldots + x_n$$

aber konkret für Schüler besser nachvollziehbar, wenn diese Verteilung auch tatsächlich realisiert werden kann. Bei diskreten Daten, wie etwa der Anzahl von Kaninchen, bedeutet dies, dass das arithmetische Mittel eine natürliche Zahl sein muss. Handelt es sich um Größen, ist eine gleichmäßige Verteilung meist möglich. In manchen Sachkontexten macht aber die Betrachtung der Gesamtmenge keinen Sinn, z. B. bei Durchschnittstemperaturen oder dem Durchschnittsalter. Eine Besonderheit stellen schließlich Sachkontexte dar, in denen zur Bestimmung des arithmetischen Mittels keine Rohdaten vorliegen, sondern lediglich die Gesamtmenge bekannt ist. Das arithmetische Mittel erscheint hier als **Verhältniswert** z. B. beim durchschnittlichen Pro-Kopf-Verbrauch von Lebensmitteln oder Wasser.

Das arithmetische Mittel als Ausgleichswert
Um Deutungen des arithmetischen Mittels mit alltäglichen Vorstellungen zu verknüpfen, ist es sinnvoll, im Unterricht an Vorerfahrungen von Schülern anzuknüpfen. Im Alltag werden häufig Redewendungen wie „durchschnittlich" oder „im Schnitt" bzw. „im Durchschnitt" benutzt. Das Wort Durchschnitt entsteht aus der Substantivierung von durchschneiden. Dieses „Durchschneiden" wird besonders gut in der sogenannten Ausgleichseigenschaft sichtbar: Das arithmetische Mittel schafft einen Ausgleich zwischen besonders großen und kleinen Werten. Dabei ist die Summe aller Abweichungen der Daten von ihrem arithmetischen Mittel null.

$$(x_1 - \bar{x}) + (x_2 - \bar{x}) + (x_3 - \bar{x}) + \ldots + (x_n - \bar{x}) = 0$$

Dieser Ausgleichsaspekt lässt sich handelnd durch Umverteilen veranschaulichen. Einige Daten müssen verkleinert, andere vergrößert werden, damit die Unterschiede in den einzelnen Werten ausgeglichen werden. Der Durchschnitt als Ergebnis der Umverteilung lässt sich in einem Säulendiagramm (für Rohdaten) als eine die einzelnen Daten durschneidende Linie veranschaulichen. Alle Werte werden auf das arithmetische Mittel „zurechtgestutzt" (s. Abb. 3.29).

Für die Erarbeitung der Ausgleichseigenschaft bietet sich alternativ ein Gedankenexperiment an, in dem das Ausgleichen der Rohdaten in Form von verbundenen Wassersäulen realisiert wird. Hierfür eignet sich der Sachkontext Wetter, wenn man die durchschnittlichen monatlichen Niederschlagsmengen berechnen möchte. Bei dieser Veranschaulichung

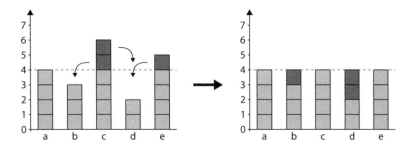

Abb. 3.29 Ausgleichsaspekt des arithmetischen Mittels

des Ausgleichsaspekts ist darauf zu achten, dass das Diagramm keine Häufigkeitsverteilung darstellt, sondern die Rohdaten. Als Merkmal wird die monatliche Niederschlagshöhe in Millimeter betrachtet, die für die zwölf Monate eines Jahres erhoben wurde. Damit Schüler diese Veranschaulichung verstehen können, ist es notwendig, dass sie sicher im Lesen und Interpretieren von Säulendiagrammen sind (vgl. Abschn. 3.2.1).

Beispiel 3.7 Gedankenexperiment zur Ausgleichseigenschaft

Berechnung der durchschnittlichen Niederschlagsmenge:

1. Summe aller Monatswerte: 662 mm
2. Summe aller Monatswerte dividiert durch die Anzahl der Monate: ≈ 55 mm

Die Niederschlagsmengen kannst du dir als Wasser in Glasgefäßen vorstellen. Wird das Wasser so umgefüllt, dass der Wasserstand in allen Gefäßen gleich hoch ist, erhältst du in jedem Gefäß die durchschnittliche Niederschlagsmenge.

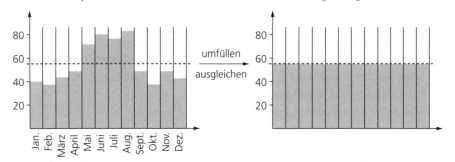

Zur Sicherung bieten sich Übungsaufgaben an, in denen das arithmetische Mittel nicht nur berechnet, sondern auch visualisiert werden soll. So wird eine Vernetzung zum Thema „Daten darstellen" erreicht. Die Diagramme in den Abb. 3.29 und im Bsp. 3.7 verdeutlichen, dass das arithmetische Mittel zwischen dem kleinsten und größten Wert der

Datenreihe liegt. Warum muss das immer so sein? Diese Frage bietet einen Anlass zum Argumentieren. Weiterhin sollte die Lehrkraft im Unterricht der Fehlvorstellung entgegenarbeiten, dass das arithmetische Mittel genau in der Mitte zwischen dem kleinsten und größten Datenwert liegt (in Bsp. 3.8 wäre das $(1,39\,m + 1,67\,m) : 2 = 1,53\,m$). Insbesondere ist das arithmetische Mittel im Allgemeinen nicht der Wert „in der Mitte" einer Datenreihe (der sogenannten **Zentralwert** oder **Median**, vgl. Abschn. 3.3.2). In der Schulbuchaufgabe im Bsp. 3.8 ist der Zentralwert der Körpergrößen mit 1,56 m etwas größer als das arithmetische Mittel mit 1,538 m.

Beispiel 3.8 Erkundung der mittleren Körpergröße von Schülern

Lara	Jens	Steffi	Sven	Lukas
1,61 m	1,58 m	1,39 m	1,67 m	1,44 m

a) Findest du die Kinder auf dem Foto?
b) Die Latte zeigt die Durchschnittsgröße der Kinder an. In welcher Höhe ist sie angebracht?
c) Wer ist kleiner als der Mittelwert, wer ist größer als der Mittelwert?
d) Wie groß ist die Spannweite?

Aus Sekundo 6, S. 152; mit freundlicher Genehmigung von © Bildungshaus Schulbuchverlage. All Rights Reserved

---

3.3.2 Zentralwert

Im Unterschied zum arithmetischen Mittel kommen Schüler bei der Ermittlung des Zentralwerts ohne eine Rechnung aus. Dafür müssen die Rohdaten allerdings vorher der Größe nach in einer **Rangliste** geordnet werden. Der **Zentralwert** oder **Median** teilt eine Rangliste in zwei Hälften mit jeweils gleich vielen Objekten (Merkmalsträgern). Er liegt in der Mitte der Daten und wird deshalb auch als mittlerer Wert bezeichnet. Als Symbol wird oft die Bezeichnung $\tilde{x}$ verwendet.

Der Zentralwert kann auf folgende Weise bestimmt werden:

- Alle Daten werden der Größe nach geordnet.
- Wenn die Anzahl der Daten ungerade ist, ist der mittlere Wert der Zentralwert.
- Wenn die Anzahl der Daten gerade ist, wird der Zentralwert als arithmetisches Mittel der beiden mittleren Merkmalswerte festgelegt.

Wir empfehlen für die Jahrgangsstufen 5/6 die Bezeichnung Zentralwert zu verwenden, da sie dicht an der wichtigen inhaltlichen Vorstellung der Bestimmung des Zentrums eines Datensatzes durch Halbierung liegt. Mithilfe einer **lebendigen Statistik** lässt sich beispielsweise der Zentralwert der Körpergrößen einer Gruppe von Schülern ermitteln. Dabei stellen sich die Schüler, wie in Abb. 3.30 gezeigt, der Größe nach geordnet auf und

Wenn man die Ergebnisse einer Befragung oder Messung der Größe nach ordnet, spricht man von einer Rangliste.

In einer Rangliste stehen rechts und links vom Zentralwert gleich viele Werte, er ist also die Mitte der Liste.

Zentralwert

Abb. 3.30 Zentralwert einer lebendigen Statistik (Aus *Mathe live* 5, S. 18; mit freundlicher Genehmigung von © Ernst Klett Verlag GmbH. All Rights Reserved)

erzeugen auf diese Weise eine Rangliste, aus der der Zentralwert direkt ersichtlich ist und (bei ungerader Datenanzahl) durch die Körpergröße des in der Mitte stehenden Schülers repräsentiert wird. Das Verfahren der lebendigen Statistik sollte Schülern aus dem Grundschulunterricht bekannt sein.

Zur enaktiven Ermittlung des Zentralwerts könnte man weiterhin die Rangliste der Daten auf einen Papierstreifen schreiben, wobei für jeden Merkmalswert gleich viel Platz zur Verfügung steht. Den Zentralwert der Daten erhält man dann einfach durch Falten des Papierstreifens. Beispielsweise erhält man als Zentralwert der nachfolgend angeführten Körpergrößen von fünf Kindern 1,58 m:

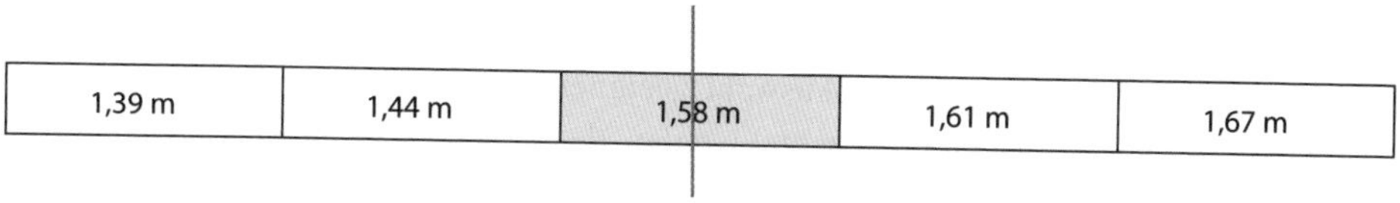

1,39 m	1,44 m	1,58 m	1,61 m	1,67 m

Daten zur Körpergröße eignen sich gut zum Vergleich des Zentralwerts mit dem arithmetischen Mittel. Dabei können Schüler erkennen, dass bei der Bestimmung des Zentralwerts nur die Anzahl der Daten eine Rolle spielt, nicht aber deren konkrete Werte.

Wie beim arithmetischen Mittel sollten auch beim Zentralwert inhaltliche Vorstellungen explizit thematisiert werden, um Fehlvorstellungen zu vermeiden. Häufig verwechseln Schüler den Zentralwert mit der Mitte des Wertebereichs, d. h. dem arithmetischen Mittel aus dem kleinsten und größten Merkmalswert, oder sehen in ihm lediglich einen Schnittpunkt zur Halbierung des Datensatzes (vgl. Bakker et al. 2006, S. 169 f.). Eine bei Datenanalysen wichtige Eigenschaft dieser statistischen Kennzahl ist, dass der Zentralwert das **Zentrum einer Verteilung** erfasst. Diese Eigenschaft lässt sich besonders gut im Zusammenhang mit dem Stamm-Blätter-Diagramm veranschaulichen. Abbildung 3.31 zeigt die Auswertung einer Klassenumfrage zu Schulwegzeiten mittels eines Stamm-Blätter-Diagramms. Dieses beinhaltet bereits eine Rangliste der Daten, sodass bei den 29 Schülerdaten der 15. Wert den Zentralwert angibt, hier also eine Schulwegzeit von 20 Minuten. Der Zentralwert besagt in diesem Fall, dass jeweils 14 Schüler (rund die Hälfte) weniger bzw. mehr als 20 Minuten für den Schulweg benötigen. Der Zentralwert teilt also den Datensatz in ungefähr zwei gleich große Hälften.

Abb. 3.31 Zentralwert von
Schulwegzeiten im Stamm-
Blätter-Diagramm: 20 min

Schulwegzeiten in Minuten

0	5 5 5 6 7 8
1	0 2 3 5 6 7 8 9
2	0 5 5 8
3	0 0 1 8 8
4	0 0 0 5 5
5	0

Wie das arithmetische Mittel ist auch der Zentralwert ein *repräsentativer Wert*, mit dem ein Datensatz mit einer Kennzahl zusammengefasst wird. Da seine Ermittlung nicht wie das arithmetische Mittel die Bruchrechnung voraussetzt, kann diese Kennzahl bereits in Klasse 5 zusammen mit Stamm-Blätter-Diagrammen oder sogar in der Grundschule behandelt werden. Es ist nicht zu empfehlen, den Zentralwert gleichzeitig mit dem arithmetischen Mittel einzuführen, da sonst leicht eine Verwechslung beider Kennzahlen möglich ist. Beide Werte sind mit unterschiedlichen Denkweisen und Verfahren zu ihrer Bestimmung verbunden, die zunächst separat ausgebildet werden sollten, bevor ein Vergleich beider Zugänge erfolgt.

Wenn Merkmalswerte in einem Datensatz mehrfach vorkommen, wie in Bsp. 3.9 die Geschwisterzahlen von Schülern einer Klasse (s. Abschn. 3.3.3), ist die Angabe des Zentralwerts, der in diesem Fall 1 beträgt, wenig sinnvoll. Man könnte dann beispielsweise nur noch sagen, dass *höchstens* die Hälfte der Schüler weniger (bzw. mehr) als ein Geschwister hat. Daher sollte bei der Auswahl geeigneter Datensätze zur Berechnung und Deutung des Zentralwerts darauf geachtet werden, dass solche Häufungen gleicher Werte nicht auftreten.

Der Begriff Zentralwert entfaltet seine Bedeutung im Stochastikunterricht erst im Zusammenhang mit Datenanalysen. Er wird in der Jahrgangsstufe 7/8 erneut aufgegriffen, wenn Verteilungen mithilfe von Boxplots dargestellt und miteinander verglichen werden. Der Zentralwert wie auch das arithmetische Mittel treten hierbei als *Vergleichswerte* auf (vgl. Abschn. 3.3.4 und 4.2.4). In diesem Zusammenhang sollten weitere Eigenschaften dieser beiden Mittelwerte vertieft werden, etwa deren Robustheit gegenüber Ausreißern.

3.3.3 Arithmetisches Mittel einer Häufigkeitsverteilung

Bei einer Häufigkeitsverteilung wird vor der Berechnung des arithmetischen Mittels gezählt, wie oft gleiche Werte vorkommen. Diese Häufigkeiten geben somit „Gewichte" an, die einen Einfluss auf das arithmetische Mittel haben.

Beispiel 3.9

In einer Umfrage der Klasse 6b wurde erhoben, wie viele Geschwister die Schüler haben. Ermittle das arithmetische Mittel der Geschwisterzahlen mithilfe der Häufigkeitstabelle. Kannst du einen geschickten Rechenweg finden?

Anzahl der Geschwister	0	1	2	3	4
Abs. Häufigkeit	3	9	5	2	1

Zur Berechnung der durchschnittlichen Geschwisterzahl können Schüler die absoluten Häufigkeiten der verschiedenen Geschwisteranzahlen nutzen, um durch geeignete Multiplikationen schneller die „Summe aller Werte" zu berechnen.

$$\bar{x} = \frac{3 \cdot 0 + 9 \cdot 1 + 5 \cdot 2 + 2 \cdot 3 + 1 \cdot 4}{20} = \frac{29}{20} \approx 1{,}45$$

Ausgehend von dieser Beispielaufgabe kann im Unterricht die folgende Berechnungsvorschrift gewonnen werden:

Das **arithmetische Mittel einer Häufigkeitsverteilung** kannst du berechnen, indem du die Produkte aus den Werten und deren Anzahl addierst und durch die Anzahl aller Werte teilst.

$$\bar{x} = \frac{\text{Summe der Produkte aus Werten und deren Anzahl}}{\text{Anzahl aller Werte}}$$

Weiterhin kann Bsp. 3.9 gut zu Diagnosezwecken verwendet werden. Ein häufig vorkommender Fehler bei der Berechnung des arithmetischen Mittels ist, dass Schüler die Null nicht berücksichtigen, was in diesem Fall zur Rechnung $29 : 17 \approx 1{,}7$ führen würde.

Arithmetisches Mittel als Schwerpunkt
Eine weitere wichtige Deutung des arithmetischen Mittels ist seine Schwerpunkteigenschaft. Damit können auch solche fiktiven Werte wie 1,45 Geschwister veranschaulicht

Abb. 3.32 Arithmetisches Mittel als Schwerpunkt einer Häufigkeitsverteilung

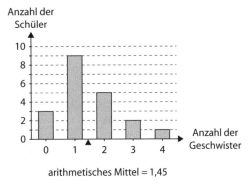

Abb. 3.33 Veranschaulichung
der Schwerpunkteigenschaft
mit einer Wippe

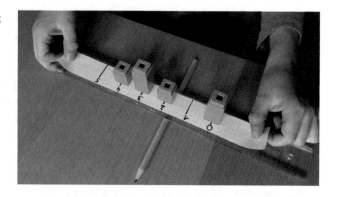

werden. Eine Balkenwaage mit den Häufigkeiten der Merkmalswerte als „Gewichte" ist im Gleichgewicht, wenn sie im arithmetischen Mittel fixiert wird (s. Abb. 3.32 und 3.33). Hinter dieser Veranschaulichung des Schwerpunkts einer Häufigkeitsverteilung steckt das Hebelgesetz, das sich für metrische Daten in folgender Form beschreiben lässt: Die Summe aller absoluten Abweichungen derjenigen Werte vom arithmetischen Mittel, die kleiner als dieses sind, ist gleich der Summe aller absoluten Abweichungen, die größer als das arithmetische Mittel sind.

$$3 \cdot |0 - 1{,}45| + 9 \cdot |1 - 1{,}45| = 8{,}4 = 5 \cdot |2 - 1{,}45| + 2 \cdot |3 - 1{,}45| + 1 \cdot |4 - 1{,}45|$$

Bei der Veranschaulichung der Schwerpunkteigenschaft mittels einer selbst gebauten Wippe ist wegen des Eigengewichts der „Wippe" mit kleineren Abweichungen zu rechnen, insbesondere dann, wenn das arithmetische Mittel der „Datengewichte" nicht in der Mitte der Wippe liegt. Dieses Problem kann einfach behoben werden, wenn man als Wippe ein Lineal mit einem darauf verschiebbaren Papierstreifen verwendet. Zuerst bringt man das Lineal in einen Gleichgewichtszustand, dann ordnet man die Häufigkeitsverteilung mit Steckwürfeln als Gewichte auf dem Papierstreifen an. Diese setzt man vorsichtig auf das Lineal und verschiebt den Papierstreifen, bis der Gleichgewichtszustand wieder vorhanden ist (s. Abb. 3.33).

Damit die Schwerpunkteigenschaft gesichert wird, bieten sich Übungsaufgaben an, in denen das arithmetische Mittel einer Häufigkeitsverteilung im Diagramm markiert werden soll (s. Bsp. 3.10). Dabei können Schüler zuerst die Lage des arithmetischen Mittels schätzen und ihre Schätzung mittels Rechnung überprüfen. Die durchschnittliche Fahrtdauer kann über die Schwerpunkteigenschaft aus dem Diagramm mit gut 20 Minuten geschätzt werden. Dazu stellt man sich vor, wo die zum Diagramm passend besetzte Wippe gestützt werden müsste, um im Gleichgewicht zu sein. Die Rechnung ergibt eine durchschnittliche Fahrtdauer von 20,2 Minuten:

$$\bar{x} = \frac{1 \cdot 18 + 4 \cdot 19 + 7 \cdot 20 + 5 \cdot 21 + 2 \cdot 22}{19} = \frac{383}{19} \approx 20{,}2$$

Außerdem wird in Bsp. 3.10 das Lesen eines Säulendiagramms problemorientiert wiederholt.

Beispiel 3.10

Anna hat während eines Monats die Fahrtdauer ihres Busses auf dem Weg zur Schule gemessen und in einem Säulendiagramm dargestellt. Wie lange ist die durchschnittliche Fahrtdauer? Schätze zuerst und berechne dann das arithmetische Mittel. Markiere das Ergebnis mit einem ▲ auf der x-Achse.

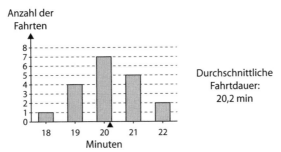

Mittelwertabakus

Mit der folgenden Methode zur enaktiven Bestimmung des arithmetischen Mittels, die nach Spiegel (1985) als Mittelwertabakus bezeichnet wird, kann sowohl die Schwerpunkteigenschaft als auch die Ausgleichseigenschaft des arithmetischen Mittels im Unterricht handlungsorientiert am Beispiel einer Häufigkeitsverteilung wiederholt und vertieft werden.

Beispiel 3.11

An einer Schule gibt es insgesamt 16 verschiedene Klassen der Jahrgangsstufen 5 bis 8. Wie viele Schüler sind durchschnittlich in einer Klasse?

Anzahl der Schüler	23	24	25	26	27	28	29	30	31	32
Anzahl der Klassen	1	0	1	4	3	3	0	2	1	1

Die Häufigkeitsverteilung kann mithilfe von Würfelbausteinen oder quadratischen Kärtchen gegenständlich veranschaulicht werden. Dabei stehen jeder Baustein oder jedes Kärtchen für eine Klasse. Das arithmetische Mittel wird nun durch „Umstapeln" der Würfel bzw. Kärtchen ermittelt (s. Abb. 3.34). Für jede Klassengröße, die um eins erhöht wird, wird eine andere um eins erniedrigt. Am besten werden zuerst die äußeren Würfel bzw. Kärtchen paarweise (mit beiden Händen gleichzeitig) umgestapelt und bewegen sich aufeinander zu. Schließlich erhält man zwei Säulen (oder sogar nur eine), bei denen das

Abb. 3.34 Mittelwertabakus

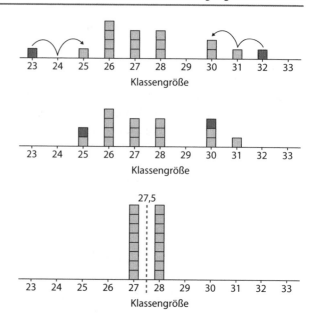

Umstapeln zu keiner weiteren Änderung mehr führt. Aus diesen lässt sich das arithmetische Mittel direkt ablesen, im Beispiel ergibt sich eine durchschnittliche Klassengröße von 27,5 Schülern.

Mithilfe des Mittelwertabakus können arithmetische Mittel von kleineren Datensätzen handelnd bestimmt werden. Dabei wird die Schwerpunkteigenschaft verwendet, da beim Umstapeln das Gleichgewicht nicht verändert wird, so als ob man auf den beiden Seiten einer Waage oder einer Wippe die Gewichte in gleicher Weise nach innen verlagern. Auch die Ausgleichseigenschaft wird angesprochen. Im Bsp. 3.11 bedeutet jedes Umstapeln, dass in einer Klasse ein Schüler weniger und in einer anderen ein Schüler mehr ist, sodass die Schülerzahl schrittweise ausgeglichen wird. Besonders gut eignet sich diese Methode für Umkehraufgaben, wenn zu einem gegebenen Durchschnitt verschiedene mögliche Häufigkeitsverteilungen angegeben werden sollen.

3.3.4 Vergleiche und Prognosen mit Mittelwerten

Bei der Einführung elementarer statistischer Maßzahlen wie dem arithmetischen Mittel oder Zentralwert sollen Schüler diese Kennzahlen als Vergleichswerte erfahren. So ermöglicht etwa die durchschnittliche Klassengröße an einer Schule den Vergleich mit der eigenen Klasse: Sind vergleichsweise viele oder eher weniger Schüler in meiner Klasse?

Außerdem helfen Mittelwerte auch beim Quantifizieren von Unterschieden mit Blick auf ganze Datensätze etwa beim Vergleich zweier Grundgesamtheiten oder von Teilgruppen einer Grundgesamtheit. Häufig ist man bei einer statistischen Auswertung nicht nur daran interessiert, ob ein Unterschied etwa der Schuhgrößen oder der sportlichen Leistungen von Jungen und Mädchen besteht, sondern wie groß dieser ist (vgl. Bsp. 3.12).

___

Beispiel 3.12

Vergleiche die 100-Meter-Laufzeiten der Jungen und Mädchen aus dem Sportverein TUS 08.

```
                    13 | 5  7
                    14 | 1  6  9
              7 |   15 | 2  3|5  5  6
    2 4 7 8 8 9 |   16 | 2  4  4
        0 7 7 8 |   17 | 3
            4 4 |   18 |
```

___

Mit 15,4 s liegt der Zentralwert bei den 100-Meter-Laufzeiten der Jungen um 1,5 s niedriger als der der Mädchen. Anders ausgedrückt: Im Mittel laufen die Jungen die 100 m um 1,5 s schneller als die Mädchen. Dieser Zentralwertvergleich bezieht sich auf die Gesamtgruppe. Für einzelne Mädchen und Jungen treten davon abweichende Zeitdifferenzen auf: Der schnellste Junge läuft beispielsweise mit 13,5 s sogar 2 s schneller als das schnellste Mädchen. Die beiden langsamsten Mädchen brauchen dagegen nur rund 1 s mehr für die 100 m als der langsamste Junge. Mit solchen Betrachtungen sollte die Lehrkraft Schülern verdeutlichen, welche Informationen man aus einem Mittelwertvergleich ziehen kann und welche nicht. Über den Zentralwert hinaus liefert ein Vergleich der Spannweiten der 100-Meter-Zeiten (2,8 s bei den Mädchen und 3,8 s bei den Jungen) die Information, dass die Trainingsgruppe der Jungen in ihren Leistungen beim 100-Meter-Lauf heterogener ist. Diese größere Streuung der Laufzeiten zeigt auch das weitere Auseinanderliegen der Werte im Stamm-und-Blätter-Diagramm der Jungen.

Monatliche Durchschnittswerte der Lufttemperaturen und Regenmengen in Form von Niederschlagshöhen werden in Klimadiagrammen genutzt, um verschiedene Orte miteinander vergleichbar zu machen. Sie werden von Urlaubsanbietern veröffentlicht und können gut im Stochastikunterricht eingesetzt werden, um das Lesen und Interpretieren von Diagrammen im Zusammenhang mit statistischen Kennzahlen einzuüben. Bei der Interpretation solcher Klimadiagramme ist aber Vorsicht geboten. Jetzt handelt es sich nicht mehr um die Ergebnisse einer Datenerhebung über ein Jahr hinweg, sondern um Durchschnittswerte, die aus langjährigen Messungen gewonnen wurden. Dabei kommt der Ausgleichsaspekt des arithmetischen Mittels zum Tragen. Bei der Mittelwertbildung über viele Jahre hinweg findet ein Ausgleich besonders hoher und niedriger Temperatur- und Niederschlagswerte in den jeweiligen Monaten statt. Daher eignen sich Klimadiagramme für *Prognosen*: Welches Wetter darf man bei einer Reise nach München im Oktober erwarten?

Beispiel 3.13 Interpretieren eines Klimadiagramms

a) Wann ist es in München besonders regnerisch?
b) Wie ändern sich die durchschnittlichen Monatswerte der Lufttemperaturen über
   den Jahresverlauf hinweg? Wodurch könnte die Temperaturentwicklung beeinflusst
   werden?
c) Wie könnten die Durchschnittswerte im Klimadiagramm ermittelt worden sein?
d) Wozu kann man diese Angaben verwenden?

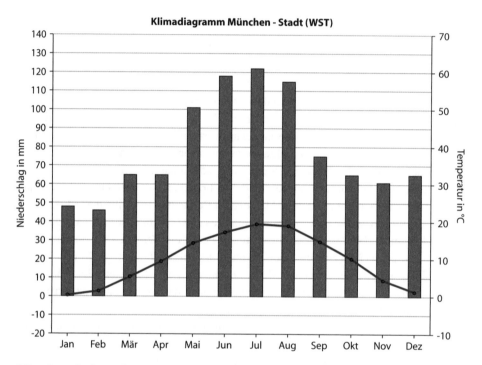

Klimadaten des Deutschen Wetterdienstes der Wetterstation München Stadt 1981–2010

3.4 Wahrscheinlichkeiten qualitativ bestimmen und darstellen

Wir verstehen den Wahrscheinlichkeitsbegriff als Einheit von inhaltlichen und formalen
Aspekten (vgl. Abschn. 6.3). Die Ausbildung inhaltlicher Vorstellungen sollte in der Primarstufe beginnen und dazu führen, dass Schüler durch das qualitative Vergleichen, Einschätzen und Deuten von Wahrscheinlichkeiten reichhaltige Erfahrungen machen können
(vgl. Abschn. 2.3). Wir empfehlen, dass analog zu den anderen Inhalten der Primarstufe
in der Klassenstufe 5 die Vorkenntnisse der Schüler reaktiviert werden, gegebenenfalls
grundlegende inhaltliche Vorstellungen neu erarbeitet werden müssen. Die Schüler kommen in der Regel aus verschiedenen Grundschulen und man kann nicht davon ausgehen,

dass in allen Grundschulen in gleicher Weise eine Behandlung des Wahrscheinlichkeitsbegriffs erfolgte.

Schüler sollten von Beginn an mit verschiedenen Anwendungen des Wahrscheinlichkeitsbegriffs vertraut gemacht werden. Deshalb betrachten wir nicht nur Vorgänge aus dem Bereich der Glücksspiele, sondern vor allem auch vielfältige Vorgänge in der Natur, im alltäglichen Leben eines Schülers oder in seinem gesellschaftlichen Umfeld. Wir greifen dazu geeignete Aufgabenstellungen zum Umgang mit Daten aus den vorherigen Abschnitten auf. Damit kann eine Brücke zwischen Daten und Wahrscheinlichkeit auch dahingehend hergestellt werden, Schülern zu verdeutlichen, dass sich die Erfassung und Aufbereitung von Daten bisher auf bereits abgelaufene Vorgänge bezogen haben und Wahrscheinlichkeitsaussagen meist auf zukünftig ablaufende Vorgänge abzielen.

Anknüpfen an die umgangssprachliche Verwendung von „wahrscheinlich"
Die inhaltlichen Vorstellungen zum Wahrscheinlichkeitsbegriff knüpfen an die umgangssprachliche Verwendung von „wahrscheinlich" und „unwahrscheinlich" an. Dabei ist allerdings zu beachten, dass das Wort „wahrscheinlich" als Adverb meist die Bedeutung von „sehr wahrscheinlich" hat, also für Ereignisse mit einer großen Wahrscheinlichkeit steht, und das Wort „unwahrscheinlich" für Ereignisse mit geringer Wahrscheinlichkeit verwendet wird. Die Aussage „Ich werde wahrscheinlich morgen zu Besuch kommen" bedeutet im Alltag, dass man mit ziemlicher Sicherheit kommen wird. Zunächst sollte die Lehrkraft mit ihren Schülern anhand von Alltagsbeispielen klären, dass man das Wort „wahrscheinlich" nutzt, wenn man Vorgänge betrachtet, die mehrere mögliche Ergebnisse haben können, wobei man nicht sicher ist, welches davon eintreten wird. Das Wort „wahrscheinlich" ist im Unterschied zu „Wahrscheinlichkeit" kein Fachbegriff der Wahrscheinlichkeitsrechnung und sollte im Unterricht zunehmend nur in Wortkombinationen wie „sehr wahrscheinlich" oder „wenig wahrscheinlich" verwendet bzw. interpretiert werden. Schüler können im Unterrichtsgespräch dahin geführt werden, dass sie diese Wortkombinationen verwenden, wenn sie ihr subjektives Erwartungsgefühl präziser ausdrücken wollen. Unter dem Erwartungsgefühl einer Person bezüglich eines möglichen Ergebnisses eines stochastischen Vorgangs verstehen wir den Grad der Sicherheit, mit dem die Person das Eintreten des betreffenden Ergebnisses erwartet. Die eben beschriebene Veränderung im Gebrauch des Wortes „wahrscheinlich" sollte im Unterricht an Beispielen aus dem Umfeld der Schüler diskutiert werden. Die Lehrkraft könnte Aussagen über Ergebnisse in einem kommenden Weitsprungtest einer trainierten Schülerin, im Folgenden Anne genannt, bilden und diskutieren. Dabei können Aussagen wie „Anne bekommt wahrscheinlich eine 2" oder „Anne bekommt wahrscheinlich eine 6" analysiert werden. Während der Diskussionen sollten Schüler erste Erfahrungen mit der Bedeutung von Wahrscheinlichkeitsaussagen machen, indem der prognostische Charakter der Aussagen herausgestellt wird und die Aussagen als Ausdruck des Erwartungsgefühls für das mögliche Eintreten eines Ergebnisses interpretiert werden. Um das Erwartungsgefühl zu begründen, hilft eine Prozessbetrachtung, die Schüler bei der Erfassung von Daten kennengelernt haben (s. Abb. 3.35 und Abschn. 3.1.3). Dadurch werden die Schüler angeregt,

Abb. 3.35 Prozessschema
zum Weitsprung

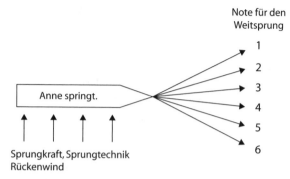

über alle möglichen Ergebnisse und die Einflussfaktoren auf die Wahrscheinlichkeit der
Ergebnisse nachzudenken (s. Abb. 3.35). Da Anne eine trainierte Sportlerin sein soll, sind
gute Noten wahrscheinlicher als schlechte. Aber auch eine gute Sportlerin kann übertreten und so eine 6 für einen Sprung bekommen. Daher könnten Schüler vermuten, dass die
Note 2 ziemlich wahrscheinlich und die Note 6 wenig wahrscheinlich sei.

Ein geeigneter Gegenstandsbereich für weitere Übungen sind Prognosen für das Wetter
am nächsten Tag.

Beispiel 3.14

Du hast folgende Aussage gehört. Kreuze an, was sie bedeutet: „Es ist sehr wahrscheinlich, dass die Temperaturen morgen Nachmittag auf 30 °C klettern."

☐ Morgen Nachmittag werden wir mit Sicherheit 30 °C oder mehr haben.
☐ Wir können uns darauf einstellen, dass morgen Nachmittag 30 °C oder mehr herrschen, es könnte aber auch etwas kälter sein.

Bilde selbst Wahrscheinlichkeitsaussagen über das morgige Wetter.

Wetterprognosen können auch genutzt werden, um das dann tatsächlich eingetretene
Wetter zu bewerten. Dabei erleben Schüler den besonderen Charakter von Wahrscheinlichkeitsaussagen: Sie sind nicht sicher, sondern geben nur eine Möglichkeit an. Oft kann
man die Wörter „Glück" oder „Pech" verwenden, wenn etwas eingetreten ist, was kaum
zu erwarten war.

Wahrscheinlichkeiten qualitativ miteinander vergleichen
Als weitere Möglichkeit zur Erschließung des Wahrscheinlichkeitsbegriffs sollte sein
komparativer Aspekt genutzt werden (vgl. Abschn. 6.3.3). Auch dabei kann man an die
Umgangssprache anknüpfen, in der ebenfalls Wahrscheinlichkeitsvergleiche auftreten.
Man sagt, dass etwas wahrscheinlicher ist, eine größere Wahrscheinlichkeit hat als etwas
anderes bzw. weniger wahrscheinlich ist oder eine geringere Wahrscheinlichkeit hat oder

dass zwei Ergebnisse die gleiche Wahrscheinlichkeit haben bzw. gleichwahrscheinlich sind. Anschließend an die ersten Diskussionen über mögliche Ergebnisse von Annes Weitsprungtest sollte nun herausgestellt werden, dass aufgrund der Bedingung „Anne ist eine trainierte Sportlerin" die Note 6 weniger wahrscheinlich ist als die Note 2.

Zum Vergleichen von Wahrscheinlichkeiten eignen sich aber auch Fragen, die jeder Schüler individuell selbst beantworten kann und die stochastische Vorgänge mit nur zwei möglichen Ergebnissen betreffen.

Beispiel 3.15

Stelle dir vor, dass im Sportunterricht Weitsprung mit Anlauf geübt wird. Welches der möglichen Ergebnisse (1) oder (2) ist für dich wahrscheinlicher, wenn der Sprung gültig ist?

(1) Du springst weiter als 3 m.
(2) Du springst nicht weiter als 3 m.

Ein Schüler kann aufgrund seiner Erfahrungen aus dem Sportunterricht einschätzen, welches der beiden Ergebnisse er als wahrscheinlicher betrachtet. Der Vorteil solcher Vorgänge, die Schüler selbst betreffen, ist, dass sie die Einflussfaktoren gut einschätzen können. Ein Nachteil ist, dass die Lehrkraft oft schwer beurteilen kann, inwieweit die Schülerantworten zutreffen. Schüler sollten daher ihre Antworten begründen.

Wahrscheinlichkeitsvergleiche können auch bei naturwissenschaftlichen Vorgängen erfolgen. Bei dem folgenden Aufgabenbeispiel müssen Schüler ihre Kenntnisse aus dem Biologieunterricht oder Alltag anwenden, dass Wasser eine wichtige Bedingung für die Keimung von Samen ist.

Beispiel 3.16

Eine 5. Klasse führt einen Versuch zum Keimen von Kressesamen durch. Tom hat vor dem Wochenende vergessen, seine Schale mit den zehn Samen zu gießen. Nun steht sie drei Tage lang im Sonnenschein. Was ist wahrscheinlicher?

a) Es keimen nach den drei Tagen noch alle 10 Samen.
b) Es keimen nicht mehr alle 10 Samen.

Wahrscheinlichkeitsvergleiche sind in Glücksspielsituationen häufig anzutreffen. Besonders geeignet sind stochastische Vorgänge, deren Ergebnisse alle gleichwahrscheinlich sind, da hier ein Wahrscheinlichkeitsvergleich für bestimmte Ereignisse ohne Bruchrechnung über den Vergleich von Anzahlen erfolgen kann.

Beispiel 3.17

Ronja spielt mit den roten und Brian mit den blauen Spielfiguren. Beide möchten eine Figur ins Haus setzen. Bei wem ist die Wahrscheinlichkeit größer, dass dies beim nächsten Wurf gelingt? Ronja ist gerade an der Reihe und danach Brian.

Schüler müssen erkennen, dass es mit den roten Spielfiguren zwei geeignete Würfelergebnisse gibt (Augenzahlen 1 und 2) und mit den blauen drei (Augenzahlen 1, 2 und 3), um ins Haus zu gelangen, sodass die Wahrscheinlichkeit für Brian etwas größer ist als für Ronja.

Beschreiben von Wahrscheinlichkeiten – die Wahrscheinlichkeitsskala

Wahrscheinlichkeiten können von Schülern in dieser Entwicklungsphase nur verbal beschrieben werden. Um Schülern zu vermitteln, dass sehr viele verschiedene Grade des Erwartungsgefühls über „sehr wahrscheinlich" und „wenig wahrscheinlich" hinaus möglich sind, schlagen wir vor, eine **Wahrscheinlichkeitsskala** zu verwenden (s. Abb. 3.36). Dazu muss jetzt eine dynamische Sicht eingenommen und verdeutlicht werden, dass Wahrscheinlichkeiten sehr groß und auch sehr klein sein können. Es gibt aber in jeder Richtung eine bestimmte Grenze. In der einen Richtung führt diese Sicht zu der Aussage, dass ein Ergebnis absolut unmöglich ist, und in der anderen Richtung zu der Aussage, dass das Ergebnis mit Sicherheit eintritt. Innerhalb dieses Bereichs können alle anderen verbalen Wahrscheinlichkeitsangaben eingeordnet werden. Dieser Knotenpunkt in der Entwicklung des Wahrscheinlichkeitsbegriffs bei den Schülern wird auch als **Normierung des Erwartungsgefühls** bezeichnet. Die bisherigen verbalen Einschätzungen des Erwartungsgefühls werden jetzt auf einer nach beiden Seiten begrenzten Skala markiert. Sie

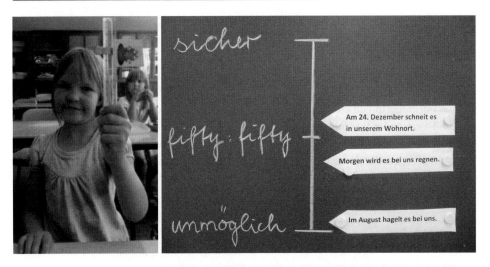

Abb. 3.36 Wahrscheinlichkeitsskala (Fotos privat)

kann als „Wahrscheinlichkeitsskala" oder „Wahrscheinlichkeitsstreifen" bezeichnet werden. An dem einen Ende der Skala befinden sich die kleinen und am anderen Ende die großen Wahrscheinlichkeiten. Obwohl bei einer Markierung in der Regel ein bestimmter Punkt der Skala gekennzeichnet wird (s. Abb. 3.36), muss den Schülern verdeutlicht werden, dass bis auf drei Ausnahmen (unmöglich, fifty-fifty, sicher) eine bestimmte verbale Einschätzung nicht genau einem Punkt zugeordnet werden kann, sondern immer ein bestimmter Bereich möglich ist.

Für die zeichnerische Darstellung einer solchen Skala ist es günstig, eine Strecke in vertikaler Lage zu verwenden, auf der die Wahrscheinlichkeiten der Ergebnisse durch Striche gekennzeichnet werden. Eine solche Darstellung wurde erstmalig von Varga für den Unterricht vorgeschlagen (1972, S. 352 ff.). Die vertikale Lage der Strecke ist der horizontalen Lage vorzuziehen, da so auf die spätere Verwendung der y-Achse für die Angabe von Wahrscheinlichkeiten vorbereitet wird, wenn Wahrscheinlichkeitsverteilungen grafisch dargestellt werden. Ein weiterer Vorteil der senkrechten Darstellung ist, dass dann die Wahrscheinlichkeitsaussagen einfacher neben der Skala notiert werden können.

Eine enaktive Darstellung einer Wahrscheinlichkeitsskala ist in einfacher Weise mit einem Schülerlineal möglich, das in vertikaler Lage gehalten wird und auf dem die Wahrscheinlichkeiten mithilfe einer Wäsche- oder Büroklammer markiert werden. Zu einem schnellen Vergleich der Ergebnisse in der Klasse können die Lineale hochgehalten werden. Es sollte beachtet werden, dass die auf dem Lineal vorhandene Skala bei der Markierung von Wahrscheinlichkeiten nicht beachtet wird, da der Nullpunkt der Skala auf dem Lineal oft nicht am Anfang des Lineals beginnt und je nachdem, wie das Lineal gehalten wird, die Zentimeterskala von unten nach oben oder von oben nach unten gehen kann. Deshalb ist es am besten, wenn man möglichst die Rückseite des Lineals verwendet, auf der keine Skala enthalten ist. Es hat sich bewährt, die Grenzfälle „unmöglich" und „sicher" dadurch zu kennzeichnen, dass die Klammer von unten bzw. von oben an dem Lineal befestigt wird.

Zur verbalen Beschreibung der Größe der Wahrscheinlichkeit sind unterschiedliche Bezeichnungen und Abstufungen möglich. In einem ersten Schritt ist es ausreichend, nur wenige Formulierungen zu verwenden. Als Orientierung für die Lehrkraft kann dabei die Abb. 6.3 verwendet werden (vgl. Abschn. 6.3.3). Wichtiger als die Vorgabe bestimmter Begriffe sind jedoch Diskussionen mit Schülern über ihre Vorstellungen, wobei eigene Wortschöpfungen durchaus willkommen sein sollten. Dazu eignen sich besonders Aussagen aus dem Erfahrungsbereich von Schülern, die durch die Lehrkraft dem folgenden Beispiel angepasst werden könnten.

Beispiel 3.18

Beschreibe die Wahrscheinlichkeit der folgenden Vorhersagen eines Wetterfrosches und markiere sie dann auf einer Wahrscheinlichkeitsskala.

a) Morgen wird es bei uns regnen.
b) Im August hagelt es bei uns.
c) Am 24. Dezember schneit es in unserem Wohnort.

Wenn Schüler ihr Erwartungsgefühl auf der Skala abbilden und verbalisieren, ist es wichtiger, dass sie die Tendenz (oben, unten, sehr weit oben, fast ganz unten) richtig erkennen und sich auszudrücken lernen, als die der Lehrkraft bekannten quantitativen Wahrscheinlichkeiten auf der Skala punktgenau zu treffen. Ein besonderes Problem ist die Bezeichnung des Mittelpunkts der Skala. Ausgehend von der Beschreibung der Wahrscheinlichkeiten, beim Wurf einer Münze „Wappen" oder beim Würfeln eine gerade Zahl zu erhalten, kann mit Schülern herausgearbeitet werden, dass es sinnvoll ist, diesen Punkt zu beschriften. Geeignete Möglichkeiten sind die Angabe der Chancen für das Ereignis in der Form „fifty-fifty", 1 : 1 oder: „Die Chancen für das Eintreten oder Nichteintreten des Ergebnisses sind gleich groß."

Die Enden der Skala werden meist mit den Wörtern „unmöglich" und „sicher" bezeichnet. Neben den unterschiedlichen Bedeutungen der Wörter (vgl. Abschn. 6.3.3) wird es Probleme geben, wenn stochastische Vorgänge, also Vorgänge mit mehreren möglichen Ergebnissen betrachtet werden, da ein solcher Vorgang in der Regel kein unmögliches oder sicheres Ergebnis hat. Für Beispiele muss im Fall des unmöglichen Ergebnisses immer künstlich ein Ergebnis konstruiert werden, das in der Ergebnismenge gar nicht vorkommt (Anne bekommt eine 7 beim Weitsprung, Paul würfelt eine 8), während es nur sicher ist, dass eines der Ergebnisse aus der Ergebnismenge eintreten wird. Aufgaben zum Unterscheiden von unmöglichen, möglichen oder sicheren Ergebnissen dienen in erster Linie dazu, die Sichtweise der Schüler auf Vorgänge mit mehreren möglichen Ergebnissen auszubilden. Dies erfolgt vor allem in der Primarstufe und sollte jetzt in der Sekundarstufe keine große Rolle mehr spielen.

Im Folgenden geben wir weitere Beispiele zum verbalen Beschreiben von Wahrscheinlichkeiten. Bei diesen verschiedenen Aufgabentypen kann die Lehrkraft thematisieren, woher die Schüler ihr Erwartungsgefühl erhalten, und damit Möglichkeiten zur Gewinnung quantitativer Wahrscheinlichkeiten intuitiv vorbereiten.

Bei Aufgaben zu **Vorgängen, die Schüler selbst betreffen**, müssen sie sich einschätzen können und von ihrer eigenen Erfahrung ausgehen. Daher hat jede Aufgabe eine individuelle Lösung.

Beispiel 3.19

Schätze die Wahrscheinlichkeit ein, dass du länger als 30 Sekunden die Luft anhalten kannst. Markiere sie auf der Wahrscheinlichkeitsskala.

Wenn jeder Schüler auf seinem Lineal sein Erwartungsgefühl bei den einzelnen Aufgaben mit einer Klammer markiert und anschließend alle das Lineal hochhalten, können Diskussionen über die Ursachen für die Unterschiede bei einzelnen Schülern oder Schülergruppen erfolgen. Für Schüler, die „sicher" angeben, bietet sich eine kleine statistische Untersuchung zur Überprüfung dieser Hypothese an. Dabei müssten diese Schüler versuchen, möglichst lange die Luft anzuhalten, und es wird überprüft, ob sie es länger als 30 Sekunden schaffen. Die Behauptung, dass sie sich sicher sind, wird bereits widerlegt, wenn sie es einmal nicht schaffen. Das kann passieren, wenn sie lachen müssen.

Aufgaben zu **Schlussfolgerungen auf der Basis von Daten** führen dazu, dass Schüler von den Häufigkeiten in einem vorliegenden Datensatz ausgehen und ihr Erwartungsgefühl darauf einstellen. Es können Daten verwendet werden, die in der Klasse, der Schule oder im Umfeld der Schüler erhoben wurden. Die Wahrscheinlichkeitsaussagen betreffen deshalb auch nur Elemente dieser speziellen Population. Zu den erhobenen Daten muss eine stochastische Situation vorhanden sein, die Wahrscheinlichkeitsaussagen ermöglicht. Dies kann zum einen dadurch erfolgen, dass eine Person zufällig, z. B. durch ein Losverfahren, ausgewählt wird. Es ist auch eine Situation möglich, in der über eine beliebige Person aus der Population gesprochen wird. Weiterhin kann wie in dem folgenden Beispiel eine Aussage über die unbekannte Eigenschaft einer Person getroffen werden.

Beispiel 3.20

Bei einer Befragung in einer 5. Klasse zu den Lieblingstieren gab es folgende Ergebnisse, die auf einem Poster im Klassenzimmer präsentiert wurden:

Lieblingstier	Katze	Hund	Vogel	Sonstige Tiere
Anzahl der Schüler	11	4	6	2

In der Stadt ist ein Zirkus zu Gast und ein Zirkuskind kommt für einige Zeit in die Klasse. Es sieht die Umfrageergebnisse und möchte mit seiner unbekannten Banknachbarin ein Gespräch über Tiere anfangen. Schätze die Wahrscheinlichkeit ein, dass die Nachbarin als Lieblingstier eine Katze hat.

Da elf Schüler eine Katze und zwölf ein anderes Tier als Lieblingstier haben, kann die
Wahrscheinlichkeit mit etwa fifty-fifty oder etwas weniger geschätzt werden.

Bei einem weiteren Aufgabentyp geht es um eine stochastische Situation, in der die
**Wahrscheinlichkeit eines eingetretenen, aber noch unbekannten Ergebnisses eines
Vorgangs** ermittelt werden soll (vgl. Abschn. 6.3.1), die sich durch weitere Informationen
ändert.

Beispiel 3.21

Anton und Martin spielen das Spiel „Augenzahlen erraten". Ein Spieler würfelt ver-
deckt mit einem Würfel und der andere muss die gewürfelte Augenzahl erraten. Vor
dem Erraten der Augenzahl darf er eine Frage stellen, die der andere Spieler, der die
Augenzahl kennt, wahrheitsgemäß beantworten muss.

Anton hat gewürfelt und Martin muss die Augenzahl erraten. Martin fragt: „Ist die
Augenzahl größer als drei?", und Anton antwortet wahrheitsgemäß mit Ja. Verglei-
che nach dieser Information die Wahrscheinlichkeiten der sechs Augenzahlen mit ihrer
Wahrscheinlichkeit, bevor Martin gefragt hatte.

Bei der Aufgabe ist vor der Information von Anton die Wahrscheinlichkeit für alle möglichen Würfelergebnisse gering und gleich groß. Nach der Information ist es unmöglich,
dass die gesuchte Augenzahl eine der Zahlen von 1 bis 3 ist. Die Wahrscheinlichkeit für die
Augenzahlen 4, 5 und 6 hat sich dagegen erhöht. Die Veränderung der Wahrscheinlichkeit
kann für einzelne Augenzahlen auf einer Wahrscheinlichkeitsskala veranschaulicht werden. Es kann noch ergänzend überlegt werden, dass bei weiteren möglichen Fragen sich
die Wahrscheinlichkeit für bestimmte Würfelergebnisse weiter erhöht. Spätestens nach
der dritten Frage ist man sich sicher, welche Zahl es ist.

Die qualitative Bestimmung von Wahrscheinlichkeiten sollte noch vor der Behandlung der Bruchrechnung durchgeführt werden, da nach Kenntnis des Bruchbegriffs die
Versuchung groß ist, diese wichtigen Entwicklungsphasen zu überspringen oder stark ab-
zukürzen und gleich mit dem formalen Rechnen mit Wahrscheinlichkeiten zu beginnen.
Alle Aufgabenbeispiele in diesem Abschnitt setzen deshalb nicht die Kenntnis der Bruchrechnung voraus und sind (spätestens) ab Beginn der Klasse 5 einsetzbar.

Unsere Vorschläge zur Einführung in die Wahrscheinlichkeitsrechnung unterscheiden
sich in mehrfacher Hinsicht von dem gegenwärtig üblichen Vorgehen in Lehrbüchern der
Klassenstufen 5 und 6 sowie von den Vorschlägen in Fachzeitschriften. Die Entwicklung
inhaltlicher Vorstellungen zum Wahrscheinlichkeitsbegriff durch ein Arbeiten mit qualitativen Wahrscheinlichkeitsangaben spielt in der Regel nur eine geringe Rolle oder wird
meist übersprungen. Oft wird sofort eine Quantifizierung der Wahrscheinlichkeit vorgenommen. Dabei dominieren Vorgänge mit Spielgeräten, an denen Berechnungen von
Wahrscheinlichkeiten bei Gleichverteilungen und Betrachtungen zur Stabilität der relativen Häufigkeit erfolgen. Der Wahrscheinlichkeitsbegriff wird dadurch in einseitiger Weise
mit seiner Häufigkeitsinterpretation und seinen Anwendungen im Glücksspielbereich verbunden.

3.5 Wahrscheinlichkeiten quantitativ bestimmen

Nach der Einführung von Brüchen und Dezimalbrüchen, gegebenenfalls auch des Prozentbegriffs in Klasse 6, können weitere Vorstellungen und Kenntnisse zum Wahrscheinlichkeitsbegriff vermittelt werden. Dazu gehören eine Quantifizierung des subjektiven Erwartungsgefühls durch gebrochene Zahlen zwischen 0 und 1 oder zwischen 0 % und 100 %, Kenntnisse zum Zusammenhang von relativer Häufigkeit und Wahrscheinlichkeit sowie Kenntnisse zum Begriff Ereignis. Es beginnt die Entwicklung des Könnens im Rechnen mit Wahrscheinlichkeiten.

3.5.1 Quantifizieren von Wahrscheinlichkeitsangaben

Mit dem Ziel, die bisher nur qualitativ beschriebenen Wahrscheinlichkeiten auch mit Zahlen ausdrücken zu können, kann die Einführung der quantitativen Angabe von Wahrscheinlichkeit motiviert werden. Dazu müssen Schüler mit der Festlegung vertraut gemacht werden, dass Wahrscheinlichkeiten durch Zahlen von 0 bis 1 oder durch Prozente von 0 % bis 100 % ausgedrückt werden (s. Abb. 3.37).

Am Beispiel der Werte 0, $\frac{1}{2}$ und 1 können die neuen Möglichkeiten der quantitativen Angabe von Wahrscheinlichkeiten mit den bisher verwendeten qualitativen Beschreibungen verknüpft und die verschiedenen möglichen Darstellungen von Wahrscheinlichkeitsangaben, nämlich mit gemeinen Brüchen, Dezimalbrüchen oder Prozentangaben, exemplarisch verdeutlicht werden. Eine Angabe von Wahrscheinlichkeiten in Prozent vermittelt am besten eine Vorstellung von deren Größe. Dies ist noch vor Behandlung der Prozentrechnung bereits in der Orientierungsstufe möglich, wenn Schüler aus dem Alltag die Formulierungen „50-prozentige Wahrscheinlichkeit" oder „100-prozentige Sicherheit" kennen. Wenn in den Lehrplänen mancher Bundesländer für die Orientierungsstufe die Verwendung von Prozentangaben im Zusammenhang mit der Bruchrechnung vorgesehen ist, können auch weitere Wahrscheinlichkeiten in Prozent ausgedrückt werden.

Um an die ausgebildeten qualitativen Vorstellungen zur Wahrscheinlichkeit anzuknüpfen, ist es bei den ersten Aufgaben zur Bestimmung von Wahrscheinlichkeiten sinnvoll, zur Darstellung der Ergebnisse eine Wahrscheinlichkeitsskala mit einer numerischen Skalierung mit Dezimalbrüchen mit einer Dezimalstelle zu verwenden. Die Wahrscheinlichkeiten können dann auf einer Strecke der Länge 10 cm mit einer Unterteilung in Zentime-

Abb. 3.37 Quantifizierung von Wahrscheinlichkeiten an der Skala

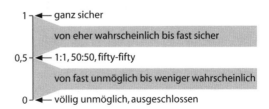

tern markiert werden. Die Strecke sollte vertikal gezeichnet werden, um an die enaktive Verwendung der Wahrscheinlichkeitsskala mit Hilfe eines Lineals anzuknüpfen (vgl. Abschn. 3.4). Als Zufallsgeräte, mit denen man Wahrscheinlichkeiten als Dezimalbrüche mit einer Stelle erzeugt, eignen sich Münzen, Tetraederwürfel, Glücksräder mit vier, fünf oder zehn Feldern und Urnen mit 10 oder 100 Kugeln. Bei der Datenerfassung sollten Stichproben mit einem Umfang von $n = 10$ bzw. $n = 100$ gewählt werden. Um die Wahrscheinlichkeit von Ergebnissen eines Spielwürfels grafisch darzustellen, wählt man jedoch eher eine Skala der Länge 6 cm.

Es ist üblich, im Zusammenhang mit der Quantifizierung von Wahrscheinlichkeiten auch ein Symbol für die Wahrscheinlichkeit sowie eine Schreibweise von Wahrscheinlichkeitsangaben einzuführen. Für Wahrscheinlichkeiten wird der Buchstabe P (*probilitas* (lat.), *probability* (engl.), *probabilité* (franz.)) verwendet. Dabei gibt es zwei verschiedene Varianten. In der funktionalen Schreibweise wird traditionell ein großes P benutzt und in Klammern das Ergebnis bzw. Ereignis angegeben, dem die Wahrscheinlichkeit zugeordnet wird. Dabei kann das Ergebnis in Worten oder als großer Buchstabe, der zur Abkürzung verwendet wird, angegeben werden. So sind z. B. für ein Ergebnis eines Münzwurfs folgende verkürzte Schreibweisen geeignet:

- $P(\text{Zahl}) = 0{,}5$ oder
- $P(Z) = 0{,}5$ Z: Es fällt „Zahl“.

Bei der Angabe einer Wahrscheinlichkeit ohne Angabe des Ergebnisses in Klammern wird häufig ein kleines p benutzt (z. B. $p = 0{,}5$). Dabei muss aus dem Zusammenhang hervorgehen, welches Ergebnis gemeint ist.

Die Frage nach einer zahlenmäßigen Angabe von Wahrscheinlichkeiten stellt Schüler vor das Problem, wie diese ermittelt werden können. Die qualitative Einschätzung entsprechend dem eigenen Erwartungsgefühl mit anschließender Darstellung in einer Skala führt dazu, dass Schüler individuell unterschiedliche Markierungen auf der Skala erhalten. Der Wunsch nach einem begründeten, von allen akzeptierten „objektiven“ Wert für die Wahrscheinlichkeit eines Ergebnisses führt dazu, die relative Häufigkeit im Zusammenhang mit Daten oder Laplace-Modelle als Grundlage zu verwenden. Diese beiden Ansätze zur quantitativen Bestimmung von Wahrscheinlichkeiten sollen in den folgenden Abschnitten näher erläutert werden.

3.5.2 Daten und Wahrscheinlichkeiten

Geht man im Unterricht der Frage nach, woher die Erfahrungen kommen, aus denen man das Erwartungsgefühl für zukünftig ablaufende Vorgänge ableitet, kommen Schüler schnell auf die Antwort, dass sie bereits gleiche oder ähnliche Vorgänge erlebt hätten. Nun kann ihnen der Ansatz nahegebracht werden, dass es möglich ist, gezielt Erfahrungen zu sammeln, um eine Grundlage für die Quantifizierung von Wahrscheinlichkeiten zu haben. Es bietet sich an, mit einer überschaubaren Anzahl an Wiederholungen und einem Thema aus dem Erfahrungsbereich von Schülern zu beginnen, wenn man sich über reale Daten der Quantifizierung von Wahrscheinlichkeiten nähern möchte.

Bestimmen von Wahrscheinlichkeiten aus selbst erhobenen Daten geringen Stichprobenumfangs

Um Zahlenwerte für die Wahrscheinlichkeit von Ergebnissen zu ermitteln, kann man an das Einstiegsbeispiel des Weitsprungtests der fiktiven sportlichen Schülerin Anne anknüpfen. Nachdem die Wahrscheinlichkeiten für eine 2 als hoch und für eine 6 als wenig wahrscheinlich eingeschätzt wurden, könnte nun die Frage gestellt werden, wie diese beiden Wahrscheinlichkeiten zahlenmäßig erfasst werden können. Um gezielt Daten für eine begründete objektive Einschätzung der Wahrscheinlichkeit zu haben, könnte Anne beispielsweise im Training entsprechend ihrer erreichten Sprungweiten die Noten für 40 Weitsprünge notieren, um eine Grundlage für grobe Schätzungen von Wahrscheinlichkeiten für verschiedene Weitsprungnoten zu haben. Abbildung 3.38 zeigt exemplarisch die Auswertung der Sprünge, für die sie eine 2 bzw. eine 6 bekommen hätte.

Diese Versuchsergebnisse, die auf den ersten Blick den verbalen Wahrscheinlichkeitsschätzungen entsprechen, bieten nun die Möglichkeit, die gesuchten Wahrscheinlichkeiten zu quantifizieren. Da sich relative Häufigkeiten im Unterschied zu absoluten besser zum Vergleich von Datensätzen eignen und zudem Werte zwischen 0 und 1 ergeben, bietet es sich an, die relative Häufigkeit der Sprünge mit der Note 2 bzw. 6 als Wert für die gesuchten Wahrscheinlichkeiten zu nutzen.

$$P(\text{Note } 2) \approx h(\text{Note } 2) = 0{,}4$$

In einem weiteren Schritt können alle von Anne erhobenen Weitsprungnoten mittels einer Häufigkeitsverteilung ausgewertet werden (vgl. Tab. 3.6). Dabei wird deutlich, dass die Note 2 im Vergleich zu den übrigen Noten häufiger vorkommt und damit wahrscheinlicher als die anderen Ergebnisse ist. Als „sehr wahrscheinlich" kann dieses Ergebnis allerdings nicht mehr gedeutet werden.

Mithilfe der relativen Häufigkeiten der Noten in Tab. 3.6 hat man eine erste Grundlage gewonnen, um sein Erwartungsgefühl einzustellen und erste Schätzwerte für Wahrscheinlichkeiten zu erhalten.

Abb. 3.38 Häufigkeiten der Weitsprungnoten 2 und 6 bei 40 Sprüngen

Note	2	6
absolute Häufigkeit	16	2
relative Häufigkeit	0,4	0,05

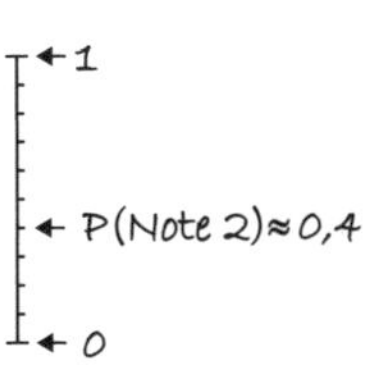

← 1

← P(Note 2)≈0,4

← 0

Tab. 3.6 Häufigkeitsverteilungen von Annes Weitsprungnoten

Note	1	2	3	4	5	6	Summe
Anzahl H(Note)	6	**16**	14	2	0	2	40
Relative Häufigkeit h(Note)	0,15	**0,4**	0,35	0,05	0	0,05	1

Wenn ein Vorgang unter gleichen Bedingungen mehrfach wiederholt wird, kann man die relative Häufigkeit eines Ergebnisses als Schätzwert für dessen Wahrscheinlichkeit nutzen.

Weiterhin kann mit der Häufigkeitsverteilung die **Kontrollregel für Wahrscheinlichkeiten** begründet werden. Da die Summe der relativen Häufigkeiten 1 beträgt, gilt dies auch für die Wahrscheinlichkeiten. So wird auch ersichtlich, dass es sinnvoll ist, die obere Grenze der Wahrscheinlichkeitsskala mit 1 festzulegen.

Die Summe der Wahrscheinlichkeiten aller möglichen Ergebnisse eines Vorgangs ist gleich 1.

Schließlich sollte noch die relative Häufigkeit der Note 5 in den 40 Trainingssprüngen problematisiert werden. Ist dieses Ergebnis tatsächlich unmöglich? In Diskussionen werden Schüler erkennen, dass Anne zwar bei ihren 40 Versuchen keinen solchen schlechten Sprungversuch hatte, ihn aber in weiteren Sprüngen haben könnte, was sicher sehr selten vorkommen wird. Somit ist es nicht völlig ausgeschlossen, dass dieses Ergebnis eintreten könnte. Es hat eine sehr kleine Wahrscheinlichkeit und ist daher fast unmöglich. Anhand dieser Diskussion kann die Lehrkraft verdeutlichen, dass die Verwendung relativer Häufigkeiten zur Bestimmung von Wahrscheinlichkeiten darauf hinausläuft, auf der Grundlage von Daten Prognosen für zukünftige Ergebnisse machen zu können. In diesem Zusammenhang sollten die geschätzten Wahrscheinlichkeiten in das Prozessschema eingeordnet werden (s. Abb. 3.39). Damit wird der Übergang auf die Modellebene implizit vorbereitet.

Eine weitere Möglichkeit einer eigenen Datenerhebung mit dem Ziel, Wahrscheinlichkeiten für bestimmte Ergebnisse zu ermitteln, ist die Untersuchung der rechtzeitigen Ankunft eines Schulbusses am Schulort. Zu den Bedingungen, die konstant bleiben sollten, gehört, dass es sich immer um den gleichen Bus und die gleiche Fahrstrecke handelt. Wird etwa an 20 Tagen die Anzahl der Verspätungen erfasst, kann allerdings nur eine ungefähre Schätzung der Wahrscheinlichkeit für Busverspätungen erfolgen. Falls ein Busunternehmen vor Ort ein Protokoll über die Verspätungen führt, könnten diese Daten für ein bis zwei Monate erfragt und mit den selbst erhobenen Daten verglichen werden.

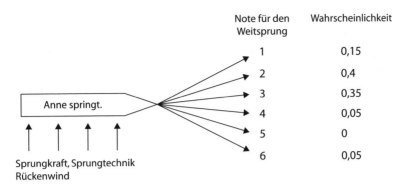

Abb. 3.39 Prozessschema zum Weitsprung als Wahrscheinlichkeitsmodell

Da in diesen Beispielen die ermittelten relativen Häufigkeiten mit Wahrscheinlichkeiten gleichgesetzt werden, kann bei Schülern leicht der Eindruck entstehen, dass es keine Unterschiede zwischen beiden Begriffen gäbe. Deshalb muss exemplarisch herausgestellt werden, dass es sich bei relativen Häufigkeiten um Auswertungen realer Daten handelt, die eine aktuelle Situation beschreiben, während Wahrscheinlichkeiten einen allgemeinen Charakter haben und für Prognosen künftiger Verläufe des Vorgangs verwendet werden. Voraussetzung für solche Prognosen ist allerdings, dass sich die Bedingungen bei künftigen Verläufen nicht wesentlich ändern.

Ein Problem, das Schülern auffallen wird, ist die Tatsache, dass sich die relativen Häufigkeiten schnell ändern, wenn nur wenige Wiederholungen eines stochastischen Vorgangs betrachtet werden und wenn die gleiche Untersuchung noch einmal durchgeführt wird. Würde Anne beispielsweise zwei Sprünge zusätzlich machen, die zur Note 2 führen würden, wäre die relative Häufigkeit nicht 0,4, sondern bereits 0,45. Solche Gedankenexperimente oder Vergleiche von Daten verschiedener realer Untersuchungen führen zu der Frage, wie die Wahrscheinlichkeitsangaben sicherer werden können. Es könnte die Hypothese formuliert werden, dass man noch mehr Wiederholungen eines Vorgangs betrachten muss, um bessere Schätzwerte für die Wahrscheinlichkeit zu bekommen.

Bestimmen von Wahrscheinlichkeiten aus gegebenen Daten mit großem Stichprobenumfang – das empirische Gesetz der großen Zahlen

Wir empfehlen, in dieser Jahrgangsstufe den Zusammenhang von relativer Häufigkeit und Wahrscheinlichkeit bei großen Anzahlen entsprechend unserem datenorientierten Zugang in einem Projekt zu Geburtenzahlen unter Verwendung realer Daten zu erkunden. Schüler haben bestimmt schon gehört, dass die Chancen für die Geburt eines Jungen bzw. eines Mädchens gleich wären. Wenn die Schüler in einem ersten Schritt die Geschlechterverteilung der Kinder in der eigenen und in allen mit ihnen verwandten Familien untersuchen, ergeben sich mit Sicherheit große Unterschiede und erhebliche Abweichungen von diesem Verhältnis. Damit kann die Lehrkraft die Aufgabenstellung für das Projekt motivieren (vgl. Bsp. 3.22).

Tab. 3.7 Geburtenzahlen im Jahre 2013. (Quellen: Stat. Amt Mecklenburg-Vorpommern, 04.08.2014; Stat. Bundesamt Wiesbaden, 04.07.2014)

	Güstrow (GÜ)			Rostock (HRO)			Deutschland (D)		
Monat	Jungen	Alle	Rel. H.	Jungen	Alle	Rel. H.	Jungen	Alle	Rel. H.
Jan.	11	18	0,611	52	113	0,460	21.134	41.133	0,514
Febr.	3	10	0,300	73	129	0,566	24.733	48.030	0,515
März	4	13	0,308	76	142	0,535	25.628	50.157	0,511
April	13	28	0,464	74	160	0,462	28.717	55.485	0,518
Mai	7	12	0,583	62	127	0,488	28.755	55.982	0,514

Beispiel 3.22

Untersucht für mehrere Monate die relative Häufigkeit von Jungen- und Mädchengeburten in einer kleineren und einer größeren Stadt sowie in Deutschland insgesamt.
Schätzt mit diesen Daten die Wahrscheinlichkeit für die Geburt eines Jungen bzw. eines Mädchens.

Um größere Anzahlen von Geburten für Näherungswerte dieser beiden Wahrscheinlichkeiten zu bekommen, können von der Lehrkraft die notwendigen Daten bei einem
statistischen Landesamt oder aus der Datenbank GENESIS-Online des Statistischen Bundesamtes (www-genesis.destatis.de) heruntergeladen werden. Bei der Auswertung der
Daten können Schüler erkennen, dass die Schwankungen der relativen Häufigkeit geringer
werden, wenn die Zahl der betrachteten Geburten größer wird (vgl. Tab. 3.7). Eine gute
Veranschaulichung der Schwankung der relativen Häufigkeiten ist mit Banddiagrammen
möglich (s. Abb. 3.40).

Die Tab. 3.7 zeigt, dass die relativen Häufigkeiten von Jungengeburten über 5 Monate
betrachtet in Güstrow von 0,300 bis 0,611, in der größeren Stadt Rostock von 0,460 bis
0,566 schwanken, während sie sich in Deutschland nur um maximal 0,007 unterscheiden. Die Abnahme der Schwankungen ist in den Banddiagrammen gut erkennbar. Aus
den verwendeten Daten können Schüler vermuten, dass die Wahrscheinlichkeit für eine
Jungengeburt in Deutschland zwischen 0,511 und 0,518 liegt. Die Lehrkraft kann dann
mitteilen, dass der Durchschnitt der Anteile der Jungengeburten von 1950 bis zum Jahre
2012 in Deutschland 0,514 beträgt und man diesen Wert als Wahrscheinlichkeit für die
Geburt eines Jungen in Deutschland annehmen kann. Wenn zukünftig bei Aufgaben die
Wahrscheinlichkeit 1/2 für die Geburt eines Jungen bzw. Mädchens verwendet wird, d. h.
beide Ergebnisse als gleichwahrscheinlich angesehen werden, sollte die Lehrkraft betonen, dass es sich um eine Modellannahme handelt. Im Ergebnis des Projekts kann als eine
mögliche Beschreibung des empirischen Gesetzes der großen Zahlen vereinfacht formuliert werden:

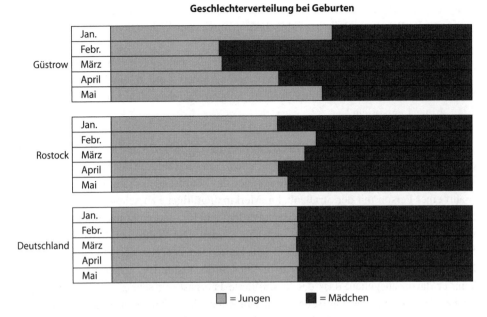

Abb. 3.40 Banddiagramme zur Geschlechterverteilung bei Geburten

Gesetz der großen Zahlen
Wenn ein Vorgang sehr oft wiederholt wird, schwanken die relativen Häufigkeiten eines Ergebnisses weniger stark. Die relative Häufigkeit ist dann ein guter Näherungswert für die Wahrscheinlichkeit dieses Ergebnisses.

Es gibt viele Möglichkeiten, vorliegende Daten aus dem Alltag der Schüler zu verwenden, um damit quantitative Wahrscheinlichkeitsaussagen zu formulieren. Dabei müssen allerdings geeignete stochastische Situationen gefunden und darauf geachtet werden, dass die Bedingungen des Vorgangs nicht wesentlich geändert werden. Es sollten nur solche Vorgänge ausgewählt werden, bei denen es sinnvolle Möglichkeiten der Interpretation der Wahrscheinlichkeit gibt. Im folgenden Aufgabenbeispiel wird gezeigt, wie die auf Daten basierende Wahrscheinlichkeit eines Ergebnisses für Prognosen genutzt werden kann. Weiterhin wird deutlich, dass sehr kleine Wahrscheinlichkeiten durchaus beachtenswerte Folgen haben können.

Beispiel 3.23 (Nach Mathematik : Duden 6, S. 99)
Bei einer Kontrolle in der Straßenbahnlinie 1 einer Stadt wurden von 852 kontrollierten Personen 64 ohne gültigen Fahrschein ertappt. Diese Personen werden auch als „Schwarzfahrer" bezeichnet.

a) Ein Kontrolleur betritt eine Straßenbahn der Linie 1 und fragt eine zufällig ausgewählte Person nach ihrem Fahrschein. Mit welcher Wahrscheinlichkeit ist dies ein
   Schwarzfahrer?
b) Mit welchem jährlichen Verlust muss das Straßenbahnunternehmen rechnen, wenn
   täglich insgesamt etwa 70.000 Personen befördert werden, ein Fahrschein 1,80 €
   kostet und die Wahrscheinlichkeit für Schwarzfahrer in allen Linien dem Wert bei
   Linie 1 entspricht?

Die relative Häufigkeit der Schwarzfahrer beträgt $\frac{64}{852} \approx 0{,}075$ und kann als Schätzwert
der Wahrscheinlichkeit für das Treffen auf einen Schwarzfahrer in der Straßenbahnlinie 1
verwendet werden, wenn sich die Bedingungen des betreffenden stochastischen Vorgangs
(Fahrt einer Person mit der Straßenbahn, Merkmal: gültiger Fahrschein) nicht wesentlich
ändern. Die kontrollierte Person muss außerdem zufällig und nicht nach besonderen, als
verdächtig geltenden Merkmalen ausgewählt werden. Die Wahrscheinlichkeit, auf einen
Schwarzfahrer zu treffen, ist mit 7,5 % sehr klein. Daraus ergibt sich ein entsprechendes
Erwartungsgefühl für den Kontrolleur in einer Straßenbahn. Bei seiner Kontrolltätigkeit
kann er davon ausgehen, dass der kontrollierte Fahrgast mit sehr geringer Wahrscheinlichkeit keinen gültigen Fahrschein hat. Mit einer Häufigkeitsinterpretation der Wahrscheinlichkeit kann bei Aufgabe b) gezeigt werden, dass Ergebnisse mit sehr kleiner
Wahrscheinlichkeit durchaus zu erheblichen Konsequenzen führen können. Unter den täglich 70.000 beförderten Personen sind etwa 5250 Schwarzfahrer zu erwarten. Bei einem
Fahrpreis von 1,80 € ergibt das einen täglichen Verlust von 9450 € und etwa 3,4 Mio. €
pro Jahr, wenn der Anteil der Schwarzfahrer an allen Tagen gleich wäre.

Auch im folgenden Aufgabenbeispiel geht es um einen Wechsel von der (statistischen)
Sicht auf die konkreten Daten zu der (probabilistischen) Sicht auf Wahrscheinlichkeiten
als Prognosen für künftige Ergebnisse. Auch hier sollen die ermittelten Wahrscheinlichkeiten wieder im Sachkontext interpretiert werden.

Beispiel 3.24 (Nach Mathematik : Volk und Wissen 6, S. 193)
Bei einer Verkehrskontrolle an einer viel befahrenen Straße nahe einer Schule, auf
der als Höchstgeschwindigkeit 30 km/h erlaubt sind, wurden an einem Werktag in
der Zeit von 7:30 bis 8:00 Uhr die Geschwindigkeiten von 250 Fahrzeugen gemessen. Es ergaben sich folgende Ergebnisse:

Geschwindigkeit in km/h	bis 30	31 bis 40	41 bis 50	über 50
Anzahl der Fahrzeuge	60	100	65	25

a) Wie groß ist die Wahrscheinlichkeit, dass ein Auto auf dieser Straße in der betreffenden Zeit schneller als 30 km/h oder sogar schneller als 50 km/h fährt?
b) Was bedeuten diese Ergebnisse für einen Schüler, der die Straße überqueren will,
   und für die Polizei, die die Kontrolle durchgeführt hat?

Die relativen Häufigkeiten der Geschwindigkeitsüberschreitungen können als Wahrscheinlichkeiten benutzt werden, wenn anzunehmen ist, dass die Bedingungen auf dieser Straße zur gleichen Zeit in Zukunft etwa gleich sind. Zur Interpretation der Wahrscheinlichkeiten kann der Grad der Sicherheit, gekoppelt mit Überlegungen zu möglichen Verlusten, verwendet werden. Auch wenn z. B. die Wahrscheinlichkeit von 0,1 für Fahrzeuge mit einer Geschwindigkeit über 50 km/h sehr gering ist, ist doch erhöhte Vorsicht beim Überqueren der Straße geboten, da bei einem Verkehrsunfall wegen überhöhter Geschwindigkeit die Folgen erheblich sein können. Aus Sicht der Polizei bzw. der Kontrollbehörde können sich Folgerungen für besondere Aktivitäten zur Verkehrssicherheit, aber auch im Sinne einer Häufigkeitsinterpretation Berechnungen zu erwartender Einnahmen aus Bußgeldern ergeben.

Stolpersteine beim Durchführen statistischer Untersuchungen zum Bestimmen von Wahrscheinlichkeiten
In vielen Büchern der Orientierungsstufe wird die Stabilität der relativen Häufigkeit als Einstieg in das Thema Wahrscheinlichkeit verwendet. Wir empfehlen dies aus folgenden Gründen nicht zu tun:

- Die Ausprägung des Wahrscheinlichkeitsbegriffs bei Schülern sollte an die reichhaltigen qualitativen Vorstellungen anknüpfen, die in der Primarstufe oder spätestens in Klasse 5 ausgebildet werden sollen. Damit wird eine Verständnisgrundlage für die über mehrere Schulstufen hinweg andauernde langfristige Begriffsentwicklung gelegt.
- Bei Untersuchungen zum Zusammenhang von relativer Häufigkeit und Wahrscheinlichkeit in langen Versuchsreihen muss man sich auf einen kleinen Kreis von realen Vorgängen beschränken, da diese unter gleichen Bedingungen beliebig oft wiederholbar sein müssen. Das trifft aus dem Umfeld der Schüler fast nur für Vorgänge im Glücksspielbereich zu.
- Eine große Anzahl von Wiederholungen eines Vorgangs (*long runs*) gehört, von wenigen Ausnahmen abgesehen (z. B. Geburten in einem Land), nicht zum Erfahrungsbereich von Schülern. Sie erleben eher eine relativ geringe Anzahl von Wiederholungen, bei denen dann das Problem der Streuung der relativen Häufigkeiten um die Wahrscheinlichkeit besonders hervortritt.
- Bei Experimenten zur Stabilität der relativen Häufigkeit treten oft anspruchsvolle Fragestellungen auf, die nicht mit Mitteln des Mathematikunterrichts in der Orientierungsstufe und meist auch nicht mit Mitteln der Schulmathematik überhaupt geklärt werden können. Dazu gehören u. a. folgende Fragen, die an anderer Stelle genauer besprochen werden: Verringerung der Streuung, Überprüfung der Annahme einer Gleichverteilung oder Entwicklung der Unterschiede in den absoluten Häufigkeiten der Ergebnisse.

Bei der Auswahl geeigneter statistischer Untersuchungen muss beachtet werden, ob die Wahrscheinlichkeiten in Klasse 6 je nach Bundesland und Schulform nur als Bruch oder Dezimalbruch oder in Prozent angegeben werden können. Aufgaben, bei denen Wahr-

scheinlichkeiten in der Regel nur in Prozent angegeben werden, wie etwa zu Regenwahr-
scheinlichkeiten, sind deshalb in der Regel erst ab Jahrgangsstufe 7 geeignet.

Es gibt in der Literatur und vor allem in Schullehrbüchern zahlreiche Vorschläge zur
Durchführung von Experimenten zu stochastischen Situationen, die einen sehr künstli-
chen und oft lebensfremden Charakter haben. Dazu gehört das Werfen von Reißzwecken,
Kronkorken, Wäscheklammern, Legosteinen und vielen weiteren Gegenständen, darunter
sogar von Butterbroten. Weiterhin wird vorgeschlagen, Münzen auf quadratische Raster
zu werfen, Papierpropeller oder andere Gegenstände selber herzustellen und zu werfen
oder eine Büroklammer um eine Zirkelspitze zu drehen. Wir halten diese Vorschläge aus
zeitlichen wie auch inhaltlichen Gründen für wenig geeignet. Die mit diesen Vorschlägen
verbundenen Fragestellungen haben meist eine sehr geringe praktische Bedeutung und
können den Eindruck vermitteln, dass es in der Wahrscheinlichkeitsrechnung um relativ
sinnlose Spielereien ginge. Zum Werfen einer Reißzwecke hat sich bereits 1975 Freu-
denthal sehr deutlich geäußert: „Ein heutzutage viel abgeschriebenes Beispiel ist auch
das Werfen eines Reißnagels. Ich weiß nicht, ob die Verfasser, die es empfehlen, es auch
ausprobiert haben. Ich versuchte es einmal, aber nach einigen Versuchen und ein biss-
chen Nachdenken wurde mir klar, dass das Experiment von zu vielen unübersehbaren und
unbeherrschbaren Faktoren abhängt, um aufschlussreiche Resultate zu liefern ... Es ist
übrigens kaum nötig darauf hinzuweisen, dass dieses Zufallsexperiment selber kaum motiviert und als Idee höchst naiv ist." (Zitiert nach von Harten und Steinbring 1984, S. 42).

Eine Ausnahme ist das Werfen von teilsymmetrischen Objekten wie Quadern oder den
sogenannten Riemer-Würfeln (vgl. Riemer 1988). Damit können gut Zusammenhänge
zwischen relativen Häufigkeiten und Wahrscheinlichkeiten verdeutlicht werden. Aus der
Teilsymmetrie der Objekte ergeben sich Konsequenzen für die Wahrscheinlichkeitsschätzungen. So müssen bei dem in Abb. 3.41 gezeigten U-Würfel die Wahrscheinlichkeiten
für die 5 und die 2 sowie für die 6 und die 1 gleich sein. Bei Experimenten werden sich
aber die relativen Häufigkeiten immer unterscheiden. Unterrichtsvorschläge zum Einsatz
von Riemer- bzw. Quader-Würfeln findet man unter www.riemer-koeln.de und bei Eichler
und Vogel (2009, S. 147 ff.).

Abb. 3.41 U-Würfel von
Riemer

3.5.3 Wahrscheinlichkeiten in Laplace-Modellen

Besonders einfach lassen sich Wahrscheinlichkeiten ermitteln, wenn stochastische Situationen vorliegen, die mithilfe von **Laplace-Modellen** beschrieben werden können. Diese Situationen sind dadurch gekennzeichnet, dass alle Ergebnisse bezüglich eines Merkmals die gleiche oder näherungsweise die gleiche Wahrscheinlichkeit haben. Mit der Bezeichnung wird Bezug auf den französischen Mathematiker, Physiker und Astronom Pierre-Simon Laplace (1749–1827) genommen, der sich intensiv mit der Gleichverteilung beschäftigte und Wahrscheinlichkeitsberechnungen auf dieser Grundlage vornahm. Das Hauptanwendungsfeld der Laplace-Modelle sind Glücksspiele, bei denen Spielgeräte zum Einsatz kommen. Als prototypische Beispiele können das Werfen eines Würfels oder einer Münze, das Ziehen eines Loses oder einer Kugel aus einem Behälter sowie das Drehen eines Glücksrades gewählt werden. Die Eigenschaft der Gleichwahrscheinlichkeit der Ergebnisse tritt jedoch nur unter bestimmten Modellannahmen ein. Diese können an dem Standardbeispiel des Werfens eines Würfels verdeutlicht werden. So kann es in der Realität vorkommen, dass der Würfel „auf Kippe" liegt, vom Tisch rollt oder auf einer genoppten Tischdecke auf einer Ecke zu liegen kommt oder dass der Würfel nicht ganz regelmäßig hergestellt wurde. Deshalb werden die „idealen" Bedingungen dadurch festgelegt, dass eine glatte große Unterlage und ein regelmäßig geformter Würfel mit homogener Massenverteilung angenommen werden. Die oben beschriebenen Ergebnisse werden als ungültig erklärt und aus den weiteren Betrachtungen ausgeschlossen. Damit findet ein Übergang zum Realmodell statt, was im Unterricht durch Angabe der Bedingungen im Prozessmodell und die bewusste Nutzung der Bezeichnung Laplace-Modell unterstützt werden kann (s. Abb. 3.42). Die Bezeichnung „Laplace-Vorgang" halten wir für weniger

Abb. 3.42 Prozessmodell zum Würfeln. (Mit freundlicher Genehmigung von © Matthias Pflügner Illustrationen, Berlin. All Rights Reserved)

geeignet, da das Wort „Vorgang" sowohl für Vorgänge in der Realität als auch auf der Modellebene verwendet wird.

Bei allen Spielgeräten muss die Gleichwahrscheinlichkeit der möglichen Ergebnisse letztendlich angenommen werden. Ob diese Annahme berechtigt ist, kann mit den in den Jahrgangsstufen 5/6 vorhandenen Mitteln nicht nachgewiesen werden (vgl. Abschn. 3.5.5). Um jedoch zu verdeutlichen, dass die Anwendbarkeit des Modells immer an bestimmte Bedingungen geknüpft ist und manchmal auch nur näherungsweise erfolgen kann, können Aufgaben der folgenden Art dienen.

Beispiel 3.25

Unter welchen Bedingungen kann man annehmen, dass alle möglichen Ergebnisse der folgenden Vorgänge die gleiche Wahrscheinlichkeit haben?

a) Es wird ein Los aus einem Behälter gezogen.
b) Aus einem Gefäß mit zehn nummerierten Kugeln wird eine Kugel gezogen.
c) Ein Glücksrad mit acht Feldern wird einmal gedreht.

Bei a) sollten Schüler erkennen, dass die Lose gut durchmischt sein und die gleiche Form und Größe haben müssen. Wenn Lose eingerollt und gleichfarbig sind, wie es an Losbuden üblich ist, kann in den Behälter hineingeschaut werden. Bei b) muss das Gefäß undurchsichtig sein und man darf auch nicht hineinsehen. Weiterhin müssen alle Kugeln die gleiche Größe, das gleiche Gewicht und die gleiche Oberflächenbeschaffenheit haben. Bei der Teilaufgabe c) ist neben der Bedingung, dass alle Felder gleich groß sind, auch noch anzunehmen, dass der Zeiger nicht genau auf der Grenze zwischen zwei Feldern stehen bleibt. Dies kann in der Realität durchaus eintreffen, es handelt sich also bereits um eine Modellannahme.

Wurde im Verlauf des Unterrichts die elementare Kontrollregel für Wahrscheinlichkeiten erarbeitet (vgl. Abschn. 3.5.2), kann eine Formel zur Berechnung der Wahrscheinlichkeit eines Ergebnisses unter der Annahme der Gleichwahrscheinlichkeit darauf zurückgeführt werden. Es ist einsichtig, dass sich die gesamte Wahrscheinlichkeit von 1 oder 100 % auf alle möglichen Ergebnisse gleichmäßig aufteilt. Zunächst kann der einfachste Fall mit nur zwei möglichen Ergebnissen, wie etwa das Ziehen eines von zwei verschiedenen Losen oder der Münzwurf, untersucht werden. Beim Übergang zu Vorgängen mit mehreren gleich möglichen Ergebnissen wie dem Würfeln oder dem Drehen eines Glücksrades mit unterschiedlich gefärbten, gleich großen Sektoren bietet es sich an, auch ein Prozessschema zu benutzen, um den Zusammenhang zwischen der Anzahl der möglichen Ergebnisse und der gleichmäßigen Aufteilung der Wahrscheinlichkeit 1 auf diese zu zeigen (s. Abb. 3.43).

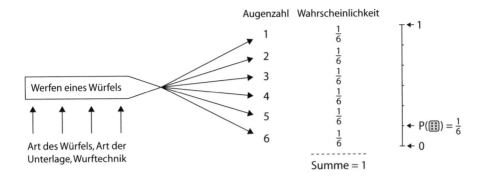

Abb. 3.43 Prozessschema zum Würfeln als Wahrscheinlichkeitsmodell

Anschließend kann eine Verallgemeinerung in folgender Form erfolgen:

Wahrscheinlichkeiten im Laplace-Modell
Wenn bei einem Vorgang angenommen werden kann, dass alle Ergebnisse die gleiche Wahrscheinlichkeit besitzen, so hat jedes Ergebnis die Wahrscheinlichkeit

$$p = \frac{1}{\text{Anzahl aller möglichen Ergebnisse}}.$$

Es können sich Aufgaben anschließen, die auf die Bestimmung der möglichen Ergebnisse und ihrer Anzahl sowie Aufgaben zur Betrachtung der Bedingungen des realen Vorgangs im Vergleich zu den Modellannahmen abzielen. Dazu eignen sich Analysen der typischen Spielgeräte wie ein Würfel, eine Münze, ein Kartenspiel oder eine Lostrommel mit einer bestimmten Anzahl von Losen unter der Annahme, dass ein einzelner Vorgang mit ihnen ausgeführt wird.

Es gibt außer den Glücksspielen weitere reale Vorgänge, bei denen die Anwendung eines Laplace-Modells sinnvoll ist, wie näherungsweise die Geburt eines Kindes mit dem Merkmal „Geschlecht" oder die zufällige Auswahl von Titeln einer CD oder aus einer Medienbibliothek, für die es verschiedene Funktionstasten oder Befehle wie Shuffle, Random oder „zufällige Wiedergabe" gibt. Dabei ist es sinnvoll zu fragen, unter welchen Bedingungen man mit dem Laplace-Modell arbeiten darf und wie groß im konkreten Fall die Wahrscheinlichkeit für ein Ergebnis wird. Eine weitere Anwendung ist die zufällige Auswahl einer Person aus einer Grundgesamtheit. Hat man Ergebnisse statistischer Untersuchungen, werden stochastische Situationen oft dadurch erzeugt, dass man eine beliebige Person daraus betrachtet oder zufällig wählt. Alternativ zu Bsp. 3.20 kann auf der Grundlage der Daten zum Lieblingstier in einer Klasse nach der Wahrscheinlichkeit gefragt werden, dass ein zufällig ausgewählter Schüler einen Hund als Lieblingstier hat. Es stellt sich die Frage: Wie kann man die Zufallsauswahl eines Schülers aus einer Klasse umsetzen? (Vgl. dazu auch die Vertiefung in Abschn. 5.3.) Nach der Behandlung des Laplace-Modells könnte diese Zufallsauswahl mit dem Ziehen eines Loses oder einer Kugel verglichen und die zur Herstellung der Gleichwahrscheinlichkeit notwendigen Bedingungen diskutiert werden.

3.5.4 Wahrscheinlichkeit von Ereignissen

Nachdem Schüler auf der Grundlage von Daten und in Laplace-Modellen Wahrscheinlichkeiten für die möglichen Ergebnisse eines Vorgangs bestimmen können, lernen sie nun, in einfachen Situationen aus gegebenen neue Wahrscheinlichkeiten zu berechnen. Geeignete stochastische Situationen ergeben sich, wenn Gedanken, Hoffnungen, Aussagen über ein oder mehrere Ergebnisse formuliert werden, die in „oder"- bzw. „nicht"-Verknüpfungen übersetzt werden können. Aussagen über mögliche Ergebnisse sollen **Ereignisse** genannt werden.

Nach den Vorschlägen von Hefendehl-Hebeker (1983b) sollte der Ereignisbegriff in der Stochastik von dessen umgangssprachlicher Verwendung abgegrenzt werden. Dazu können Schülern beispielsweise folgende Sätze vorgegeben werden mit der Aufforderung, diese zu erklären und dabei andere Wörter für „Ereignis" oder „sich ereignen" zu verwenden.

- Gestern hat sich nichts Besonderes ereignet.
- An der Kreuzung ereignete sich ein Unfall.
- Das Stadtfest war ein besonderes Ereignis.
- „Große Ereignisse werfen ihre Schatten voraus." (Thomas Campbell)

Im Unterrichtsgespräch sollte dann erarbeitet werden, dass es sich bei einem Ereignis in der Wahrscheinlichkeitsrechnung nicht um etwas Besonderes oder Ungewöhnliches handelt, sondern in neutraler Weise damit etwas bezeichnet wird, was im Resultat eines Vorgangs eingetreten ist bzw. eintreten kann und eines oder mehrere der möglichen Ergebnisse umfasst.

Mit dem folgenden Beispiel knüpfen wir an den Weitsprungtest von Anne an und führen fiktive Diskussionen über Annes Note beim nächsten Weitsprungtest. Im Unterschied zu den vorherigen Betrachtungen geht es jetzt nicht mehr nur um einzelne Ergebnisse, sondern um Aussagen über Notenbereiche. Auf diese Weise kann der Ereignisbegriff in Abgrenzung zu Ergebnissen eines Vorgangs eingeführt werden.

Beispiel 3.26

Anne ist eine gute Sportlerin. Vor einem Weitsprung unterhält sie sich mit drei Freunden über ihre mögliche Note. Beschreibe die Aussagen der Schüler durch Angabe der dafür günstigen Ergebnisse.

- Anne hofft: „Ich bekomme hoffentlich eine 1 oder 2.“
- Brian sagt: „Anne bekommt wieder eine Zensur, die besser ist als 4.“
- Caro weiß: „Anne bekommt keine 6.“
- Dana wettet: „Anne bekommt eine 6, weil sie übertritt.“

In Gedanken kann das Wort „oder“ zwischen den Ergebnissen stehen, die das in den Aussagen enthaltende Ereignis bilden. Auf Formulierungen von Ereignissen als Aussagen mit „mehr als“, „höchstens“, „mindestens“ usw. sollte besser verzichtet werden (s. Abschn. 6.4). Ereignisse können in Worten oder in bestimmten Fällen durch Aufzählung der dazugehörigen Ergebnisse angegeben werden.

Die Bildung von Ereignissen kann in zwei aufeinanderfolgenden Schritten ablaufen, die gewissermaßen als Formalisierung der Aussagen aufzufassen ist. Zuerst werden alle möglichen Ergebnisse erfasst. Anschließend werden die für das Ereignis „günstigen“ Ergebnisse aufzählend mithilfe der „oder“-Verknüpfung beschrieben. Dieses schrittweise Vorgehen stellen wir nachfolgend anhand von Bsp. 3.26 vor:

1. Bestimmen der möglichen Ergebnisse

- Als Satz formuliert: „Anne kann eine 1, 2, 3, 4, 5 oder 6 bekommen.“
- Oder in Kurzform: Noten: 1, 2, 3, 4, 5, 6
- Oder als Darstellung im Prozessmodell (s. Abb. 3.44).

Haben Schüler eine Übersicht über alle möglichen Ergebnisse erstellt, können interessierende Ereignisse mithilfe des Wortes „oder“ verbal beschrieben werden. Die Ereignisse sind in diesem Fall die Aussagen von Anne, Brian, Caro und Dana und können mit großen Buchstaben bezeichnet werden. Das Finden der für ein Ereignis günstigen Ergebnisse kann durch farbiges Markieren in der Aufzählung der möglichen Ergebnisse oder im Prozessschema unterstützt werden. Beispielhaft wird das für A und B in Abb. 3.44 dargestellt.

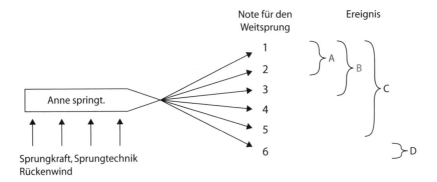

Abb. 3.44 Prozessschema mit Ereignissen aus Bsp. 3.26

2. Bestimmen und Beschreiben der günstigen Ergebnisse

Ereignis A: „Anne bekommt eine 1 oder 2." Oder in Kurzform: A : 1, 2

Ereignis B: „Besser als 4 heißt, Anne bekommt eine 1 oder eine 2 oder eine 3."
     B : 1, 2 , 3

Ereignis C: „Keine 6 heißt, Anne bekommt eine 1 oder eine 2 oder eine 3 oder
     eine 4 oder eine 5." C: 1, 2, 3, 4, 5

Ereignis D: „Anne bekommt eine 6." D: 6

Die Aufzählung der Ergebnisse, aus denen sich das Ereignis zusammensetzt, bereitet die Berechnung der Ereigniswahrscheinlichkeiten vor.

Finden der elementaren Additionsregel

Die elementare Additionsregel für beliebige Ergebnisse ergibt sich formal aus dem Additionssatz für unvereinbare Ereignisse, der aus dem 3. Kolmogorov-Axiom folgt (vgl. Abschn. 6.3.2). Da Schülern in der Sekundarstufe I diese Regel nicht auf formaler Ebene vermittelt werden kann, müssen inhaltliche Begründungen benutzt werden. Es bietet sich an, bei stochastischen Vorgängen, mit denen Schüler Erfahrungen gesammelt haben, die Additionsregel über die absoluten und relativen Häufigkeiten zu begründen. Dazu wird die mehrfache Wiederholung des Vorgangs unter gleichen Bedingungen betrachtet. Die relativen Häufigkeiten der Ergebnisse werden als Näherungswerte für ihre Wahrscheinlichkeiten gewählt. Hier kann man gut auf zuvor im Unterricht behandelte Wahrscheinlichkeitsverteilungen zurückgreifen. Wir verwenden die Häufigkeitstabelle von Annes Weitsprungnoten (vgl. Tab. 3.6 und 3.8) zur Schätzung der Wahrscheinlichkeiten und für die weiteren Betrachtungen.

Mithilfe der absoluten Häufigkeiten kann die Wahrscheinlichkeit des Ereignisses A „Anne bekommt eine 1 oder 2" einsichtig auf die entsprechende Summe der relativen Häufigkeiten zurückgeführt werden. Da Anne 6-mal die Note 1 und 16-mal die 2 bekommen hat, hat sie bei 22 Sprüngen mit ihrer Aussage Recht. Also gilt für die relative Häufigkeit dieses Ereignisses

$$h(A) = \frac{22}{40} = \frac{6}{40} + \frac{16}{40} = h(\text{Note 1}) + h(\text{Note 2})$$

und damit als Schätzwert für die gesuchte Wahrscheinlichkeit des Ereignisses A:

$$P(A) = P(\text{Note 1}) + P(\text{Note 2}) = 0{,}15 + 0{,}4 = 0{,}55.$$

Analog gilt für Brians Vermutung $P(B) = 0{,}15 + 0{,}4 + 0{,}35 = 0{,}9$.

Tab. 3.8 Wahrscheinlichkeiten von Annes Weitsprungnoten

Note	1	2	3	4	5	6	Summe
Wahrscheinlichkeit P(Note)	0,15	0,4	0,35	0,5	0	0,05	1

Aus diesen Beispielen kann folgende Regel zur Berechnung von Ereigniswahrscheinlichkeiten verallgemeinert werden:

Elementare Additionsregel
Die Wahrscheinlichkeit eines Ereignisses ist die Summe der Wahrscheinlichkeiten der dafür günstigen Ergebnisse.

Bei dieser Regel muss man aus mathematischer Sicht voraussetzen, dass die Ergebnisse unvereinbar sind, d. h. sich gegenseitig ausschließen. Dies ist aber bei der Betrachtung der möglichen Ergebnisse eines Vorgangs automatisch der Fall und sollte deshalb in dieser Klassenstufe nicht explizit thematisiert werden.

Anhand von Caros und Danas Behauptungen (vgl. Bsp. 3.26) und der damit verbundenen Ereignisse C und D kann der Begriff Gegenereignis vorbereitet werden, indem besprochen wird, dass beide Ereignisse zusammen alle möglichen Ergebnisse umfassen. Jeweils eines der beiden Ereignisse ist gerade die Verneinung des anderen. Dies kann auch sehr gut am Prozessschema in Abb. 3.44 verdeutlicht werden. In dieser Altersstufe sollten jedoch nur ganz einfache Fälle behandelt werden, in denen die Ergebnisse von Ereignis und Gegenereignis direkt angegeben werden können (vgl. Abschn. 6.4). Beim Vergleich der Ereigniswahrscheinlichkeiten P(C) und P(D) können Schüler den Satz über die Wahrscheinlichkeit des Gegenereignisses selbstständig entdecken (s. Abb. 3.45).

Ein Ereignis und sein Gegenereignis haben zusammen die Wahrscheinlichkeit 1.

Im Anschluss an die Behandlung der elementaren Additionsregel für die Wahrscheinlichkeit von Ereignissen und dem Satz über die Wahrscheinlichkeit des Gegenereignisses ist es sinnvoll, diese zuerst auf einige Vorgänge anzuwenden, die keine gleichwahrscheinlichen Ergebnisse besitzen. Erst danach sollte der Sonderfall der Gleichwahrscheinlichkeit

Caro: „Anne bekommt keine 6."   Dana: „Anne bekommt eine 6."

C: 1, 2, 3, 4, 5   D: 6

P(C) = 0,15 + 0,4 + 0,35 + 0,5 + 0 = 0,95   P(D) = 0,05

Es gilt: P(C) + P(D) = 1

Abb. 3.45 Wahrscheinlichkeiten von Ereignis und Gegenereignis zu Bsp. 3. 26

behandelt werden, da sonst die Gefahr besteht, dass die Laplace-Formel generalisierend
auf alle Sachverhalte angewendet wird.

Wahrscheinlichkeiten von Ereignissen aus gleichwahrscheinlichen Ergebnissen
Um die Besonderheit der elementaren Summenregel bei der Anwendung auf Laplace-
Modelle zu verdeutlichen, könnte man im Anschluss an die Notenproblematik das Beispiel des Würfelns benutzen, bei dem gleich bezeichnete Ergebnisse auftreten, die in
diesem Fall jedoch die Augenzahlen 1, 2, 3, 4, 5 oder 6 darstellen. Diese sind gleichwahrscheinlich. Durch Betrachtung analoger Ereignisse können bei Schülern Prototypen
für die beiden Zugänge zur Berechnung von Wahrscheinlichkeiten für Ereignisse ausgebildet werden.

Das Bsp. 3.17 (vgl. Abschn. 3.4) zu Wahrscheinlichkeiten beim „Mensch ärgere dich
nicht"-Spiel, in dem implizit schon Ereignisse thematisiert wurden, eignet sich gut zur
Entdeckung der Laplace-Regel. In der darin beschriebenen Spielsituation treffen für die
beiden Spieler folgende Aussagen zu: Ronja (rote Figuren) benötigt eine 1 oder 2 und
Brian (blaue Figuren) eine Augenzahl kleiner als 4, um ins Haus zu kommen. Unter
Anwendung der elementaren Summenregel können die Wahrscheinlichkeiten der entsprechenden Ereignisse berechnet werden.

Ereignis R: „Ich werfe eine 1 oder 2." oder R: 1, 2

$$P(R) = \frac{1}{6} + \frac{1}{6} = \frac{2}{6}$$

Ereignis B: „Ich werfe eine Zahl kleiner als 4." oder B: 1, 2, 3

$$P(B) = \frac{1}{6} + \frac{1}{6} + \frac{1}{6} = \frac{3}{6}$$

An diesen und weiteren Beispielen können Schüler die **Laplace-Formel** selbstständig
entdecken und unter Berücksichtigung der damit verbundenen Modellannahmen formulieren:

Wenn bei einem Vorgang mit mehreren möglichen Ergebnissen angenommen werden kann, dass alle Ergebnisse die gleiche Wahrscheinlichkeit besitzen, so hat ein
Ereignis A die Wahrscheinlichkeit:

$$P(A) = \frac{\text{Anzahl der für A günstigen Ergebnisse}}{\text{Anzahl aller möglichen Ergebnisse}} \quad \text{(Laplace-Formel)}$$

Es sollte jedoch klar herausgestellt werden, dass diese Regel ein Sonderfall der elementaren Additionsregel für gleichwahrscheinliche Ergebnisse ist.

Man findet in Schullehrbüchern zahlreiche konstruierte Situationen zur Anwendung des Laplace-Modells, in denen fiktive Spiele mit Würfeln, Glücksrädern, Urnen oder Karten betrachtet werden. Angesichts der zur Verfügung stehenden Zeit und der zahlreichen weiteren Probleme, die in den Jahrgangsstufen 5/6 zumindest propädeutisch behandelt werden sollten, empfehlen wir, konstruierte Spielsituationen nur in Ausnahmefällen zum Gegenstand des Unterrichts zu machen. Für einen lebensnahen Stochastikunterricht sollte man sich auf tatsächlich existierende Spielsituationen beschränken. Zum Ziehen von Losen lassen sich viele Anwendungsbeispiele finden. Es können zudem alle (rationalen) Wahrscheinlichkeitswerte durch entsprechende Zusammensetzung der Lostrommel erhalten werden. Allerdings ist darauf zu achten, dass es sich in den jeweiligen stochastischen Situationen um ein einmaliges Ziehen aus der Lostrommel handelt, da die Vorgänge sonst mehrstufig werden.

Zum Anwenden der Laplace-Formel ist folgende Aufgabe geeignet:

Beispiel 3.27

In einem Behälter liegen zehn Lose. Ein Los ist der Hauptgewinn, drei Lose sind Kleingewinne und der Rest sind Nieten. Du darfst ein Los ziehen. Wie groß ist die Wahrscheinlichkeit, dass du

a) einen Hauptgewinn,
b) einen Kleingewinn oder
c) eine Niete ziehst?

Die Formalisierung kann für das Bsp. 3.27 tabellarisch erfolgen, um Schüler mit der üblichen Darstellung von (diskreten) Wahrscheinlichkeitsverteilungen weiter vertraut zu machen (s. Tab. 3.9).

Die ermittelten Wahrscheinlichkeiten können so interpretiert werden, dass es recht unwahrscheinlich ist, den Hauptgewinn zu ziehen, und man eher mit einer Niete rechnen muss. Wenn allerdings tatsächlich der Hauptgewinn gezogen wurde, so kann man dies als ein großes Glück bezeichnen und sich entsprechend freuen. Zieht man eine Niete, so könnte formuliert werden, dass sich die Erwartungen erfüllt haben.

Glücksspielsituationen sollten auch für Umkehraufgaben genutzt werden, um sicheres Können im Berechnen von Wahrscheinlichkeiten im Laplace-Modell auszubilden. Dazu

Tab. 3.9 Wahrscheinlichkeitsverteilung zu Bsp. 3.27

Ereignis	Anzahl der günstigen Ergebnisse	Wahrscheinlichkeit
A: Es wird ein Hauptgewinn gezogen.	1	$P(A) = \frac{1}{10}$
B: Es wird ein Kleingewinn gezogen.	3	$P(B) = \frac{3}{10}$
C: Es wird eine Niete gezogen.	6	$P(C) = \frac{6}{10}$
Summe	10	1

Ein Ziehungsbehälter soll so mit schwarzen und weißen Kugeln gefüllt werden, dass die Wahrscheinlichkeit für das Ziehen einer weißen Kugel $\frac{1}{2}$ ($\frac{1}{3}$; $\frac{1}{8}$) beträgt.
Wie viele Kugeln von jeder Sorte können jeweils in den Behälter gelegt werden, wenn dieser höchstens 50 Kugeln fasst!
Hat die Gesamtzahl der Kugeln einen Einfluss auf die Ziehungswahrscheinlichkeit?

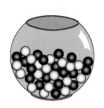

eignet sich die in Abb. 3.46 dargestellte offene Aufgabe aus einem Schulbuch, bei der es viele verschiedene Möglichkeiten gibt, eine Urne so zu befüllen, dass vorgegebene Wahrscheinlichkeiten umgesetzt werden.

Damit nicht nur mit der Laplace-Formel gerechnet wird, sollten auch immer wieder Aufgaben gestellt werden, die ihre Anwendung problematisieren. Die Aufgabe in Bsp. 3.28 fordert dazu auf, darüber nachzudenken, ob die Annahme gleichwahrscheinlicher Ergebnisse (das Laplace-Modell) gerechtfertigt werden kann.

Beispiel 3.28

In welchen der folgenden Situationen kannst du die Laplace-Formel anwenden, um eine Wahrscheinlichkeit zu berechnen? Begründe!

a) Du schreibst morgen eine Mathematikarbeit und hoffst auf eine Note besser als 3.
b) Du spielst „Mensch ärgere dich nicht" und brauchst als Würfelergebnis eine 4, 5 oder 6, um ins Haus zu kommen.
c) Du kennst die Umfrageergebnisse zu den Lieblingstieren in eurer Klasse und willst die Wahrscheinlichkeit berechnen, dass ein zufällig ausgewähltes Kind aus eurer Klasse einen Hund als Lieblingstier hat.

Der Aufgabenteil c) bezieht sich auf eine statistische Erhebung zu einem bestimmten Merkmal in einer Klasse (s. Bsp. 3.20). Da alle Kinder der Klasse die gleiche Wahrscheinlichkeit haben, zufällig ausgewählt zu werden, darf mit der Laplace-Formel gerechnet werden. Die in der Klassenumfrage ermittelte Häufigkeitsverteilung kann dazu verwendet werden, die Wahrscheinlichkeit für das Ereignis zu berechnen, dass eine zufällig ausgewählte Person dieser Klasse die betreffende Ausprägung des Merkmals besitzt.

Wahrscheinlichkeiten und Chancen für Ereignisse

Der im Alltag und auch im Stochastikunterricht der Primarstufe häufig verwendete Begriff „Chance" hat enge Bezüge zum Wahrscheinlichkeitsbegriff (vgl. Abschn. 6.3.3). Wir schlagen vor, die Zusammenhänge beider Begriffe nach der Behandlung der Laplace-Formel explizit zu verdeutlichen, indem die beiden möglichen Darstellungen als Verhältnis und als Quotient exemplarisch ineinander überführt werden. Auf dieser Grundlage können im Unterricht Verwechslungen vermieden werden.

Tab. 3.10 Wahrscheinlichkeiten und Chancen beim Würfeln mit einem Würfel

Ereignis	Wahrscheinlichkeit des Ereignisses	Chancen für das Ereignis
Es wird eine gerade Zahl gewürfelt.	0,5	1 : 1
Es wird eine 6 gewürfelt.	$\frac{1}{6}$	1 : 5
Es wird eine 1 oder 2 gewürfelt.	$\frac{2}{6}$	2 : 4

Bereits in der Primarstufe wurden zur verbalen Beschreibung des Wahrscheinlichkeitswerts 0,5 auf der Wahrscheinlichkeitsskala die Formulierungen 1 : 1, 50 : 50 oder fifty-fifty verwendet. Die Frage nach den Gewinnchancen spielt bei Wetten in Glücksspielsituationen eine Rolle und auch im Alltag werden die Wörter Chance und Wahrscheinlichkeit in engem Zusammenhang und teilweise sogar synonym verwendet. Da es aber wesentliche Unterschiede zwischen diesen beiden Begriffen gibt (vgl. Abschn. 6.3.3), sollten sie in der Orientierungsstufe an prototypischen Beispielen thematisiert werden. Bei Begriffen mit gemeinsamen und unterschiedlichen Bedeutungskernen ist eine explizite Betrachtung der Bedeutungen sinnvoll, um Lernende für eine bewusste Differenzierung zu sensibilisieren. Wir schlagen vor, dazu das Würfeln mit einem Würfel zu betrachten und die Wahrscheinlichkeiten und Chancen für drei Ereignisse einander gegenüberzustellen (s. Tab. 3.10).

Daran können folgende Gemeinsamkeiten und Unterschiede erarbeitet werden:

- Das Erwartungsgefühl für das Eintreten eines Ereignisses kann sowohl mit Wahrscheinlichkeiten als auch mit Chancen ausgedrückt werden.
- Wahrscheinlichkeiten werden als gemeine Brüche oder Dezimalbrüche von 0 bis 1 angegeben, Chancen als Verhältnis zweier natürlicher Zahlen.
- Das Divisionszeichen wird unterschiedlich verwendet. Bei Wahrscheinlichkeiten, die als gemeine Brüche angegeben sind, werden die Anzahlen der günstigen durch die Anzahl aller möglichen Ergebnisse dividiert. Bei Chancen werden Anzahlen günstiger Ergebnisse für ein Ereignis und für das Gegenereignis einander gegenübergestellt. Der Nenner der entsprechenden Wahrscheinlichkeit für das Ereignis ist die Summe dieser beiden Anzahlen.
- Ist die Wahrscheinlichkeit eines Ereignisses klein bzw. groß, so sind auch die Chancen für dieses Ereignis klein bzw. groß.

Stolpersteine

Wir haben in den vorhergehenden Ausführungen mehrfach darauf hingewiesen, dass sich mit dem Einstieg in die Wahrscheinlichkeitsrechnung stochastische Situationen zum Bilden von Ereignissen besser auf einstufige Vorgänge, also das einmalige Würfeln oder das Ziehen eines Loses beziehen sollten. Dadurch soll vermieden werden, dass es zu Verwechslungen von Ereignissen und zusammengesetzten Ergebnissen mehrstufiger Vorgänge kommt. Beide werden durch ein oder mehrere mögliche Ergebnisse gebildet bzw.

zusammengesetzt, jedoch gibt es deutliche Unterschiede. Mehrstufige Vorgänge wie das Werfen mehrerer Würfel oder das mehrfache Ziehen aus Urnen besitzen einen besonderen Reiz, weil damit interessante Fragestellungen, Experimente mit überraschenden Resultaten und auch Anwendungen im Alltag der Schüler verbunden werden können. So kommt das Bilden der Augensumme beim Werfen zweier Würfel in zahlreichen Würfelspielen vor. Das Augensummenproblem wird auch in vielen Lehrbüchern zur Behandlung in der Primar- oder Orientierungsstufe vorgeschlagen. Wir empfehlen jedoch, stochastische Situationen, die durch mehrstufige Vorgänge modelliert werden können, frühestens in den Jahrgangsstufen 7 und 8 zu behandeln, da die damit verbundenen Probleme nicht unterschätzt werden sollten. Ausführlich gehen wir auf diese im Abschn. 4.3 ein.

3.5.5 Zum Problem der Gleichwahrscheinlichkeit

Bei vielen Aufgaben zur Berechnung von Wahrscheinlichkeiten in den Jahrgangsstufen 5 und 6 muss die Gleichwahrscheinlichkeit von Ergebnissen vorausgesetzt werden. Dies beginnt mit Aufgaben zu Spielwürfeln, bei denen alle sechs möglichen Ergebnisse als gleichwahrscheinlich angesehen werden müssen. Häufig findet man in diesem Zusammenhang Vorschläge zu Experimenten, mit denen die Gleichwahrscheinlichkeit von Ergebnissen untersucht werden soll. Die mit dem experimentellen Nachweis verbundenen komplizierten fachlichen Probleme können allerdings in der Jahrgangsstufe 5/6 nicht berücksichtigt werden. Darüber hinaus wird in vielen Schulbüchern der Unterschied zwischen einem realen Spielwürfel und dem Modell eines Spielwürfels mit gleichwahrscheinlichen Ergebnissen kaum beachtet.

Gleichwahrscheinlichkeit als Modellannahme
Die Gleichwahrscheinlichkeit gibt es nur auf der Modellebene. So sind zum Beispiel bei einer 1-Euro-Münze die beiden Seiten unterschiedlich geprägt, sodass es zu einer zwar minimalen, aber doch vorhandenen unterschiedlichen Masseverteilung in der Münze kommt. Auch bei einem normalen Spielwürfel, wie er üblicherweise bei Glücksspielen verwendet wird, ist die Masse durch die unterschiedliche Zahl der Vertiefungen für die Augenzahlen nicht homogen verteilt. An Würfel in Spielcasinos werden deshalb sehr hohe Anforderungen an die Homogenität gestellt. Neben diesen Abweichungen in der physikalischen Struktur des geworfenen Objekts sind in der Realität auch weitere Bedingungen des jeweiligen Vorgangs zu beachten. Dazu gehören beispielsweise die verwendete Wurftechnik, die jeweilige Unterlage und andere Faktoren, die zu einer Abweichung von der Gleichverteilung führen können.

Aus diesen Gründen ist die Gleichwahrscheinlichkeit immer eine Modellannahme für die Arbeit auf der theoretischen Ebene. Die Berechtigung dieser Annahme muss jeweils durch Betrachtung der Eigenschaften der tatsächlichen Objekte sowie der Bedingungen des Vorgangs begründet werden. Im Zuge dieser Betrachtungen sind häufig Diskussionen um die Schaffung möglichst guter Bedingungen unumgänglich. Weiterhin ist es im stochastischen Anfangsunterricht notwendig, eventuelle intuitive Fehlvorstellungen bei einigen Schülern zu verändern. So glauben etwa viele Kinder auf der Grundlage ihrer eigenen persönlichen Erfahrungen in Glücksspielen, dass die einzelnen Augenzahlen beim Werfen mit einem Würfel eine unterschiedliche Wahrscheinlichkeit haben. Deshalb sollten Kinder eigene Erfahrungen durch geeignete Experimente sammeln dürfen und Überlegungen im Unterricht anstellen, die nun vorgestellt werden.

Experimente zum Nachweis einer Gleichverteilung
Bei der Durchführung von Experimenten zum Nachweis einer Gleichverteilung tritt eine Reihe von Problemen auf. Diese sollen am Beispiel des Werfens mit einem Spielwürfel betrachtet werden: Eine genaue Gleichverteilung aller Augenzahlen gibt es auch bei einer großen Anzahl von Wiederholungen nicht, obwohl es bei den Experimenten durchaus eintreten kann, dass einige Augenzahlen bei einer bestimmten Anzahl von Wiederholungen die gleiche Häufigkeit haben. Diese werden sich dann bei weiteren Wiederholungen aber wieder unterscheiden. Schüler werten die unterschiedlichen absoluten Häufigkeiten bei realen Experimenten erfahrungsgemäß hoch und sind selten in der Lage, diese in Relation zur Anzahl der Versuche zu sehen. Ein weiteres Problem dieser Experimente besteht darin, dass mit der Zusammenfassung der Würfelergebnisse aller Schüler die intuitiven Vorstellungen von vorhandenen persönlichen „Glückszahlen" nicht ausgeräumt werden können. Jeder Schüler kann ja eine andere häufig auftretende Augenzahl haben und bei einer Zusammenfassung können sie sich dann ausgleichen.

Zur Überprüfung der Hypothese, ob die empirisch ermittelten Daten mit dem Modell der Gleichverteilung beschrieben werden können, muss aus theoretischer Sicht ein statistischer Test, z. B. der Chi-Quadrat-Test, durchgeführt werden, was im Unterricht nicht möglich ist. Daher bleiben die Diskussionen darüber, ob ein reales Experiment zur Gleichverteilung geführt hat, auf der subjektiven Ebene.

Ein direkter Nachweis der Gleichverteilung ist deshalb mit schulischen Mitteln der Sekundarstufe I nicht möglich. Eine andere Möglichkeit, Kenntnisse und Einsichten zur Gleichverteilung auszubilden bzw. auch zu korrigieren, sind indirekte Vorgehensweisen. Diese könnten in folgender Weise erfolgen:

Anregen geeigneter Überlegungen
Eine mögliche Fragestellung bei der Untersuchung entsprechender Objekte wie Würfel oder Münze lautet: „Aus welchen Gründen sollte ein Ergebnis wahrscheinlicher als ein anderes sein?" Oder noch konkreter: „Aus welchen Gründen sollte der Würfel eher eine 4 als eine 6 zeigen?" Diese indirekte Überlegung hat auch in der Geschichte der Wahrscheinlichkeitsrechnung als **Prinzip vom unzureichenden Grund** eine Rolle gespielt. Das Prinzip besagt, dass man an dem Modell der Gleichwahrscheinlichkeit von Ergebnissen festhält, wenn man keinen ausreichenden Grund hat, an diesem Modell zu zweifeln.

Mit diesen Fragestellungen kann man aber sicher nicht alle Schüler überzeugen. Dass ein Würfel sehr symmetrisch ist, können Schüler durchaus einsehen ohne daraus auf die

Gleichwahrscheinlichkeit zu schließen. Die Fehlintuitionen beruhen ja vor allem auf subjektiven, mystischen oder animistischen Vorstellungen. So glauben manche Schüler, dass bestimmte Wesen die Ergebnisse zufälliger Vorgänge beeinflussen.

Experimente zum indirekten Nachweis der Gleichwahrscheinlichkeit

Im Unterricht oder als Hausaufgabe würfelt jeder Schüler 60-mal mit einem Spielwürfel. Anschließend ermittelt er, welche Augenzahl am häufigsten und welche am seltensten aufgetreten ist. Daraus kann dann die Hypothese abgeleitet werden, dass bei diesem Schüler mit dem verwendeten Würfel diese Augenzahlen immer am häufigsten bzw. am seltensten auftreten. In einer nächsten Unterrichtsstunde oder einer weiteren Hausaufgabe wird das Experiment nun unter den beiden Hypothesen zur häufigsten und seltensten Augenzahl wiederholt. Diese Hypothesen werden dann entweder bestätigt oder es ergeben sich neue Hypothesen, was in der Regel zu erwarten ist. Das Experiment sollte daher noch ein drittes Mal in einer weiteren Stunde oder Hausaufgabe mit den aktuellen Hypothesen wiederholt werden.

Bei der Auswertung der Ergebnisse aller Schüler im Klassenverband lassen sich dann folgende Erkenntnisse gewinnen: Wenn man oft mit einem Würfel würfelt, gibt es meist Augenzahlen, die besonders selten oder besonders häufig auftreten. Es sind aber, auch bei ein und demselben Schüler und demselben Würfel, meist andere Augenzahlen, die besonders selten oder besonders häufig auftreten. Man kann also nicht sagen, welche Augenzahl bei einem Schüler am wahrscheinlichsten oder am unwahrscheinlichsten ist. Dabei kann es allerdings vorkommen, dass bei einem Schüler zwar nicht eine Augenzahl, aber bestimmte Augenzahlen besonders häufig auftreten, sodass auch mit diesem Experiment nicht die letzten Zweifel an der Gleichverteilung ausgeräumt werden können.

Stochastikunterricht in den Jahrgangsstufen 7 und 8

4

In den Jahrgangsstufen 7 und 8 sollen die bisherigen Begriffsbildungen zur Beschreibenden Statistik und Wahrscheinlichkeitsrechnung weiter ausgebaut werden. Ein langfristiges Ziel des Stochastikunterrichts in der Sekundarstufe I ist gemäß der Leitidee „Daten und Zufall", dass Schüler lernen sollen, eine statistische Erhebung eigenständig zu planen, durchzuführen und auszuwerten (KMK 04.12.2003, S. 12). Dabei sollen auch Probleme der Festlegung der Grundgesamtheit thematisiert werden. Die Auswertungsmethoden werden mit Blick auf den Vergleich von Häufigkeitsverteilungen vertieft. Zu diesem Zweck werden die Klasseneinteilung metrischer Daten und der Boxplot eingeführt, mit dem sich die Streuung der Daten erfassen lässt. Dabei lernen Schüler weitere statistische Kennzahlen wie die Viertelwerte (Quartile) und die Vierteldifferenz (Quartilsabstand) kennen. Aufbauend auf den Jahrgangsstufen 5/6 sollen Schüler ihre Kenntnisse über Diagramme und statistische Kennzahlen vertiefen, indem sie bei der eigenständigen Auswertung von Daten geeignete Methoden auswählen. Schließlich kann das bisher erworbene Wissen und Können zur Beschreibenden Statistik im Rahmen der Explorativen Datenanalyse genutzt und problemorientiert vertieft werden. Wir empfehlen, auch in der Jahrgangsstufe 7/8 mit realen Daten zu arbeiten. Dabei bietet es sich an, selbst erhobene oder frei zugängliche Daten aus dem Internet zu nutzen. Wir werden in diesem Kapitel entsprechende Beispiele vorstellen. Letztlich muss die Lehrkraft entscheiden, welche Variante besser zur Umsetzung der Lehrziele geeignet ist und zu den Bedingungen der Klasse passt.

Die Wahrscheinlichkeitsrechnung wird weiter ausgebaut, indem jetzt mehrstufige Vorgänge untersucht und mithilfe von Baumdiagrammen modellierend beschrieben werden. Mithilfe der Pfadregeln erwerben Schüler ein Werkzeug, um Wahrscheinlichkeiten von zusammengesetzten Ergebnissen auf der Grundlage schon bekannter Wahrscheinlichkeiten berechnen zu können. Weiterhin sollen inhaltliche Vorstellungen zur stochastischen Abhängigkeit der Vorgänge eines mehrstufigen Vorgangs ausgebildet werden, die in der Jahrgangsstufe 9/10 im Zusammenhang mit bedingten Wahrscheinlichkeiten wieder aufgegriffen werden.

© Springer-Verlag Berlin Heidelberg 2015
K. Krüger et al., *Didaktik der Stochastik in der Sekundarstufe I*,
Mathematik Primarstufe und Sekundarstufe I + II, DOI 10.1007/978-3-662-43355-3_4

4.1 Planen und Durchführen einer Umfrage

Nachfolgend wollen wir die in den Jahrgangsstufen 5/6 vorbereiteten Methoden der Datenerfassung in Form einer Befragung, einer Beobachtung oder eines Experiments im Zusammenhang mit der Planung einer statistischen Erhebung wieder aufgreifen. Umfragen stellen heute eine wichtige statistische Methode zur Datenerfassung nicht nur bei Meinungsumfragen in Politik, Wirtschaft und Wissenschaft dar. Daher sollten Schüler die Durchführung einer Erhebung und die dabei auftretenden Schwierigkeiten durch eigenes Tun erfahren und reflektieren. Wir empfehlen die Durchführung einer Umfrage in der eigenen Klasse oder der eigenen Jahrgangsstufe an der Schule, um den Aufwand überschaubar zu halten. Es sollte ein Thema gewählt werden, das für Schüler in diesem Alter interessant sein dürfte. Um Schüler für die Datenauswertung zu motivieren, sollte das Thema der Umfrage gemeinsam mit der Klasse festlegt werden. Anschließend übernehmen Schüler – gegebenenfalls arbeitsteilig – möglichst alle Schritte einer statistischen Untersuchung weitgehend selbst (vgl. Abb. 4.1), sodass sie lernen,

- Fragen zu stellen, die sich mithilfe von Daten zu geeignet ausgewählten Merkmalen beantworten lassen,
- „gute Daten" zu erheben, indem sie die interessierenden Merkmale und deren Ausprägungen sorgfältig in einem Messverfahren festlegen,
- in einfachen Fällen eine repräsentative Stichprobe durch zufällige Auswahl zu erheben,
- Bedingungen zu bestimmen, die Einfluss auf den Vorgang der Datenentstehung haben.

Abb. 4.1 Phasen einer statistischen Untersuchung. (Frei nach Sachs 2006, S. 78 f.)

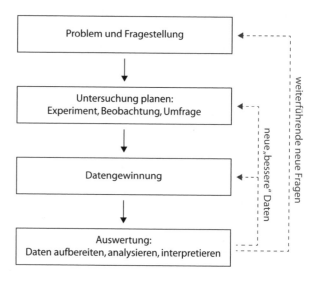

Die Phasen einer statistischen Untersuchung sind dabei nicht einfach nur linear zu durchlaufen, vielmehr handelt es sich um einen Kreisprozess.[1] Selten sind nach der Datenauswertung alle Fragen geklärt. Häufig entstehen dabei neue weiterführende Fragen oder man bemerkt, dass man für sachgerechte Interpretationen andere oder „bessere" Daten benötigt.

Zur Wahl geeigneter Sachkontexte und Daten sind auch hier die in Abschn. 3.1 angeführten Kriterien zu berücksichtigen. Allerdings können jetzt größere Datenmengen erhoben werden, wenn die Auswertung mittels Computerunterstützung vorgenommen werden soll. Mithilfe von Umfragen lassen sich Daten erheben, indem zu jeder befragten Person mehrere Merkmale erfasst werden. Damit werden bei der Auswertung Vergleiche von Teilgruppen ermöglicht wie z. B.: „Wodurch unterscheiden sich Jungen und Mädchen oder die Klasse 7a von der 7b?" Zur Beantwortung dieser Fragen dienen Vergleiche von Häufigkeitsverteilungen oder Vierfeldertafeln.

4.1.1   Planen einer Umfrage

Als Umfragethemen findet man in Schulbüchern oder Unterrichtsmaterialien für die Jahrgangsstufen 7/8 häufig die Themen Mediennutzung (TV, PC, Internet, Handy) und Freizeitgestaltung. Beispiele für geeignete, im Unterricht erprobte Fragebögen zu Fernsehgewohnheiten und Freizeitverhalten geben Kütting (1994a, S. 23 f.) und Biehler (2003). Wir möchten im Folgenden exemplarisch am Thema Internetnutzung deutlich machen, worauf bei der Planung einer Umfrage geachtet werden sollte.

Themenauswahl und Problemstellung
Laut der repräsentativen JIM-Studie des Medienpädagogischen Forschungsverbundes Südwest zum Medienumgang 12- bis 19-Jähriger besaßen 2012 82 % der Jugendlichen in der BRD einen eigenen Computer und sogar rund 86 % einen eigenen, frei verfügbaren Internetzugang. Dabei waren beim Computerbesitz keine nennenswerten Unterschiede zwischen den Schulformen oder zwischen Jungen und Mädchen zu verzeichnen (Medienpädagogischer Forschungsverbund Südwest 2012, S. 30). Heute gehört ein Computer samt Internetzugang zur Grundausstattung fast eines jeden Haushaltes in Deutschland (ebenda). Gerade mit Blick auf die Internetnutzung gibt es viele Fragen, die für Jugendliche interessant sein dürften: Stimmt es, dass sich Jugendliche nur noch im Internet treffen? Wie viel Zeit verbringen Schüler womit im Internet? Welche Einschränkungen machen Eltern mit Blick auf die Internetnutzung? Bei diesem Thema werden Schüler auf viele Fragen stoßen, die sich in dieser allgemeinen Form noch nicht direkt beantworten lassen. Die Festlegung von interessierenden Merkmalen und damit zusammenhängend

---

[1] In der englischsprachigen Literatur wird im Zusammenhang mit der Förderung statistischen Denkens dem kreisförmigen Prozess einer statistischen Untersuchung besondere Bedeutung zugemessen (vgl. den PPDAC-Cycle von Wild und Pfannkuch 1999, S. 225 f.: Problem – Plan – Data – Analysis – Conclusions).

die Formulierung von eindeutig zu beantwortenden Fragen sind wesentliche Schritte bei der Planung einer Umfrage. Eine Prozessbetrachtung hilft dabei, die Modellierung der Untersuchungsfrage „Wie nutzen Schüler das Internet?" zielgerichtet durchzuführen.

Festlegung von interessierenden Merkmalen: Was wird wie gefragt?
Um die Art und Dauer der Nutzung des Internets von Schülern genauer zu erfassen, eignen sich verschiedene Merkmale. Hierbei lassen sich je nach verwendeter Skala verschiedene Arten von Daten (kategorial, ordinal oder metrisch) erheben, wie in Tab. 4.1 gezeigt. So muss man sich beispielsweise entscheiden, ob man entweder die Nutzungshäufigkeit oder die tägliche Nutzungsdauer erheben möchte. Letztgenannte Variante bietet mehr Auswertungsmethoden, da für metrische Daten auch statistische Kennzahlen berechnet werden können. Daher muss man sich schon bei der Planung der Untersuchung über die beabsichtigte Auswertung Gedanken machen. Zum Thema Internetnutzung könnten Schüler beispielsweise die in Tab. 4.1 aufgeführten Fragen stellen.

Die Art des Messverfahrens drückt sich bei einer Befragung in der Formulierung der Frage und den Möglichkeiten der Beantwortung aus.

- Gibt man Antwortmöglichkeiten im Fragebogen vor (wie in Tab. 4.1 bei (3) und (4)), so werden von vornherein die möglichen Ergebnisse festgelegt und damit den Befragten das Antworten erleichtert. Bei solchen **geschlossenen Fragen** mit vorgegebenen Antwortmöglichkeiten ist die Auswertung ebenfalls leichter.
- Werden keine Antworten vorgegeben, wie z. B. bei dem Merkmal „Lieblings-Internetseite" in Tab. 4.1, handelt es sich um eine **offene Frage**. Diese eignet sich, wenn man im Vorfeld noch wenig über die verschiedenen möglichen Ergebnisse weiß.

Tab. 4.1 Festlegung interessierender Merkmale und Wahl des Messverfahrens

	Merkmal	Frage	Messverfahren
(1)	Lieblings-Internetseite	Welche Internetseite rufst du am häufigsten auf?	Nennung einer Seite: _____
(2)	Tägliche Nutzungsdauer	Wie viele Stunden nutzt du das Internet durchschnittlich an einem Schultag?	Schätzung für Mo–Fr: _____ h
(3)	Nutzungshäufigkeit	Wie oft nutzt du das Internet?	☐ täglich ☐ mehrmals pro Woche ☐ selten ☐ nie
(4)	Überwiegende Nutzungsart	Wofür nutzt du das Internet am häufigsten?	☐ Unterhaltung (Musik, TV, Video, Bilder) ☐ Spiele ☐ Informationssuche ☐ Kommunikation (chatten, mailen, …) ☐ Sonstiges

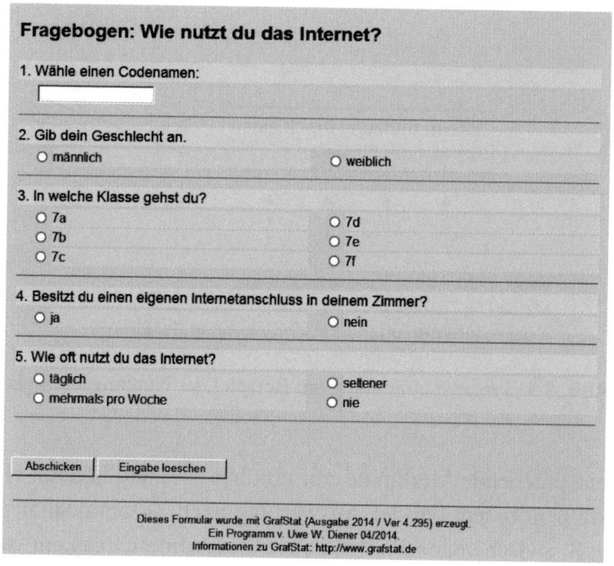

Abb. 4.2 Ausschnitt aus einem Online-Fragebogen, erstellt mit GrafStat

Fragebogen: Wie nutzt du das Internet?

1. Wähle einen Codenamen:

2. Gib dein Geschlecht an.
   ○ männlich   ○ weiblich

3. In welche Klasse gehst du?
   ○ 7a   ○ 7d
   ○ 7b   ○ 7e
   ○ 7c   ○ 7f

4. Besitzt du einen eigenen Internetanschluss in deinem Zimmer?
   ○ ja   ○ nein

5. Wie oft nutzt du das Internet?
   ○ täglich   ○ seltener
   ○ mehrmals pro Woche   ○ nie

Abschicken   Eingabe loeschen

Dieses Formular wurde mit GrafStat (Ausgabe 2014 / Ver 4.295) erzeugt.
Ein Programm v. Uwe W. Diener 04/2014.
Informationen zu GrafStat: http://www.grafstat.de

Auch bei dem Merkmal Nutzungsdauer sind viele verschiedene Ergebnisse denkbar. Bei der Frage „Wie viele Stunden täglich nutzt du das Internet?" sollte die Lehrkraft mit ihren Schülern problematisieren, wie diese Zeitdauer einigermaßen zuverlässig erfasst werden kann, z. B. über Zeitmessungen an typischen Einzeltagen. Da sich die Internetnutzung an Schultagen von der am Wochenende unterscheiden wird, ist die Schätzung der durchschnittlichen täglichen Internetnutzung von Montag bis Freitag aussagekräftiger als die wöchentliche. Solche Planungsüberlegungen im Vorfeld sind wichtig, um möglichst aussagekräftige „gute" Daten zu erhalten.

Bei der Erstellung des Fragebogens ist schließlich auf die genaue Formulierung der Fragen und Antwortmöglichkeiten zu achten, mit denen die interessierenden Merkmale erhoben werden sollen. Um einerseits die Anonymität der Umfrage zu gewährleisten, andererseits bei möglichen Rückfragen den Fragebogen dem jeweiligen Schüler notfalls zuordnen zu können, ist die Angabe von Codenamen sinnvoll (vgl. Abb. 4.2).

Außerdem sind die Bedingungen zu berücksichtigen, die Einfluss darauf haben können, welche Ausprägungen ein interessierendes Merkmal annimmt. Diese möglichen Bedingungen sollten daher im Fragebogen durch geeignete Merkmale mit erfasst werden (z. B. Geschlecht, Alter, Klasse, eigener Internetanschluss . . .). So könnte man sich vorstellen, dass einzelne Klassen an einer Schule Besonderheiten aufweisen, die Auswirkungen auf das Nutzungsverhalten haben. Bei Sport- oder Musikklassen könnte durch das regelmäßige Training bzw. Üben nachmittags weniger Zeit für das Internet zur Verfügung stehen. Bei der Festlegung der Merkmale, die zur Erfassung der Bedingungen mit erhoben werden sollen, hilft eine Prozessbetrachtung weiter (vgl. Abb. 4.3).

Die Betrachtung der Bedingungen, die Einfluss darauf haben, welche Ausprägung ein Merkmal annimmt, ist ein wichtiger Schritt bei der Planung der Umfrage. Denn nur wenn

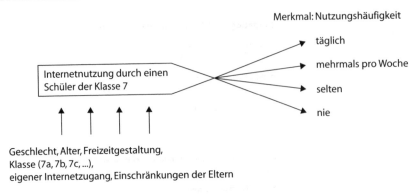

Abb. 4.3 Prozessbetrachtung am Beispiel der Nutzungshäufigkeit des Internets

entsprechende Merkmale mit erhoben werden, können Hypothesen empirisch überprüft werden, indem bei der Auswertung nach Zusammenhängen in den Daten gesucht wird, z. B. zwischen den Merkmalen „eigener Internetzugang" und „Nutzungshäufigkeit".

Wer wird gefragt?

Weiterhin gehört die Festlegung der zu befragenden Personen zur Planung einer Untersuchung. Über wen genau wollen wir etwas in Erfahrung bringen? Interessieren uns die Schüler der eigenen Klasse, der Jahrgangsstufe, der Schule, einer bestimmten Altersstufe? Die Gesamtheit aller Personen, über die man durch eine statistische Untersuchung etwas erfahren möchte, heißt **Grundgesamtheit**. In unserem Beispiel der Planung einer Befragung zur Internetnutzung kommen als Grundgesamtheit beispielsweise alle Schüler an der eigenen Schule oder in der 7. oder 8. Jahrgangsstufe infrage. Nur über diese Personengruppe lassen sich aus den selbst erhobenen Daten Informationen gewinnen.

Oft ist es zu aufwändig, alle Personen einer Grundgesamtheit zu befragen, daher befragt man eine kleinere Gruppe dieser Personen. Diese ausgewählte Teilgruppe wird **Stichprobe** genannt. Um aus den Befragungsergebnissen der Stichprobe auf die Verhältnisse in der Grundgesamtheit schließen zu dürfen, muss die Stichprobe **repräsentativ** für die Grundgesamtheit sein. Eine Stichprobe heißt repräsentativ bezüglich eines Merkmals, wenn die Häufigkeitsverteilung der Merkmalsausprägungen in der Stichprobe mit derjenigen in der Grundgesamtheit nahezu übereinstimmt.

Um Schülern einen ersten Eindruck von der Repräsentativität einer Stichprobe bezüglich eines Merkmals zu vermitteln, bietet sich die Frage an, ob die Schüler einer bestimmten Klasse (z. B. der 7a) als verkleinertes Abbild stellvertretend für die Gesamtheit aller Schüler in der 7. Jahrgangsstufe an der Schule angesehen werden können. Dies wird beispielsweise nicht der Fall sein, wenn die Klasse Besonderheiten aufweist (deutlich mehr Mädchen als Jungen, spezielle Musikklasse, mehr ältere Schüler als in anderen Klassen), die deren Schüler von den übrigen in der 7. Jahrgangsstufe unterscheidet. Am besten zeigt man dies exemplarisch an konkreten Daten wie z. B.: In der 7a sind 75 % der Schüler Mädchen, dagegen sind in der 7. Jahrgangsstufe 55 % Mädchen. Damit ist die

Klasse 7a nicht repräsentativ für den gesamten Jahrgang im Hinblick auf das Merkmal „Geschlecht". Daher darf man aus den Umfrageergebnissen für eine Klasse im Allgemeinen keine Schlussfolgerungen für den gesamten Jahrgang an der eigenen Schule ziehen. Anschließend kann die Lehrkraft im Unterricht einen Ausblick geben, wie man durch Zufallsauswahl zu einer repräsentativen Stichprobe gelangen kann. Weitergehende, mit der Repräsentativität von Stichproben verbundene Fragen zu deren Variabilität und Größe sollten jedoch erst in höheren Klassenstufen thematisiert werden (vgl. Abschn. 5.3).

Beispiel 4.1 Repräsentative Stichprobe durch Zufallsauswahl
Eine repräsentative Stichprobe kann durch eine Zufallsauswahl gewonnen werden. Um beispielsweise 30 Schüler der 7. Klassen einer großen Schule zufällig auszuwählen, erhalten zunächst alle Schüler eine Nummer. Aus diesen werden 30 ausgelost. Dabei wird niemand bevorzugt. Alle Schüler haben die gleiche Wahrscheinlichkeit, in die Stichprobe zu gelangen. Daher ist zu erwarten, dass die Anteile der interessierenden Merkmalsausprägungen (Geschlecht, eigener Internetanschluss ...) in der Stichprobe denen in der Grundgesamtheit in etwa entspricht. Somit liefert eine Zufallsstichprobe ein verkleinertes Abbild der Grundgesamtheit (s. Abb. 4.4).

Erstellen des Fragebogens
Für die Planung einer Umfrage in der eigenen Klasse, Jahrgangsstufe oder Schule ist genügend Zeit einzuplanen, da insbesondere die Auswahl der Merkmale und das Erstellen eines Fragebogens zeitaufwändig sind. Je nach Umfragethema bietet sich ein fächerverbindender Unterricht an, bei unserem Beispiel zur Mediennutzung etwa mit dem Fach

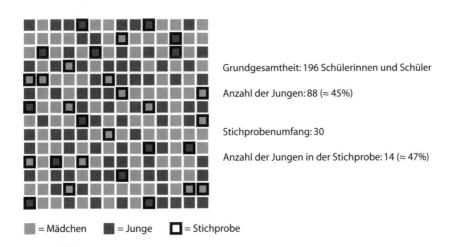

Grundgesamtheit: 196 Schülerinnen und Schüler

Anzahl der Jungen: 88 (≈ 45%)

Stichprobenumfang: 30

Anzahl der Jungen in der Stichprobe: 14 (≈ 47%)

■ = Mädchen   ■ = Junge   □ = Stichprobe

Abb. 4.4 Repräsentative Stichprobe durch Zufallsauswahl

3. Worauf ist beim Entwurf des Fragebogens zu achten?

~~Was muss bei dem Freizeitangebot anders werden?~~ ~~Haben Schüler an anderen Schulen einen kürzeren Schulweg?~~	Was machst du in deiner Freizeit? Du kannst mehrere Antworten ankreuzen. ☐ Sport ☐ Musik hören ☐ mit Freunden treffen	Wie viele Geschwister hast du? Bitte kreuze die richtige Anwort an. 0 ☐ 1 ☐ 2 ☐ 3 ☐ 4 ☐ 5 ☐ mehr als 5 ☐	Wie lang ist dein Schulweg (in km)? Bitte kreuze die richtige Anwort an. 0 bis 5 km ☐ über 5 bis 10 km ☐ über 10 bis 15 km ☐ über 15 bis 20 km ☐ über 20 km ☐
Stellt keine Fragen, die nicht beantwortet werden können. Die Antworten müssen sich gut auswerten lassen.	Wenn mehr als eine Antwort gegeben werden kann, muss das deutlich gemacht werden.	Bei vorgegebenen Antworten muss es zu jedem möglichen Befragungsergebnis auch eine Ankreuzmöglichkeit geben.	

Abb. 4.5 Hinweise zum Entwurf von Fragebögen. (Aus *Mathematik: Westermann* 7, S. 96; mit freundlicher Genehmigung von © Bildungshaus Schulbuchverlage. All Rights Reserved)

Gesellschaftskunde im Zusammenhang mit „Auswirkungen von Massenmedien auf die Gesellschaft". Hier lassen sich Fragen zu einzelnen Teilthemen der Mediennutzung wie Computer, Internet und Handy von einzelnen Schülergruppen arbeitsteilig bearbeiten. Dabei ist genügend Zeit für die Vorstellung und Überarbeitung der selbst entworfenen Fragen und Antwortmöglichkeiten einzuräumen und auf die verständliche und klare Formulierung der Fragen und Antwortmöglichkeiten zu achten. Insgesamt entsteht als Arbeitsprodukt der Klasse ein gemeinsam entwickelter Fragebogen.

Hilfreich für die Unterrichtsgestaltung sind außerdem gebündelte Hinweise zur Erstellung der Fragebögen. Diese können im Unterricht zuvor bei der Analyse vorgegebener Fragebögen erarbeitet oder aus geeigneten Zusammenstellungen wie in Abb. 4.5 entnommen werden. Insgesamt sollten nicht zu viele Fragen gestellt werden, sonst könnte die Umfrage langweilig und Antworten daher ausgelassen oder oberflächlich angekreuzt werden.

4.1.2   Durchführen und Auswerten einer Umfrage

Bei der Durchführung einer Umfrage sind verschiedene Aspekte zu berücksichtigen. Insbesondere muss man sich entscheiden, ob die Befragung als **mündliche Befragung** in Form eines Interviews durchgeführt wird oder als **schriftliche Befragung** mittels eines Fragebogens. Erstere hat den Vorteil, dass die befragten Schüler notfalls nachfragen können, wenn eine Frage nicht klar formuliert sein sollte. Mündliche Befragungen werden von

Meinungsforschern oder vom Statistischen Bundesamt meist angewendet mit dem Ziel, eine möglichst hohe Antwortquote zu erreichen. Bei schriftlichen Befragungen neigen Befragte eher dazu, einmal eine Antwort auszulassen, wenn sie unsicher sind, nicht antworten wollen oder kein Interesse mehr haben, den Fragebogen vollständig auszufüllen. Auf der anderen Seite ist bei einem Interview die Anonymität nicht mehr gewährleistet oder der Interviewer könnte den Befragten beeinflussen, sodass bei den Antworten mit Verzerrungen zu rechnen ist. Außerdem sind mündliche Befragungen sehr viel zeitaufwändiger. Diese Gesichtspunkte sind bei der Durchführung einer Umfrage an der Schule zu berücksichtigen. Letztlich hängt es vom Umfragethema sowie von den jeweiligen Fragen und Gegebenheiten vor Ort ab, für welche Umfrageart sich die Lehrkraft und ihre Klasse entscheiden.

Alternativ kann man auch eine **PC-gestützte Befragung** mittels eines Bildschirm-Interviews an der Schule durchführen, was mit frei zugänglichen Fragebogenprogrammen für Bildungseinrichtungen wie z. B. GrafStat (www.grafstat.de) oder VU-Survey[2] (www. vusoft.eu/VuSurvey.htm) einfach möglich ist. Diese Programme unterstützen alle Schritte der Durchführung einer Umfrage vom Aufbau des Fragebogens über die Datengewinnung und -speicherung bis hin zu ersten einfachen Auswertungen. Das Programm VU-Survey bietet den Vorteil gegenüber der kostenfreien Version von GrafStat, dass in der Datentabelle die Namen der Merkmale und deren Ausprägungen anstelle von Abkürzungen angezeigt werden (s. Abb. 4.6).

Die eigentliche Datenerhebung kann entweder über das Internet durchgeführt werden, sodass Schüler von zu Hause aus den Fragebogen ausfüllen können, oder an Rechnern im Schulnetzwerk. Der Vorteil einer PC-gestützten Befragung besteht darin, dass die erhobenen Daten direkt in elektronischer Form als Datentabelle vorliegen. Die beiden genannten Programme bieten elementare Auswertungsmethoden an, sodass damit auch Datenanalysen durchgeführt werden können. Alternativ lassen sich die Daten exportieren und mit einer geeigneten PC-Software wie VU-Statistik, einer Tabellenkalkulation, TinkerPlots oder Fathom 2 auswerten.

Vor Beginn der Auswertung ist im Unterricht zu klären, wie mit fehlerhaften Daten umgegangen wird. Beispielsweise deutet die Antwort 120 auf die Frage nach der täglichen Internetnutzungsdauer darauf hin, dass der befragte Schüler vermutlich die geforderte Zeiteinheit Stunden übersehen und in Minuten geantwortet hat. Weiterhin ist zu klären, wie man mit Fragebögen umgeht, die durchweg sinnlose oder lückenhafte Antworten

Codename	Geschlecht	Klasse	Internet_eigen	Nutzungshäufigkeit
Rini	weiblich	7a	nein	selten
maxx	männlich	7c	ja	täglich

Abb. 4.6 Datentabelle zur Befragung mittels VU-Survey

---

[2] Aktuell liegt VU-Survey als Betaversion in deutscher Sprache vor.

enthalten. Letzteres deutet auf eine Missachtung oder den Abbruch der Befragung hin. Vor der Datenauswertung ist also eine „**Datenreinigung**" erforderlich, ein wichtiger Zwischenschritt bei der Erzeugung von aussagekräftigen Daten. Schüler können somit im Kleinen die Wichtigkeit der Qualitätskontrolle bei Datenerhebungen erfahren.

Möchte man in der Auswertung verschiedene Gruppenvergleiche ermöglichen und dabei auf Software zurückgreifen, sollten die Umfrageergebnisse am besten in einer Datentabelle vorliegen wie in Abb. 4.6 gezeigt. Dabei bietet sich ebenfalls wieder eine arbeitsteilige Vorgehensweise an. Je nach Interesse wählen Schülergruppen geeignete Merkmale aus und bereiten die entsprechenden Daten auf. Alternativ ist auch eine händische Auswertung möglich. Dafür müssen die Fragebögen in ausreichender Zahl kopiert werden, sodass jede Arbeitsgruppe alle Umfrageergebnisse vorliegen hat. Oder es können Arbeitsgruppen eigene kleine Umfragen zu ein oder zwei interessierenden Merkmalen sowie denkbaren Bedingungen durchführen und nur diese auswerten.

Schließlich können Schüler die ihnen bisher bekannten Darstellungen von Daten und statistischen Kennzahlen zur weiteren Aufbereitung der Daten anwenden (vgl. Abschn. 3.2 und 3.3). Wichtig dabei ist, dass die Lehrkraft ihren Schülern überlässt, wie sie ihre Daten aufbereiten und analysieren. Auch nicht standardisierte Diagramme dürfen dabei vorkommen. Die Datenanalysen samt Interpretationen und Schlussfolgerungen sollten schließlich auf Plakaten den Mitschülern oder der Schulöffentlichkeit präsentiert werden. Auf diese Weise können Schüler lernen, angemessene grafische Darstellungen und Kennzahlen auszuwählen. Alternativ bietet es sich auch an, Schüler in Partnerarbeit kleinere Untersuchungsberichte schreiben zu lassen.

Da bei statistischen Erhebungen insbesondere Vergleiche von Teilgruppen der Grundgesamtheit interessante Ergebnisse liefern können, sollte diese Auswertungsmethode von der Lehrkraft im Unterricht explizit aufgegriffen werden.

4.2   Vergleichen von Daten und Verteilungen

Bei der Auswertung von statistischen Untersuchungen geht es darum, Daten zunächst grafisch darzustellen oder mittels statistischer Kennzahlen zusammenzufassen, bevor man sie einer genaueren Analyse und Interpretation entsprechend den Ausgangsfragen unterzieht. Hier möchten wir uns aufbauend auf den Kenntnissen der Jahrgangsstufe 5/6 weiter mit den tabellarischen und grafischen Möglichkeiten für Vergleiche von Daten und Häufigkeitsverteilungen zunächst bei kategorialen sowie ordinalen Daten und anschließend bei metrischen Daten befassen. Wir gehen dabei ausführlicher auf den Boxplot ein. Dabei vertiefen Schüler das Problem der Streuungsmessung und lernen neben der Spannweite eine weitere Kennzahl kennen, die sogenannte Vierteldifferenz. Weiterhin sollen Schüler lernen, eine zu der Fragestellung und den vorliegenden Daten passende Auswertungsmethode begründet auszuwählen. Im Vordergrund steht dabei das Lesen und Interpretieren entsprechender Tabellen, Diagramme und statistischer Kennzahlen.

4.2.1   Auswerten von Umfragen mit Vierfeldertafeln

Bei statistischen Untersuchungen werden oft zwei oder mehr Merkmale von Personen oder Objekten gleichzeitig erhoben mit dem Ziel, Abhängigkeiten zwischen Merkmalen zu untersuchen. Hier soll die Vierfeldertafel als Auswertungsmethode für sogenannte bivariate kategoriale Daten vorgestellt werden. Streudiagramme für bivariate metrische Daten werden wir in den Jahrgangsstufen 9/10 in Abschn. 5.6 behandeln.

Von einer Befragung zur Vierfeldertafel

Bei der Auswertung von Fragebögen oder Datenkarten im Rahmen einer selbst durchgeführten Befragung lässt sich die Vierfeldertafel als Darstellung entwickeln, um Fragen der folgenden Art nachzugehen: „Gibt es Unterschiede zwischen den befragten Mädchen und Jungen (den verschiedenen Schulstufen, Schülern mit einem eigenen Internetanschluss ...)?" Dazu betrachten wir im Folgenden zwei Fragen mit jeweils zwei Merkmalsausprägungen gleichzeitig. Wurden beispielsweise die Schüler einer Klasse nach ihrem Geschlecht und ihrer Mitgliedschaft in einem Sportverein befragt, könnten sie jetzt die Vermutung überprüfen, ob Mädchen seltener in einem Sportverein aktiv sind als Jungen.

Zur Erarbeitung der Vierfeldertafel bietet sich entsprechend dieser Fragestellung eine gemeinsame Auswertung an der Tafel an (s. Abb. 4.7). Zunächst werden die ausgefüllten Fragebögen (oder alternativ Datenkarten) nach Jungen und Mädchen getrennt. Dadurch entstehen zwei Stapel, deren Anzahlen an Fragebögen die absoluten Häufigkeiten der beiden Merkmalsausprägungen repräsentieren. Innerhalb dieser Stapel können nun wiederum Einteilungen hinsichtlich des zweiten Merkmals (Mitgliedschaft im Sportverein) vorgenommen werden. Damit entstehen innerhalb der Geschlechtergruppen neue Stapel. Diese Tätigkeit des Aufteilens der Grundgesamtheit nach bestimmten Merkmalen lässt sich als zweistufiger Vorgang beschreiben (vgl. Abschn. 4.3). Das Ergebnis der beiden Teilhandlungen wird anschließend in Form einer Vierfeldertafel dokumentiert.

Alternativ lässt sich die Entstehung anhand einer zweischrittigen tabellarischen Auswertung der Klassenumfrage erläutern, wie in Abb. 4.8 gezeigt. Nach der Auswertung der Schülerantworten zum Merkmal „Geschlecht" entsteht eine Häufigkeitstabelle. Analog zum Trennen der Fragebögen bzw. Datenkarten kann man die 20 Mädchen in vier und 16 Mädchen aufteilen, je nachdem, ob sie Mitglied in einem Sportverein sind oder nicht. Entsprechend werden auch die zwölf Jungen in vier „Vereinsmitglieder" und acht andere aufgeteilt. Dadurch entstehen zwei neue Spalten in der ursprünglichen Tabelle und insgesamt vier „Felder" mit den relevanten Häufigkeiten mit Blick auf die Kombination der beiden interessierenden Merkmale. Diese geben gerade die Anzahlen der Fragebögen auf den einzelnen Stapeln wieder, sodass der Aufbau der Vierfeldertafel für Schüler plausibel wird. Schließlich werden zu den vier „Feldern" der Tabelle noch die Spalten- und Zeilensummen hinzugefügt. Die Spaltensummen können als Einzelauswertung der Frage zur Mitgliedschaft in einem Sportverein gedeutet werden. Sie lassen sich durch erneutes Zusammenfassen der Fragebögen mit Blick auf das Merkmal „Mitglied im Sportverein"

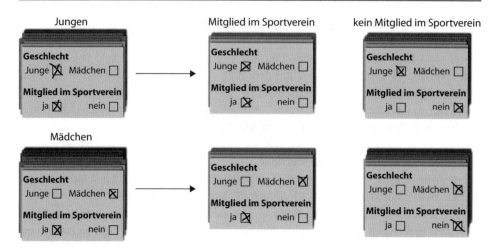

Abb. 4.7 Erstellen der Vierfeldertafel aus Fragebögen oder Datenkarten

Geschlecht	Anzahl		Mitglied in einem Sportverein	kein Mitglied in einem Sportverein	
Junge	12	Junge	4	8	12
Mädchen	20	Mädchen	4	16	20
	32		8	24	32

Abb. 4.8 Erstellen einer Vierfeldertafel

handelnd veranschaulichen: Acht der 32 befragten Schüler sind Mitglied in einem Sportverein, die übrigen nicht.

Als Kontrolle beim Erstellen einer Vierfeldertafel kann die bekannte Summenregel für Häufigkeiten dienen: Sowohl die Häufigkeiten der Spaltensummen als auch die der Zeilensummen ergeben die Anzahl aller Befragten. Da die Zeilen und Spalten in Vierfeldertafeln vertauscht werden können, gibt es keine Vorschrift, welches Merkmal wohin zu schreiben ist.

Hat man keine Fragebögen oder Datenkarten vorliegen, sondern werden die Daten direkt mündlich in der Klasse abgefragt, so kann der Aufbau einer Vierfeldertafel dadurch verdeutlicht werden, dass gemeinsam zwei Merkmale mit den Schülern festgelegt werden, die von Interesse sein sollen. Wenn jedes Merkmal auf zwei mögliche Ausprägungen eingeschränkt wird, entsteht eine Vierfeldertafel. Die möglichen Merkmalsausprägungen bilden die beiden Zeilen bzw. Spalten einer Tabelle. Dadurch entsteht das „Gerüst" der Vierfeldertafel. Jeder Schüler kann sich nun in diese Tabelle eintragen, was an der Tafel durch gekennzeichnete Magnete möglich ist (s. Abb. 4.9). In diesem Fall entsteht die Vier-

Abb. 4.9 Tafelbild mit Magneten

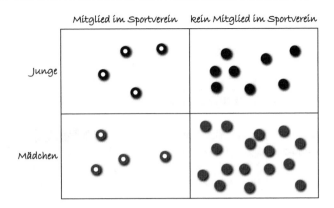

feldertafel „von innen nach außen". Durch diese aktive Vorgehensweise bei der Erstellung der Vierfeldertafel kann die Einsicht in deren Aufbau erhöht werden.

Nach dem Erstellen von Vierfeldertafeln muss auch das Lesen und Interpretieren der darin enthaltenen Informationen eingeübt werden. Dafür ist es je nach Fragestellung oder vermuteten Abhängigkeiten notwendig, absolute oder relative Häufigkeiten miteinander zu vergleichen. Gemäß Umfrageergebnis sind die absoluten Häufigkeiten der im Sportverein aktiven Jungen und Mädchen gleich. Da aber mehr Mädchen in der Klasse sind, ist der Anteil der im Sportverein Aktiven unter den Jungen höher als bei den Mädchen: Vier von zwölf Jungen entsprechen $\frac{1}{3}$ der Jungen, vier von 16 Mädchen nur $\frac{1}{4}$ der Mädchen. Zur Überprüfung vermuteter Abhängigkeiten bei Gruppenvergleichen ist es im Allgemeinen sinnvoll, mit relativen Häufigkeiten zu arbeiten. Dabei ist darauf zu achten, dass nicht mehr die Grundgesamtheit als Bezug gewählt wird, sondern die jeweils interessierende Teilgruppe, hier die Jungen oder die Mädchen der Klasse. Mit der Auswertung und Interpretation solcher Vierfeldertafeln im Rahmen von Gruppenvergleichen lassen sich wichtige Grundbegriffe der Stochastik vorbereiten, nämlich die statistische Abhängigkeit und die bedingte Wahrscheinlichkeit (vgl. Abschn. 5.5).

4.2.2 Vergleichen von kategorialen oder ordinalen Daten mit Band- und Säulendiagrammen

Abbildung 4.10 zeigt die Ergebnisse einer repräsentativen Studie von 12- bis 19-jährigen Jugendlichen in Deutschland, bei der diese einschätzen sollten, wie häufig sie das Internet nutzen. Da die Teilgruppen der befragten Jungen und Mädchen bzw. die Altersgruppen unterschiedlich groß sind, müssen hier die relativen Häufigkeiten der einzelnen Merkmalsausprägungen verglichen werden.

Dabei werden gleich lange Banddiagramme zum Vergleich der Häufigkeitsverteilungen unterschiedlicher Altersgruppen sowie nach Geschlecht verwendet. Mit dieser Darstellung kann man durch die Verschiebung der gleich gefärbten Abschnitte im Banddiagramm

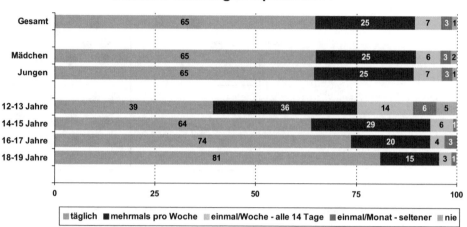

Quelle: JIM-Studie 2011 (Medienpädagogischer Forschungsverbund Südwest, www.mpfs.de); Angaben in Prozent, Basis = 1.205 Jugendliche im Alter von 12 bis 19 Jahren, davon 51 % männlich

Abb. 4.10 Banddiagramme bei einem Gruppenvergleich

auf einen Blick erkennen, dass sich die Verteilungen der Nutzungshäufigkeiten in den Altersgruppen unterscheiden. Insofern ist diese verbreitete Diagrammart dazu geeignet, Unterschiede plakativ hervorzuheben: Rund $\frac{3}{4}$ der befragten 12- bis 13-Jährigen nutzen mehrmals pro Woche oder sogar täglich das Internet gegenüber mehr als 90 % der 14- bis 15-Jährigen. Für die Interpretation dieses Ergebnisses ist es interessant, nach möglichen Gründen für diesen Unterschied zu suchen. So wäre es möglich, dass z. B. 12- bis 13-Jährige seltener einen eigenen Internetanschluss als 14- bis 15-Jährige haben oder deren Eltern zeitliche Einschränkungen machen, sodass sie das Internet seltener nutzen dürfen als die älteren Schüler. Tatsächlich besaßen laut der JIM-Studie (Medienpädagogischer Forschungsverbund Südwest 2012, S. 30) nur 76 % der 12- bis 13-Jährigen einen eigenen Internetanschluss gegenüber 86 % der 14- bis 15-Jährigen. Das Einverständnis der Eltern brauchten 2012 noch 37 % (2013 nur noch 25 %) der 12- bis 13-Jährigen, während dieser Anteil bei den 14- bis 15-Jährigen auf 15 % (2013 auf 10 %) zurückging. Mit diesem exemplarischen Ausschnitt der Auswertung einer Umfrage möchten wir verdeutlichen, dass weiterführende Fragen entstehen können, die entweder mit vorliegenden oder neu zu erhebenden Daten untersucht werden können. Hier zeigt sich der typische kreisförmige Verlauf einer statistischen Untersuchung (s. Abb. 4.1).

Da bei der Verwendung von Banddiagrammen der Vergleich relativer Häufigkeiten einzelner Merkmalsausprägungen erschwert wird, bietet sich als Alternative das gepaarte Säulendiagramm an, bei dem die relativen Häufigkeiten der einzelnen Merkmalsausprägungen nebeneinanderstehen (vgl. Abb. 4.11). Möchte man die Formen der Häufigkeitsverteilung als Ganzes miteinander vergleichen, so ist es günstiger, zwei getrennte Säu-

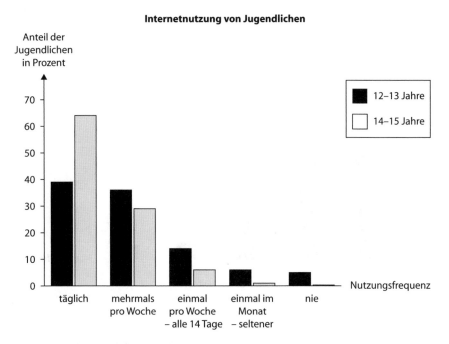

Abb. 4.11 Verteilungsvergleich im gepaarten Säulendiagramm

lendiagramme bei gleicher Achseneinteilung direkt untereinander zu positionieren (vgl. Abb. 4.12).

Empirische Untersuchungen haben belegt, dass das Ablesen von Werten aus Diagrammen Schülern im Allgemeinen weniger Schwierigkeiten bereitet als das Interpretieren der Diagramme (vgl. Shaugnessy 2007). Welche Informationen lassen sich aus der Häufigkeitsverteilung als Ganzes ziehen? Gibt es interessante Auffälligkeiten oder Muster? Analoge Schwierigkeiten sind aus dem Bereich der Sachaufgaben bekannt, wo das Interpretieren des mathematischen Resultats im Sachkontext Schülern bekanntlich Probleme macht. Um Schüler an das Interpretieren von Daten zu gewöhnen, bietet es sich an, Diagramme aus Medien zu verwenden, die sich mit für sie zugänglichen Sachkontexten befassen. Dabei eignen sich Aufgaben, in denen Schüler Aussagen zu einem vorgelegten Diagramm anhand der Daten belegen oder widerlegen sollen (s. Beispiel 4.2). Zunehmend können auch offenere Fragen ergänzt werden wie z. B.: Welche Gemeinsamkeiten/Unterschiede gibt es zwischen Mädchen und Jungen?

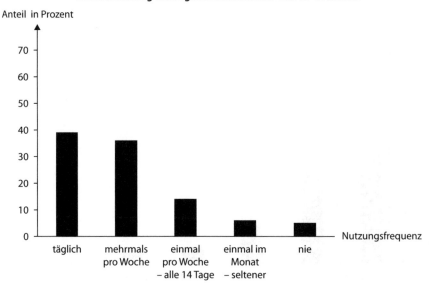

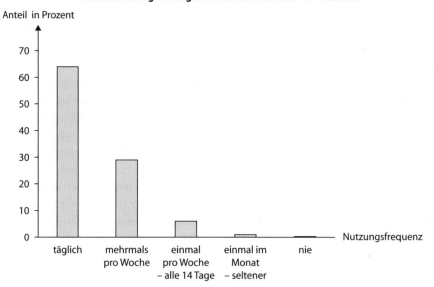

Abb. 4.12 Internetnutzung von 12- bis 13- und 14- bis 15-Jährigen im Säulendiagramm

Beispiel 4.2 Lesen und Interpretieren vorgegebener Diagramme

a)   Richtig oder falsch?
  - Etwa jedes zweite Mädchen liest mindestens mehrmals pro Woche in einem Buch.
  - Mehr als die Hälfte der Jungen lesen höchstens einmal pro Monat in einem Buch.

b)   Anna behauptet, dass Mädchen lieber lesen als Jungen. Lässt sich ihre Einschätzung mit den Daten aus der JIM-Studie 2012 belegen?

Bücher lesen 2012

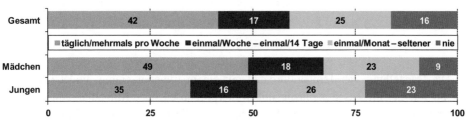

Quelle: JIM-Studie 2012 (Medienpädagogischer Forschungsverbund Südwest, www.mpfs.de); Angaben in Prozent,
Basis = 1.201 Jugendliche im Alter von 12 bis 19 Jahren, davon 51 % männlich

4.2.3   Häufigkeitsverteilung metrischer Daten nach Klasseneinteilung

In diesem Abschnitt nehmen wir zunächst die Klasseneinteilung metrischer Daten in den Blick und erläutern diese am Beispiel von Temperaturdaten. Diese lassen sich vergleichsweise einfach selbst erheben oder von der Internetseite des Deutschen Wetterdienstes[3] herunterladen. Letzteres hat den Vorteil, dass die Lehrkraft aktuelle reale Daten für ihren Unterricht auswählen kann, deren Analyse interessante Auffälligkeiten oder Muster zum Vorschein bringt. Die nachfolgenden Methoden eignen sich auch zur Auswertung der in einer Umfrage erhobenen metrischen Daten zur täglichen Nutzungsdauer des Internets (vgl. Abschn. 4.1.1). Es ist sinnvoll, die Klassenbildung an einem eindrücklichen Beispiel in einer eigenen Unterrichtssequenz zu behandeln, um Schüler zu befähigen, diese Methode eigenständig bei der Auswertung selbst erhobener Daten einsetzen zu können.

   Als Ausgangspunkt unserer Datenanalyse dient die Frage, ob der März 2013 ein besonders kalter Monat war. Im Vergleich zu den Vorjahren konnte man mit Beginn des Jahres 2013 den Eindruck gewinnen, dass der Winter kein Ende nehmen wollte. Dieser Eindruck soll nun auf der Basis von Temperaturdaten empirisch belegt werden. Dazu werden wir verschiedene Ansätze zur Datenauswertung der im Bsp. 4.3 angeführten

---

[3] Der Deutsche Wetterdienst stellt auf seiner Internetseite www.dwd.de Wetterdaten für 78 Messstationen in Deutschland über verschiedene Zeiträume kostenfrei zur Verfügung. Dort sind nicht nur die hier verwendeten Tagesdurchschnittstemperaturen erhältlich, sondern auch die Minimal- oder Maximaltemperaturen.

durchschnittlichen Tagestemperaturen vom März 2013 der Wetterstation Bad Lippspringe vorstellen, die auf den in den Jahrgangsstufen 5/6 erworbenen Kenntnissen aufbauen und diese problemorientiert vertiefen. Insbesondere wird durch die Verwendung der (durchschnittlichen) Tagestemperatur der wichtige Aspekt des arithmetischen Mittels als repräsentativer Wert vertieft (vgl. Abschn. 3.3.1). Alternativ kann auch mit selbst gemessenen Daten etwa der Minimal- oder Maximaltemperatur an einem Tag gearbeitet werden.

Beispiel 4.3 War der März 2013 in Bad Lippspringe besonders kalt?

Durchschnittliche Tagestemperaturen in °C vom 1. bis zum 31. März 2013:

1,4	1,2	1,2	3,3	6,4	7,4	8,2	5,5	4,4	0,0	$-4{,}1$	$-4{,}6$
$-4{,}8$	$-2{,}6$	$-3{,}3$	2,8	2,1	4,6	0,9	0,0	$-0{,}7$	$-1{,}4$	$-3{,}4$	$-3{,}6$
$-2{,}8$	$-1{,}7$	$-1{,}1$	$-1{,}1$	$-1{,}0$	$-0{,}2$	$-0{,}4$					

Die Darstellung von Temperaturdaten mit einem Liniendiagramm findet man häufig im Internet im Zusammenhang mit Wetterprognosen oder Klimadiagrammen (vgl. Abschn. 3.2 und 3.3.4). Auf diese Weise lässt sich die Entwicklung der Tagestemperaturen[4] über einen Monat hinweg hervorheben. Wenn man nicht am Temperatur*verlauf* interessiert ist, sondern daran, einen Überblick über die Temperatur*verteilung* zu bekommen, wertet man die Daten besser mit einem Stamm-Blätter-Diagramm aus (s. Abb. 4.13). Dabei werden die Daten in natürlicher Weise in 1 °C breite Klassen eingeteilt. Eine besondere Herausforderung ist es hierbei, die negativen Temperaturwerte in das Stamm-Blätter-Diagramm einzufügen. Möchte man diese Schwierigkeit umgehen, untersucht man besser die Temperaturverteilung in einem Sommermonat (z. B.: „War der Juli 2013 besonders heiß?").

Abb. 4.13 Stamm-Blätter-Diagramm der Tagestemperaturdaten im März 2013

Verteilung der Tageswerte im März 2013 in Bad Lippspringe in °C

-4	8	6	1		
-3	6	4	3		
-2	8	6			
-1	7	4	1	1	0
-0	7	4	2		
0	0	0	9		
1	2	2	4		
2	1	8			
3	3				
4	4	6			
5	5				
6	4				
7	4				
8	2				

---

[4] Nachfolgend ist mit Tagestemperatur die durchschnittliche Tagestemperatur gemeint.

Tab. 4.2 Häufigkeitsverteilung von Temperaturdaten im März 2013 in Bad Lippspringe nach Klasseneinteilung

Temperatur in °C	von −6 bis unter −4	von −4 bis unter −2	von −2 bis unter 0	von 0 bis unter 2	von 2 bis unter 4	von 4 bis unter 6	von 6 bis unter 8	von 8 bis unter 10
Häufigkeit	3	5	8	6	3	3	2	1

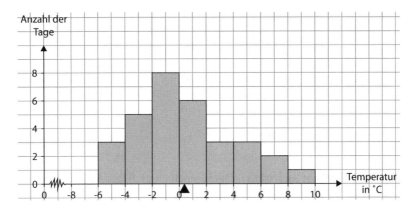

Abb. 4.14 Histogramm der Temperaturverteilung, arithmetisches Mittel 0,4 °C

Häufigkeitsverteilung nach Klasseneinteilung

Aufgrund der vielen verschiedenen Temperaturwerte ist sogar eine gröbere Klasseneinteilung sinnvoll, z. B. eine Einteilung in 2 °C breite Temperaturintervalle. Dabei ist es naheliegend, sich an der von den Stamm-Blätter-Diagrammen bekannten Festlegung der rechts offenen Klassen*grenzen* zu halten (vgl. Tab. 4.2 *„von einschließlich … bis unter …")*.

Diese Häufigkeitsverteilung der Temperaturdaten lässt sich als Histogramm mit absoluten Häufigkeiten (s. Abb. 4.14) oder alternativ als Säulendiagramm grafisch darstellen. Dazu fasst man die einzelnen Klassen als Ausprägungen des rangskalierten Merkmals Tagestemperatur auf (s. Abb. 4.15). Wie in Abschn. 3.2.3 erläutert, lässt sich in natürlicher Weise der Übergang vom Stamm-Blätter-Diagramm zum Histogramm entwickeln. Im Unterschied zum Stamm-Blätter-Diagramm ist das Histogramm eine abstrakte grafische Darstellung, bei der es nicht mehr möglich ist, die einzelnen Daten zu sehen. An der y-Achse werden wie beim Säulendiagramm die Häufigkeiten und an der x-Achse die Klassenbreiten anhand der Breite der Rechtecke abgelesen. Schüler müssen daher lernen, beide Achsen richtig zu lesen. Wir empfehlen, Histogramme zu absoluten Häufigkeiten in dieser Jahrgangsstufe lediglich an Gymnasien zu behandeln, um die Schüler allmählich an diese im Sekundarstufen-II-Unterricht gebräuchliche Darstellung zu gewöhnen. An den übrigen Schulformen genügt in den Jahrgangsstufen 7/8 für die hier verfolgten Ziele der Datenanalyse auch ein Säulendiagramm.

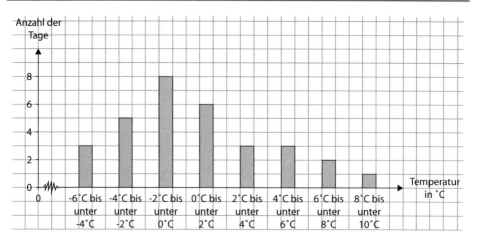

Abb. 4.15 Säulendiagramm der Temperaturverteilung

Arithmetisches Mittel bei metrischen Daten nach einer Klasseneinteilung

Schließlich sollten im Zusammenhang mit Klasseneinteilungen das arithmetische Mittel und der Zentralwert wiederholt und vertieft werden. Wie lassen sich diese ermitteln, wenn Daten nach einer Klasseneinteilung wie in Tab. 4.2 vorliegen?

Hier könnten Schüler die Lösungen weitgehend selbstständig entwickeln, indem sie jeweils die Klassenmitte als Repräsentanten für die Klasse betrachten und das arithmetische Mittel der Häufigkeitsverteilung folgendermaßen berechnen:

$$\frac{3 \cdot (-5) + 5 \cdot (-3) + 8 \cdot (-1) + 6 \cdot 1 + 3 \cdot 3 + 3 \cdot 5 + 2 \cdot 7 + 1 \cdot 9}{31} \approx +0{,}48 \, (^\circ C)$$

Ein Vergleich mit dem arithmetischen Mittel der Rohdaten

$$\frac{1{,}4 + 1{,}2 + 1{,}2 + \ldots + (-0{,}2) + (-0{,}4)}{31} \approx +0{,}41 \, (^\circ C)$$

unter der Fragestellung „Warum unterscheiden sich diese beiden Werte voneinander?" vertieft das Verständnis dieser statistischen Kennzahl bei einer Gruppierung der Daten. Leistungsstarke Schüler könnten in einem binnendifferenzierenden Unterricht weiter erkunden, wie groß dieser Unterschied höchstens sein kann (maximal die halbe Klassenbreite, also in unserem Beispiel $\pm 1 \, ^\circ C$).

Schließlich stellt sich noch die Frage der Interpretation: Was gibt dieses arithmetische Mittel eigentlich genau an? Wozu kann es verwendet werden? Offenbar handelt es sich um das arithmetische Mittel der durchschnittlichen Tagestemperaturen über einen Monat hinweg, also um die durchschnittliche Monatstemperatur im März 2013 – ein repräsentativer Wert, auf dessen Basis sich die Temperaturverteilung im März 2013 mit der in anderen Monaten vergleichen lässt.

Vergleichen von Häufigkeitsverteilungen nach Klasseneinteilung

Die Darstellung der Temperaturverteilung im März 2013 als Diagramm und ihre Zusammenfassung als Monatsmittel allein reichen jedoch nicht, um unsere Ausgangsfrage „War der März 2013 in Bad Lippspringe besonders kalt?" zu beantworten. Hier müsste man weitere Temperaturverteilungen aus anderen Jahren zum Vergleich heranziehen. Laut Daten des Deutschen Wetterdienstes betrug die durchschnittliche Monatstemperatur im März am selben Ort über die letzten 60 Jahre rund +4,7 °C. Unser arithmetisches Mittel der 31 Tagestemperaturdaten im März 2013 von nur +0,4 °C lag damit also um mehr als 4 °C niedriger – ein deutlicher Beleg für die Vermutung, dass der März 2013 in Bad Lippspringe vergleichsweise kalt war.

Mit den Temperaturdaten vom März 2013 lässt sich weiterhin gut erarbeiten, dass für den Vergleich zweier Datensätze die Angabe der arithmetischen Mittel oft nicht ausreichend ist. Daher ist es sinnvoll, nicht nur Mittelwerte miteinander zu vergleichen, sondern auch die grafischen Darstellungen der Häufigkeitsverteilungen. Besonders eindrücklich lässt sich die eingeschränkte Aussagekraft der arithmetischen Mittel bei einem Vergleich der Temperaturverteilung im Januar 2013 mit der im März 2013 demonstrieren (s. Abb. 4.16). Die Verteilungen der Tagestemperaturen weisen zwar nahezu dasselbe arithmetische Mittel auf, haben aber trotz des gleichen Schwerpunkts eine ganz unterschiedliche Form.

An der Verteilungsform erkennt man, dass im Januar die Wetterlage offenbar zweigeteilt war. Im März 2013 dagegen lagen die Tagesdurchschnittstemperaturen in der Hälfte der Tage zwischen −2 °C und +2 °C um den Gefrierpunkt und waren somit insgesamt weniger „verstreut" um das arithmetische Mittel als im Januar. Diese im Diagramm ersichtliche unterschiedliche Streuung wird nicht ausreichend durch die Spannweite erfasst, die im Januar 18 °C und im März 16 °C betrug. Möchte man auf diese Weise zwei Häufigkeitsverteilungen direkt miteinander vergleichen, so ist auf gleiche Klassenbreiten und die gleiche Skalierung der Achsen zu achten. Spätestens hier sollte die Lehrkraft ihre Schüler mit der Schwerpunkteigenschaft des arithmetischen Mittels (vgl. Abschn. 3.3.3) vertraut machen, damit sie diese Kennzahl anhand der grafischen Darstellung einer Häufigkeitsverteilung besser einschätzen können.

Zum Vergleich von Häufigkeitsverteilungen reicht somit das arithmetische Mittel (oder alternativ der Zentralwert) alleine aufgrund der begrenzten Aussagekraft oft nicht aus, da diese Kennzahl(en) die Streuung der Daten nicht erfasst (erfassen). Daher sollte neben der Spannweite mindestens ein weiteres Streumaß im Unterricht behandelt werden, nämlich die Vierteldifferenz (bzw. der Quartilsabstand) im Zusammenhang mit dem Boxplot.

4.2.4 Boxplots erstellen, interpretieren und vergleichen

Der **Boxplot (Kastenschaubild)** ist eine grafische Darstellung, die verschiedene statistische Kennzahlen einer Häufigkeitsverteilung zusammenfasst. Auf einen Blick können so die Mitte (Zentralwert) und ein auf den Zentralwert bezogenes Streuungsmaß des jeweili-

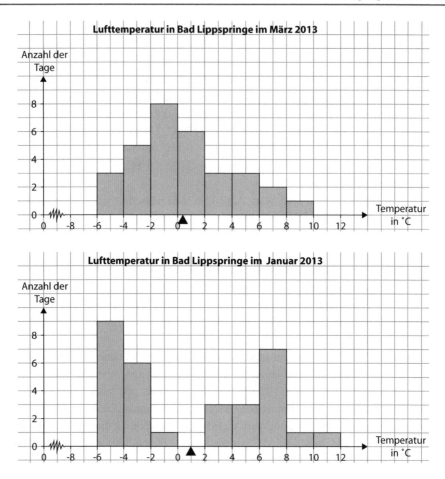

Abb. 4.16 Verteilungsvergleich mittels Histogrammen

gen Datensatzes erfasst werden. Diese Darstellung wurde von Tukey (1977) im Rahmen der von ihm entwickelten Explorativen Datenanalyse erfunden und eignet sich besonders gut, um mehrere Häufigkeitsverteilungen miteinander zu vergleichen.

Ein Boxplot kann für metrische (und sogar ordinale) Daten erstellt werden. Er besteht aus einer Skala (parallel zur Hauptachse des Boxplots), einem Rechteck (Box) vom unteren bis zum oberen Viertelwert, einem Querstrich auf Höhe des Zentralwerts und schließlich zwei Verbindungsstrecken (Antennen) von dem unteren und oberen Viertelwert zu den Extremwerten der Daten (s. Abb. 4.17). Er kann waagerecht oder senkrecht gezeichnet werden.

Für den Stochastikunterricht in der Sekundarstufe I empfehlen wir den einfachen Boxplot, bei dem vorkommende Ausreißer nicht extra gekennzeichnet werden wie beim punktierten Boxplot. Zur Einführung des Boxplots im Unterricht eignen sich Tagestemperatur-

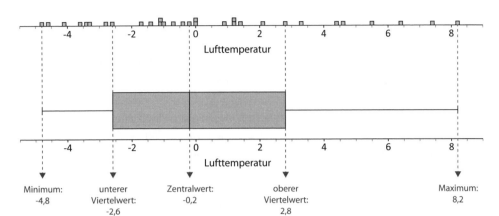

Abb. 4.17 Punktdiagramm und Boxplot der Tagestemperaturen in Bad Lippspringe im März 2013 (Daten aus Bsp. 4.3)

daten eines Monats (auf Zehntel °C genau) gut, da hier nicht zu viele mehrfache Temperaturwerte auftreten. Dabei ist es günstig, die Verteilung der Daten in einem Punktdiagramm dem zugehörigen Boxplot gegenüberzustellen, um das Einteilen der Daten in Viertel zu verdeutlichen. Außerdem wird auf diese Weise das Verständnis dieser neuen Diagrammform nicht gleich von den zu ihrer Erstellung notwendigen Arbeitsschritten überlagert. Anhand von Abb. 4.17 der Wetterdaten zu Bsp. 4.3 können die Begriffe **Viertelwert (Quartil)** und **Vierteldifferenz (Quartilsabstand)** sowie Verfahren zu ihrer Ermittlung erarbeitet werden. Wir schlagen vor, die Fachbegriffe Quartil und Quartilsabstand nur im gymnasialen Bildungsgang zu verwenden. Es sollte nur eine der beiden möglichen Bezeichnungen eingeführt werden, da sich die zugeordneten Symbole unterscheiden.

Anhand der Abb. 4.17 können Schüler im Boxplot die ihnen schon bekannten Kenngrößen kleinster und größter Wert sowie den Zentralwert erkennen. Im Unterrichtsgespräch sollten dann die Bedeutung der beiden „Viertelwerte" und Möglichkeiten zu ihrer Ermittlung diskutiert werden. Ausgehend vom unteren Viertelwert könnten die Schüler vermuten, dass dieser in der Mitte zwischen dem Minimum und dem Zentralwert liegt. Diese Vermutung lässt sich dann aber am Beispiel des oberen Viertelwerts widerlegen. In Analogie zur Bedeutung und Bestimmung des Zentralwerts kann die Lehrkraft ihre Schüler auf die Lage der beiden Viertelwerte in der geordneten Datenmenge aufmerksam machen. Im Punktdiagramm kann abgezählt werden, dass es jeweils sieben Werte zwischen dem unteren bzw. oberen Viertelwert und dem Zentralwert sowie zwischen dem unteren bzw. oberen Viertelwert und dem Minimum bzw. Maximum (einschließlich dieser Werte) sind. Damit teilen die beiden Viertelwerte zusammen mit dem Zentralwert die Daten in vier Abschnitte ein.

Werden die Daten der Urliste der Größe nach geordnet, erhält man eine Rangliste, aus der alle Kenngrößen direkt ermittelt werden können.

$$-\mathbf{4,8} \quad -4,6 \quad -4,1 \quad -3,6 \quad -3,4 \quad -3,3 \quad -2,8 \quad \mathbf{-2,6} \quad -1,7 \quad -1,4 \quad -1,1 \quad -1,1$$

$$-1 \quad -0,7 \quad -0,4 \quad \mathbf{-0,2} \quad 0 \quad 0 \quad 0,9 \quad 1,2 \quad 1,2 \quad 1,4 \quad 2,1 \quad \mathbf{2,8}$$

$$3,3 \quad 4,4 \quad 4,6 \quad 5,5 \quad 6,4 \quad 7,4 \quad \mathbf{8,2}$$

Es gibt sowohl in Fachbüchern zur Beschreibenden Statistik als auch in Schulbüchern unterschiedliche Verfahren zur Ermittlung der Viertelwerte. Wir wollen daher im Folgenden die beiden in Unterrichtsmaterialien gängigsten Vorgehensweisen vorstellen und erörtern.

Bestimmen der Viertelwerte – zwei Wege im Vergleich
Ein Verfahren zur Bestimmung der Viertelwerte beruht auf der Rechnung mit Indizes. Den **unteren Viertelwert v_u** erhält man, indem man die Anzahl der Daten n mit $\frac{1}{4}$ multipliziert und – falls das Ergebnis nicht ganzzahlig ist – auf die nächstgrößere ganze Zahl aufrundet. Damit hat man den Rangplatz des unteren Viertelwerts in der Rangliste gefunden. Analog geht man bei der Ermittlung des **oberen Viertelwerts v_o** vor, hier multipliziert man dementsprechend mit $\frac{3}{4}$.
   Diese Definition liefert die in Abb. 4.17 angegebenen Viertelwerte der Temperaturverteilung (Anzahl der Daten n = 31 Tage):
   $31 \cdot \frac{1}{4} = 7,75$. Der 8. Rangplatz liefert den unteren Viertelwert $v_u = -2,6\,^\circ$C.

1.	2.	3.	4.	5.	6.	7.	**8.**	9.	10	...
−4,8	−4,6	−4,1	−3,6	−3,4	−3,3	−2,8	**−2,6**	−1,7	−1,4	...

$31 \cdot \frac{3}{4} = 23,25$. Der 24. Rangplatz liefert als oberen Viertelwert $v_o = 2,8\,^\circ$C.
   Ein Vorteil dieser Definition ist, dass sie in Lehrbüchern zur Statistik (vgl. die p-Quantile in Fahrmeir et al. 2007, S. 64 f. sowie Degen und Lorscheid 2002, S. 23 f.) und in PC-Software für den Mathematikunterricht verwendet wird (z. B. GeoGebra und Fathom 2). Allerdings ist die Ermittlung per Hand vergleichsweise aufwändig durchzuführen. Ein weiterer Nachteil ist, dass diese Methode fehleranfällig ist. So könnten Schüler die Rangplätze 8 und 24 selbst für den unteren und oberen Viertelwert halten. Um diesem Fehler vorzubeugen, sollte direkt nach der Rechnung das Ergebnis im Sachkontext überprüft werden. Dabei dürfte auffallen, dass 24 nicht als Temperaturwert auftreten und somit nicht der obere Viertelwert sein kann.
   In Schulbüchern hat sich außerdem eine zweite Vorgehensweise zur Bestimmung von Viertelwerten etabliert, die an die Definition des Zentralwerts anknüpft. Da dieser die Rangliste in zwei Hälften teilt, kann man zu deren unterer und oberer Hälfte erneut den Zentralwert bilden und erhält somit den unteren (oder oberen) Viertelwert als Zentralwert der unteren (oder oberen) Datenhälfte. Bei einer geraden Anzahl von Daten ist dieses

Verfahren des fortgesetzten „Haufen-Halbierens" unproblematisch. Bei einer ungeraden Anzahl muss jedoch geklärt werden, ob man den Zentralwert zu den Datenhälften mitzählen möchte oder nicht. Bei unserem Beispiel der 31 Temperaturdaten erhält man mit diesem Verfahren für den unteren Viertelwert $-2{,}6\,°C$, wenn der Zentralwert nicht zu den beiden Datenhälften gezählt wird, andernfalls $-2{,}15\,°C$. Bei kleinen Datenmengen können also durchaus leichte Abweichungen auftreten.

Diese Definition der Viertelwerte ist insofern geeignet, als sie direkt an die Bestimmung des Zentralwerts anknüpft und daher einfach durchzuführen ist. Außerdem können die Kennwerte direkt aus Stamm-Blätter-Diagrammen oder der Rangliste abgelesen werden (vgl. Abb. 4.18). Wie dargestellt, liefert die fortgesetzte „Haufenhalbierung" teilweise nicht dieselben Kennwerte wie das erstgenannte Verfahren. Diese Abweichungen können Schüler verwirren. Hier muss die Lehrkraft darüber aufklären, dass es zwar verschiedene Definitionen in der Fachliteratur gibt, die Unterschiede bei großen Datensätzen jedoch vernachlässigbar klein sind und somit in der statistischen Anwendung keine nennenswerten Auswirkungen haben. Im Unterricht sollte sich die Lehrkraft für eine Definition entscheiden und ihre Schüler mit dieser arbeiten lassen.

Die Vierteldifferenz – ein Maß für die Streuung der Daten
Mithilfe der Differenz aus dem oberen und unteren Viertelwert lässt sich ein Maß für die Streuung der Daten um ihren Zentralwert festlegen, die **Vierteldifferenz** (oder der Quartilsabstand) $v_d = v_o - v_u$.

Damit Schüler mit dieser Kennzahl verständig umzugehen lernen, ist es notwendig zu verdeutlichen, in welcher Weise die Vierteldifferenz die Streuung der Daten um den Zentralwert erfasst. Dabei hilft eine Gegenüberstellung von Stamm-Blätter-Diagramm oder Punktdiagramm und zugehörigem Boxplot (vgl. Abb. 4.18).

Etwa die Hälfte aller Daten liegt zusammen mit dem unteren und oberen Viertelwert in der Box, hier 17 von 31 Daten, also rund 55 %. Daher kann man die Daten in der Box in

Abb. 4.18 Gegenüberstellung von Boxplot und Stamm-Blätter-Diagramm

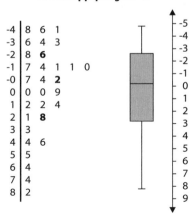

Verteilung der Tageswerte im März 2013 in Bad Lippspringe in °C

etwa als „mittlere Hälfte" der Daten auffassen. Die Vierteldifferenz, in unserem Beispiel 5,4 °C, wird durch die Höhe bzw. Breite der Box visualisiert. Dieser Kennwert gibt somit die Spannweite der mittleren Hälfte der Daten an. Dennoch ist er ein Streumaß für den gesamten Datensatz.

Interpretieren von Boxplots

Empirische Untersuchungen haben gezeigt, dass Schüler typische Schwierigkeiten beim Lesen und Interpretieren von Boxplots haben (vgl. Bakker et al. 2006). Obwohl der Boxplot über die Viertelwerte den Datensatz in vier Abschnitte einteilt, werden von Schülern häufig nur drei Abschnitte wahrgenommen: die niedrigen und hohen Werte (links und rechts von der Box) sowie die mittleren Werte in der Box, die die Mehrheit ausmachen („Haufen" mit deutlich mehr als 50 % der Daten). Der Zentralwert wird außerdem eher als Schnittpunkt denn als Maß für das Zentrum einer Häufigkeitsverteilung aufgefasst. Daher sollte die Lehrkraft ihre Schüler nicht nur die statistischen Kennwerte zum Erstellen von Boxplots bestimmen lassen, sondern anhand geeigneter Aufgaben das Lesen und Interpretieren dieser grafischen Darstellung einüben. Um den genannten Schwierigkeiten vorzubeugen, sollte der Boxplot auch den bisher verwendeten Säulendiagrammen (und gegebenenfalls Histogrammen) gegenübergestellt werden, da die vorkommenden „Rechtecke" jeweils unterschiedlich zu deuten sind: Während bei Säulendiagrammen die Höhen der einzelnen Rechtecke (und wegen der gleichen Breite auch die Fläche der Rechtecke) die Häufigkeiten einzelner Merkmalsausprägungen angeben, ist das beim Boxplot ganz anders. Hier beschreibt die rechteckige Box eine spezielle Datenmenge, nämlich mit rund 50 % der Daten in etwa die „mittlere Hälfte" der geordneten Daten. Die Länge des (waagerecht oder senkrecht gezeichneten) Rechtecks visualisiert die Vierteldifferenz und daher die *Datendichte*: Je kürzer das Rechteck, desto kleiner ist der Bereich, in dem rund 50 % der Daten liegen. Anders ausgedrückt: Kürzere Rechtecke zeigen über die hohe Datendichte eine geringe Streuung der Daten an. Breite Rechtecke zeigen über die niedrige Datendichte eine hohe Streuung an.

Schwierig wird die Interpretation von Boxplots, wenn Daten vorliegen, bei denen Merkmalswerte gehäuft auftreten. Dieses Problem kann man sich an einem konstruierten Datensatz, z. B. den Mathematiknoten der folgenden neun Schüler, verdeutlichen:

1; 2; **2**; 2; 3; 3; 3; 4; **4**; 4; 5

Im Bereich der Box von einschließlich $v_u = 2$ bis einschließlich $v_o = 4$ liegen neun von elf Werten. Daher müsste die Lehrkraft dann bei der Interpretation auf genaue Formulierungen achten wie z. B.: Die Box einschließlich der beiden Viertelwerte enthält *mindestens* 50 % der Daten. Oder: *Höchstens* 25 % der Daten sind kleiner als der untere Viertelwert und größer als der obere Viertelwert. Diese Verbalisierung macht Interpretationen von Boxplots in Anwendungen unnötig schwierig. Daher sollten bei der Einführung von Boxplots Datensätze verwendet werden, bei denen solche gehäuften Merkmalswerte erst einmal nicht auftreten. Ansonsten wird gleich zu Beginn das wichtige Interpretieren der

Boxplots von Schwierigkeiten überlagert. Die Lehrkraft sollte daher um diese Probleme wissen, die allerdings nur bei kleinen Datensätzen auftreten, und deshalb genügend große Datensätze verwenden.

Vergleichen von Boxplots

Da eine der Hauptanwendungen der Vergleich von Häufigkeitsverteilungen ist, sollte das Interpretieren von Boxplots in diesem Kontext eingeübt werden. Insbesondere **Gruppenvergleiche** eignen sich gut als Anlass für einen Verteilungsvergleich. Die statistische Grundgesamtheit wird entsprechend eines Merkmals, z. B. Geschlecht oder „eigener PC", in Untergruppen aufgeteilt. Anschließend werden die zu den Gruppen gehörigen Daten eines interessierenden Merkmals als Boxplot dargestellt und diese miteinander verglichen. Abbildung 4.19 zeigt die Ergebnisse einer Schulumfrage von 9. und 10. Klassen aus dem Jahr 2006, die qualitativ zum selben Ergebnis kommt wie die JIM-Studie 2006 (vgl. Abschn. 4.2.2). Schätzen Computernutzer ihre zeitliche Zuwendung zu Computern an einem Durchschnittstag (Montag bis Freitag) selbst ein, so sitzen demnach ältere Schüler täglich länger an der Tastatur als jüngere. Dieses Ansteigen der Nutzungsdauer im Altersverlauf lässt sich mit den Boxplots in Abb. 4.19 belegen. Während die Zentralwerte in allen drei Altersklassen nahezu gleich sind, trifft das auf die oberen Viertelwerte nicht zu. Hier ist die rechte Hälfte der Box bei den älteren Schülern (16 Jahre und älter) wesentlich breiter und das Maximum liegt ebenfalls höher. In dieser Altersklasse nutzt etwa ein Viertel der untersuchten Schüler den PC zwischen 10 und 22 Stunden wöchentlich.

Auch die in Abschn. 4.2.3 vorgestellten Vergleiche der Temperaturverteilungen lassen sich alternativ zum Säulendiagramm oder Histogramm mit dem Boxplot durchführen.

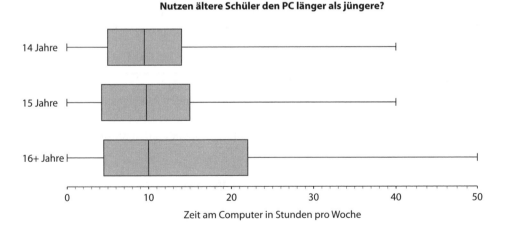

Abb. 4.19 Gruppenvergleiche wöchentlicher PC-Nutzungsdauern bei Schülern (n = 196), Quelle: Muffins-Daten 2006 (Biehler 2011)

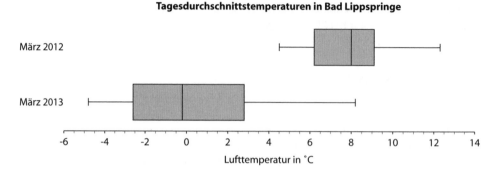

Abb. 4.20 Vergleich von Temperaturverteilungen mittels Boxplot (Datenquelle: DWD)

Beim Vergleich der Verteilungen mittels Boxplot kann man aus der nach links verschobenen und insgesamt breiteren Box folgende Informationen entnehmen (vgl. Abb. 4.20):

- *Der März 2013 war deutlich kälter als 2012*, da der Zentralwert der Lufttemperaturen um rund 8 °C niedriger war (Mediane 8 °C und −0,2 °C) und sich die beiden Boxen nicht überlappen. Der obere Viertelwert der Temperaturverteilung 2013 betrug knapp 3 °C, d. h., an mindestens 75 % aller Tage im März lag die Durchschnittstemperatur unter diesem Wert.
- *Die Streuung der Lufttemperaturen war 2013 größer als 2012*, was an der breiteren Box und damit an der größeren Vierteldifferenz (rund 5,5 °C gegenüber rund 3 °C) sowie der etwas größeren Spannweite zu erkennen ist.

Um im Unterricht das Interpretieren und Vergleichen von Boxplots einzuüben, sind Umkehraufgaben sinnvoll. Zu gegebenen Boxplots werden Aussagen formuliert, die belegt oder widerlegt werden sollen.

Beispiel 4.4

Überprüfe anhand der Boxplots in Abb. 4.20 die folgenden Aussagen:

a) Im März 2012 lagen die Tagesdurchschnittstemperaturen durchweg im positiven Bereich.
b) Im März 2012 gab es keinen Frost.
c) Im März 2013 gab es mindestens in der Hälfte aller Tage Temperaturen unter 0 °C.

4.2.5 Ein Ausblick auf die Explorative Datenanalyse

Die Explorative Datenanalyse ist in den 1970er Jahren von John W. Tukey entwickelt worden. Typisch für die EDA ist nicht nur die Betonung grafischer Analysetechniken, sondern auch das Ausgehen von Daten, die zur Lösung eines Sachproblems erhoben wurden. Neue grafische Analysemethoden wie das Stamm-Blätter-Diagramm oder der Boxplot unterstützen den flexiblen Umgang mit Daten und helfen somit, Strukturen und Besonderheiten in den Daten rascher sichtbar zu machen. Als Leitbild für die explorative Arbeit mit Daten hat Tukey den „Daten-Detektiv" entworfen, der nach Hinweisen in Daten sucht, diesen weiter nachgeht und Hypothesen über Unterschiede und Zusammenhänge entwirft. Sein Handwerkszeug sind elementare grafische Darstellungen und statistische Kennzahlen. Insofern kann die EDA als Weiterführung der Beschreibenden Statistik zu einem eigenständigen Teilgebiet der Statistik gesehen werden. Für den Stochastikunterricht eignet sich die EDA in besonderer Weise, da sie stärker begriffliche und interpretative Aspekte der Beschreibenden Statistik betont und dabei exploratives und selbstständiges Arbeiten der Schüler fördert. Möglichkeiten und Grenzen der EDA lassen sich am besten durch eigenes Tun kennenlernen. Insbesondere hier ist die Verwendung realer Daten wichtig. In Ergänzung zu unseren in Abschn. 4.2.1 vorgestellten Kriterien für die Auswahl geeigneter Daten ist mit Blick auf die EDA zu fordern (vgl. Biehler und Steinbring 1991, S. 8):

- Der Datensatz enthält mehrere Merkmale (minimaler Reichtum), deren Bedeutung/Definition Schülern verständlich gemacht werden kann.
- Die Analyse der Daten sollte interessante Muster und Besonderheiten zum Vorschein bringen.
- Der Umfang der Daten muss zu den verfügbaren Werkzeugen passen (Analyse mit Softwareunterstützung oder per Hand).
- Lehrer und Schüler besitzen sachliche Hintergrundinformationen als Grundlage für Interpretationen der Ergebnisse.

Hier bietet es sich an, mit vorgegebenen, frei zugänglichen realen Daten etwa aus dem Internet zu arbeiten. So kann die Lehrkraft im Vorfeld Datensätze auswählen, bei deren Analyse Schüler interessante Entdeckungen machen können. In der mathematik-didaktischen Literatur gibt es eine Reihe von erprobten Fallbeispielen zum unterrichtlichen Einsatz der EDA in kleineren Unterrichtsprojekten (Borovcnik und Ossimitz 1987) oder Unterrichtseinheiten (Biehler und Steinbring 1991) zu den Sachthemen Wetter, Unfallstatistiken, Geburten, Leichtathletik, Fußball oder Medien- und Freizeitverhalten von Schülern. In den vorangegangenen Abschnitten wurden typische Aufgabenstellungen für Explorative Datenanalysen sowie die dafür notwendigen Begriffe exemplarisch erläutert. Es handelt sich dabei um das Zusammenfassen und Visualisieren von Daten, das Vergleichen von Häufigkeitsverteilungen sowie die Untersuchung von Zusammenhängen und Trends. Auf das letztgenannte Thema werden wir in der Jahrgangsstufe 9/10 weiter eingehen.

4.3   Modellieren mehrstufiger Vorgänge mit Baumdiagrammen

Die Behandlung mehrstufiger Vorgänge ist durch die Rahmenpläne der verschiedenen Bundesländer in unterschiedlichen Jahrgangsstufen zwischen Klasse 7 und 10 vorgesehen. Da diese Thematik durchaus anspruchsvoll ist, sollte sie schrittweise und spiralförmig entwickelt werden. In der 7./8. Jahrgangsstufe sollte bei der Weiterentwicklung der Wahrscheinlichkeitsrechnung zuerst der Übergang von einstufigen zu mehrstufigen Vorgängen dahingehend vorgenommen werden, dass die zugehörigen Teilvorgänge in Baumdiagrammen strukturiert dargestellt werden. Die Pfadregeln sollten an überschaubaren Sachkontexten eingeführt, begründet und angewendet werden. Wichtig ist dabei zu beachten, dass die dafür notwendigen Lernvoraussetzungen aus der Bruch- und Prozentrechnung vorliegen. In der neunten oder zehnten Jahrgangsstufe sollten Baumdiagramme erneut aufgegriffen und dabei die Abhängigkeit oder Unabhängigkeit der Stufen eines mehrstufigen Vorgangs in den Fokus des Unterrichts gestellt werden. Die bedingte Wahrscheinlichkeit und die Umkehrbarkeit von Bäumen können zusätzlich im gymnasialen Bildungsgang thematisiert werden. In der gymnasialen Oberstufe baut schließlich die Binomialverteilung auf die in der Sekundarstufe I gewonnenen Kenntnisse zu mehrstufigen Vorgängen auf.

Ein mehrstufiger Vorgang kann aus gleichen oder verschiedenen Teilvorgängen bestehen, wobei es möglich ist, dass diese nacheinander oder gleichzeitig ablaufen. Beim mehrmaligen Werfen von Würfeln oder Münzen handelt es sich um gleiche Vorgänge, bei Befragungen werden meistens mehrere Merkmale untersucht, sodass es um Fragen zu verschiedenen Teilvorgängen geht. Oft liegt es im Auge des Betrachters, wie die Teilvorgänge angeordnet werden: Das zweimalige Werfen eines Würfels kann so aufgefasst werden, dass der gleiche Teilvorgang zweimal nacheinander abläuft oder dass die beiden Würfel gleichzeitig geworfen werden (vgl. Abschn. 4.3.3). Es ist für die Arbeit mit Baumdiagrammen oft sinnvoll, sich die Teilvorgänge so vorzustellen, dass sie nacheinander ablaufen. Bei der Befragung einer Person zu zwei Merkmalen laufen die Prozesse der Ausbildung der Merkmale oft gleichzeitig ab, auch wenn dies nicht immer kontinuierlich und in gleichem Maße erfolgt. Zum Beispiel sind körperliche Merkmale wie das Geschlecht oder die Augenfarbe schon seit der Geburt vorhanden. Die Einstellung zur Internetnutzung beginnt sich erst in einem bestimmten Alter zu entwickeln und kann somit vom Alter der befragten Person abhängen.

Da jeder Teilvorgang mehrere mögliche Ergebnisse besitzt, gibt es für die zusammengesetzten Ergebnisse eines mehrstufigen Vorgangs verschiedene Kombinationen aus den Ergebnissen der Teilvorgänge. Das Ziel der modellhaften Beschreibung mehrstufiger Vorgänge mit Baumdiagrammen ist es, einen Überblick über die verschiedenen zusammengesetzten Ergebnisse zu erhalten und schließlich Wahrscheinlichkeiten aus den daraus gebildeten Ereignissen zu berechnen und zu interpretieren. Das entspricht in Analogie zu den einstufigen Vorgängen wieder dem Durchlaufen eines Modellierungskreislaufs mit den bekannten Schritten, die wir im Folgenden vorstellen.

4.3.1 Analysieren der Struktur mehrstufiger Vorgänge

Bevor Schüler Wahrscheinlichkeiten für Ergebnisse oder Ereignisse bei mehrstufigen Vorgängen mittels Pfadregeln berechnen lernen, ist es sinnvoll, dass sie deren Struktur erfassen. Dafür eignet sich das in Abschn. 2.1 beschriebene Schema zur Prozessbetrachtung, das wir bei mehrstufigen Vorgängen wieder anwenden können und weiterentwickeln werden.

Als durchgängige Strukturierungshilfe für mehrstufige Vorgänge bieten sich die Baumdiagramme an, da diese nicht nur Übersicht schaffen, sondern auch als Darstellungsmittel und Denkwerkzeug aus anderen Bereichen des Mathematikunterrichts vertraut sind. So kennen Schüler bereits Rechenbäume, Syntaxbäume aus dem Informatik- oder Deutschunterricht oder Bäume zur Darstellung von Fallunterscheidungen. Baumdiagramme werden statisch zur Strukturierung einer Situation oder dynamisch als Werkzeug zur Lösung einer Aufgabe genutzt (Cohors-Fresenborg und Kaune 2005). Das Baumdiagramm hat bei der Erfassung mehrstufiger Vorgänge in der Stochastik eine analoge Funktion im Modellierungsprozess wie die Planfigur in geometrischen Anwendungsaufgaben.

Die Darstellung eines mehrstufigen Vorgangs als Baumdiagramm stellt für Schüler eine durchaus herausfordernde Aufgabe dar, deren Schwierigkeiten Lehrende nicht unterschätzen dürfen. Daher sollten sie mit ihren Schülern die einzelnen Schritte dieses Modellierungsprozesses an ausgewählten Beispielen thematisieren, ohne diesen gleich durch Wahrscheinlichkeitsangaben zu erschweren. Damit wird der Fokus nicht auf das Berechnen, sondern zuerst auf das Mathematisieren der vorliegenden stochastischen Situation gelegt.

Beispiel 4.5 (nach *Mathematik: Duden* 8, S. 22)

Versetze dich in der folgenden Situation in die dargestellte Person und beschreibe, was sie nacheinander tut. Überlege dann, welche Ergebnisse jeweils möglich sind.

In einer Unterhaltungssendung kann eine Kandidatin einen Schatz finden. Sie muss sich zuerst entscheiden, ob sie durch Tor I oder Tor II geht. Hinter jedem Tor befinden sich eine rote, eine gelbe und eine blaue Schatzkiste, von denen sie eine auswählen und öffnen darf.

Um sich einen Überblick über die verschiedenen möglichen Ergebnisse zu verschaffen, sollten Schüler die Stufen des zweistufigen Vorgangs und die möglichen Ergebnisse der Teilvorgänge auf jeder Stufe herausfinden. Anschauliche Vorstellungen und praktische Handlungen, die dem Ablauf der Teilvorgänge entsprechen, helfen beim Strukturieren. Im Bsp. 4.5 kann man sich in die Kandidatin hineinversetzen und sich fragen, was man selbst nacheinander tun würde: „Ich stelle mir vor, dass ich vor zwei geschlossenen Toren stehe und mich für eins entscheiden muss. Wenn das geschehen ist, gehe ich durch das gewählte Tor und sehe drei Kisten in verschiedenen Farben. Für eine muss ich mich entscheiden."

Hilfreich bei der Suche nach den Stufen eines mehrstufigen Vorgangs ist die Frage: **„Was läuft nacheinander ab?"** In der Antwort auf diese Frage muss das Wort **„und"**

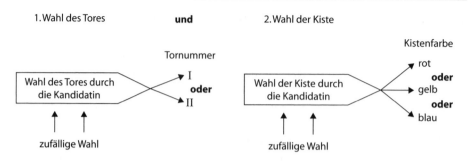

Abb. 4.21 Prozessschema der beiden Teilvorgänge zu Bsp. 4.5

vorkommen, wenn man die Stufen richtig erkannt hat, weil diese nacheinander durchlaufen werden. In unserem Bsp. 4.5 muss die Kandidatin sich also zuerst für ein Tor *und* danach für eine Kiste entscheiden.

Man kann die nacheinander ablaufenden Teilvorgänge zuerst getrennt in je einem Schema als einstufige Vorgänge darstellen (vgl. Abb. 4.21). Im Beispiel der Kandidatin sind dies die beiden Teilvorgänge „Wahl des Tores" und „Wahl der Kiste". Jeder Teilvorgang hat mehrere mögliche Ergebnisse, die einzeln ermittelt werden. Hilfreich ist auch hierbei wieder eine Frage: **„Wofür kann ich mich entscheiden?"**, und anschließend ein Wort in der Antwort, nämlich **„oder"**: Als Kandidatin entscheide ich mich beim Durchlaufen der ersten Stufe „für Tor I *oder* Tor II". Und bei der zweiten Stufe „für die rote *oder* die blaue *oder* die gelbe Kiste".

Die Entscheidungen der Kandidatin sehen wir als Zusammensetzung zweier nacheinander ablaufender Teilvorgänge an, die nun zu einem Baumdiagramm zusammengefügt werden. Jedes Ergebnis des ersten Teilvorgangs kann mit dem zweiten Teilvorgang kombiniert werden. Die dadurch möglichen zusammengesetzten Ergebnisse des mehrstufigen Vorgangs können somit in einem Baumdiagramm übersichtlich dargestellt und bezeichnet werden (vgl. Abb. 4.22). Jedes Pfadende des Diagramms entspricht einem zusammengesetzten Ergebnis. Grundsätzlich gibt es zwei Möglichkeiten, Baumdiagramme zu zeichnen: Die Stufen können nebeneinander oder untereinander angeordnet werden. Ein Vorteil einer Anordnung nebeneinander ist, dass diese Richtung durch das Schema der Prozessbetrachtung vorbereitet ist und dessen Weiterführung darstellt.

Wenn es beim Zeichnen von Baumdiagrammen zu Diskussionen kommt, welcher Teilvorgang als erste bzw. zweite Stufe angesehen wird, sollte die Lehrkraft auf die Aufgabenstellung verweisen. Im Fall der Kandidatin ist eine Reihenfolge der Stufen durch den Sachkontext vorgegeben. Das Baumdiagramm sollte zu Beginn mit den Teilvorgängen wie in Abb. 4.21 beschriftet werden. Später können dann zur Verkürzung nur die Merkmale oder Objekte angegeben werden, die in den Teilvorgängen untersucht werden oder beteiligt sind. In diesem Fall würde man dann nur noch „Tornummer" oder „Kistenfarbe" schreiben.

Abb. 4.22 Baumdiagramm zu
Bsp. 4.5

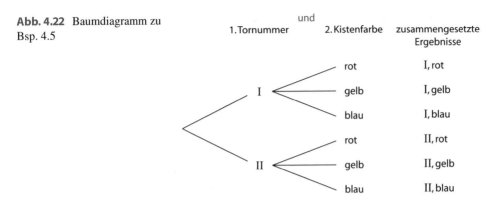

Um die Struktur eines mehrstufigen Vorgangs zu erfassen und in einem Baumdiagramm darzustellen, kann nachfolgende **Schrittfolge** als Orientierungsgrundlage verwendet werden:

1. Stelle dir den Sachverhalt vor und bestimme die Teilvorgänge, indem du dich fragst: „Was passiert zuerst und was passiert dann (und was danach ...)?" Oder: „Was passiert gleichzeitig?"
2. Bestimme für jeden Teilvorgang das jeweils betrachtete Merkmal sowie dazu alle möglichen Ergebnisse: „Bei dem Teilvorgang kann das Ergebnis oder das Ergebnis oder ... eintreten."
3. Ordne die Teilvorgänge nacheinander an, nach Möglichkeit dem zeitlichen Ablauf entsprechend.
4. Zeichne ein Baumdiagramm, in dem jedes Ergebnis des ersten Teilvorgangs Ausgangspunkt für alle Ergebnisse des zweiten Teilvorgangs ist. Gibt es mehr als zwei Teilvorgänge, ist wieder jedes Ergebnis des zweiten Teilvorgangs Ausgangspunkt für alle Ergebnisse des dritten Teilvorgangs usw.
5. Jedes Pfadende entspricht einem zusammengesetzten Ergebnis, das du in Kurzform hinter die Pfadenden schreibst.

Das Erstellen von Baumdiagrammen sollte im Unterricht an wenigen Beispielen ohne Wahrscheinlichkeitsangaben geübt werden. Damit wird das Übersetzen eines realen Sachverhaltes in ein stochastisches Modell vorbereitet. Die Lehrkraft sollte in dieser Einstiegsphase darauf achten, vertraute stochastische Situationen wie die Untersuchung von zwei oder mehr Merkmalen von Lebewesen oder Gegenständen und Spielsituationen einzubeziehen.

4.3.2   Berechnen von Wahrscheinlichkeiten mit den Pfadregeln

Wenn bereits ein Baumdiagramm zu einem mehrstufigen Vorgang erstellt wurde, ist der Übergang von der Ebene des realen Sachverhaltes zur Modellebene fast vollzogen. Der letzte Schritt auf dem Weg in das stochastische Modell ist die Zuordnung von Wahrscheinlichkeiten zu den Pfaden. Die Schrittfolge zum Erstellen von Baumdiagrammen wird um einen weiteren Schritt erweitert, der bei der Bearbeitung von Sachaufgaben von den Schülern mit ausgeführt werden sollte:

6. Bestimme die Wahrscheinlichkeiten der Ergebnisse des ersten Teilvorgangs, des zweiten Teilvorgangs usw. und schreibe sie an die betreffenden Pfade.

Wenn man effektiv arbeiten möchte, kann man bereits erstellte Baumdiagramme nutzen, um Wahrscheinlichkeiten von zusammengesetzten Ergebnissen zu berechnen. Hierfür eignet sich die folgende Ergänzung zu der Aufgabe des Bsp. 4.5.

Beispiel 4.6 (Ergänzung zu Bsp. 4.5)

In einer Unterhaltungssendung kann eine Kandidatin einen Schatz finden. Sie muss sich zuerst entscheiden, ob sie durch Tor I oder Tor II geht. Hinter jedem Tor befinden sich eine rote, eine gelbe und eine blaue Schatzkiste, von denen sie eine auswählen und öffnen muss. Sie bevorzugt kein Tor und keine Farbe und entscheidet sich zufällig. Mit welcher Wahrscheinlichkeit wählt sie die gelbe Kiste hinter Tor II, in der der Schatz liegt?

Falls Schüler nicht von selbst auf die Idee kommen, die Wahrscheinlichkeiten der Teilergebnisse dem Sachkontext zu entnehmen und an die entsprechenden Pfade im Baumdiagramm einzutragen, muss die Lehrkraft diese Hilfestellung geben. Im Fall der Unterhaltungssendung in der Beispielaufgabe 4.6 sind keine Wahrscheinlichkeiten gegeben, aber die Information, dass die Kandidatin Tor und Farbe zufällig wählt. Dadurch ergeben sich Wahrscheinlichkeiten als gemeine Brüche für die Ergebnisse der Teilvorgänge, die mithilfe des Laplace-Modells für gleichwahrscheinliche Ergebnisse gewonnen werden (vgl. Abb. 4.23).

Die Beschriftung der Pfade mit den passenden Wahrscheinlichkeiten bietet eine gute Gelegenheit, die charakteristische Eigenschaft einer diskreten Wahrscheinlichkeitsverteilung zu wiederholen – die Summe der Wahrscheinlichkeiten aller möglichen Ergebnisse eines Vorgangs ergibt 1 – und als Kontrollmittel zu nutzen (vgl. Abschn. 3.5.3).

Kontrollregel

Bei einer Verzweigung eines (vollständigen) Baumdiagramms ist die Summe der Wahrscheinlichkeiten an den dort weiterführenden Pfaden gleich 1.

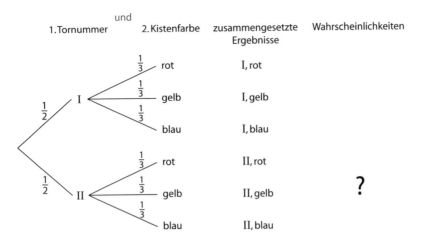

Abb. 4.23 Baumdiagramm mit Wahrscheinlichkeiten zu Bsp. 4.6

Wenn allen Pfaden des Baumdiagramms passende Wahrscheinlichkeiten zugeordnet wurden, ist der Übergang zur Modellebene vollzogen. Die weiteren Rechnungen mit den Wahrscheinlichkeiten finden innerhalb des Baumdiagramms und damit im stochastischen Modell statt.

Pfadmultiplikationsregel

Die Berechnung der Wahrscheinlichkeiten zusammengesetzter Ergebnisse eines mehrstufigen Vorgangs erfolgt nach der folgenden Regel:

> In einem Baumdiagramm ist die Wahrscheinlichkeit eines zusammengesetzten Ergebnisses gleich dem Produkt der Wahrscheinlichkeiten längs des Pfades, der zu dem Ergebnis führt.

Diese Regel sollte im Unterricht durch Betrachtung der zu erwartenden absoluten Häufigkeiten plausibel gemacht werden, womit eine weitere inhaltliche Vorstellung des Wahrscheinlichkeitsbegriffs wieder aktiviert wird (vgl. Abschn. 3.4). Letztlich stellt diese Regel eine Anwendung der Bruch- oder der Prozentrechnung dar. Dazu stellt man sich in der in Bsp. 4.6 beschriebenen Unterhaltungssendung vor, dass die Entscheidung der Kandidatin mehrfach nachgespielt wird. Man kann die zu erwartenden absoluten Häufigkeiten (Teil des Ganzen) für jedes zusammengesetzte Ergebnis aus den gegebenen Wahrscheinlichkeiten (Anteile) und der Anzahl der Versuchsdurchführungen (das Ganze) berechnen.

Angenommen die Kandidatin habe 30 Versuche, den Schatz zu finden. Dann wird man beim Durchlaufen des interessierenden Pfades zum Ergebnis „Tor II und gelbe Kiste"

Folgendes erwarten: In der Hälfte der 30 Versuche wählt sie Tor II, also insgesamt 15-mal. Bei diesen 15 Versuchen wählt sie im zweiten Schritt in einem Drittel der Fälle die gelbe Kiste aus, sodass zu erwarten ist, dass sie in fünf (von 30) Versuchen Tor II und die gelbe Kiste wählt. Die beiden Rechnungen entsprechen der Nacheinanderausführung zweier Multiplikationen mit einem Bruch, also der Multiplikation von zwei Brüchen (vgl. den „von"-Ansatz nach Padberg 2009, S. 106 f.). Den Schülern muss verdeutlicht werden, dass mit dieser Bruchrechnung Prognosen über die theoretisch zu erwartenden Häufigkeiten erstellt werden.

$$30 \xrightarrow{\cdot \frac{1}{2}} 15 \xrightarrow{\cdot \frac{1}{3}} 5$$
$$\underset{\cdot \frac{1}{6}}{\underbrace{\qquad\qquad\qquad}}$$

Für die Wahrscheinlichkeit des zusammengesetzten Ergebnisses erhält man also unabhängig von der gewählten Anzahl der Versuche:

$$P(\text{Tor II und gelbe Kiste}) = \frac{1}{2} \cdot \frac{1}{3} = \frac{1}{6}$$

Die Wahrscheinlichkeit für ein solches zusammengesetztes Ergebnis eines mehrstufigen Vorgangs wird auch als **Pfadwahrscheinlichkeit** bezeichnet (s. Abb. 4.24).

Es gibt Schulbücher, die bei der Erläuterung der Pfadmultiplikationsregel auf die Verwendung konkreter Zahlenbeispiele für die erwartenden absoluten Häufigkeiten verzichten und stattdessen im Sachkontext von Bsp. 4.6 wie folgt argumentieren: In einem Drittel der Hälfte aller Versuche wird die Kandidatin Tor II und die gelbe Kiste wählen, d. h., die Wahrscheinlichkeit für einen Gewinn erhält man durch Multiplikation der Wahrscheinlichkeiten für die Einzelergebnisse. Diese Vorgehensweise ist abstrakter und setzt sichere

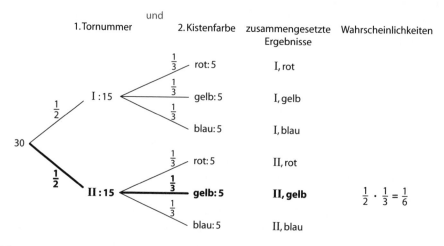

Abb. 4.24 Baumdiagramm mit erwarteten absoluten Häufigkeiten zu Bsp. 4.6

Grundvorstellungen der Schüler zur Bruchmultiplikation voraus. In beiden Fällen ergibt sich am Ende des betrachteten Pfades die gesuchte Wahrscheinlichkeit $\frac{1}{6}$.

Will man im Unterricht nicht von Spiel-, sondern von Situationen aus dem täglichen Leben ausgehen, muss oft eine Übersetzung von gegebenen Prozentangaben in ein Baumdiagramm, die Rechnung mit den entsprechenden Dezimalbrüchen und die Interpretation der berechneten Ergebnisse wie bei folgender Beispielaufgabe erfolgen.

Beispiel 4.7

Ein großer Möbelhändler lässt bei einer Firma im Ausland Schränke herstellen, die in Kartons verpackt geliefert und verkauft werden. Aus durchgeführten Gütekontrollen weiß man, dass bei etwa 1 % der produzierten Teile mindestens ein Loch nicht korrekt vorgebohrt ist, bei 2 % der Teile Lackschäden auftreten und 4 % der Teile nicht maßgenau sind. Die Kartons liegen in Regalen und werden von den Kunden selbst herausgenommen. Wie groß ist die Wahrscheinlichkeit, dass ein gekaufter Schrank

a) alle drei Schäden aufweist?

b) genau einen Schaden aufweist?

Beim Erstellen des Baumdiagramms ist es wieder hilfreich, sich in den Prozess der Produktion und des Transports zu versetzen, die Teilvorgänge zu beschreiben und zu überlegen, wodurch die Fehler entstehen könnten. Ungenauigkeiten im Zuschnitt bewirken fehlende Maßgenauigkeit, fehlerhafte Bohrungen können Unkorrektheiten bei den Löchern ergeben und Lackschäden entstehen bei der Beschichtung der Teile oder beim Transport. Man kann davon ausgehen, dass die Fehler nicht miteinander zusammenhängen, also unabhängig voneinander entstehen. Eine Reihenfolge der Stufen im Baumdiagramm ist also nicht wichtig. Man kann sich der Übersichtlichkeit halber an der Reihenfolge der Fehler in der Aufgabenstellung orientieren, die auch im Baumdiagramm in Abb. 4.25 gewählt wurde.

Mit Blick auf die Anwendung der Pfadregeln sollten in Baumdiagrammen keine Prozentangaben, sondern nur Dezimalbrüche oder gemeine Brüche verwendet werden. Damit kann dem Fehler vorgebeugt werden, dass etwa bei der Pfadmultiplikation Prozentsätze direkt multipliziert werden, z. B. 1 % · 2 % · 4 % mit dem Ergebnis 8 %. Es könnte für Schüler erstaunlich wirken, dass die Wahrscheinlichkeit für „alle drei Fehler gleichzeitig" mit 0,0008 % sehr viel niedriger ist als die einzelnen Fehlerwahrscheinlichkeiten mit 1 %, 2 % bzw. 4 %. Dieses Ergebnis lässt sich mithilfe der Häufigkeitsdeutung von Wahrscheinlichkeiten an dem Pfad interpretieren, der zum Aufgabenteil a) in Beispiel 4.7 gehört. Um zu verstehen, wie gering die Wahrscheinlichkeit ist, dass ein Schrank alle drei Fehler gleichzeitig aufweist, sollten sich Schüler eine Million hergestellte Schränke vorstellen, von denen dann 1 %, also 10.000 Schränke, mindestens ein falsch gebohrtes Loch hätten. Von diesen würden gleichzeitig 2 % Lackschäden aufweisen, sodass also 200 Schränke diese beiden Fehler tragen würden. Von diesen 200 Schränken hätten 4 % außerdem Probleme mit der Maßhaltigkeit, sodass nur acht Schränke den Bedingungen entsprechen würden, alle drei Fehler gleichzeitig zu tragen. Bei diesem Beispiel kann die Berechnung der zu erwartenden absoluten Häufigkeiten für jedes zusammengesetzte Ergebnis ebenfalls auf eine Bruch- oder Prozentwertberechnung zurückgeführt werden.

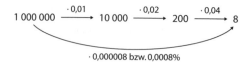

Wir empfehlen, die zu erwartenden absoluten Häufigkeiten sowohl bei der Einführung der Pfadregel als auch im Zusammenhang mit der Interpretation der Ergebnisse von Wahrscheinlichkeitsberechnungen zu verwenden. Es gibt Psychologen und Mathematikdidaktiker, die die Nutzung der zu erwartenden Häufigkeiten unter dem Schlagwort „natürliche Häufigkeiten" im Zusammenhang mit Baumdiagrammen propagieren (Wassner 2004; Gigerenzer 2002; Wassner et al. 2007). Den Begriff „natürliche Häufigkeit" würden wir im Unterricht nicht verwenden, sondern stattdessen von „zu erwartenden Häufigkeiten" sprechen und darauf achten, dass nicht der Eindruck entsteht, genau die berechnete Häufigkeit müsse in einer stochastischen Situation eintreten. Diese ist nur ein Richtwert, auf den man sein Erwartungsgefühl einstellen kann. Dadurch bleibt der stochastische Charakter der Aussagen bewahrt. Bei der Bezeichnung „natürliche Häufigkeiten" können Missverständnisse entstehen, da die Schüler die Bezeichnung „natürlich" aus dem Mathematikunterricht nur im Zusammenhang mit dem Zahlenbereich der natürlichen Zahlen kennen. Absolute Häufigkeiten sind zwar immer natürliche Zahlen, aber es macht wenig Sinn, absolute Häufigkeiten auch als natürliche Häufigkeiten zu bezeichnen.

Pfadadditionsregel
Der Aufgabenteil b) in Bsp. 4.7 führt auf die Pfadadditionsregel. Bildet man aus den zusammengesetzten Ergebnissen Ereignisse, so berechnet sich deren Wahrscheinlichkeit wie bei einstufigen Vorgängen mit folgender Regel:

> Bilden mehrere zusammengesetzte Ergebnisse ein Ereignis, so ist die Wahrscheinlichkeit dieses Ereignisses gleich der Summe der Wahrscheinlichkeiten dieser Ergebnisse.

Diese Regel ergibt sich aus der elementaren Summenregel zur Berechnung von Wahrscheinlichkeiten von Ereignissen durch Summation der Einzelwahrscheinlichkeiten (vgl. Abschn. 3.5.3). Im Bsp. 4.7 ist nach der Wahrscheinlichkeit für genau einen Fehler gefragt. Daher müssen die folgenden Pfadwahrscheinlichkeiten addiert werden (s. Abb. 4.25):

$$P(\text{ok}, \text{ok}, \text{f}) + P(\text{ok}, \text{f}, \text{ok}) + P(\text{f}, \text{ok}, \text{ok}) \approx 0{,}0388 + 0{,}019 + 0{,}0094 = 0{,}0672$$

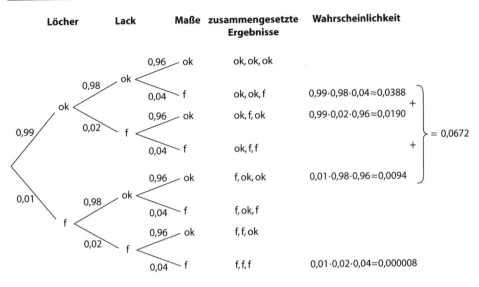

Abb. 4.25 Baumdiagramm mit Wahrscheinlichkeiten zu Bsp. 4.7

So kommt man auf eine Wahrscheinlichkeit von knapp 7 %, dass der Schrank genau einen der drei Fehler aufweist.

Auch für die Wahrscheinlichkeiten zusammengesetzter Ergebnisse eines mehrstufigen Vorgangs gibt es eine **Kontrollregel**. Diese ergibt sich aus der Pfadadditionsregel, da alle möglichen zusammengesetzten Ergebnisse eines mehrstufigen Vorgangs dessen Ergebnismenge bilden.

Die Summe der Wahrscheinlichkeiten aller möglichen zusammengesetzten Ergebnisse eines mehrstufigen Vorgangs ist gleich 1.

Abhängige Teilvorgänge im Baumdiagramm

Für die Bestimmung von Wahrscheinlichkeiten mehrstufiger Vorgänge eignen sich auch stochastische Situationen, in denen Daten selbst erhoben wurden. Mit den fiktiven realistischen Daten aus Bsp. 4.8 möchten wir unsere Vorstellung vom Umgang mit abhängigen Teilvorgängen in dieser Jahrgangsstufe mit Blick auf die Wahrscheinlichkeitsrechnung demonstrieren. Schüler sollten dazu am besten schon Erfahrungen in der Auswertung bivariater kategorialer Daten mit der Vierfeldertafel im Rahmen von Umfragen gemacht haben (vgl. Abschn. 4.2.1).

Beispiel 4.8

Auf einem Klassenfest der 7a werden Preise verlost. Einer der Preise ist ein Büchergutschein. Gerade haben die Schüler dieser Klasse im Mathematikunterricht die folgende Vierfeldertafel erstellt, sodass sie sich fragen:

Mit welcher Wahrscheinlichkeit bekommt den Büchergutschein

a)   ein Junge, der nicht gern liest?
b)   ein Kind dieser Klasse, das gern liest?

	Liest gern	Liest nicht gern	**Summe**
Mädchen	11	4	**15**
Junge	5	8	**13**
Summe	**16**	**12**	**28**

Da es sich beim Verlosen um eine zufällige Auswahl handelt, also alle Schüler die gleiche Gewinnwahrscheinlichkeit haben, kann zur Beantwortung der Fragen aus Bsp. 4.8. die Laplace-Formel benutzt werden. Dazu müssen jedoch die passenden Anzahlen aus der Vierfeldertafel abgelesen werden. Im Aufgabenteil 4.8b) müssen Schüler z. B. erfassen, dass 16 Kinder aus der Gesamtanzahl von 28 nicht gern lesen, sodass $16/28 = 4/7$ die gesuchte Wahrscheinlichkeit ist.

Im Anschluss an diesen Lösungsweg über das Laplace-Modell sollte auch die alternative Modellierung mittels eines Baumdiagramms im Unterricht thematisiert werden. Befragungen mit mehr als einer Frage können als mehrstufige Vorgänge aufgefasst werden, bei denen die einzelnen Stufen nacheinander die einzelnen Fragen mit den möglichen Antworten angeben. Zur stochastischen Situation aus dem Bsp. 4.8 passen zwei Baumdiagramme mit unterschiedlichen ersten Stufen. Durch die Aufgabenstellung in a) wird nahegelegt, dass ein passendes Baumdiagramm entsteht, wenn die erste Stufe das Geschlecht und die zweite Stufe die Entwicklung des Leseinteresses darstellt (s. Abb. 4.26).

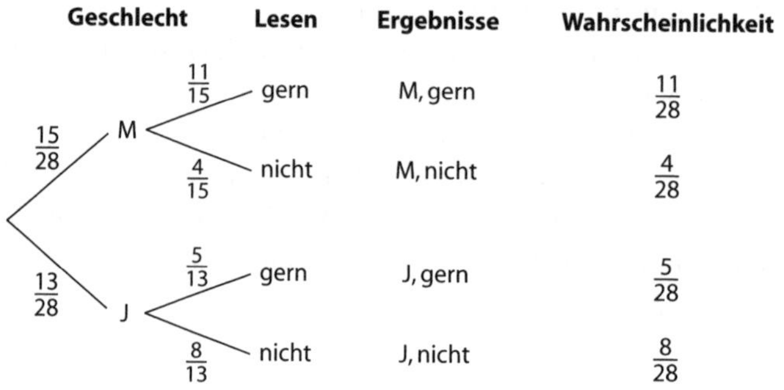

Abb. 4.26 Baumdiagramm mit Wahrscheinlichkeiten zu Bsp. 4.8

Dabei ergeben sich aus der Sache heraus auf der zweiten Stufe verschiedene Pfadwahrscheinlichkeiten für gleich benannte Ergebnisse („liest gern" und „liest nicht gern"), je nachdem, ob es sich um einen Schüler oder eine Schülerin handelt. Die Wahrscheinlichkeiten an den Pfaden sollten als ungekürzte Brüche mit den absoluten Häufigkeiten aus der Vierfeldertafel aufgeschrieben werden. So können Schüler auch die Pfadmultiplikationsregel anhand der gegebenen Brüche gut nachvollziehen.

   Die Bedeutung der Unterschiede zwischen Bsp. 4.7 (stochastische Unabhängigkeit) und Bsp. 4.8 (stochastische Abhängigkeit) wird im Abschn. 5.5 beschrieben und sollte erst in der Jahrgangsstufe 9/10 zu den allgemeinen Begriffen führen. In der Jahrgangsstufe 7/8 sollten Aufgaben mit abhängigen stochastischen Teilvorgängen wie selbstverständlich in den Unterricht einfließen und die Ergebnisse im Sachkontext interpretiert werden. Hierfür eignen sich auch Aufgaben zum Ziehen aus Urnen ohne Zurücklegen, die in Schulbüchern häufig zu finden sind.

Vereinfachen der Arbeit mit Baumdiagrammen
Ein Baumdiagramm verzweigt sich nach drei bis vier Stufen meistens so stark, dass es für Schüler keine Hilfe bei der Aufgabenbearbeitung darstellt, weil es nicht mehr übersichtlich und mit vertretbarem Zeitaufwand zu zeichnen ist. Im Gegenteil: Durch fehlerhaft gezeichnete Baumdiagramme können Rechnungen sogar negativ beeinflusst werden. Daher sollte sich die Lehrkraft im Unterricht auf Vorgänge mit höchstens vier Stufen unter Ausnutzung von Vereinfachungen beschränken, wenn sie deren Darstellung im Baumdiagramm von den Schülern fordert.

   Um ein Baumdiagramm kürzer und übersichtlicher zu gestalten, bietet es sich manchmal an, Pfade zusammenzufassen, nicht interessierende Pfade wegzulassen oder die Kontrollregel über die Summe 1 aller Wahrscheinlichkeiten der Ergebnismenge auszunutzen. Diese Vereinfachungen können Schüler im Unterricht eigenständig herausfinden, nachdem sie die beiden Pfadregeln an vollständigen Baumdiagrammen angewendet haben und merken, dass in einigen Fällen damit die Arbeit mühselig oder schwer vorstellbar wird. Das folgende Beispiel eignet sich dazu, Vereinfachungen bewusst im Unterricht zu thematisieren, und wird in vielen Lehrbüchern genutzt (z. B. in *Mathematik: Duden* 8, S. 20).

Beispiel 4.9
Es wird dreimal mit einem Würfel gewürfelt. Bestimme mithilfe eines Baumdiagramms die Wahrscheinlichkeit für folgende Ereignisse.

   A: Es tritt genau eine 6 auf.   B: Es tritt keine 6 auf.
   C: Es tritt mindestens eine 6 auf.

Da es in allen Aufgabenteilen darum geht, ob Sechsen gewürfelt werden oder nicht, können die fünf Pfade, die zu den Augenzahlen 1 bis 5 führen, zusammengefasst werden zum Ergebnis „keine 6". Jeder Teilvorgang des Würfelns hat jetzt nur noch zwei mögliche

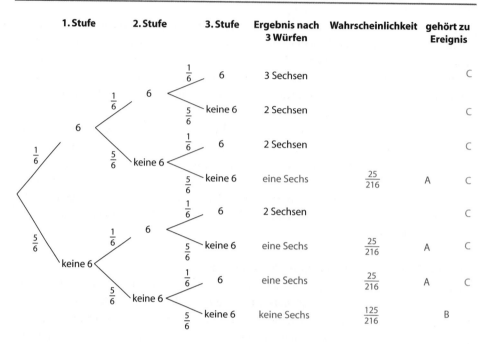

Abb. 4.27 Baumdiagramm zu Bsp. 4.9

Ergebnisse. Das Baumdiagramm (Abb. 4.27) wird dadurch übersichtlicher, da es auf jeder Stufe nur zwei anstelle von sechs Verzweigungen hat.

Das Ereignis „Es tritt genau eine 6 auf." setzt sich aus drei Ergebnissen zusammen, deren Wahrscheinlichkeit jeweils gleich ist:

$$P(A) = 3 \cdot \frac{25}{216} \approx 0,347 = 34,7\,\%$$

Ebenfalls aus diesem Baumdiagramm kann die Wahrscheinlichkeit für das Ereignis B abgelesen werden:

$$P(B) = \frac{5}{6} \cdot \frac{5}{6} \cdot \frac{5}{6} \approx 0,579 = 57,9\,\%$$

Ist nur die Wahrscheinlichkeit von B gesucht, kann zur Lösung auch ein noch kürzeres Baumdiagramm gezeichnet werden, indem man nicht interessierende Pfade weglässt (vgl. Abb. 4.28).

Eine weitere Vereinfachung wird erreicht, wenn man den interessierenden Pfad horizontal anordnet und die nicht interessierenden Pfade nach unten abgehen (vgl. Abb. 4.29).

Zwei verschieden lange Rechenwege ergeben sich, wenn man einerseits die Pfadadditionsregel und andererseits das Wissen ausnutzt, dass die Summe aller zusammengesetzten

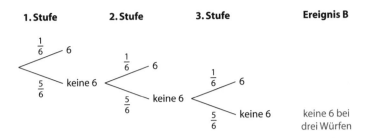

Abb. 4.28 Verkürztes Baumdiagramm zum Bsp. 4.9

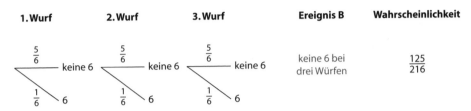

Abb. 4.29 Andere Darstellung des Baumdiagramms zu Bsp. 4.9

Ergebnisse 1 ergibt. Vergleicht man Ereignis „keine Sechs" mit dem Ereignis „mindestens eine Sechs", so erkennt man, dass sich beide gegenseitig ausschließen. Da in drei Würfen entweder „keine Sechs" oder „mindestens eine Sechs" fallen müssen, ergänzen sich die beiden Wahrscheinlichkeiten zu 1. Nutzt man die Pfadmultiplikationsregel, so ergibt sich mit

$$P(\text{„keine Sechs"}) = \frac{5}{6} \cdot \frac{5}{6} \cdot \frac{5}{6} \approx 0{,}579 \quad \text{und}$$

$$P(\text{„mindestens eine Sechs"}) = 1 - \frac{5}{6} \cdot \frac{5}{6} \cdot \frac{5}{6} \approx 0{,}421 = 42{,}1\%$$

Alternativ müssten zur Berechnung der Wahrscheinlichkeit für das Ereignis „mindestens eine Sechs" im verkürzten Baumdiagramm drei Pfadwahrscheinlichkeiten ermittelt werden:

$$P(\text{„mindestens eine Sechs"}) = \frac{1}{6} + \frac{5}{6} \cdot \frac{1}{6} + \frac{5}{6} \cdot \frac{5}{6} \cdot \frac{1}{6} \approx 0{,}421 = 42{,}1\%$$

Ausgehend von diesem einprägsamen Beispiel kann weitergehend verallgemeinert werden, dass für ein Ereignis der Form „mindestens einmal ..." das **Gegenereignis** „keinmal ..." zur Berechnung von Wahrscheinlichkeiten genutzt werden kann.

Die Wahrscheinlichkeiten eines Ereignisses der Form „mindestens einmal ..." und seines Gegenereignisses „keinmal ..." ergänzen sich zu 1.

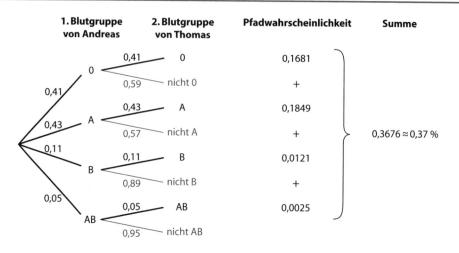

Abb. 4.30 Verkürztes Baumdiagramm zum Bsp. 4.10

Alternativ zu dem Beispiel des Würfelns können verkürzte Baumdiagramme gut bei mehrstufigen Vorgängen eingesetzt werden, wenn jeder Teilvorgang mehrere mögliche Ergebnisse besitzt.

Beispiel 4.10

Im Biologieunterricht wird gerade das Thema Blutgruppen behandelt. Es gibt vier verschiedene Blutgruppen der Typen 0, A, B und AB. In Deutschland treten diese Blutgruppen mit unterschiedlichen relativen Häufigkeiten auf (Datenquelle: www. bloodbook.com/world-abo.html). Wie wahrscheinlich ist es, dass die beiden Freunde Andreas und Thomas die gleiche Blutgruppe haben?

Blutgruppe	0	A	B	AB
Häufigkeit	41 %	43 %	11 %	5 %

Zur Lösung dieser Aufgabe ist ein verkürztes Baumdiagramm ausreichend, wie es Abb. 4.30 zeigt. Es kann dabei auf die grau unterlegten Pfade verzichtet werden.

4.3.3   Zur Rolle des Laplace-Modells bei mehrstufigen Vorgängen

In vielen Schulbüchern werden mehrstufige Vorgänge mithilfe von Spielgeräten wie Würfeln, Münzwurf, Losen, Drehen von Glücksrädern oder Ziehen von Kugeln eingeführt. Manche beschränken sich sogar weitgehend darauf. Diese Spielgeräte eignen sich gut, um Grundbegriffe und Regeln der Wahrscheinlichkeitsrechnung an überschaubaren Kontexten zu verdeutlichen und um Handlungen mit ihnen auszuführen. Daher sind sie bei vielen

Lehrkräften sehr beliebt. Ein weiterer Vorteil besteht darin, die Laplace-Regel bei der Ermittlung von Wahrscheinlichkeiten anzuwenden, indem die Anzahlen aller möglichen und der günstigen zusammengesetzten Ergebnisse ermittelt und die Wahrscheinlichkeit von Ereignissen analog zu einstufigen Vorgängen berechnet werden. Bei einer einseitigen Verwendung von Laplace-Modellen bei der Einführung der Pfadregeln kann es aber zu Fehlvorstellungen bei Schülern kommen, die die Laplace-Regel unreflektiert anwenden. Um dieser im Unterricht vorzubeugen, bietet sich folgende „Fehlersuchaufgabe" an.

Beispiel 4.11 Wo steckt der Fehler?

Leon hat seine Lösung der folgenden Aufgabe aufgeschrieben. Bewerte sie.

In einer Lostrommel befinden sich fünf Kugeln, zwei davon sind blau und drei grün. Ein Kind zieht zuerst eine Kugel, merkt sich die Farbe, legt sie wieder zurück und durchmischt alles, bevor es noch eine Kugel zieht. Gesucht ist die Wahrscheinlichkeit, dass das Kind zwei verschiedenfarbige Kugeln zieht.

Leons Lösung:

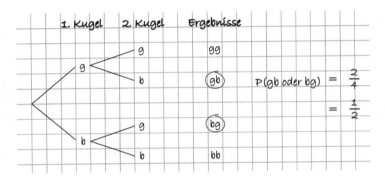

Häufig findet man in Schulbüchern mehr oder weniger eingekleidete Aufgaben zur Anwendung der Pfadregeln im Zusammenhang mit dem Urnenmodell. Dabei kann über das „Ziehen mit bzw. ohne Zurücklegen" die Unabhängigkeit bzw. Abhängigkeit von Teilvorgängen bei mehrstufigen Vorgängen propädeutisch vorbereitet werden, ohne Verallgemeinerungen oder die Nutzung dieser Begriffe anzustreben. Beide Themenbereiche werden im Sinne der von uns vorgeschlagenen Entwicklungslinien in den Jahrgangsstufen 9/10 aufgegriffen und entsprechende Begriffsbildungen vorgenommen.

Wie das Bsp. 4.12 zeigt, lassen sich stochastische Situationen mithilfe von Handlungsvorstellungen gut mittels Baumdiagrammen (s. Abb. 4.31) ohne Einordnung in theoretische Modelle visualisieren.

1. Kind	2. Kind	3. Kind	Ereignis	Wahrscheinlichkeit

$\frac{1}{3}$ — rot   1. Kind entsorgt den Müll $\frac{1}{3}$

$\frac{1}{2}$ — rot   2. Kind entsorgt den Müll $\frac{2}{3} \cdot \frac{1}{2} = \frac{1}{3}$

$\frac{2}{3}$ schwarz

$\frac{1}{2}$ — schwarz —— 1 —— rot   3. Kind entsorgt den Müll $\frac{2}{3} \cdot \frac{1}{2} \cdot 1 = \frac{1}{3}$

Abb. 4.31 Lösung zu Bsp. 4.12a) mit Baumdiagramm

Beispiel 4.12

Aufgabe aus *Mathematik: Duden* 8, S. 25; mit freundlicher Genehmigung von © Cornelsen Schulverlag GmbH, Berlin. All Rights Reserved

Eine Familie mit drei Kindern lost täglich, werden Müll entsorgen muss. Dazu hat der Vater drei Karten (zwei schwarze und eine rote) vorbereitet. Wer die rote Karte zieht, ist an der Reihe. Die Kinder ziehen stets in der Reihenfolge ihres Alters. Berechne folgende Wahrscheinlichkeiten!
a) Mit welcher Wahrscheinlichkeit ist das erste, das zweite bzw. das dritte Kind an der Reihe? Ist das Verfahren gerecht?
b) Mit welcher Wahrscheinlichkeit kommt ein Kind zweimal hintereinander an die Reihe?
c) Mit welcher Wahrscheinlichkeit muss das gleiche Kind eine ganze Woche lang den Müll entsorgen?

Bei einseitiger Betonung von Laplace-Modellen besteht weiterhin die Gefahr, dass Schüler nicht lernen, in der sie umgebenden Realität mehrstufige stochastische Vorgänge zu erkennen und zu beschreiben oder mit deren Hilfe Wahrscheinlichkeiten für interessierende Ereignisse zu berechnen. Unseres Erachtens ist die bevorzugte Behandlung von Laplace-Modellen, also das Agieren in einer „Scheinwelt des Glücksspiels", ein Hauptgrund dafür, dass Schüler nicht ausreichend in die Lage versetzt werden, reale stochastische Situationen zu modellieren. Einerseits verschwindet der Unterschied zwischen dem realen Spielgerät und dem mathematischen Modell bei Spielwürfel, Münze, Glücksrad und Urne. Andererseits wird der Eindruck erzeugt, alle stochastischen Vorgänge ließen sich mit der Laplace-Formel berechnen. Daher sollte die Behandlung der mehrstufigen Vorgänge im Stochastikunterricht mit der Strukturierung realer Sachverhalte durch Baumdiagramme begonnen werden. Die Wahrscheinlichkeiten sollen dabei sowohl über das Laplace-Modell als auch über relative Häufigkeiten ermittelt oder aus Erfahrung geschätzt werden, sodass deren Modellcharakter deutlich wird.

Das Problem der Augensumme beim Wurf zweier Würfel

Mehrstufige Vorgänge wie das Werfen mehrerer Würfel oder das mehrfache Ziehen aus Urnen besitzen einen besonderen Reiz, weil damit interessante Fragestellungen, Experimente mit überraschenden Ergebnissen und auch Anwendungen im Alltag der Schüler verbunden werden können. So kommt das Bilden der Augensumme beim Werfen zweier Würfel in zahlreichen Würfelspielen vor. Dabei eignet sich die Analyse ausgewählter Spiele, die gerade in der Altersklasse modern sind, um das Interesse der Schüler an der mathematischen Erkundung von Wahrscheinlichkeiten zu wecken. Jetzt ist ein günstiger Zeitpunkt, das Würfeln mit zwei Würfeln und das Augensummenproblem zu untersuchen.

Beispiel 4.13 Wurf zweier Würfel

Bei einigen Gesellschaftsspielen wie „Monopoly" oder „Siedler von Catan" werden zwei Würfel gleichzeitig geworfen. Die aufgetreten Augenzahlen werden addiert. Welche Augensumme ist eigentlich am wahrscheinlichsten?

Bei der Modellierung des doppelten Würfelwurfs treten allerdings Probleme auf, die im Unterricht thematisiert werden müssen. Das gleichzeitige Werfen zweier Würfel sollte in dieser Jahrgangsstufe als zweistufiger stochastischer Vorgang aufgefasst werden. Dabei haben manche Schüler das Problem, zu akzeptieren, dass das Werfen von zwei gleichen oder unterscheidbaren Würfeln mit den gleichen zusammengesetzten Ergebnissen beschrieben werden kann. Jedes Ergebnis tritt mit Wahrscheinlichkeit 1/36 auf und es ist sogar unerheblich, ob diese Würfel nacheinander oder gleichzeitig geworfen werden. Weiterhin verbirgt sich hinter den Augensummen eine Zufallsgröße, die bewirkt, dass die Werte dieser (die Augensummen) unterschiedliche Wahrscheinlichkeiten besitzen (s. Abb. 4.34).

Aufgrund der Komplexität des Problems könnte mit der Darstellung der Ergebnismenge des doppelten Würfelwurfs mit unterschiedlich gefärbten Würfeln begonnen werden. Es gibt zahlreiche Vorschläge schon für Grundschüler, sich dem Augensummenproblem durch kombinatorische Überlegungen zu nähern und zuerst alle 36 Ergebniskombinationen zu „legen" (s. Abb. 4.32).

Unseres Erachtens werden durch diese statische Sicht auf die Menge der möglichen Ergebnisse die beschriebenen Probleme nicht überwunden. Betrachtet man das Werfen

Abb. 4.32 Ergebnisse beim Werfen zweier verschiedenfarbiger Würfel

zweier Würfel dynamisch als zweistufigen Vorgang – zuerst wird der rote, dann der blaue Würfel geworfen –, so können die zusammengesetzten Ergebnisse als Pfade im Baumdiagramm dargestellt und mit der Pfadmultiplikationsregel verdeutlicht werden, dass alle zusammengesetzten Ergebnisse die gleiche Wahrscheinlichkeit von 1/36 besitzen (vgl. Abb. 4.33). Nun kann diskutiert werden, warum keine anderen Ergebnisse entstehen würden, wenn man diese verschiedenfarbigen Würfel in umgekehrter Reihenfolge oder gleichzeitig werfen würde. Voraussetzung ist allerdings dabei, dass beim Werfen der beiden Würfel diese sich nicht gegenseitig beeinflussen. Hinter der Annahme der Gleichwahrscheinlichkeit steckt das Modell der Unabhängigkeit von Teilvorgängen bei einem mehrstufigen Vorgang (vgl. Abschn. 5.5). Die Nichtunterscheidbarkeit der Würfel bei gleicher Färbung führt zur gleichen Modellierung mit eben diesem Baumdiagramm. An diesem Beispiel können Schüler sehr gut lernen, dass ein Modell auf verschiedene stochastische Situationen passen kann, wenn diese eine gleiche Struktur aufweisen.

Um das Verständnis ihrer Schüler zu vertiefen, könnte die Lehrkraft sie mit fehlerhaften Vorstellungen zum zweifachen Würfelwurf konfrontieren.

Beispiel 4.14 Wo steckt der Fehler?

Ole hat die Ergebnisse beim Werfen zweier gleichfarbiger Würfel folgendermaßen aufgeschrieben und ist daher der Meinung, dass jede Möglichkeit die Wahrscheinlichkeit 1/21 besitzt. Wo liegt sein Denkfehler?

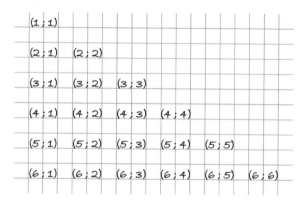

Dieser typische Denkfehler lässt sich aufklären, wenn man die fehlerhaften Ergebnisse in ein Baumdiagramm übersetzt (s. Abb. 4.33) und diskutiert, warum die entsprechenden Pfade fehlen sollten. Folgender Impuls der Lehrkraft könnte ebenfalls bei der Erklärung weiterhelfen, dass sich das Würfeln mit zwei gleichfarbigen und zwei verschiedenfarbigen Würfeln nicht unterscheiden kann (Blumenstingl 2006, S. 56): „Es scheint so, als ob sich die Wahrscheinlichkeiten … unterscheiden, je nachdem, ob ich gleichfarbige oder verschiedenfarbige Würfel benutze. Würde man bei zwei gleichfarbigen Würfeln den einen mit einem kleinen Punkt markieren, könnte man die Würfel unterscheiden und die Wahrscheinlichkeit würde von 1/21 auf 1/36 sinken. Das ist kaum vorstellbar."

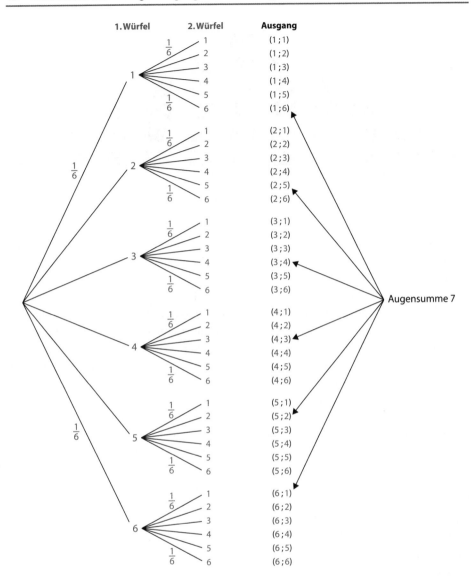

Abb. 4.33 Gleichwahrscheinliche Ergebnisse und Ereignis „Augensumme 7" beim Werfen zweier Würfel im Baumdiagramm

Erst wenn die Modellierung des Würfelns mit zwei Würfeln als mehrstufiger Vorgang von den Schülern durchdrungen wurde, sollte man sich der Bestimmung der Wahrscheinlichkeit von Augensummen zuwenden. Durch Umsortieren der Würfelergebnisse können Schüler entsprechend der Laplace-Regel die günstigen Ergebnisse klassifizieren und so die Wahrscheinlichkeiten der möglichen Augensummen ermitteln (s. Abb. 4.34).

Abb. 4.34 Augensummen beim Werfen zweier verschiedenfarbiger Würfel

Die Wahrscheinlichkeiten der untersuchten Augensummen können jeweils durch Zählen der günstigen Ergebnisse mittels Laplace-Regel gewonnen werden. Am wahrscheinlichsten ist die Augensumme 7, da es hierfür sechs günstige Ergebnisse von 36 möglichen gibt. Wir erachten es jedoch als vorteilhafter, mit dem Baumdiagramm weiterzuarbeiten. Schüler dieser Jahrgangsstufe können beispielsweise das Ereignis „Augensumme 7" anhand der entsprechenden Pfade der dazugehörigen zusammengesetzten Ergebnisse beschreiben und die Pfadadditionsregel anwenden. Der Begriff der Zufallsgröße, der sich hinter der Zuordnung der günstigen Ergebnisse zu den Augensummen verbirgt, ist ihnen noch nicht bekannt und wird entsprechend unserer Linienführung frühestens in den Jahrgangsstufen 9/10 im Zusammenhang mit dem Erwartungswert thematisiert.

Wir haben die Augensummenproblematik an dieser Stelle so ausführlich besprochen, um zu zeigen, dass die damit verbundenen Probleme nicht unberechtigt sind, die viele Schüler damit haben. Die Analyse der verschiedenen Modellierungsmöglichkeiten verdeutlicht, dass kombinatorische Überlegungen zur Anzahl der Ergebnisse und Art der Ergebnismenge komplizierter und verwirrender sein können als Modellierungen mit Baumdiagrammen, die sich in naheliegender Weise aus unserem Prozessmodell ergeben (vgl. Bsp. 4.9).

Diese grundlegenden Probleme bei der Modellierung mehrstufiger Vorgänge werden aber in Unterrichtsvorschlägen und Schulbüchern oft nicht beachtet oder als gering eingeschätzt. Daher raten wir von einer Behandlung des Augensummenproblems im Unterricht vor den Jahrgangsstufen 7/8 ab.

Stochastikunterricht in den Jahrgangsstufen 9 und 10

In den Abschlussklassen der Sekundarstufe I werden alle Entwicklungslinien (vgl. Abschn. 2.2) weitergeführt und zunehmend stärker miteinander in Beziehung gesetzt. Anhand der Frage nach angemessenen Argumentationen auf der Basis vorliegender Daten und grafischer Darstellungen werden wir verschiedene gängige Manipulationen bei der Darstellung von Daten aufzeigen, wobei bisher erworbenes Wissen und Können problemorientiert wiederholt wird. Mit der Untersuchung von Häufigkeitsverteilungen soll das im Verlauf der Sekundarstufe I erworbene Wissen und Können im Umgang mit ihnen reaktiviert und erweitert werden. An idealtypischen Verteilungsformen wird in diesem Zusammenhang die Aussagekraft verschiedener Mittelwerte einer Häufigkeitsverteilung thematisiert. Als weitere Methode zur Ermittlung von Wahrscheinlichkeiten soll nun die Simulation stochastischer Vorgänge behandelt werden, sodass die Verbindung der Themenbereiche Daten und Wahrscheinlichkeit weiter ausgebaut werden kann. Das Wissen über Eigenschaften des arithmetischen Mittels wird auf die Wahrscheinlichkeitsrechnung übertragen und der Begriff des Erwartungswerts entwickelt. Schließlich wird mit der Analyse bivariater Daten das Arbeiten mit Vierfeldertafeln wieder aufgegriffen und in Zusammenhang mit Baumdiagrammen gebracht. Dabei werden Merkmale auf statistische Abhängigkeit untersucht und inhaltliche Vorstellungen zur stochastischen Unabhängigkeit und zur bedingten Wahrscheinlichkeit unter besonderer Berücksichtigung verbreiteter Fehlinterpretationen vermittelt. Bei diesen Themen beachten wir die unterschiedlichen Bedingungen im Realschulbildungsgang und im gymnasialen Bildungsgang und unterbreiten entsprechend differenzierte Vorschläge. Die Abschn. 5.5 zur bedingten Wahrscheinlichkeit und 5.6 zu Zusammenhängen zwischen metrischen Daten haben wir nur für den gymnasialen Bildungsgang vorgesehen. Die Prozessbetrachtung stochastischer Erscheinungen kann insbesondere im Zusammenhang mit der Simulation realer Vorgänge, der Untersuchung der Abhängigkeit von Merkmalen sowie bei Aufgaben zu Erkenntnisprozessen vertieft werden.

© Springer-Verlag Berlin Heidelberg 2015
K. Krüger et al., *Didaktik der Stochastik in der Sekundarstufe I*,
Mathematik Primarstufe und Sekundarstufe I + II, DOI 10.1007/978-3-662-43355-3_5

5.1 Manipulationen bei der Darstellung von Daten

Unter dem Stichwort *statistical literacy* werden seit einigen Jahren Bemühungen zusammengefasst, Schülern Fähigkeiten im Interpretieren und kritischen Bewerten statistischer Informationen und datenbasierter Argumentationen zu vermitteln (Gal 2002; Shaugnessy 2007, S. 964 f.). Dies ist ein wesentlicher Bestandteil der von uns beabsichtigten Vermittlung stochastischer Grundbildung in der Sekundarstufe I. „Die Art von Mathematik, die mündige Bürger benötigen, hat sich erheblich verändert [...]. Am augenscheinlichsten ist wohl die Notwendigkeit, Daten in den unterschiedlichsten Formaten lesen und verstehen zu können: Prozente, Grafiken, Diagramme, Tabellen und statistische Untersuchungen werden gemeinhin dazu verwendet, gesellschaftliche Entscheidungsprozesse zu beeinflussen. Vor allem weil Daten inzwischen weithin verfügbar sind, verwenden Tageszeitungen eine beträchtliche Vielfalt an Diagrammen in der alltäglichen Berichterstattung. Bürger, die quantitative Daten nicht angemessen einordnen können, sind heutzutage funktionelle Analphabeten" (National Research Council 1990, S. 8, dt. Übersetzung aus Ullmann 2012b).

Stochastikunterricht soll daher Schüler bis zum Ende der Sekundarstufe I befähigen, statistische Informationen in den Medien kritisch einschätzen zu können. Dazu ist es notwendig, sie für Manipulationen und typische Fehlinterpretationen zu sensibilisieren, wie sie heute leider häufig in datenbezogenen Argumentationen in den Medien vorkommen. Zu diesem Zweck gibt es in Unterrichtsmaterialien geeignete Unterrichtsvorschläge (z. B. Vernay 2011; Brauner und Leuders 2006). Dabei werden statistische Kurzinformationen in Form von Zeitungsmeldungen und Diagrammen aus den Medien vorgegeben, die Schüler kritisch bewerten werden sollen. Hier kann die Lehrkraft nach Interesse und Vorwissen der Schüler geeignete Sachthemen auswählen. Anhand einer gemeinsamen Reflexion von einprägsamen Beispielen sollte sie mit ihren Schülern eine „Checkliste" in Form von kritischen Fragen zur Überprüfung statistischer Informationen in den Medien erarbeiten (vgl. die Misstrauensregeln in Führer 1997). Diese kann als Orientierungsgrundlage für Schüler beim Prüfen und Einschätzen statistischer Informationen dienen und schrittweise erweitert werden.

Es ist sinnvoll, dieses Thema nicht nur in einer kurzen Unterrichtseinheit zu behandeln, sondern regelmäßig im Mathematikunterricht aufzugreifen. Nur so lässt sich eine kritische Haltung bei Schülern anbahnen. Wir empfehlen, sich eine Sammlung von Beispielen aus der Zeitung typischer Manipulationen und Fehlinterpretationen anzulegen, auf die im Unterricht an passenden Stellen zurückgegriffen werden kann.

Checkliste: So kannst du statistische Informationen prüfen

Aussage erfassen: Was ist die zentrale Aussage der statistischen Kurzinformation/des Diagramms? Wer ist der Autor?

Datenquelle prüfen: Von wem und von wann stammen die Daten? Ist die Quelle als seriös einzuschätzen? Welche Informationen zur Datenerhebung wurden angegeben? Sind die Daten vollständig angegeben worden? Welche Daten hätte man gerne selbst zum Sachverhalt erfahren? Ist die Stichprobe als repräsentativ einzuschätzen?

Datendarstellung analysieren: Welches Diagramm wurde verwendet? Ist es korrekt gezeichnet? Prüfe die Achsenbeschriftung und -skalierung. Werden 3D-Effekte verwendet? Stimmen die Proportionen bei flächigen oder räumlichen Darstellungen? Sind absolute oder relative Häufigkeiten sinnvoll? Ist bei Prozentsätzen die Bezugsgröße angegeben?

Datenauswertung überprüfen: Worauf stützt sich die Aussage genau? Passen die vorgelegten Daten zur eigenen Einschätzung der Situation? Passen sie zur vorgelegten Interpretation? Welche Bedingungen beeinflussen die Ergebnisse? Gibt es Informationen zu diesen Bedingungen? Welche Vergleiche zur Veranschaulichung von Kennzahlen und Prozentangaben sind möglich?

Weitere Anregungen zum Thema „Lügen mit Statistik" findet man in den lesenswerten, mehrfach aufgelegten Sachbüchern von Krämer (2011b) und Bosbach und Korff (2011) sowie auf der Internetseite zur „Unstatistik des Monats" (www.unstatistik.de). Anhand ausgewählter einprägsamer Beispiele relevanter Daten aus Gesellschaft, Politik oder Wirtschaft lassen sich Grundtypen von Manipulationen herausstellen, die sich auf die Quelle sowie die Darstellung und Auswertung der Daten mittels Diagrammen, Häufigkeiten und Prozentangaben beziehen.

Verzerren von Stichproben

Häufig begegnen uns in den Medien statistische Informationen aus Umfragen, die auf der Basis von Stichproben gewonnen werden. Bei deren Interpretation ist Vorsicht geboten. Wie wurden die Daten erhoben? Wer wurde eigentlich befragt? So warnen Bosbach und Korff (2011) vor der Verwendung „vorsortierter" Stichproben. Das folgende Beispiel aus ihrem Buch eignet sich gut zur Vertiefung der Stichprobenproblematik, indem es das Problem der Stichprobenverzerrung aufgreift.

Beispiel 5.1

Am 27.09.2009 titelte die „Bild"-Zeitung: „*In Stefan Raabs Wahl-Showdown ‚TV total Bundestag' lieferten sich Politiker Samstagabend die letzte (und eigentlich erste) Schlacht vor der Bundestagswahl. Im Anschluss stimmten die Zuschauer per Telefon und SMS ab.*

Das total verrückte Wahl-Ergebnis: Gregor Gysis Linke erhielt 20,5 Prozent und Westerwelles FDP 19,9 Prozent. 26,6 Prozent der Stimmen gingen an die Union, die SPD zerbröselte – nur 17,7 Prozent stimmten für die Sozialdemokraten. 15,4 Prozent gingen an Bündnis 90/die Grünen."

Die Wahlumfrage endete schließlich ganz anders als die Bundestagswahl am nächsten Tag. Was könnten Gründe für die aufgetretenen Unterschiede in den Ergebnissen sein?

Partei	CDU/CSU	SPD	FDP	Grüne	Linke
Wahlergebnis	34 %	23 %	15 %	11 %	12 %

Vermutungen über Gründe, warum die Stichprobe ein anderes Ergebnis als die Wahl lieferte, werden auch Schüler aufstellen können. Sicher lag es nicht an einem zu geringen Stichprobenumfang. Die Fernsehsendung „TV Total" von Stefan Raab spricht vor allem ein junges Publikum an. Deren Fans sind kein repräsentativer Querschnitt der Wahlberechtigten in Deutschland. Zu dieser Vermutung passen Statistiken der Altersverteilung der Wähler bei der Bundestagswahl 2009. Der Anteil der unter 35-Jährigen war mit über 20 % bei den FDP- und Grünen-Wählern 2009 am höchsten.[1] Weiterhin gab es kein kontrolliertes Auswahlverfahren. Wer sich für seine Lieblingspartei einsetzen wollte, konnte das direkt tun. Offenbar haben sich besonders viele FDP-, Grüne- und Linke-Anhänger die Sendung angesehen oder zumindest für ihre Lieblingspartei gestimmt. Mit diesem Beispiel kann Schülern verdeutlicht werden, dass sich aus Daten einer Stichprobe Schlussfolgerungen oder Prognosen für die Grundgesamtheit nur unter gewissen Voraussetzungen ableiten lassen. Dabei spielt weniger der Umfang der Stichprobe eine Rolle als vielmehr die Wahl eines geeigneten Auswahlverfahrens. Die hier exemplarisch beschriebene Verzerrung einer Stichprobe entsteht, wenn im Vergleich zur Grundgesamtheit bestimmte Merkmalsträger oder Objekte zu häufig oder zu selten in der Stichprobe vertreten sind. Damit liefert sie kein repräsentatives Abbild der Grundgesamtheit mehr. Wenn alle möglichen Stichproben einer Grundgesamtheit gleichberechtigt sein sollen, dürfen keine Merkmalsträger oder Objekte der Grundgesamtheit bevorzugt in die Stichprobe gelangen. Daher eignet sich die zufällige Auswahl als geeignetes Stichprobenverfahren zur Gewährleistung von Repräsentativität (vgl. Abschn. 4.1.1 und 5.3).

Neben der reinen Zufallsauswahl gewährleisten auch sogenannte **geschichtete Stichproben** Repräsentativität bezüglich ausgewählter Merkmale. Dabei wird die Grundgesamtheit in relativ homogene Teilgruppen (Schichten) unterteilt und darauf geachtet, dass Merkmale, die einen Einfluss auf die Ausprägung des interessierenden Merkmals haben können, in der geschichteten Stichprobe im gleichen Verhältnis wie in der Grundgesamtheit vorkommen. Hier lässt sich wieder gut eine Prozessbetrachtung durchführen, indem gefragt wird, welche Bedingungen die möglichen Ergebnisse eines Vorgangs mit Blick auf ein interessierendes Merkmal beeinflussen. Beispielsweise kann man sich gut vorstellen, dass die Einstellung zu Sportarten und damit die Wahl einer Lieblingssportart von Jugendlichen sowohl vom Geschlecht als auch vom Alter beeinflusst werden. Daher würde es wenig Sinn machen, aus den Umfrageergebnissen einer 7. Jahrgangsstufe auf alle Schüler einer Schule zu schließen.

---

[1] Vgl. die „Wählerschaft nach Parteien und Altersstufen" unter www.bundeswahlleiter.de/de/bundestagswahlen/BTW_BUND_09/veroeffentlichungen/repraesentative/.

Beispiel 5.2 (frei nach Mathematik heute 9, S. 239)

An einer Gesamtschule mit sportlichem Schwerpunkt erhebt die Klasse 9b in einem Statistikprojekt für das bevorstehende Jubiläum, welche Sportart die Schüler am liebsten und wie oft betreiben. Da nicht alle Schüler der Schule befragt werden sollen, wird eine Stichprobe von 150 Schülern ausgewählt. Die Zusammensetzung der Stichprobe muss gründlich überlegt werden.

a) Wie könnten die Projektverantwortlichen die Schülerzahlen der Jungen und Mädchen aus der Jahrgangsstufe 9 in der Stichprobe ermittelt haben?

b) Ergänze mögliche Schülerzahlen für die übrigen Jahrgangsstufen in der Stichprobe. Wie bist du bei deren Ermittlung vorgegangen?

c) Wie könnte die Zufallsauswahl in den einzelnen Jahrgangsstufen praktisch durchgeführt werden?

Schülerzahlen gesamt			Stichprobe		
Klassenstufe	Jungen	Mädchen	Klassenstufe	Jungen	Mädchen
5	65	74	5		
6	88	71	6		
7	76	74	7		
8	71	53	8		
9	58	47	9	12	9
10	32	41	10		
Summe	390	360	Summe	78	72

In wissenschaftlichen statistischen Untersuchungen werden häufig repräsentative Stichproben mithilfe von Schichtungen erhoben, weil das weniger Zeitaufwand und Kosten erzeugt. Die eigentliche Zufallsauswahl findet dann nur noch in den einzelnen Teilgruppen statt und kann damit einfacher praktisch durchgeführt werden. Beispielsweise ist die in Abschn. 4.2.2 zitierte JIM-Studie (Medienpädagogischer Forschungsverbund Südwest 2011) zur Mediennutzung von Jugendlichen mit rund 1200 befragten Schülern repräsentativ bezüglich der Merkmale Geschlecht (51 % Jungen und 49 % Mädchen), Alter (je rund ein Viertel 12- bis 13-Jährige, 14- bis 15-Jährige, 16- bis 17-Jährige und 18- bis 19-Jährige) und besuchter Schulform mit Blick auf die Grundgesamtheit von rund 7 Mio. 12- bis 19-Jährigen in Deutschland. Damit lassen die Ergebnisse dieser statistischen Erhebung Schlussfolgerungen auf die Mediennutzung aller Jugendlichen in Deutschland zu.

Nach dem Überprüfen der Datenquelle sollten im nächsten Schritt die Darstellung und Auswertung der Daten genauer betrachtet werden.

Manipulieren grafischer Darstellungen

Die y-Achse von Säulen- oder Liniendiagrammen wird gerne abgeschnitten und damit die Skala der y-Achse gestreckt. Analoge Eingriffe lassen sich auch an der x-Achse vornehmen. Manchmal werden bei Zeitreihen nur Ausschnitte der Daten über einen bewusst ausgewählten Zeitraum gezeigt, um beim Betrachter des Diagramms einen bestimmten Eindruck zu erzeugen. Wir wollen diese Manipulation am Beispiel der Entwicklung der Arbeitslosenzahlen in Deutschland zeigen.

Beispiel 5.3

Welche Aussagen über die Entwicklung der Arbeitslosigkeit in Deutschland lassen sich der Grafik entnehmen?

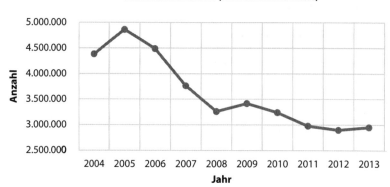

Arbeitslosenzahlen (Jahresdurchschnitte)

Quelle: Statistik der Bundesagentur für Arbeit (2014)

Das Liniendiagramm belegt scheinbar eindrucksvoll den massiven Rückgang der jahresdurchschnittlichen Arbeitslosenzahlen seit 2005. Da sich der Linienzug der x-Achse nähert, sieht es so aus, als sei das Problem der Arbeitslosigkeit in den letzten fünf Jahren fast „verschwunden". Schließlich kommt als weitere Manipulationstechnik noch die Wahl des Startpunkts der Zeitreihe hinzu. Das Maximum der Arbeitslosenzahlen in der BRD war 2005 mit knapp 5 Millionen erreicht. Da das Liniendiagramm im Jahr 2004 beginnt, wird die wechselhafte Entwicklung der Arbeitslosigkeit in den früheren Jahren ausgeblendet (vgl. Abb. 5.1).

Besonders problematisch bei der Interpretation dieser Zeitreihe ist, dass die Definition des Merkmals „Arbeitslosigkeit" im betrachteten Zeitraum mehrfach geändert wurde.[2] Genau genommen sind damit Arbeitslosenzahlen über die Jahre hinweg überhaupt nicht

---

[2] Seit 2004 werden Teilnehmer an „Maßnahmen der aktiven Arbeitsmarktpolitik" (z. B. Eignungstests und Einstellungstrainings) statistisch nicht mehr als Arbeitslose gezählt. Seit 2008 werden außerdem ältere Langzeit-Arbeitslose und seit 2009 Arbeitsuchende, die über private Arbeitsagenturen betreut werden, nicht mehr als arbeitslos erfasst (Krüger 2012c).

Abb. 5.1 Zeitreihe der Arbeitslosenzahlen seit 1991. (Quelle: Statistik der Bundesagentur für Arbeit 2014)

vergleichbar. Am Beispiel der Mathematisierung von Arbeitslosigkeit können Schüler sehr gut die Wichtigkeit der Definition eines Merkmals im Rahmen einer statistischen Untersuchung erfassen.

Häufig werden auch extreme Werte einer Zeitreihe verwendet, um scheinbar einen großen Erfolg zu belegen, wie in dem Diagramm in Abb. 5.2 geschehen. Allerdings kommt hier noch eine weitere Manipulation hinzu, die typischerweise bei Piktogrammen mit zwei- oder dreidimensionalen Figuren vorkommt. Das große Männchen auf der linken Seite wurde sowohl in seiner Höhe als auch in der Breite auf das jeweils 1,6-fache vergrö-

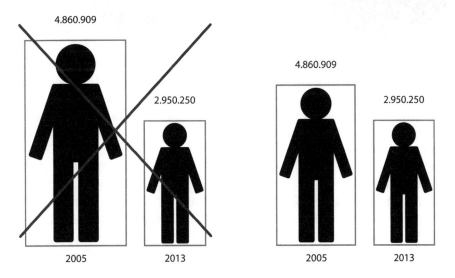

Abb. 5.2 Flächenhaftes Piktogramm zu den Arbeitslosenzahlen in der BRD 2005 und 2013

ßert. Das entspricht zwar dem Verhältnis der Arbeitslosenzahlen mit $4.860.909 : 2.950.250$ $\approx 1,6 : 1$. Allerdings wird die Fläche des Männchens um den Faktor $1,6^2 = 2,56$ vergrößert. Sie ist somit mehr als doppelt so groß. Da das Auge die Fläche und nicht die Höhe von Figuren wahrnimmt, muss bei Piktogrammen darauf geachtet werden, dass die Zahlenverhältnisse durch Flächenverhältnisse veranschaulicht werden. In der Abb. 5.2 rechts wurden die Breiten und Höhen des größeren Männchens jeweils um den Faktor $\sqrt{1,6}$ vergrößert.

Besondere Vorsicht ist bei dreidimensionalen Darstellungen geboten. Raffinierte Perspektiven lassen Kleines groß und Großes klein erscheinen. Besonders deutlich werden die Auswirkungen perspektivischer Verzerrungen am Beispiel von Tortendiagrammen wie im Bsp. 5.4.

Beispiel 5.4

Die Ergebnisse der Landtagswahl in Nordrhein-Westfalen 2010 wurden in zwei verschiedenen Tortendiagrammen dargestellt. Welche Manipulationen wurden an den Grafiken vorgenommen? Welche Parteien kommen in welcher Darstellung der Wahlergebnisse besonders gut/schlecht weg? Finde passende Schlagzeilen.

Partei	CDU/CSU	SPD	Grüne	FDP	Linke	Sonstige
Wahlergebnis	34,6 %	34,5 %	18,6 %	12,3 %	5,6 %	6,5 %

Alternativ zur kritischen Analyse und Bewertung vorgegebener Diagramme und auf statistischen Untersuchungen basierenden Kurzmeldungen können Schüler erproben, wie sich mit der Wahl unterschiedlicher grafischer Darstellungen eines Datensatzes manipulieren lässt. Hierfür eignet sich besonders der Einsatz eines Tabellenkalkulationsprogramms, mit dem Diagramme zu Daten aus Zeitreihen oder Häufigkeitsverteilungen schnell auf Knopfdruck erstellt werden können (z. B. Rehse 2011).

Prozent wovon?

Ein weiterer Bereich für Fehlinterpretationen betrifft die Angabe von Prozenten, wenn nicht deutlich gemacht wird, was eigentlich die Bezugsgröße ist. Wir wollen dies an den beiden Beispielen 5.3 und 5.4 zu den Themen Arbeitslosigkeit und Wahlen vertiefen. So sind bei Vergleichen über mehrere Jahre Arbeitslosenquoten aussagekräftiger als die absoluten Arbeitslosenzahlen. Doch auch hier sind fehlerhafte Interpretationen möglich, wenn nicht genau auf die Wahl der Grundgesamtheit geachtet wird. So werden seit 1994 zwei unterschiedliche Arbeitslosenquoten verwendet, entweder mit Bezug auf alle (a) oder nur auf die abhängig beschäftigten (b) zivilen Erwerbstätigen. Im erstgenannten Fall werden auch Selbstständige und die in Familienbetrieben mithelfenden Angehörigen mitgezählt, obwohl diese keine Sozialversicherungsbeiträge zahlen:

$$(a) \quad \frac{\text{Anzahl der registrierten Arbeitslosen}}{\text{Anzahl aller zivilen Erwerbstätigen} + \text{Anzahl der Arbeitslosen}}$$

$$(b) \quad \frac{\text{Anzahl der registrierten Arbeitslosen}}{\text{Anzahl aller zivil abhängig beschäftigten Erwerbstätigen} + \text{Anzahl der Arbeitslosen}}$$

Diese beiden Formeln bieten Anlass zum Argumentieren: Warum muss die Arbeitslosenquote bezogen auf alle zivilen Erwerbspersonen immer niedriger ausfallen? Klar, je größer der Nenner, desto kleiner der Quotient. Beispielsweise erhält man mit den Arbeitsmarktdaten für das Bezugsjahr 2013 mit (a) im Jahresdurchschnitt eine Quote von 6,9 % im Vergleich zu (b) 7,7 % – ein Unterschied von knapp einem Prozentpunkt. Daher muss bei Interpretationen und Vergleichen über verschiedene Jahre darauf geachtet werden, welche Quoten eigentlich vorliegen. Es sollen ja nicht Äpfel mit Birnen verglichen werden.

Bei der Interpretation der Wahlergebnisse der Landtagswahl 2010 in NRW: „Rund 35 % der Wähler haben die CDU (bzw. SPD) gewählt", muss man sich fragen, wer eigentlich „die" Wähler sind. Die Prozentangabe bezieht sich auf die Grundgesamtheit der abgegebenen Wahlstimmen. Das sind jedoch nicht alle Wahlberechtigten. Da die Wahlbeteiligung bei der Landtagswahl in NRW 2010 lediglich bei 59,3 % lag, haben demnach $0{,}35 \cdot 0{,}593 = 0{,}20755$, also nur rund 21 % der Wahlberechtigten eine der beiden großen Parteien gewählt.

Absolute oder relative Häufigkeiten?
Beim Überprüfen einer Argumentation mithilfe von Daten auf deren Stichhaltigkeit sollte immer beachtet werden, ob für den beabsichtigten Vergleich absolute oder relative Häufigkeiten sinnvoll sind. Dazu eignet sich das folgende Aufgabenbeispiel. Den Schülern wird dazu eine Informationsgrafik aus der Zeitung vorgelegt und gefragt, ob es einen Anlass gibt, an den Erfolgszahlen zu zweifeln.

Beispiel 5.5 Kritische Prüfung einer Infografik

Welche Aussage soll transportiert werden? Auf welchen Daten basiert die Aussage? Passen die Daten und die eigene Einschätzung der Situation bzw. die vorgelegte Interpretation zusammen? (Quelle: Süddeutsche Zeitung, 26.01.2012)

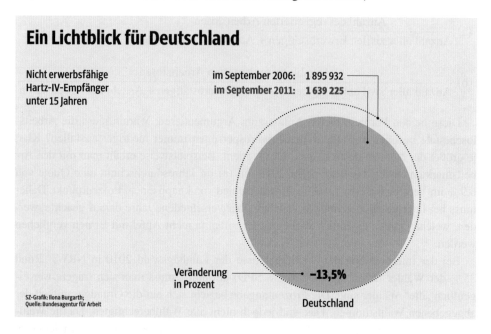

Ein Lichtblick für Deutschland

Nicht erwerbsfähige Hartz-IV-Empfänger unter 15 Jahren

im September 2006: 1 895 932
im September 2011: 1 639 225

Veränderung in Prozent −13,5%

SZ-Grafik: Ilona Burgarth; Quelle: Bundesagentur für Arbeit

Deutschland

Offenbar soll mit der Infografik ein Erfolg in der Bekämpfung von Kinderarmut belegt werden. Die Überschrift lautet „Ein Lichtblick für Deutschland". Die Zahl der nicht erwerbsfähigen Kinder unter 15 Jahren, die von Hartz IV leben, ist seit 2006 innerhalb von fünf Jahren um 13,5 % gefallen. Die Daten stammen von der Bundesagentur für Arbeit und strahlen Seriosität aus. Die absoluten Häufigkeiten wurden bis auf die Einerstelle genau angegeben. Um den Rückgang der Kinder, die Hartz-IV-Leistungen beziehen, besser einschätzen zu können, müssten diese absoluten Zahlen allerdings auf die Zahl aller Kinder unter 15 Jahren in der BRD bezogen werden. Die dafür notwendigen Daten lassen sich leicht mit der Datenbank GENESIS-Online des Statistischen Bundesamtes beschaffen. Deren Auswertung zeigt, dass die Anzahl der unter 15-Jährigen in dem Zeitraum von 2005 bis 2013 rückläufig ist (vgl. Krüger 2012a; Datenquelle: Bundesagentur für Arbeit).

Vergleicht man die Anzahl der Kinder im Hartz-IV-System mit der in Tab. 5.1 aufgeführten Gesamtanzahl der Kinder unter 15 Jahren des Statistischen Bundesamtes, sieht die Situation anders aus. Bei diesem relativen Vergleich fällt auf, dass sich der Anteil der „Hartz-IV-Kinder" von 2005 bis 2011 nicht wesentlich verändert hat und zwischen 15,1 % und 16,6 % schwankt. Wählt man schließlich zum Vergleich den maximalen und minimalen Wert der Daten in den Jahren 2006 und 2011, so wird der scheinbare Erfolg mittels

Tab. 5.1 Kinder unter 15 Jahren in der BRD von 2005 bis 2011

Jahr	Gesamtanzahl der Kinder unter 15 J.	Kinder unter 15 J., die von Hartz-IV-Leistungen leben	Anteil
2005	11.649.872	1.785.458	15,3 %
2006	11.441.366	1.896.927	16,6 %
2007	11.281.696	1.875.881	16,6 %
2008	11.139.106	1.816.594	16,3 %
2009	11.022.634	1.746.503	15,8 %
2010	10.941.201	1.723.011	15,8 %
2011	10.832.088	1.639.225	15,1 %

einfacher Prozentsatzberechnung besonders groß gerechnet.

$$\frac{1.896.927 - 1.639.225}{1.896.927} = \frac{257.702}{1.896.927} \approx 0,135 = 13,5\,\%$$

Dieses Beispiel zeigt, dass datengestützte Argumente nicht automatisch richtig und stichhaltig sind. Auch sie sollten kritisch hinterfragt werden. Welche Interpretationen lassen die Daten zu, welche nicht?

5.2 Häufigkeitsverteilungen untersuchen

Der Begriff der Verteilung ist grundlegend für die Stochastik. In der Beschreibenden Statistik wird mittels Diagrammen oder Kennzahlen erfasst, wie sich die Ausprägungen bzw. Werte von Merkmalen in den vorliegenden Daten „verteilen". Dazu werden oft Häufigkeitsverteilungen erstellt und untersucht. In der Wahrscheinlichkeitsrechnung liefern Wahrscheinlichkeitsverteilungen ein Modell, auf dessen Basis Ereigniswahrscheinlichkeiten, Verteilungen von Zufallsgrößen, Erwartungswerte usw. ermittelt werden. Wegen der Stabilisierung der relativen Häufigkeiten nach dem (empirischen) Gesetz der großen Zahlen können bei ausreichend großen Stichprobenumfängen Häufigkeitsverteilungen als Näherungen theoretischer Wahrscheinlichkeitsverteilungen verwendet werden. Wir empfehlen daher, das im Verlauf der Sekundarstufe I erworbene Wissen und Können über Häufigkeitsverteilungen zu reaktivieren und mit Blick auf das Thema Modellbildung zu reflektieren. Dabei sollen verschiedene idealtypische Verteilungsformen zur modellhaften Beschreibung von Daten herausgestellt und die Aussagekraft verschiedener Mittelwerte einer Häufigkeitsverteilung thematisiert werden, um Schüler für die Probleme bei deren Verwendung und Interpretation zu sensibilisieren – ein weiterer Beitrag zur Förderung stochastischer Grundbildung. Dazu werden wir in zwei Schritten vorgehen. Zuerst werden typische Formen von Häufigkeitsverteilungen an ausgewählten Beispielen herausgearbeitet. Anschließend werden das arithmetische Mittel und der Zentralwert von Häufigkeitsverteilungen wieder aufgegriffen und deren Nutzung bei unterschiedlichen

Verteilungsformen problematisiert. Da die Variabilität von Daten mit der Breite einer Verteilung qualitativ erfasst werden kann, ist es aus unserer Sicht nicht notwendig, in der Sekundarstufe I als Streuungsmaß die Standardabweichung zu behandeln. Diese Kennzahl sollte dem Stochastikunterricht in der Sekundarstufe II vorbehalten bleiben, wo deren inhaltliche Deutung bei der Normalverteilung einen wichtigen Beitrag zu einem vertieften Verständnis von Verteilungen im Zusammenhang mit der Beurteilenden Statistik leisten kann (z. B. im Zusammenhang mit Prognoseintervallen, Sigmaregeln und der Varianz einer Zufallsgröße).

Häufigkeitsverteilungen realer Daten weisen bei gewissen stochastischen Vorgängen idealtypische Verteilungsformen auf. Man kann hier die **Gleichverteilung**, die **eingipflige (unimodale) symmetrische** und die **schiefe Verteilung** unterscheiden. Einen Spezialfall stellt bei den eingipfligen symmetrischen Häufigkeitsverteilungen die Glockenform dar, mit der in der Wahrscheinlichkeitstheorie die Normalverteilung korrespondiert. Gelegentlich kommen auch zweigipflige (oder mehrgipflige) Verteilungen bei Datenanalysen vor (wie z. B. in Abb. 4.16 in Abschn. 4.2.3 die Tagestemperaturdaten im Januar 2013).

Gleichverteilung

Mit der Gleichverteilung sind Schüler bereits in den vorangegangenen Jahrgangsstufen im Zusammenhang mit dem Laplace-Modell in der Wahrscheinlichkeitsrechnung in Kontakt gekommen. Dabei werden sie bei realen Vorgängen mit den Spielgeräten Würfel, Münze oder Glücksrad erfahren haben, dass Daten im Allgemeinen zufallsbedingten Schwankungen unterworfen sind und vom Modell der Gleichverteilung abweichen. So werden beim 60-fachen Wurf eines Würfels nicht genau 10-mal die Augenzahlen 1, 2, 3 … und 6 auftreten. Auch in der Beschreibenden Statistik lassen sich reale Daten modellhaft mit der Gleichverteilung beschreiben, beispielsweise die Häufigkeitsverteilung der Geburtenzahlen über die *Arbeitstage* einer Woche von Montag bis Freitag hinweg (s. Abb. 5.3). Die Geburtenzahlen am Wochenende liegen deutlich niedriger, was sich damit erklären lässt, dass eingeleitete Geburten, wie etwa der Kaiserschnitt, häufiger unter der Woche vorgenommen werden.

Im Anschluss an dieses Beispiel sollte die Lehrkraft mit ihren Schülern diskutieren, in welchen weiteren stochastischen Situationen eine Gleichverteilung über die Tage einer Woche bzw. die Monate eines Jahres erwartet werden kann.

Eine alternative Möglichkeit, das Modell der Gleichverteilung bei realen Daten zu problematisieren, stellen die Endziffern von zufällig ausgewählten Telefonnummern dar. Dazu kann leicht eine kleine statistische Erhebung als Klassenexperiment durchgeführt werden, indem Schüler arbeitsteilig in Kleingruppen Telefonnummern aus verschiedenen, zufällig ausgewählten Seiten im Telefonbuch der Reihe ihres Auftretens nach erfassen und gemeinsam auswerten (vgl. Watkins et al. 2008, S. 29). Dabei sollten Telefonnummern von Firmen ausgespart werden, da hier die Durchwahlen oft mit einer Null enden. Vor der Datenerhebung sollten Hypothesen der Schüler über die zu erwartende Form der Häufigkeitsverteilung an der Tafel festgehalten werden, um diese später mit der Auswertung der Daten zu vergleichen.

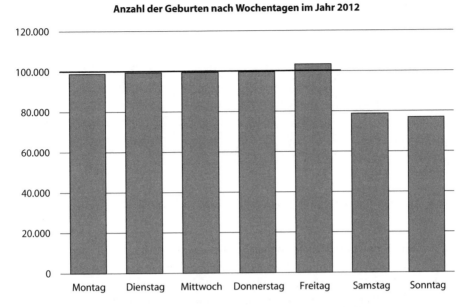

Abb. 5.3 Geburtenzahlen in Deutschland 2012 (Datenquelle: Statista 2014)

Beispiel 5.6 Verteilung der Endziffern bei Telefonnummern

Jeder Schüler erhält eine Seite aus einem Telefonbuch und beginnt an einer zufällig ausgewählten Stelle die Häufigkeitsverteilung der Endziffern 0, 1, 2, . . . 9 der nächsten 30 Telefonnummern von Privatpersonen auszuwählen. Die Ergebnisse werden in der Tischgruppe zusammengetragen und gemeinsam ausgewertet. Was fällt dabei auf?

Vor der Gesamtauswertung können die Häufigkeitsverteilungen der einzelnen Arbeitsgruppen miteinander verglichen werden. Dabei werden Schüler feststellen können, dass in den verschiedenen Gruppen jeweils andere Endziffern besonders häufig oder selten vorkommen (vgl. Tab. 5.2).

Tab. 5.2 Häufigkeitsverteilungen der Endziffern von Telefonnummern

Endziffer	0	1	2	3	4	5	6	7	8	9
Gruppe 1	18	14	17	18	19	12	23	21	22	16
Gruppe 2	20	16	20	19	17	7	19	17	23	22
Gruppe 3	18	13	16	13	19	23	26	21	18	13
Gruppe 4	14	13	18	12	21	27	17	21	15	22
Gesamt	**70**	**56**	**71**	**62**	**76**	**69**	**85**	**80**	**78**	**73**
Anteil in %	**9,7**	**7,8**	**9,9**	**8,6**	**10,6**	**9,6**	**11,8**	**11,1**	**10,8**	**10,1**

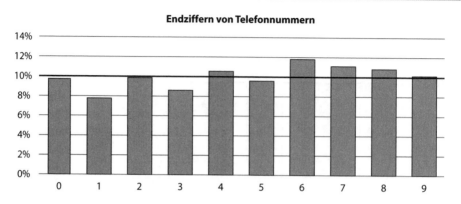

Abb. 5.4 Häufigkeitsverteilung von 720 Endziffern in einem Telefonbuch

Mit diesem Klassenexperiment können Schüler das empirische Gesetz der großen Zahlen wieder aufgreifen und auf Verteilungen beziehen. Für die kleineren Stichprobenumfänge bei den Gruppenauswertungen sind die zufälligen Schwankungen der relativen Häufigkeiten etwas höher als bei größeren Stichprobenumfängen wie im Rahmen der Klassenauswertung (s. Abb. 5.4).

Zusammenfassend sollte die Lehrkraft ihre Schüler die Verteilungsform beschreiben lassen und einen Namen für diese Idealform einführen: Gleichverteilung. Dabei können Schüler an ihre Kenntnisse zum Laplace-Modell anknüpfen und argumentieren: Da es keinen Anlass gibt, dass einzelne Endziffern bei Telefonnummern von Privatpersonen häufiger vorkommen als andere, ist das Modell der Gleichverteilung zur Beschreibung der selbst erhobenen Daten geeignet.

Abschließend kann die Verwendung von Mittelwerten bei dieser Gleichverteilung problematisiert werden. Die Aussagekraft des arithmetischen Mittels aller vorkommenden Endziffern (hier 4,7) und des Zentralwerts (hier 5) sind gering. Beide liegen über den zu erwartenden Werten von jeweils 4,5 bei einer Gleichverteilung von zehn möglichen Ergebnissen von 0 bis 9. Das liegt daran, dass insgesamt betrachtet häufiger Endziffern auftraten, die größer oder gleich 5 sind (51,4 %). Alternativ kann man das arithmetische Mittel der Anzahlen der verschiedenen Endziffern berechnen (s. Tab. 5.2). Die insgesamt 720 Daten werden dabei gleichmäßig auf zehn mögliche Endziffern verteilt, d. h., jede Ziffer kommt durchschnittlich 72-mal vor. Dieser Wert gibt die zu erwartende Häufigkeit einer Endziffer unter der Modellannahme der Gleichverteilung an.

Eingipflige symmetrische Verteilung mit einer Glockenform

Eine besondere Form der Verteilung findet man bei symmetrischen eingipfligen Häufigkeitsverteilungen metrischer Daten. Wenn diese Form einer Glocke ähnelt, hat man es aus Sicht der Wahrscheinlichkeitstheorie mit Werten einer normalverteilten Zufallsgröße zu tun. Typische stochastische Situationen, die auf die idealtypische Form einer Glocke führen, sind z. B. die

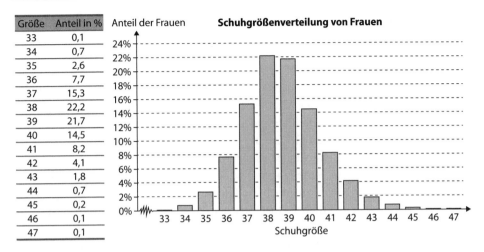

Größe	Anteil in %
33	0,1
34	0,7
35	2,6
36	7,7
37	15,3
38	22,2
39	21,7
40	14,5
41	8,2
42	4,1
43	1,8
44	0,7
45	0,2
46	0,1
47	0,1

Abb. 5.5 Schuhgrößenverteilung von Frauen. (Quelle: Deutscher Schuhreport 2009 (n = 3398))

- natürliche Streuung der Werte eines Merkmals in einer Grundgesamtheit, z. B. die Verteilung von Schuhgrößen oder Körperlängen bei Erwachsenen,
- zufallsbedingte Variabilität in Messwerten desselben Objekts und
- Streuung von Mittelwerten aus einer Zufallsstichprobe.

Im Unterricht der Sekundarstufe I sollten die ersten beiden stochastischen Situationen als prototypische Beispiele für glockenförmige Verteilungen behandelt werden. Dazu sollte zuerst die besondere Verteilungsform der symmetrischen eingipfligen Häufigkeitsverteilung herausgestellt werden, bevor auf die Besonderheit der Glockenform eingegangen wird. Grundsätzlich gibt es auch hier wieder die beiden Wege, mit vorgegebenen oder mit selbst erhobenen Daten zu arbeiten.

Zur Arbeit mit vorgegebenen Daten eignet sich das Merkmal Schuhgröße gut, da hier Fußlängen mit einer diskreten Messskala erfasst werden, sodass sich die Verteilung dieser metrischen Daten mit einem Säulendiagramm darstellen lässt. So können auch Schüler, die nicht mit Klasseneinteilungen und Histogrammen vertraut sind, erste Erfahrungen mit einer typischerweise glockenförmigen Häufigkeitsverteilung machen.

Anhand der in Abb. 5.5 dargestellten Schuhgrößenverteilung können das arithmetische Mittel und der Zentralwert wiederholt werden – eine problemorientierte Vertiefung und Flexibilisierung des bisher erworbenen Wissens.

Arithmetisches Mittel der Häufigkeitsverteilung in Abb. 5.5 (vgl. Abschn. 3.3.3)

$$0,001 \cdot 33 + 0,007 \cdot 34 + 0,026 \cdot 35 + 0,077 \cdot 36 + \ldots + 0,041 \cdot 42 + 0,018 \cdot 43$$
$$+ 0,007 \cdot 44 + 0,002 \cdot 45 + 0,001 \cdot 46 + 0,001 \cdot 47 \approx 38,7$$

Bei der Bestimmung des **Zentralwerts einer Häufigkeitsverteilung** nutzt man die Halbierungseigenschaft. Dazu werden die relativen Häufigkeiten der einzelnen Merkmalsausprägungen aufsummiert, bis die 50-Prozent-Marke überschritten ist. Addiert man die relativen Häufigkeiten der Schuhgrößen bis einschließlich 38, so erhält man 48,6 %. Daher ist der Zentralwert der Schuhgrößenverteilung 39. Der Zentralwert und das arithmetische Mittel sind hier etwa gleich groß. Mit diesem Vergleich lässt sich die Eigenschaft einer symmetrischen eingipfligen Verteilung verdeutlichen, dass beide Mittelwerte übereinstimmen. Der Schwerpunkt markiert gleichzeitig das Zentrum der Verteilung.

Im Anschluss an diese Betrachtungen kann die Lehrkraft herausstellen, dass unter den eingipfligen symmetrischen Verteilungen eine idealtypische Form gerne als Modell in der Stochastik verwendet wird, nämlich die Glockenform. Typischerweise liegt sie bei Merkmalen vor, die bei natürlichen stochastischen Vorgängen erhoben werden, wie beispielsweise bei Körpermaßen.

In einem Klassenexperiment könnten Schüler ergänzend eine weitere typische Verwendungssituation zur modellhaften Beschreibung realer Daten mittels einer eingipfligen symmetrischen (glockenförmigen) Häufigkeitsverteilung erkunden, nämlich die zufallsbedingte Variabilität in Messwerten desselben Objekts. Dafür eignet sich z. B. die Umfangsmessung eines Tennisballs von allen Schülern mit derselben Messmethode (z. B. Faden) auf Millimeter genau. Erfahrungsgemäß streuen diese Messwerte in einem Bereich von 20,0 bis 22,0 cm. Vor der Durchführung der Messungen sollten wieder Hypothesen über die Verteilungsform der Messwerte an der Tafel festgehalten werden, um diese später mit den in der Klasse erhobenen Messwerten zu vergleichen. Dabei kann die Lehrkraft mit ihren Schülern diskutieren, welche Gründe es für die Variabilität in den Messwerten geben könnte (Faden verrutscht, beim Tennisball nicht genau den größten Kreis getroffen . . .), und der Ansatz des zufälligen Fehlers bei Messungen verdeutlicht werden. Da zu erwarten ist, dass Messfehler symmetrisch um den gesuchten Größenwert liegen und kleinere Messfehler häufiger auftreten werden als große, erscheint die Annahme einer eingipfligen symmetrischen Form der Häufigkeitsverteilung der Tennisballumfänge gerechtfertigt. Das arithmetische Mittel (als Ausgleichswert) sorgt für einen Ausgleich dieser zufälligen Messfehler nach oben und unten. So kann Schülern verdeutlicht werden, warum im naturwissenschaftlichen Unterricht bei Experimenten eine Größe häufig mehrfach gemessen und das arithmetische Mittel der Messwerte gerne als genauere Näherung an den „wahren Wert" in der Auswertung verwendet wird.

Eingipflige schiefe Verteilungen

Schiefe Verteilungen treten typischerweise bei stochastischen Vorgängen in der Gesellschaft auf. Beispielsweise ist die Verteilung von Haushaltsnettoeinkommen in der BRD schief verteilt (vgl. Krüger 2012b). Diese schiefe Verteilung kommt bereits bei realen Daten zum Taschengeld von Kindern vor, wie in Bsp. 5.7 gezeigt ist. In der repräsentativen Untersuchung des Kinderbarometers 2006 in Hessen wurden 1900 9- bis 12-Jährige aus 89 verschiedenen Schulen nach ihrer monatlichen Taschengeldhöhe befragt. Anhand

des nachfolgenden Beispiels können Schüler erkunden, dass bei einer schiefen Häufigkeitsverteilung das arithmetische Mittel und der Zentralwert auseinanderfallen können.

Die Abbildung in Bsp. 5.7 zeigt die Höhe des monatlichen Taschengeldes von 9- bis 12-
Jährigen im Jahr 2006. Der Durchschnitt wurde mit 18,66 € angegeben. Diese Kennzahl
sagt lediglich aus, dass alle Kinder rund 19 € Taschengeld im Monat bekämen, wenn
jedes den gleichen Betrag erhalten würde. Welchen Zentralwert hat im Vergleich dazu die
angegebene Verteilung?

Beispiel 5.7 Zentralwert bei einer Klasseneinteilung

(aus Kinderbarometer Hessen 2006, S. 101)

Schätze den Zentralwert der Daten aus der angegebenen Häufigkeitsverteilung. Wie
bist du dabei vorgegangen?

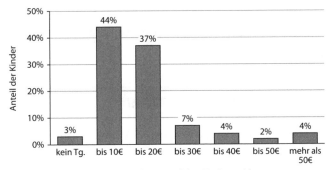

Anhand der Prozentangaben erkennt man, dass der Zentralwert in der Klasse von einschließlich 10 bis unter 20 € liegen muss, da in der Klasse von 0 bis unter 10 € bereits
47 % der Daten liegen. Somit fehlen noch 3 %. Daher ist zu erwarten, dass der Zentralwert
nicht in der Klassenmitte, sondern etwas über 10 € liegt. Möchte man den Zentralwert
etwas genauer schätzen, bietet sich folgende näherungsweise Überlegung an. Da dem Anteil von 37 % die Klassenbreite 10 € entspricht, würden 3,7 % etwa einem Zehntel der
Klassenbreite entsprechen. Daraus ergibt sich als Näherung für den Zentralwert der Ta-
schengeldverteilung etwa 11 €. Eine genauere Berechnung mittels Dreisatz wäre möglich,
wenn in der Klasse von 10 bis unter 20 € eine Gleichverteilung vorläge, wovon man aber
beim monatlichen Taschengeld nicht ausgehen kann.

Der Zentralwert ist also deutlich geringer als das arithmetische Mittel von knapp 19 €.
Die Lehrkraft sollte mit ihren Schülern klären, wie es zum Auseinanderfallen dieser beiden Mittelwerte kommen kann. Dazu muss herausgearbeitet werden, dass der Zentralwert
nicht von besonders hohen oder niedrigen Merkmalswerten in den Daten beeinflusst wird.
Er ist nicht empfindlich gegenüber Ausreißern in den Daten. Dagegen gehen die hohen
Taschengeldbeträge in die Berechnung des arithmetischen Mittels mit ein. Daher fallen bei schiefen Verteilungen Zentralwert und arithmetisches Mittel oftmals auseinander.

Aus diesem Grund sollte zur Repräsentation der Taschengelddaten besser der Zentralwert verwendet werden, zumal er in diesem Sachkontext eine aussagekräftigere Interpretation liefert: Rund die Hälfte aller Kinder bekommt weniger als 11 € Taschengeld.

Nach den oben beschriebenen Überlegungen und Verfahren wird auch der **Zentralwert von klassifizierten Daten** in der Fachliteratur näherungsweise bestimmt (vgl. Bourier 2011, S. 75). Dieses Verfahren hat eine gesellschaftlich wichtige Anwendung in der Sozialstatistik bei der Ermittlung der sogenannten Armutsgefährdungsquote, nach der eine Person bzw. ein Haushalt als von Armut bedroht gilt, wenn das Nettoeinkommen weniger als 60 % des Zentralwerts der Netto(äquivalenz)einkommensverteilung beträgt. Da die Nettoeinkommen vom Statistischen Bundesamt im Mikrozensus nur als Klassen abgefragt werden, muss demnach der Zentralwert, wie eben am Beispiel der Taschengeldstudie gezeigt, geschätzt werden. Vor diesem Hintergrund ist die übertriebene Genauigkeit bei der Angabe der Armutsrisikoschwelle auf den Euro genau nicht nachvollziehbar. Im *4. Armuts- und Reichtumsbericht der Bundesregierung* wurde die Armutsrisikoschwelle für einen Einpersonenhaushalt 2013 mit 848 € angegeben (Bundesministerium für Arbeit und Soziales 2013, S. 518).

5.3 Simulieren stochastischer Vorgänge

Die Simulation stochastischer Vorgänge spielt in Anwendungen eine wichtige Rolle. Sie wird verwendet, wenn eine analytische Behandlung der betrachteten Situation aufgrund hoher Komplexität nicht möglich ist, wie es etwa bei Lagerhaltungsproblemen oder bei Wetterprognosen der Fall ist (Henze 2004, S. 148). Auch im Stochastikunterricht können mithilfe einer Simulation näherungsweise Wahrscheinlichkeiten mittels relativer Häufigkeiten bestimmt werden, wenn die mathematischen Grundlagen Schülern nicht oder noch nicht bekannt sind. Gut geeignet sind hier Aufgaben im Zusammenhang mit der Binomialverteilung, die in vielen Bundesländern erst in der Sekundarstufe II behandelt wird (vgl. Bsp. 5.8). Will man damit allerdings brauchbare Näherungen erhalten, müssen sehr viele Wiederholungen entsprechender stochastischer Vorgänge durchgeführt werden, was effektiv nur mithilfe von Computern möglich ist. Simulationen helfen im Schulunterricht insbesondere dabei, das Verständnis grundlegender stochastischer Begriffe und Zusammenhänge zu vertiefen, indem mit diesen eigene Erfahrungen gemacht werden. So können z. B. das Verhältnis von relativer Häufigkeit und Wahrscheinlichkeit, das empirische Gesetz der großen Zahlen und die zufallsbedingte Streuung beim Ziehen von Stichproben besser erfasst werden. Simulationen können aber auch dazu beitragen, bestimmte Fehlintuitionen zu überwinden, wie z. B. die Auffassung, dass beim Doppelwurf eines Würfels die Wahrscheinlichkeit für einen Pasch 6 / 21 beträgt (vgl. Abschn. 4.3.3). Sie sind schließlich eine wichtige Brücke von der Beschreibenden Statistik in die Wahrscheinlichkeitsrechnung (Eichler und Vogel 2009, S. 232).

Jede Simulation eines realen stochastischen Vorgangs erfordert eine Modellierung. Dabei müssen Schülern die notwendige Vereinfachung des jeweiligen realen Sachverhalts sowie Möglichkeiten zur besseren Anpassung des Modells an die Situation verdeutlicht werden. Dies hat Trauerstein (1990) mit seinem oft zitierten Rebhuhn-Beispiel in schöner Weise demonstriert.

Eine Simulation kann als ein Experiment angesehen und entsprechend der Schülern aus dem naturwissenschaftlichen Unterricht bekannten experimentellen Methode strukturiert werden. Deshalb bietet es sich an, folgende Schrittfolge bei der Planung und Durchführung von Simulationen zu verwenden:

1. Aufstellen einer Hypothese
   Schüler sollten eine (oder mehrere) begründete Vermutung(en) über das erwartete Simulationsergebnis aufstellen. Dabei können auch intuitive Fehlvorstellungen auftreten.
2. Formulieren von Modellannahmen
   Schüler müssen erkennen, dass bei der Simulation die reale stochastische Situation vereinfacht wird, und geeignete Modellannahmen formulieren.
3. Planen und Durchführen der Simulation
   Nach der Auswahl eines geeigneten Zufallsgerätes oder -generators (Münze, Würfel, Glücksrad, Zufallszahlen ...) müssen Schüler überlegen, in welcher Weise sie den realen Ergebnissen die möglichen Ergebnisse des Simulationsvorgangs zuordnen. Weiterhin ist eine Tabelle zur Erfassung der Simulationsergebnisse anzulegen, die konkrete Durchführung der Simulation zu planen und dann durchzuführen.
4. Auswerten der Simulation
   Abschließend werden die ermittelten Simulationsergebnisse ausgewertet und interpretiert. Dazu können zum Beispiel relative Häufigkeiten berechnet oder auch grafische Darstellungen angefertigt werden. Die Ergebnisse müssen in Bezug zu den eingangs aufgestellten Hypothesen gesetzt werden. Dabei können dann neue Erkenntnisse, Einsichten in fehlerhafte Intuitionen oder auch neue Vermutungen formuliert werden.

Wie bei Experimenten üblich, sollte auch bei Simulationen eine entsprechende schriftliche Darstellung der Planung, Durchführung und Auswertung erfolgen. Bedeutend erweiterte Möglichkeiten zur Durchführung von Simulationen im Stochastikunterricht ergeben sich bei Einsatz geeigneter Software wie etwa VU-Statistik, einem TKP oder Fathom 2 (vgl. Biehler und Maxara 2007; Maxara 2009).

Wir empfehlen, Simulationen in den Jahrgangsstufen 9 und 10 zu thematisieren, nachdem Schüler in den vorangegangenen Jahrgangsstufen Erfahrungen mit der Planung, Durchführung und Auswertung von Experimenten mit Spielgeräten wie Würfel, Münze oder Glücksrad gemacht haben. Hilfreich sind außerdem Vorkenntnisse zum Modellieren realer stochastischer Situationen und zu mehrstufigen Vorgängen. Auf dieser Grundlage kann das bisher erworbene Wissen und Können von Schülern mit Blick auf die in wissenschaftlichen Anwendungen bedeutsame Methode der stochastischen Simulation erweitert werden.

Zum Einstieg in das Thema knüpft man am besten an Alltagserfahrungen an. Simulationen kennen Schüler bereits durch Computerspiele, bei denen beispielsweise Autorennen

oder Flüge möglichst originalgetreu nachgebildet werden. Auch wenn man von der Simulation einer Krankheit spricht, ist ihnen bekannt, dass diese nur wirkungsvoll ist, wenn
man die Symptome perfekt nachspielt. Daran könnte man anknüpfen, um die Wortbedeutung in der Stochastik zu klären. Hier möchte man Wahrscheinlichkeiten für Ereignisse
bestimmen. Wenn man den realen Vorgang nicht oft wiederholen kann, um Näherungswerte für die gesuchte Wahrscheinlichkeit entsprechend dem empirischen Gesetz der großen
Zahlen zu erhalten, oder wenn geeignete Methoden aus der Wahrscheinlichkeitsrechnung
noch nicht zugänglich sind, ahmt man ihn durch einen einfacheren, aber strukturgleichen
Vorgang nach. Simulation kann also als das wiederholte Nachahmen oder Nachspielen eines realen stochastischen Vorgangs unter vereinfachten gleichen Bedingungen bezeichnet
werden.

Simulation mit realen Objekten
Zur Durchführung einer Simulation sind Spielgeräte wie Münzen, Würfel, Glücksräder,
Losbehälter oder Kartenspiele geeignet, mit denen man schnell viele Wiederholungen
eines stochastischen Vorgangs unter etwa gleichen Bedingungen realisieren kann. Zum
Einstieg in die Problematik könnte folgendes Beispiel dienen, das an die Untersuchung
der Geschlechterverteilung (s. Abschn. 3.5.2) anknüpft und ein Problem aufwirft, das die
Schüler noch nicht rechnerisch lösen können.

Beispiel 5.8
In einer lokalen Zeitung findet man folgenden Artikel:

Geburtenhoch am Frauentag
Am 8. März hatten die Hebammen unseres Krankenhauses mit zehn Geburten viel zu tun.
Dass an ihrem Ehrentag nur drei Mädchen das Licht der Welt erblickten, scheint eine Ironie
des Schicksals und recht außergewöhnlich zu sein.

Prüfe nach, ob es wirklich ungewöhnlich ist, dass unter zehn Geburten drei oder
weniger Mädchen sind.

Bei der Aufstellung von Hypothesen können Schüler ihre persönlichen Erfahrungen,
aber auch Einschätzungen der Situation einbringen. Diskutiert werden sollte auch die Frage, was denn als ungewöhnlich einzuschätzen ist. Hilfreich bei der Suche nach einem
vereinfachten, aber strukturgleichen Vorgang kann die Darstellung der Angaben in einem
Prozessschema wie in Abb. 5.6 sein, da ein Simulationsvorgang gefunden werden soll, bei
dem sowohl die Anzahl als auch die Wahrscheinlichkeit entsprechender Ergebnisse gleich
sein sollen. Außerdem muss überlegt werden, wie genau die Wahrscheinlichkeiten von
Ergebnissen bei der Simulation vorgegeben werden sollen. Wenn man als Modellannahme die Wahrscheinlichkeit von 0,5 für die Geburt eines Jungen oder Mädchens benutzt,
eignet sich der Münzwurf gut zur Simulation.
Soll das Modell verfeinert werden, indem mit einer Wahrscheinlichkeit von 0,49 für
eine Mädchengeburt gearbeitet wird, könnte man z. B. 100 Streichhölzer verwenden, von

Abb. 5.6 Analoges Prozessschema zur Geburt und zum Simulationsvorgang

denen man 49 mit einem roten Punkt färbt, die Streichhölzer in einen Behälter legt und daraus nacheinander zufällig Hölzchen zieht, die dann wieder zurückgelegt werden. Sollen die noch genaueren Wahrscheinlichkeiten von 0,514 für eine Jungen- und 0,486 für eine Mädchengeburt zur Simulation verwendet werden, könnten Schüler auf die Idee kommen, einen Behälter mit 486 roten und 514 blauen Kugeln zu füllen. Die Geburt eines Kindes bedeutet dann, aus diesem Behälter eine Kugel zu ziehen, ohne hineinzusehen. Man wird jedoch im Unterricht zur Simulation keine 1000 Kugeln oder andere Gegenstände zur Verfügung haben, sodass man auf andere Methoden wie die Verwendung von Zufallszahlen oder Software zurückgreifen muss.

Da man zur Bearbeitung des Aufgabenbeispiels 5.8 die Geburt von zehn Kindern simulieren möchte, muss ein dazu entsprechender mehrstufiger Vorgang gefunden werden. Wieder ist es hilfreich, sich diesen Vorgang vorzustellen: Wir nehmen an, zehn Mütter bekämen am gleichen Tag ein Kind, eineiige Mehrlingsgeburten schließen wir als Modellannahme aus. Simuliert man mit der Münze, können zehn gleichzeitige Münzwürfe stellvertretend für die zehn Geburten stehen. Etwas unübersichtlicher wird die Simulation mit 100 Kugeln oder Streichhölzern, darunter 49 rote. Nun kann man zehn Objekte nacheinander mit Zurücklegen ziehen, um die Simulation der zehn Geburten durchzuführen. Zurücklegen ist deshalb wichtig, weil jede Mutter (unabhängig von den anderen) die gleiche Wahrscheinlichkeit für eine Jungen- oder Mädchengeburt haben sollte. Die händische Durchführung dieser Simulation ist jedoch sehr mühsam.

Nach der Planung der Versuchsdurchführung sollte man nun die Simulation der zehn Geburten in der Klasse möglichst oft wiederholen und dokumentieren, wie viele „Mädchen" darunter waren. Bei der Simulation der zehn Geburten durch den Wurf von zehn Münzen kann zunächst ein Schüler für sich, wie in Abb. 5.7 gezeigt, die absoluten Häufigkeiten für Wappen (stellvertretend für eine Mädchengeburt) bei fünf Wurfserien aufschreiben und als Wappen-Stapel aufstellen. Dabei können erhebliche zufallsbedingte Schwankungen auftreten.

Bei Vergleichen und Zusammenfassungen der Ergebnisse der ganzen Klasse werden Schüler feststellen, dass die relativen Häufigkeiten im Allgemeinen von 0,2 bis 0,8 schwanken, eventuell treten 0,1 oder 0,9, vielleicht sogar die 1 oder 0 auf. Gut zu dokumentieren sind diese zufallsbedingten Schwankungen auch in einem dem Banddiagramm ähnlichen Diagramm, das in Abb. 5.12 zu finden ist.

n	H(w)	h(w)
10	3	0,3
10	6	0,6
10	5	0,5
10	8	0,8
10	7	0,7

Abb. 5.7 Dokumentation von 5-mal zehn Münzwürfen eines Schülers

Der durch Simulation ermittelte Näherungswert für die Wahrscheinlichkeit, dass drei oder weniger Mädchen unter den zehn Neugeborenen sind, ergibt sich als Quotient aus der Anzahl der Versuche mit drei oder weniger Mädchen und der Anzahl aller durchgeführten Simulationsversuche in der Klasse. Bei 25 Schülern in der Klasse mit jeweils fünf Versuchen (s. Abb. 5.7) wären das 125 Simulationsversuche. In der gemeinsamen Auswertung des Simulationsexperimentes sollte sich herausstellen, dass es nicht so ungewöhnlich ist, dass drei oder weniger Mädchen bei zehn Geburten vorkommen. Beispielsweise könnte man bei 125 Wiederholungen 23-mal kein, ein, zwei oder drei Wappen und damit folgenden Schätzwert erhalten:

$$P(0, 1, 2 \text{ oder } 3 \text{ Mädchengeburten}) \approx \frac{23}{125} = 0{,}184$$

Zum Vergleich: Mit dem Modell der Binomialverteilung ergibt sich als Wahrscheinlichkeit für das Ereignis „höchstens drei Mädchen bei zehn Geburten" ein Wert von 17,2 %. In 95 % der Simulationen ist eine relative Häufigkeit zwischen 10,6 % und 23,8 % zu erwarten (Prognoseintervall für die relativen Häufigkeiten). Im Unterricht könnten sich weitere Aufgaben zur Wahl günstiger Simulationsversuche mit Zufallsgräten anschließen.

Simulation mit Zufallszahlen

Eine weitere Methode zur Simulation ist die Benutzung von **Zufallszahlen**, die auch Monte-Carlo-Methode genannt wird. Um Schülern eine Vorstellung von der Erzeugung von Zufallszahlen zu vermitteln, kann man ein Glücksrad benutzen, das in zehn gleiche Sektoren eingeteilt ist, die die Ziffern von 0 bis 9 tragen. Wird das Glücksrad mehrfach gedreht, entsteht eine Folge von Ziffern, die alle mit der gleichen Wahrscheinlichkeit auftreten. Stellt man diese Zahlen in einer Tabelle zusammen, so erhält man eine **Zufallszahlentabelle**, wie sie auch in einigen Schullehrbüchern und Formelsammlungen zu finden ist (s. Abb. 5.8).

Tabellen mit Zufallszahlen wurden anfangs tatsächlich mithilfe realer Geräte erzeugt, wie z. B. die erste Zufallszahlentabelle mit 41.600 Zufallsziffern im Jahre 1927 (Wolpers 2002, S. 115). Heute werden Zufallszahlen in Computern und auch in Taschenrechnern mittels geeigneter Algorithmen generiert. Schüler sollten die entsprechende Taste ihres

72218	01009	43786	63276	48309	73244	89714
51049	85571	00222	77767	32882	21071	41055
28783	32678	41040	37893	57565	96153	21617
61378	40046	72484	26607	80769	42012	89197
13185	75769	59423	58480	39359	87136	62887
60800	36587	26260	83814	95461	83438	15239
45693	04526	70896	36487	12038	98567	32529
90557	63579	07239	84321	90657	16279	42444

Abb. 5.8 Aus *Mathematik Neue Wege Stochastik*, S. 15. (Mit freundlicher Genehmigung von © Bildungshaus Schulbuchverlage. All Rights Reserved)

Abb. 5.9 Taschenrechneranzeige einer Zufallszahl. (Aus *Mathematik: Duden* 9, S. 20; mit freundlicher Genehmigung von © Cornelsen Schulverlage GmbH, Berlin. All Rights Reserved)

Taschenrechners oder den rand-Befehl ihres GTRs erkunden, womit eine drei- oder mehrstellige Zufallszahl zwischen 0 und 1 angegeben werden kann (s. Abb. 5.9).

Zur Erzeugung von Zufallszahlen mit dem Computer werden spezielle Programme verwendet. Die so berechneten Zufallszahlen heißen auch **Pseudozufallszahlen**, da die Programme mit bestimmten Algorithmen arbeiten (vgl. Henze 2004, S. 148). Ein solches Programm wird als Zufallszahlengenerator bzw. kurz als Zufallsgenerator bezeichnet.

Um das Vertrauen der Schüler zu stärken, dass es möglich ist, mit Computerprogrammen „Zufall" zu erzeugen, sollten zuerst Simulationen mit einer Zufallszahlentabelle und dann mit einem TR durchgeführt werden. Damit wird dann auch der Weg zur Anwendung von Computersimulationen geebnet. Mit einem Computer können sehr viele Wiederholungen des zugrunde liegenden stochastischen Vorgangs in kurzer Zeit durchgeführt werden. Es sollten jedoch Computerprogramme erst dann genutzt werden, wenn Schüler Simulationen mit Zufallszahlen nachvollziehen können, sodass sie verstehen, was im Hintergrund zu den Aktivitäten auf dem Bildschirm führt. Es könnte sonst der Eindruck entstehen, ein fertiges Video würde aufgerufen. Auch sollte zumindest anfangs gedanklich ein Bezug zum Drehen eines Glücksrades hergestellt werden. Um eine Geburt zu simulieren, könnte das Glücksrad aus Abb. 5.8 einmal gedreht werden. Die Hälfte der Ziffern wird Mädchengeburten zugeordnet, die andere den Jungen. Mit Schülern kann herausgearbeitet werden, dass den zehn Geburten das zehnmalige Drehen des Glücksrades entspräche und diese Simulation sehr aufwändig wäre. Mit den dreistelligen dezimalen Zufallszahlen eines handelsüblichen Taschenrechners geht das einfach per Knopfdruck. Dabei können folgende Zuordnungen verwendet werden: Nimmt man als Wahrscheinlichkeit für eine Mädchengeburt vereinfacht 0,5 an, kann man nur die erste Dezimalstelle von 0,0... bis 0,4... betrachten und diese Zufallszahlen dem Ergebnis Mädchengeburt zuordnen. Mit gleichem Aufwand sind aber auch genauere Wahrscheinlichkeitsannahmen möglich, indem beispielsweise die Ziffern 0,000 bis 0,485 ausgewählt werden und somit die Wahrscheinlichkeit 0,486 simuliert wird. Eine weitere Möglichkeit der Arbeit mit Zufallszahlen besteht darin, einzelne Ziffern nicht zu beachten. Will man das Werfen eines Spielwürfels mit Zufallszahlen simulieren, kann man der ersten Dezimalstelle die Augenzahlen analog zuordnen, aber die Zufallszahl als ungültig erklären, wenn eine 0, 7, 8 oder 9 auftritt. Zum Beispiel führt die Zufallszahl 0,348 auf die Augenzahl 3, die Zufallszahl 0,891 wird einfach übersprungen.

Als Beispiele für eine Simulation mit Zufallszahlen eignen sich Aufgabenstellungen, die auf die Ermittlung von Wahrscheinlichkeiten bei einer Binomialverteilung führen.

Vertiefungen zum empirischen Gesetz der großen Zahlen

Das empirische **Gesetz der großen Zahlen** ist grundlegend für das Verständnis des Zusammenhangs von relativer Häufigkeit und Wahrscheinlichkeit. Es bildet außerdem die mathematische Grundlage für die Durchführung von Simulationen. Daher sollte es in diesem Zusammenhang noch einmal aufgegriffen und vertieft werden. Nachdem Schüler bereits in der 6. Jahrgangsstufe das Stabilisieren der relativen Häufigkeit durch den Vergleich von realen Daten kleiner und großer Grundgesamtheiten kennengelernt haben (vgl. Abschn. 3.5.2), sollte nun der Schwerpunkt auf Betrachtungen zur Streuung, insbesondere zu den Abweichungen der tatsächlich eingetretenen von den erwarteten Häufigkeiten gelegt werden. Das unterschiedliche Verhalten von absoluten und relativen Häufigkeiten für ein Ergebnis bei steigender Zahl von Wiederholungen eines stochastischen Vorgangs ist ein Spannungsfeld, denn die absoluten Häufigkeiten streuen zunehmend, die relativen jedoch tendenziell weniger und stabilisieren sich um einen festen Wert. Dieses scheinbar gegensätzliche Verhalten sollte im Stochastikunterricht thematisiert werden, um ein tieferes Verständnis des empirischen Gesetzes der großen Zahlen anzubahnen. Ausgangspunkt für eine Untersuchung der Entwicklung absoluter und relativer Häufigkeiten könnte eine weiterführende Frage zum Bsp. 5.8 sein, ob es in einem Krankenhaus mit 50 Geburten oder einem großen mit 250 Geburten pro Monat ebenfalls keine besondere Ausnahme wäre, dass 30 % oder weniger Mädchen geboren werden. Aufgrund der bekannten Fehlvorstellungen zur Missachtung des Stichprobenumfangs (vgl. Bea und Scholz 1995, S. 32) ist anzunehmen, dass Schüler spontan die Hypothese formulieren, dass es keine Unterschiede zwischen dem großen und dem kleineren Krankenhaus geben wird.

Nun kann die Situation eines Krankenhauses mit 50 Geburten im Monat, wie oben bereits für zehn Geburten beschrieben, von jedem Schüler der Klasse mit 50 Münzen oder alternativ mit Zufallszahlen simuliert werden. Die Simulationsergebnisse aus dem Klassenexperiment werden voraussichtlich in keinem Fall 30 % oder weniger Wappen liefern, da die Wahrscheinlichkeit, bei 50 Münzwürfen höchstens 15 Wappen zu werfen, nur ungefähr 0,3 % beträgt. Dieser Widerspruch zur Hypothese „kein Unterschied bei beiden Krankenhäusern" sollte dazu führen, die Simulationsergebnisse mit zehn bzw. 50 Münzen genauer zu analysieren. Die Ergebnisse des 50-fachen Münzwurfs einer Gruppe von fünf Schülern lassen sich wieder in einer Häufigkeitstabelle und als verschieden hohe Münzstapel dokumentieren (s. Abb. 5.10).

n	H(w)	h(w)
50	29	0,58
50	25	0,5
50	28	0,56
50	24	0,48
50	26	0,52

Abb. 5.10 Dokumentation von 5-mal 50 Münzwürfen einer Schülergruppe

Abb. 5.11 Dokumentation von 5-mal 250 Münzwürfen von fünf Schülergruppen

n	H(w)	h(w)
250	132	0,528
250	116	0,464
250	122	0,488
250	125	0,5
250	136	0,544
1250	631	0,505

Auch in diesen fünf Simulationen schwanken die Anzahlen wieder um die erwartete absolute Häufigkeit von 25 Münzen. Die größte auftretende Abweichung von den erwarteten 25 Münzen ist mit vier Münzen größer als in Abb. 5.7 mit drei Münzen Abweichung von erwarteten fünf Münzen. Diese Vorstellung, dass die absoluten Abweichungen bei einer höheren Anzahl von Wiederholungen tendenziell größer werden, kann zu der falschen Annahme führen, dass die relativen Abweichungen gleich bleiben. Bezogen auf die jeweilige Gesamtmenge haben die absoluten Unterschiede jedoch weniger Gewicht. (In unserer Auswertung der Simulationen in Abb. 5.10 ist ersichtlich, dass 4 / 50 deutlich kleiner als 3 / 10 ist.) Daher sind die zufallsbedingten Schwankungen der relativen Häufigkeit um den erwarteten Wert 0,5 für Wappen bei 50 Münzwürfen nicht mehr so stark.

Noch deutlicher wird diese Tendenz, wenn 250 Münzwürfe betrachtet werden. Stellt nun jede Gruppe ihre fünf Wappenstapel zu den Ergebnissen von 250 Münzwürfen aufeinander und vergleicht ihren Stapel mit denen anderer Gruppen, so erleben Schüler dabei noch deutlicher das unterschiedliche Verhalten der absoluten und relativen Abweichungen. Die neu entstandenen Wappenstapel lassen erkennen, dass die Höhen sehr unterschiedlich sind. Die größte Differenz zwischen den erwarteten 125 Wappen und dem höchsten Stapel von 136 Wappen beträgt in Abb. 5.11 sogar elf Münzen. Das Wesentliche ist aber, dass auch hier wieder die aufgetretenen Unterschiede zu den erwarteten 125 Wappenwürfen im Vergleich zur Höhe des Stapels betrachtet werden. Dies führt zu den entsprechenden relativen Häufigkeiten, deren Schwankungen um den Wert 0,5 jetzt noch geringer sind.

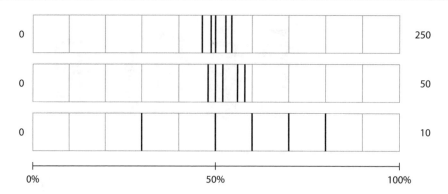

Abb. 5.12 Gesamtauswertung des Klassenexperiments: Relative Häufigkeiten von Wappen bei Münzwürfen (n = 10, 50 und 250)

Um eine Verbindung der absoluten und relativen Häufigkeiten herzustellen, ist es sinnvoll, die Simulationsergebnisse für verschieden hohe Geburtsanzahlen in mehreren gleich breiten Streifen (ähnlich den Banddiagrammen) zu veranschaulichen (s. Abb. 5.12). Dafür müssen alle Streifen gleich lang sein, auch wenn sie verschiedene Gesamtanzahlen an Simulationsversuchen (Grundwerte) veranschaulichen. Die absoluten Häufigkeiten der einzelnen Simulationsergebnisse können auf den Streifen markiert werden. Eindrücklich wird dabei die Abnahme der Streuung der relativen Häufigkeiten um den zu erwartenden Wert von 0,5 deutlich.

Bezieht man die gemeinsame Auswertung aller Simulationsexperimente aus Abb. 5.12 auf unser Krankenhaus-Problem, so sollten die Schüler erkennen, dass es in einem Krankenhaus mit zehn Geburten am Tag keine besondere Ausnahme ist, wenn anstelle der angenommenen 50 % nur 30 % oder weniger Mädchengeburten auftreten, was aber in einem Krankenhaus mit 50 oder 250 Geburten im Monat nahezu unmöglich ist. Dies hängt damit zusammen, dass die Streuung der relativen Häufigkeiten eines Ergebnisses mit steigender Versuchszahl geringer wird. Bei 250 Münzwürfen sind 30 % oder weniger Wappen nicht mehr zu erwarten, da dieses Ereignis eine sehr kleine Wahrscheinlichkeit von fast 0 besitzt.

Eine weniger zeitaufwändige Simulation, die Schüler eigenständig durchführen und variieren können, bietet z. B. das Programm VU-Statistik, mit dem die Abb. 5.13 für fünf Wiederholungen des 250-fachen Münzwurfs erstellt wurde. Besonders hervorzuheben ist bei diesem Programm, dass bekannte grafische Darstellungen wie das Säulen- oder Streudiagramm oder der Boxplot dynamisch genutzt werden. Für jede Münzwurfserie kann dabei die schrittweise Entstehung der Graphen und Häufigkeitstabellen verfolgt werden. Auch mit anderen geeigneten Computerprogrammen fällt es nicht schwer, höhere Anzahlen wie 1000 oder 10.000 Münzwürfe mittels Zufallszahlen zu simulieren und das Stabilisieren der relativen Häufigkeiten trotz der wachsenden Unterschiede in den absoluten Häufigkeiten nachzuvollziehen.

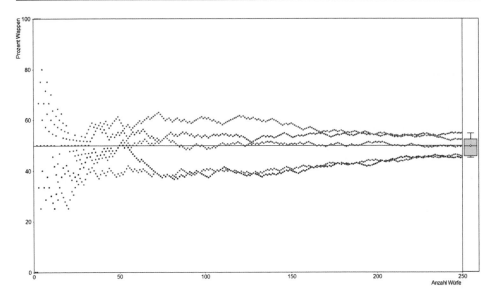

Abb. 5.13 Prozentuale Häufigkeit von Wappen bei der Simulation von 5-mal 250 Münzwürfen mit VU-Statistik

Beim Studium des Verlaufs der einzelnen Münzwurfserien können Schüler noch folgende Besonderheiten erkennen, die teilweise intuitiven Vorstellungen widersprechen:

- Kurze Serien liefern sehr unterschiedliche Ergebnisse, die relativen Häufigkeiten unterscheiden sich teilweise erheblich oder auch gar nicht vom Wert 50 %. Dies sollte als generelle Einsicht vermittelt werden.
- Bei längeren Serien ändert sich die relative Häufigkeit teilweise nur wenig und weicht manchmal sogar wieder stärker vom Wert 50 % ab. Dies illustriert die Formulierung „Stabilität der relativen Häufigkeit" (s. Abb. 5.13).
- Nur eine Serie (rote Punkte) schwankt, wie es viele erwarten, um die 50-Prozent-Marke, die anderen bleiben ab etwa 70 Würfen stets ober- oder unterhalb der Marke. Damit ist eine generelle Eigenschaft verbunden, deren Begründung die schulischen Möglichkeiten übersteigt (vgl. den Führungswechsel im Anhang).

Simulation einer Stichprobenverteilung zur Zufallsauswahl

Bereits in der Jahrgangsstufe 7/8 haben wir im Zusammenhang mit der Planung einer statistischen Erhebung die Repräsentativität einer Zufallsstichprobe thematisiert. In der Jahrgangsstufe 9/10 sollte, wie in Abschn. 5.1 geschehen, die Stichprobenproblematik insofern vertieft werden, als man sowohl mit Zufallsauswahlen wie auch mit geschichteten Stichproben Repräsentativität bezüglich ausgewählter Merkmale herstellen kann. Dieses Wissen um die Stichprobenproblematik ist notwendig im Rahmen einer stochastischen Grundbildung, die dazu befähigen soll, statistische Informationen kritisch einschätzen und bewerten zu können. Für den gymnasialen Bildungsgang schlagen wir hier eine weitere Vertiefung vor, die auf Schlussweisen der Beurteilenden Statistik vorbereitet. Dazu verwenden wir Simulationen von Zufallsauswahlen, die zu sogenannten **Stichprobenverteilungen** führen, mit deren Hilfe genauer untersucht werden kann, inwiefern sich bei Zufallsstichproben die Verhältnisse einer Grundgesamtheit widerspiegeln.

Wenn alle möglichen Stichproben einer Grundgesamtheit gleichberechtigt sein sollen, dürfen keine Merkmalsträger oder Objekte der Grundgesamtheit bevorzugt in die Stichprobe gelangen. Daher eignet sich die zufällige Auswahl als geeignetes Stichprobenverfahren zur Gewährleistung von Repräsentativität. Das Verfahren der Zufallsauswahl lässt sich gut mit einem Urnenmodell beschreiben und untersuchen. Dabei werden die Merkmalsträger oder Objekte durch Kugeln repräsentiert, die entsprechend den Ausprägungen des interessierenden Merkmals markiert sind. Wir wollen dies an einem fiktiven realistischen Datensatz exemplarisch verdeutlichen. Dabei geht es um das Ziehen einer repräsentativen Stichprobe bezüglich des Merkmals Geschlecht.

Beispiel 5.9

In einer Klasse mit 25 Schülern sind 14 Mädchen. Es wird daraus zufällig eine Stichprobe von zehn Schülern gezogen. Die zufällige Auswahl kann man mit folgendem Verfahren durchführen: In ein Säckchen werden 14 grüne Chips für die Mädchen und elf rote für die Jungen gelegt. Danach werden zehn Chips aus dem Säckchen ohne Zurücklegen gezogen.

a) Worauf muss man bei diesem Verfahren achten, damit wirklich eine zufällige Auswahl vorliegt?

b) Welche Anzahlen an grünen Chips kommen bei wiederholten Stichprobenziehungen besonders häufig vor? Führt zur Untersuchung dieser Frage ein gemeinsames Klassenexperiment durch.

Schüler können die Zufallsauswahl mit dem beschriebenen Verfahren „nachspielen". Wichtig für die Gewährleistung der Zufallsauswahl ist, dass folgende Bedingungen des Ziehvorgangs eingehalten werden: Das Säckchen muss undurchsichtig sein und die Chips darin gut vermischt. Beim Ziehen darf man nicht hineinsehen und bewusst eine Farbe wählen. Alternativ zum wiederholten Ziehen ohne Zurücklegen können auch zehn Chips auf einmal gezogen werden. Zuerst bietet sich eine Partnerarbeit an, um die wiederholte Stichprobenziehung durchzuführen. Dabei können Schüler sehr gut die zufallsbedingte Variabilität der einzelnen Stichprobenergebnisse erfahren. Voraussichtlich werden bei der Wiederholung der Stichprobenziehung verschiedene Anzahlen an grünen Kugeln gezogen werden. Werden schließlich alle Stichprobenergebnisse der Klasse zusammengetragen und mit Strichlisten sowie einem geeigneten Diagramm ausgewertet, zeigt sich eine Tendenz des Verfahrens der Zufallsauswahl, dass besonders viele Stichprobenergebnisse in der Nähe des wahren Anteils der Mädchen in der Klasse von $14 : 25 = 56\,\%$ liegen. Häufig

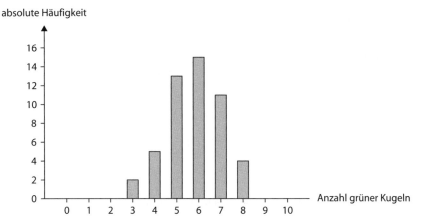

0	1	2	3	4	5	6	7	8	9	10
			II	JHT	JHT JHT III	JHT JHT JHT	JHT JHT I	IIII		

Abb. 5.14 Auswertung der Stichprobenergebnisse aus dem Klassenexperiment

wurden fünf oder sechs grüne Kugeln gezogen, das entspricht einem Anteil von 50 % oder 60 % Mädchen in den Zufallsstichproben (s. Abb. 5.14).

Wir empfehlen, die Verteilung der Stichprobenergebnisse im Unterricht zunächst händisch zu erzeugen. So können die bisher erworbenen Kenntnisse der Datenauswertung sowie das Erstellen von Strichlisten, Häufigkeitstabellen und Diagrammen problemorientiert wiederholt werden. Die Verlangsamung der Entstehung dieser sogenannten **Stichprobenverteilung** über vertraute Schritte der Datenauswertung kann dazu beitragen, ein Grundverständnis für dieses in der Statistik zentrale Konzept zu legen. Erst wenn Schüler verstanden haben, was eine solche Stichprobenverteilung genau angibt, und die entsprechenden Diagramme lesen und interpretieren können, empfiehlt es sich, Stichprobenverteilungen mithilfe von Computerprogrammen wie z. B. Fathom oder VU-Statistik simulieren zu lassen.

Mithilfe der Häufigkeitsverteilung der Stichprobenergebnisse kann mit Schülern erarbeitet werden, dass Wahrscheinlichkeiten bestmögliche Prognosen für relative Häufigkeiten eines Ergebnisses bei mehrfachen Wiederholungen eines stochastischen Vorgangs liefern. Kennt man die Verhältnisse in der Grundgesamtheit, so kann man den bekannten Anteil p der Objekte mit einer bestimmten Merkmalsausprägung als Wahrscheinlichkeit auffassen, die eine Vorhersage der relativen Häufigkeit dieser Merkmalsausprägung in einer zufälligen Stichprobe ermöglicht. Über die aus den Jahrgangsstufen 5 bis 8 bekannte Häufigkeitsinterpretation von Wahrscheinlichkeit hinaus wird nun die zufallsbedingte Variabilität der möglicherweise auftretenden Häufigkeiten in einer realen Stichprobe erfasst. Interessant ist hier die Untersuchung, wie die Genauigkeit der Vorhersage vom Stich-

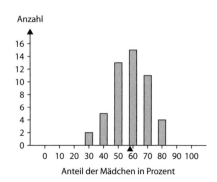

„Wahrer" Anteil einer Merkmalsausprägung in der Grundgesamtheit

Relative Häufigkeit einer Merkmalsausprägung in einer Zufallsstichprobe vom Umfang 10

Abb. 5.15 Prognose von relativen Häufigkeiten in einer Stichprobe

probenumfang abhängt. Solche Untersuchungen führen auf das $1/\sqrt{n}$-Gesetz für relative Häufigkeiten (vgl. Riemer 1991b).

5.4   Berechnen und Interpretieren von Erwartungswerten

In der täglichen Praxis benutzen viele Menschen den Erwartungswert von Zufallsgrößen intuitiv. Ein Händler will seinen Verkaufserlös planen. Versicherungen möchten ihren Gewinn kalkulieren und Policen konzipieren. Sie benötigen dafür Wahrscheinlichkeiten für Naturkatastrophen oder Unfallrisiken. In stochastischen Situationen stehen bei vielen Berufsgruppen wirtschaftliche Aspekte im Vordergrund. Bereits bei der Entstehung der Wahrscheinlichkeitstheorie im 17. Jahrhundert beantwortete Blaise Pascal die Frage nach Gerechtigkeit mit dem zu erwartenden Gewinn bei einem Spiel. Christian Huygens definiert den Begriff Erwartung im Sinne von Fairness: „Gleiche Erwartungen herrschen in einem fairen Spiel" (zitiert nach Gigerenzer und Krüger 1999, S. 23). Auch heute ist den Beteiligten bei Spielen die Frage, ob dieses fair ist, oft wichtiger als Wahrscheinlichkeiten für bestimmte Spielausgänge.

Der Erwartungswert ist ein Grundbegriff der Wahrscheinlichkeitsrechnung, man kann ihn als Analogon zum arithmetischen Mittel in der Statistik ansehen (s. Abb. 5.16). Aufgrund der hohen praktischen Relevanz halten wir es für angemessen, in allen Bildungsgängen die Bedeutung von Erwartungswerten im Unterricht zu thematisieren. Damit verfolgen wir auch das Ziel, Schülern die Zusammenhänge zwischen Grundbegriffen der Statistik und Wahrscheinlichkeitsrechnung zu verdeutlichen und auf praxisnahe und Spielsituationen anzuwenden. Die folgende Übersicht soll der Lehrkraft diese Analogiebildung

Abb. 5.16 Zusammenhang von Grundbegriffen der Wahrscheinlichkeitsrechnung und Beschreibenden Statistik

erleichtern und den roten Faden einer möglichen Unterrichtsgestaltung aufzeigen. Dabei gehen wir wie bisher von diskreten Wahrscheinlichkeitsverteilungen aus.

Motiviert man die Behandlung des Erwartungswerts mit der Prognose von Gewinnen, wird besonders bei nominal skalierten Merkmalen die Notwendigkeit einer Zuordnung der möglichen Ergebnisse zu Größenwerten ersichtlich, da man mit Bezeichnungen nicht rechnen kann. Für die Modellierung des zu erwartenden Gewinns erzeugt man eine Zufallsgröße, die mathematisch als eine Funktion definiert ist, die jedem möglichen Ergebnis eines stochastischen Vorgangs einen Wert der Zufallsgröße eindeutig zuordnet. Die Bezeichnung „Zufallsgröße" sollte im gymnasialen Bildungsgang mit Blick auf den Oberstufenunterricht auch eingeführt werden. In den anderen Bildungsgängen ist diese Bezeichnung nicht erforderlich, da die Zufallsgrößen in der Regel Geldbeträge, Anzahlen, Punkte bei Spielen oder andere Größen sind, sodass diese direkt zur Bezeichnung verwendet werden können, wie wir es auch in diesem Abschnitt bei den Unterrichtsbeispielen tun werden. Lediglich in den erläuternden Texten verwenden wir zur besseren Verständigung den Begriff Zufallsgröße.

Der erste Schritt bei der Bestimmung eines Erwartungswerts besteht darin, eine Zufallsgröße und ihre möglichen Werte entsprechend der jeweils zu modellierenden stochastischen Situation festzulegen. Die Vorgaben des gegebenen Sachverhaltes und die Zielsetzung der modellierenden Person bestimmen die Auswahl einer passenden Zufallsgröße. Das Schema der Prozessbetrachtung hilft, anschaulich darzustellen, dass jedem Ergebnis eines Merkmals eindeutig ein Wert der Zufallsgröße zugeordnet wird, wobei (wie bei Funktionen) auch mehrere Ergebnisse zu einem Wert führen können.

Zur Veranschaulichung betrachten wir im Folgenden das Beispiel eines Obsthändlers, das im Unterrichtsgespräch schrittweise erarbeitet und diskutiert werden sollte, da die Mathematisierung mit einigen Modellannahmen einhergeht, die zu explizieren sind.

Beispiel 5.10a

Ein Händler fährt jeden Mittwoch vom Darß nach Hamburg auf den Frischemarkt, um dort seinen wöchentlichen Bedarf an Obst und Gemüse einzukaufen. Seit 15 Jahren kauft er bei seinem Lieblingsgroßhändler Ananas, die in Kisten verpackt sind. Aus

Erfahrung weiß er, dass rund 70 % der Ananas ihre sehr gute Qualität eine Woche lang behalten, etwa 25 % der Früchte schon so reif sind, dass sie schnell verkauft werden müssen. 3 % der Früchte sind meistens überreif und 2 % muss er oft schon am nächsten Tag vernichten.

Aus diesen Angaben können Schüler den der Gewinnprognose zugrunde liegenden stochastischen Vorgang und die Wahrscheinlichkeitsverteilung für dessen Ergebnisse im Prozessschema strukturieren (s. Abb. 5.17).

Da man mit Qualitäten nicht rechnen kann, ist mit Blick auf die Gewinnkalkulation nun zu diskutieren, dass gewisse Angaben zu Einkaufs- und Verkaufspreisen fehlen.

Beispiel 5.10b

Der Obsthändler kauft die Ananas in großen Kisten für 0,80 € pro Stück beim Großhändler ein. Er weiß, dass er seine sehr guten Ananas für 1,69 € und die reifen für 1,19 € verkaufen kann. Die überreifen Ananas verschenkt er oder gibt sie schnell zur örtlichen Tafel, den Rest muss er vernichten.

Der Händler ist an dem Gewinn interessiert, den er beim vollständigen Verkauf der Ananas machen kann und der in diesem Fall die Zufallsgröße darstellt. Sein Gewinn kann vereinfacht als Differenz aus dem Verkaufspreis und dem Einkaufspreis beschrieben werden, wenn man von anderen Nebenkosten absieht. Dabei werden Modellannahmen getroffen, bei denen Kosten für die Fahrt, das Auto oder Ladenmieten nicht beachtet werden. Um zu verdeutlichen, wie der Gewinn entsteht, ist Tab. 5.3 hilfreich, in der dieser schrittweise für jedes Ergebnis des Vorgangs berechnet wird. Ein Verlust äußert sich darin als negativer Gewinn.

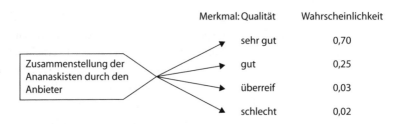

Abb. 5.17   Prozessschema zum Bsp. 5.10a

Tab. 5.3   Berechnung der Werte der Zufallsgröße zu Bsp. 5.10b

Qualität	Verkaufspreis	Einkaufspreis	Gewinn = Verkaufspreis − Einkaufspreis
sehr gut	1,69 €	0,80 €	0,89 €
gut	1,19 €	0,80 €	0,39 €
überreif	0 €	0,80 €	−0,80 €
schlecht	0 €	0,80 €	−0,80 €

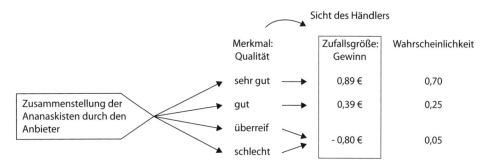

Abb. 5.18 Zuordnung der Ergebnisse des Vorgangs zu den Werten der Zufallsgröße

Die Zuordnung der Qualitätsstufen zu den Werten der Zufallsgröße kann auch im Prozessschema dargestellt werden (s. Abb. 5.18). Darin können die Wahrscheinlichkeiten der Werte der Zufallsgröße direkt übernommen oder gegebenenfalls aus der Wahrscheinlichkeitsverteilung für die Qualitätsstufen ermittelt werden, z. B. durch Anwenden der elementaren Additionsregel. Im Beispiel würde dem Gewinn von −0,80 € eine Wahrscheinlichkeit von $0,03 + 0,02 = 0,05$ zugeordnet werden. Die Berücksichtigung des Vorgangs über die reine Betrachtung des interessierenden Merkmals halten wir im Zusammenhang mit der Berechnung von Erwartungswerten für sinnvoll, da so die Perspektive der Modellbildung besser verdeutlicht wird. Der Erwartungswert ist gewissermaßen ein Prognosewert auf der Modellebene.

Der Erwartungswert lässt sich im Unterricht auf die Berechnung des arithmetischen Mittels zurückführen. Dabei ist es sinnvoll, mit der bekannten Häufigkeitsinterpretation von Wahrscheinlichkeiten zu arbeiten und den Erwartungswert auf diese Weise als zu erwartenden Durchschnittswert einzuführen. Unter der Annahme, dass alle eingekauften Früchte der sehr guten und guten Qualität verkauft werden können, hat der Händler mit dem mittleren Gewinn pro Ananas eine Grundlage für die Prognose seines Gesamtgewinns, je nachdem, wie viele Früchte er beim Frischmarkt in Hamburg ein- und vollständig wieder verkauft. Die Schüler werden bei den Berechnungen erkennen, dass der mittlere Gewinn pro Ananas unabhängig von dieser Stückzahl ist.

Der Händler hätte also bei einem Einkauf von 100 oder 40 Ananas im Mittel rund 0,68 € pro verkaufte Ananas gewonnen. Bei der Interpretation dieser Gewinnerwartung muss verdeutlicht werden, dass die Rechnung auf einer Modellebene stattgefunden hat. In der Realität können andere Anzahlen als die in der Abb. 5.19 angegebenen auftreten. Somit wird sich bei realen Verkäufen der durchschnittliche Gewinn von Woche zu Woche verändern können und um den Erwartungswert von 68 Cent streuen. Der Bezug auf eine einzelne Ananas kann für Schüler sowohl bei der Interpretation als auch bei der Berechnung des arithmetischen Mittels und damit auch des Erwartungswerts problematisch sein. Man kann die Tatsache, dass die Gesamtzahl der Ananas am Ende nicht mehr in die Rechnung eingeht, folgendermaßen begründen: Bei der Häufigkeitsinterpretation

Gewinn pro Ananas	Wahrschein- lichkeit	Zu erwartende Anzahlen bei Einkauf von 100 Ananas	Zu erwartende Anzahlen bei Einkauf von 40 Ananas
0,89 €	0,7	70	28
0,39 €	0,25	25	10
-0,80 €	0,05	5	2

Arithmetische Mittel der Gewinne:

Bei 100 Ananas: $\dfrac{0{,}89\,€ \cdot 70 + 0{,}39\,€ \cdot 25 - 0{,}80\,€ \cdot 5}{100} = 0{,}6805\,€$

Bei 40 Ananas: $\dfrac{0{,}89\,€ \cdot 28 + 0{,}39\,€ \cdot 10 - 0{,}80\,€ \cdot 2}{40} = 0{,}6805\,€$

Der erwartete Gewinn pro Frucht beträgt ca. 0,68 €.

Abb. 5.19 Arithmetisches Mittel auf Basis der Häufigkeitsinterpretation

berechnet man die Anzahl für die einzelnen Gewinne, indem man die fiktive Gesamt-zahl der Ananas mit den Wahrscheinlichkeiten multipliziert. Für das arithmetische Mittel dividiert man am Ende wieder durch die Gesamtzahl, sodass der erwartete mittlere Ge-winn pro Ananas auch berechnet werden kann, indem man nur eine Ananas zugrunde legt und jeweils mit der zugehörigen Wahrscheinlichkeit multipliziert. Kennen Schüler das arithmetische Mittel einer Häufigkeitsverteilung (vgl. Abschn. 3.3.3), können sie diese Vorgehensweise analog mit Wahrscheinlichkeiten anstelle der relativen Häufigkeiten zur Berechnung des Erwartungswerts nutzen.

Die Berechnung des Erwartungswerts kann gut mithilfe einer Tabelle ausgeführt wer-den (s. Tab. 5.4). Diese dient zunächst als Strukturierungshilfe zur Erfassung des Sach-verhalts und kann anstelle des ausführlicheren Prozessschemas nach der Einführung als Rechenhilfe verwendet werden.

$$\text{E(Gewinn)} = 0{,}89\,€ \cdot 0{,}7 + 0{,}39\,€ \cdot 0{,}25 - 0{,}80\,€ \cdot 0{,}05 \approx 0{,}68\,€$$

Die Beschreibung einer Rechenvorschrift für den Erwartungswert und seine Deutung sollten verbal erfolgen und an konkreten Beispielen mithilfe von Tabellen ohne Formel stattfinden.

Tab. 5.4 Berechnung des Erwartungswerts mittels einer Tabelle

Qualität	Gewinn	Wahrscheinlichkeit
sehr gut	0,89 €	0,7
gut	0,39 €	0,25
überreif oder schlecht	−0,80 €	0,05

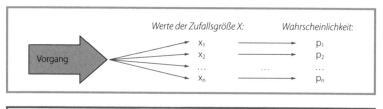

Der Erwartungswert einer Zufallsgröße X ist die Summe der Produkte aus den Werten der Zufallsgröße und den Wahrscheinlichkeiten der Werte.

$$E(X) = x_1 \cdot p_1 + x_2 \cdot p_2 + \ldots + x_n \cdot p_n$$

Abb. 5.20 Formel Erwartungswert. (Aus *Mathematik: Duden* 9, S. 13; mit freundlicher Genehmigung von © Cornelsen Schulverlage GmbH, Berlin. All Rights Reserved)

Der Erwartungswert ergibt sich als Summe der Produkte aus den Werten der Zufallsgröße und den entsprechenden Wahrscheinlichkeiten.

Er ist ein Prognosewert, der den mittleren Wert einer Zufallsgröße nach vielen Wiederholungen eines Vorgangs angibt.

Auf Formalisierungen würden wir höchstens im gymnasialen Bildungsgang in Vorbereitung auf die Weiterführung in der gymnasialen Oberstufe eingehen (s. Abb. 5.20).

Wie beim arithmetischen Mittel ist bei der Interpretation des Erwartungswerts darauf zu achten, dass sich durch die Rechnung ein Wert ergeben kann, der nicht bei den Werten der Zufallsgröße auftritt. Der Erwartungswert bezieht sich auf die zugrunde liegende Einheit, in diesem Fall auf eine verkaufte Ananas. Mit der begrifflichen Grundlegung des Erwartungswerts werden auch die inhaltlichen Aspekte des Begriffs des arithmetischen Mittels übernommen und für Interpretationen genutzt (vgl. Abschn. 3.3.3). Besonders bietet sich die Schwerpunkteigenschaft an, die in diesem Alter mit dem im Physikunterricht behandelten Hebelgesetz besser als in der Orientierungsstufe untermauert werden kann (s. Abb. 5.21).

Mithilfe der Formel ist es sehr gut möglich, praktisch relevante Anwendungen zu modellieren. Dafür können zuerst Aufgaben gestellt werden, die auf die Berechnung und Interpretation von Erwartungswerten bei einer gegebenen Zufallsgröße und der Wahrscheinlichkeitsverteilung ihrer Werte zielen. Dieser Aufgabentyp kann dadurch erweitert werden, dass zwei oder mehr Erwartungswerte miteinander verglichen und daraus Entscheidungen abgeleitet werden. Das folgende Entscheidungsproblem wurde beispielsweise durch die Ferientätigkeit zweier Schüler an der Ostseeküste angeregt. Dieses Aufgabenbeispiel zeigt auch, dass man nicht immer mit dem Gewinn als Zufallsgröße rechnen kann, denn es sind nur Angaben zu den Tageseinnahmen bekannt.

Abb. 5.21 Schwerpunkteigenschaft des Erwartungswerts im
Diagramm

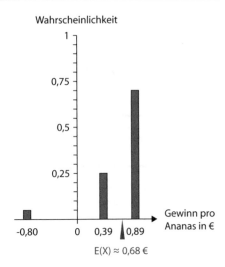

E(X) ≈ 0,68 €

Beispiel 5.11

Die Freunde Frank und Simon haben in ihrer dreiwöchigen Ferientätigkeit für den Fleischer Brandt Bratwurst verkauft. Frank hatte seinen Stand in der Geschäftszone, Simon
an einem Strandabgang eines Badeortes. Jeden Tag wetteiferten die beiden Freunde um
den größten Umsatz. Dabei machten sie folgende Erfahrungen: Frank erreichte fast jeden Tag die gleichen Einnahmen von durchschnittlich 250 €, während der Verkauf
in Strandnähe sehr wetterabhängig war. Bei Sonnenschein stiegen die Tageseinnahmen auf 550 €, bei mäßigem Wetter sanken sie auf 150 €. Bei Regenwetter wurde der
Stand nicht betrieben. Nun überlegen die beiden, welcher Standort in der Sommersai-
son günstiger sein wird. Im Internet recherchieren sie, dass man im Sommer an ihrem
Badeort an 25 % der Tage Regen, an 35 % der Tage mäßiges Wetter und an 40 % der
Tage Sonne in ihrer Region erwarten kann.

Während Franks Erwartungswert der Tageseinnahmen von 250 € direkt aus dem arithmetischen Mittel der vergangenen Tage abgeleitet werden kann, erhält man eine Prognose
für Simons Stand am Strandabgang mittels Berechnung des folgenden Erwartungswerts:

$$\text{E(Tageseinnahme)} = 550 \, € \cdot 0{,}4 + 150 \, € \cdot 0{,}35 + 0 \, € \cdot 0{,}25 = 272{,}50 \, €$$

Aus dem Vergleich der beiden Erwartungswerte der Tageseinnahmen ist ersichtlich,
dass der Stand in Strandnähe für Fleischer Brandt günstiger ist. Bei Diskussionen im
Unterricht könnte noch herausgefunden werden, dass sich der Gewinn des Fleischers in
Strandnähe noch erhöhen würde, wenn er den Schüler an den Regentagen nicht bezahlen
müsste.

Tab. 5.5 Veränderung des Erwartungswerts von Bsp. 5.10

Situation 1 Ausgangssituation		Situation 2 Händler verringert den Preis um 0,20 €		Situation 3 Händler wählt neuen Großhändler mit anderer Qualitätsverteilung	
Gewinn G1	p	Gewinn G2	p	Gewinn G3	p
0,89 €	0,7	**0,69 €**	0,7	0,89 €	**0,75**
0,39 €	0,25	**0,19 €**	0,25	0,39 €	**0,15**
−0,80 €	0,05	**−0,80 €**	0,05	−0,80 €	**0,10**
E(G1) = 0,6805 €		**E(G2) = 0,4905 €**		**E(G3) = 0,646 €**	

Zur Vertiefung des prognostischen Aspekts von Erwartungswerten sollten im Unterricht Aufgaben gestellt werden, bei denen der Einfluss einer Veränderung der Werte der Zufallsgröße oder der Wahrscheinlichkeitsverteilungen von gleichen Werten der Zufallsgröße auf den Erwartungswert untersucht wird (s. Tab. 5.5). Das entspricht dem Kalkulieren eines Händlers oder einer Versicherung mit dem Ziel, einen optimalen Erwartungswert zu erreichen. Gut vorstellbar ist, dass die Dynamik des Schwerpunkts wieder mit einem Lineal und kleinen Körpern demonstriert wird (vgl. Abschn. 3.3.3).

In den Diskussionen mit Schülern muss beachtet werden, dass als Modellannahme auch hier davon ausgegangen wird, dass die gesamte Ware umgesetzt wird.

Das faire Spiel

Eine für Schüler interessante und für Spielgerätebesitzer grundlegende Frage ist die des fairen Spiels. Zur Untersuchung dieser Frage können im Unterricht bekannte Glücksspiele wie beispielsweise Roulette oder der „einarmige Bandit" kritisch hinterfragt und herausgearbeitet werden, warum Spielgerätebesitzer keine fairen Spiele anbieten können, wenn sie damit Gewinn machen wollen. Als Einführung in die Problematik eignen sich leicht überschaubare Spiele, die möglicherweise als Kinderspielzeug vorhanden sind oder wie im folgenden Beispiel als einfaches Modell des „einarmigen Banditen" konstruiert werden.

Beispiel 5.12

Bei einem Glücksspielautomaten drehen sich drei Rollen unabhängig voneinander. Auf jeder Rolle sind abwechselnd ein Kleeblatt und ein Smiley abgebildet, sodass jedes Bild einer Rolle mit einer Wahrscheinlichkeit von 0,5 im Sichtfenster stehen bleibt. Dadurch ergeben sich für die drei Rollen acht Kombinationen aus den Bildern. Die Kombinationen mit drei oder zwei Kleeblättern führen zu Ausschüttungen, die anderen zum Verlust des Einsatzes. Der Einsatz für ein Spiel soll immer 2 € betragen. Abbildung aus Mathematik: Duden 9, S. 15; mit freundlicher Genehmigung von © Cornelsen Schulbuchverlage GmbH, Berlin. All Rights Reserved.

Einsatz: 2,00 €
1 Hauptgewinn:

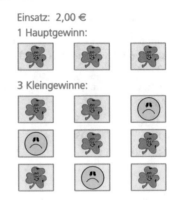

3 Kleingewinne:

Schüler müssen zuerst, etwa durch Anfertigung eines Baumdiagramms, erfassen, dass es sich um einen dreistufigen Vorgang mit acht verschiedenen zusammengesetzten Ergebnissen handelt, die gleichwahrscheinlich sind. Eines davon ist der Hauptgewinn, drei führen zu Kleingewinnen und die restlichen Ergebnisse sind Nieten. Nun sollte diskutiert werden, welche Möglichkeiten der Ausschüttung für einen Hauptgewinn und einen Kleingewinn sinnvoll wären, und auf dieser Grundlage die Nettogewinne für die jeweiligen Gewinnpläne berechnet werden. Dabei ist es wieder wichtig, zwischen der Ausschüttung an einen Gewinner und dem Nettogewinn in Abgrenzung zum Haupt- und Kleingewinn zu unterscheiden, der sich als Differenz zwischen Einsatz und Ausschüttung ergibt. Um Schüler auf die Idee des fairen Spiels vorzubereiten, bietet es sich an, die Nettogewinne aus der Sicht des Spielers und des Betreibers darzustellen und die entsprechenden Erwartungswerte zu berechnen. In der Tab. 5.6 findet man die Berechnung für den Gewinnplan 1.

Gewinnplan 1: Einsatz: 2 €
Ausschüttung bei Hauptgewinn: 6 €
Ausschüttung bei Kleingewinn: 4 €

Die Erwartungswerte für den Spieler und den Betreiber sind so zu interpretieren, dass bei diesem Gewinnplan der Spieler auf lange Sicht durchschnittlich 25 Cent pro Spiel gewinnt, während der Betreiber diese verliert und sich das Spiel für ihn nicht lohnt.

Tab. 5.6 Erwartungswert Gewinnplan 1

Sicht des Spielers		Sicht des Betreibers	
Nettogewinn des Spielers	p	Nettogewinn des Betreibers	p
4 €	0,125	−4 €	0,125
2 €	0,375	−2 €	0,375
−2 €	0,5	2 €	0,5
E(Gewinn Spieler) = 0,25 €		E(Gewinn Betreiber) = −0,25 €	

Der Zusatz „auf lange Sicht" erinnert daran, dass wir den Erwartungswert als Prognosewert aus dem arithmetischen Mittel der Werte der Zufallsgröße Nettogewinn nach vielen Wiederholungen des stochastischen Vorgangs erhalten haben. In dieser stochastischen Situation könnte man sich vorstellen, dass das Glücksspiel sehr oft wiederholt und jedes Mal der Gewinn notiert wird.

Im Unterricht sollten weitere Spielpläne diskutiert werden, wobei herauszuarbeiten ist, dass Betreiber von Spielgeräten mindestens ihre Nebenkosten decken müssen und daher die Spielpläne so einrichten, dass sie einen positiven Erwartungswert haben. Allerdings gibt es auch die Möglichkeit, einen Gewinnplan zu verfolgen, der für beide Beteiligten zum Erwartungswert 0 führt. Spiele mit dieser Konstellation nennt man faire Spiele.

Gewinnplan 2: Einsatz: 2 €

Ausschüttung bei Hauptgewinn: 7 €

Ausschüttung bei Kleingewinn: 3 €

$$E(\text{Gewinn Spieler}) = 5 \text{€} \cdot 0{,}125 + 1 \text{€} \cdot 0{,}375 - 2 \text{€} \cdot 0{,}5 = 0 \text{€}$$

$$E(\text{Gewinn Betreiber}) = -5 \text{€} \cdot 0{,}125 - 1 \text{€} \cdot 0{,}375 + 2 \text{€} \cdot 0{,}5 = 0 \text{€}$$

Es können sich im Unterricht Aufgaben zum Analysieren von handelsüblichen oder selbst konstruierten Spielen anschließen. Das günstig zu erwerbende Spiel „Schweinerei" eignet sich besonders, die bis zu dieser Jahrgangsstufe gelernten Methoden der Stochastik komplex anzuwenden. Es wird dadurch interessant, dass aufgrund der Form der Schweinchen keine Laplace-Modelle benutzt werden können. Bei einem selbst ausgedachten Spiel mit Freunden sollten Schüler in der Lage sein, die Spielregeln so einzurichten, dass dieses fair gestaltet wird. Dabei kommen wieder die beiden Möglichkeiten zur Anwendung, Einfluss auf den Erwartungswert über die Veränderung der Werte der Zufallsgröße oder der Wahrscheinlichkeitsverteilung zu nehmen.

Stolpersteine

Für die Berechnung des Erwartungswerts wird in einigen Lehrbüchern die Merkhilfe „Erwartung-mal-Wert-Rechnung" gegeben. Bei der beschriebenen Herangehensweise unter Nutzung des Prozessschemas werden jedoch zuerst die Werte der Zufallsgröße aus dem Sachzusammenhang heraus festgelegt und dann die Wahrscheinlichkeiten zugeordnet. Arbeitet man mit entsprechenden Tabellen, werden auch die Produkte in umgekehrter Reihenfolge „Wert mal Wahrscheinlichkeit" gebildet. Da auch die Wahrscheinlichkeit im Allgemeinen nicht als Erwartung bezeichnet wird, auch wenn sie das entsprechende Gefühl mathematisiert, raten wir nicht zu dieser Merkhilfe.

Eine weitere Frage zur Namensgebung könnte lauten: „Ist der Erwartungswert der Wert, den ich erwarte?" Hier zeigen schon die Beispiele des vorliegenden Textes, dass der Erwartungswert meistens gar kein Wert der Zufallsgröße ist und daher unmöglich bei einer kommenden Wiederholung des Vorgangs eintreten kann. Es können aber mit dem Erwartungswert Hochrechnungen für eine angenommene Gesamtzahl von Objekten oder eine Anzahl von Wiederholungen durchgeführt werden. Das so entstandene Produkt aus Erwartungswert und Anzahl kann näherungsweise bei der angenommenen Gesamtzahl oder den Wiederholungen erwartet werden.

5.5   Statistische Abhängigkeit und bedingte Wahrscheinlichkeit

Bereits in der Jahrgangsstufe 7/8 sollten bei der Auswertung von Umfragen kategoriale Daten mithilfe von Vierfeldertafeln aufbereitet und mehrstufige Vorgänge mit Baumdiagrammen modelliert werden. Dabei sollten bereits inhaltliche Betrachtungen zur Abhängigkeit von Merkmalen und Teilvorgängen erfolgen (vgl. Abschn. 4.2 und 4.3), die nun in den Jahrgangsstufen 9/10 wieder aufgegriffen und zusammengeführt werden. Damit werden inhaltliche Aspekte des Begriffs der bedingten Wahrscheinlichkeit (vgl. Abschn. 6.5) weiter ausgebildet, ohne die Bezeichnung und eine Definition zu verwenden. An instruktiven Beispielen werden in diesem Zusammenhang mögliche Fehlinterpretationen verdeutlicht. Für den gymnasialen Bildungsgang thematisieren wir anschließend die Verallgemeinerung zum Begriff der bedingten Wahrscheinlichkeit. Ebenfalls nur für diesen Bildungsgang sind unsere Vorschläge zur Berechnung von Wahrscheinlichkeiten bei Erkenntnisprozessen gedacht, mit denen auch die Formel von Bayes vorbereitet wird.

5.5.1   Statistische Abhängigkeiten mit Vierfeldertafeln und Baumdiagrammen untersuchen

Bei der Auswertung von Daten kann es von Interesse sein zu überprüfen, ob zwei Merkmale statistisch voneinander abhängig sind. Für entsprechende Analysen mit Schülern eignen sich Daten aus der Klasse oder dem Umfeld der Schüler, damit Bedingungen der Vorgänge und mögliche Abhängigkeiten auch inhaltlich erfasst werden können. Wir greifen im Folgenden das für die Klassenstufen 7/8 angeführte Beispiel zur Mitgliedschaft in einem Sportverein in einer Schulklasse wieder auf (vgl. Abschn. 4.2.1).

Wie bereits im Abschn. 4.2.1 dargestellt, können Schüler durch zeilenweise Berechnung und anschließenden Vergleich der relativen Häufigkeiten mit der Tab. 5.7 erkennen, dass in dieser Klasse die Mitgliedschaft in einem Sportverein vom Geschlecht abhängig ist. Es sind vier von zwölf Jungen, also ein Drittel der Jungen, aber nur vier von 20 Mädchen, also lediglich ein Fünftel der Mädchen in einem Sportverein.

Tab. 5.7 Vierfeldertafel zur Mitgliedschaft im Sportverein in einer Klasse

	Mitglied in einem Sportverein	Kein Mitglied	Summe
Junge	4	8	12
Mädchen	4	16	20
Summe	8	24	32

Bei Untersuchungen zur Abhängigkeit von Merkmalen bietet sich eine Prozessbetrachtung in besonderer Weise an, um nach denkbaren Ursachen für die Abhängigkeit zu suchen. Für das Beispiel können die Bedingungen diskutiert werden, die die Mitgliedschaft in einem Sportverein beeinflussen. Dazu gehören unterschiedliche Freizeitinteressen von Jungen und Mädchen in der Klasse, die örtlichen Angebote von Sportvereinen oder das sportliche Klima in den Elternhäusern. Beispielsweise könnte der höhere Anteil an Sportvereinsmitgliedern bei den Jungen darauf zurückzuführen sein, dass der Fußballverein eine besonders erfolgreiche Jugendarbeit betreibt und viele Jungen anwirbt.

Als eine weitere Methode zum Auswerten der bivariaten Daten sollte ihre Darstellung in Baumdiagrammen mit absoluten oder relativen Häufigkeiten eingeführt werden. Damit wird an die Verwendung von Baumdiagrammen zur Modellierung mehrstufiger Vorgänge in der Wahrscheinlichkeitsrechnung angeknüpft (vgl. Abschn. 4.3). In zweistufigen Baumdiagrammen werden die in der Vierfeldertafel implizit enthaltenen Anteile bzw. relativen Häufigkeiten explizit sichtbar. Die Abhängigkeit bzw. Unabhängigkeit von zwei Merkmalen kann man beim Vergleich von relativen Häufigkeiten an den Pfaden in der zweiten Stufe im Baumdiagramm erkennen. Obwohl in einer Vierfeldertafel bereits alle Informationen enthalten sind, sprechen folgende Argumente für die Verwendung von Baumdiagrammen (vgl. Meyer 2008a; Motzer 2007). In einem Baumdiagramm sind alle Anteile enthalten, die zur Lösung der Aufgabe bzw. modellhaften Beschreibung des Sachverhaltes erforderlich sind, sodass Fehlinterpretationen vermieden werden können. Während Vierfeldertafeln einen statischen Charakter haben, veranschaulichen Baumdiagramme den zeitlichen und teilweise sogar kausalen Zusammenhang der beiden Merkmale. Baumdiagramme können auch gezeichnet werden, wenn mehr als zwei Merkmale an einem Objekt erfasst werden, was dann nicht mehr in einer einzigen Tafel darstellbar ist.

Zu einer Vierfeldertafel gibt es zwei verschiedene Baumdiagramme, je nachdem, ob ein zeilen- oder spaltenweiser Vergleich der relativen Häufigkeiten vorgenommen wird.

In Abb. 5.22 sind die relativen Häufigkeiten als gekürzte Brüche dargestellt, da sich aufgrund des konkreten Zahlenmaterials einfache Brüche ergeben, die gut vergleichbar sind. Im linken Baumdiagramm sind zuerst die Anteile der Jungen und Mädchen in der Grundgesamtheit angegeben und dann (zeilenweise) die relativen Häufigkeiten der Mitgliedschaft im Sportverein. Für das rechte Baumdiagramm müssen zuerst die relativen Häufigkeiten der Mitgliedschaft im Sportverein und dann (spaltenweise) die betreffenden Anteile der Jungen und Mädchen ermittelt werden. Das rechte Baumdiagramm wird auch als **umgekehrtes Baumdiagramm** zum linken (und entsprechend andersherum) bezeichnet.

Um die Entstehung eines Baumdiagramms mit relativen Häufigkeiten zu verdeutlichen, sollte zunächst ein **Häufigkeitsbaum** mit absoluten Häufigkeiten angefertigt werden. Dies entspricht dem linken bzw. rechten Teilbaum in Abb. 5.23. Es ist günstig, an den Pfaden eines Häufigkeitsbaums die ungekürzten Brüche zu verwenden, um die Herkunft der Anteile zu verdeutlichen. In leistungsstarken Klassen kann auch eine Darstellung aller Häufigkeiten in einem **doppelten Häufigkeitsbaum** bzw. einem doppelten Baumdiagramm mit relativen Häufigkeiten erfolgen. Im Unterricht sollte dazu zur Vereinfachung

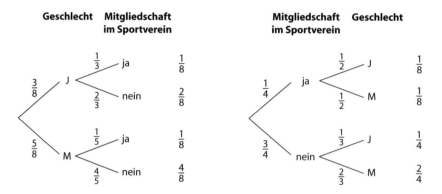

Abb. 5.22 Baumdiagramme mit relativen Häufigkeiten zu den Daten in Tab. 5.7

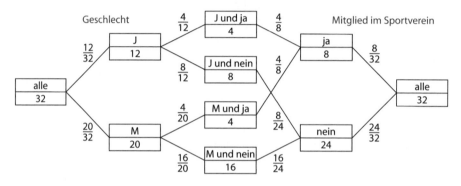

Abb. 5.23 Doppelter Häufigkeitsbaum zur Vierfeldertafel in Tab. 5.7

ein Arbeitsblatt mit einem „leeren" Häufigkeitsbaum vorgegeben werden. Damit man Häufigkeitsbäume in beide Richtungen lesen kann, sollten in der Mitte bei den zusammengesetzten Ergebnissen die Merkmalsausprägungen durch „und" verbunden werden. In dem in Abb. 5.23 dargestellten Doppelbaum sind alle absoluten Häufigkeiten der Vierfeldertafel und die für die Untersuchung der Abhängigkeit wichtigen relativen Häufigkeiten enthalten. Weiterhin sind ebenfalls die zwei verschiedenen Sichtweisen auf die Daten erkennbar, von links erfolgt eine zeilenweise und von rechts eine spaltenweise Auswertung der gegebenen Vierfeldertafel.

Anhand der beiden „einfachen" bzw. des doppelten Häufigkeitsbaumes kann die Lehrkraft ihren Schülern verdeutlichen, dass bei der Auswertung einer Vierfeldertafel verschiedene Informationen gewonnen werden können. Einmal betrachtet man die Abhängigkeit der Mitgliedschaft in einem Sportverein vom Geschlecht der Schüler in der Klasse. Andersherum kann die Frage untersucht werden, wie groß der Anteil der Jungen und Mädchen bei den Mitgliedern bzw. den Nichtmitgliedern in einem Sportverein ist. Das jeweils rechte Baumdiagramm in Abb. 5.22 und 5.23 zeigt, dass unter den Mitgliedern im Sportverein in dieser Klasse gleich viele Jungen und Mädchen sind. Dagegen finden sich unter den Nichtmitgliedern doppelt so viele Mädchen wie Jungen. Werbung für Sportvereine in dieser Klasse sollte sich deshalb z. B. vor allem an Mädchen richten.

Nachdem wir an einem Beispiel die Behandlung der statistischen Abhängigkeit zweier Merkmale diskutiert haben, wollen wir ein zweites Beispiel zur Unabhängigkeit betrachten. Da eine genaue Gleichheit relativer Häufigkeiten in der Gesamtgruppe und den Teilgruppen bei realen Daten in der Praxis sehr selten auftritt, empfiehlt es sich, bewusst ein fiktives, aber realistisches Beispiel auszuwählen.

Beispiel 5.13 (Aus Mathematik: Duden 8, S. 21)

Untersuche am Beispiel der Daten aus einer Schülerbefragung, ob an dieser Schule das Merkmal Fahrradbesitz vom Geschlecht abhängig ist.

	Fahrrad	kein Fahrrad	Summe
Jungen	468	52	520
Mädchen	432	48	480
Summe:	900	100	1000

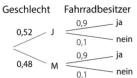

Für die Untersuchung des Zusammenhangs sollte auch in diesem Fall zunächst ein passender Häufigkeitsbaum bzw. ein Baumdiagramm mit relativen Häufigkeiten zu der Vierfeldertafel erstellt werden, indem geeignete Anteile in den markierten Zeilen berechnet werden. Im Baumdiagramm ist zu erkennen, dass der Besitz (rot) oder Nichtbesitz (blau) eines Fahrrades unabhängig vom Geschlecht ist. Die Anteile der Fahrradbesitzer sind unter den Mädchen und Jungen gleich, nämlich jeweils 90 %. Das gilt dementsprechend auch für die Anteile der Nichtbesitzer (10 %).

Mit dem Ziel, die statistische Unabhängigkeit direkt an der Vierfeldertafel ohne Umweg über ein Baumdiagramm zu prüfen, können zunächst relative Häufigkeiten in Zeilen, dann in Spalten berechnet und inhaltlich gedeutet werden. Eine farbige Markierung der betreffenden Zeilen oder Spalten unterstützt die Untersuchungen.

a) Relative Häufigkeiten in Zeilen: Hier sind die Bezugsgrößen die Anzahl der Jungen oder der Mädchen oder aller Schüler. Es werden jeweils die Anteile der Fahrradbesitzer und Nichtbesitzer in diesen Gruppen berechnet.

Anteile Fahrradbesitzer	Anteile Nichtbesitzer
$\dfrac{468}{520} = \dfrac{432}{480} = \dfrac{900}{1000} = 0{,}9$	$\dfrac{52}{520} = \dfrac{48}{480} = \dfrac{100}{1000} = 0{,}1$

b) Relative Häufigkeiten in Spalten: Bei dieser Sichtweise auf die Vierfeldertafel sind die Bezugsgrößen die Anzahl der Fahrradbesitzer, der Nichtbesitzer bzw. aller Schüler.

Es werden in diesen Fällen jeweils die Anteile der Jungen und Mädchen in diesen Gruppen berechnet.

Anteile der Jungen	Anteile der Mädchen
$\dfrac{468}{900} = \dfrac{52}{100} = \dfrac{520}{1000} = 0{,}52$	$\dfrac{432}{900} = \dfrac{48}{100} = \dfrac{480}{1000} = 0{,}48$

An den beiden Darstellungen, Vierfeldertafel und Baumdiagramm, können zwei Kriterien zur **statistischen Unabhängigkeit zweier Merkmale** mit den Schülern erarbeitet werden.

Zwei Merkmale sind statistisch unabhängig voneinander, wenn

a) in einer Vierfeldertafel die entsprechenden relativen Häufigkeiten in den Zeilen oder in den Spalten gleich sind oder
b) bei einer Darstellung der Daten in einem Baumdiagramm die Teilbäume auf der zweiten Stufe gleich sind.

Am Beispiel der Fahrradbesitzer kann exemplarisch verdeutlicht werden, dass man auch bei geringfügigen Abweichungen von der exakten Gleichheit der Anteile von einer Unabhängigkeit der Merkmale ausgehen kann. Wenn etwa 467 oder 469 Jungen ein Fahrrad besäßen, käme es nur zu sehr geringen Abweichungen von der Gleichheit der relativen Häufigkeiten in den Zeilen. Von der statistischen Abhängigkeit der Merkmale kann erst gesprochen werden, wenn es größere Unterschiede in den Verhältnissen gibt. Ein Nachweis der statistischen Unabhängigkeit ist im konkreten Fall nur mit einem geeigneten Test wie etwa dem Chi-Quadrat-Test möglich (vgl. Strick 1999, S. 55; Henze 2004, S. 247 ff.). Ähnlich wie bei der Gleichwahrscheinlichkeit (vgl. Abschn. 3.5.5) handelt es sich bei der Unabhängigkeit um eine Modellannahme, die aufgrund der vorliegenden Sachsituation getroffen und mithilfe von Daten statistisch überprüft werden kann.

Das Lesen und Interpretieren von Vier- und Mehrfeldertafeln sollte im Unterricht auch an komplexeren Beispielen eingeübt werden. Dazu eignen sich aktuelle reale Massendaten aus dem Umfeld von Schülern, die die Lehrkraft vom Statistischen Bundesamt erhalten kann. Schüler sollten dabei auch für mögliche Fehlinterpretationen sensibilisiert werden, auf die wir am Ende des Abschnitts eingehen.

Abb. 5.24 Baumdiagramm
der Geschlechterverteilung
nach Altersgruppen

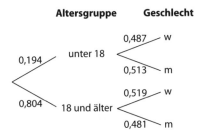

Beispiel 5.14

Vom Statistischen Bundesamt in Wiesbaden wurde am 05.01.2014 folgende Struktur der Altersverteilung angegeben. Untersuche, ob bei einer zufällig ausgewählten Person das Merkmal Geschlecht davon abhängig ist, ob die Person unter 18 Jahre oder 18 Jahre und älter ist. Versuche dein Ergebnis zu begründen.

	Unter 18 Jahre	18 Jahre und älter
Weiblich	6.403.860	34.662.280
Männlich	6.734.730	32.418.830

In Ergänzung der gegebenen Häufigkeiten müssen Schüler zunächst die Summen in Zeilen- und Spaltenrichtung berechnen. Neben der direkten Ermittlung der interessierenden relativen Häufigkeiten bietet es sich zur Erfassung des Sachverhaltes an, ein Baumdiagramm zu zeichnen (s. Abb. 5.24). Daran ist erkennbar, dass das Merkmal Geschlecht von der betrachteten Altersgruppe abhängig ist. Während bei den unter 18-Jährigen der Anteil der männlichen Personen etwa dem Anteil der Jungengeburten (0,514) entspricht, ist bei denen, die 18 Jahre und älter sind, der Anteil der weiblichen Personen größer. Ursache dafür sind unter anderem die Folgen des Zweiten Weltkriegs, in dem mehr Männer als Frauen starben, sowie die bei Männern vergleichsweise höhere Sterblichkeit, die man den jeweils aktuellen Sterbetafeln des Statistischen Bundesamtes entnehmen kann. Der Frauenüberschuss zeichnet sich deutlich in der Generation der über 60-Jährigen in den aus dem Gesellschaftskundeunterricht bekannten Bevölkerungspyramiden der Bundesrepublik Deutschland ab (vgl. Krüger 2012a).

Mit dem folgenden Beispiel kann Schülern verdeutlicht werden, dass es bei konkreten Daten immer zufallsbedingte Schwankungen der relativen Häufigkeiten gibt. Eine Entscheidung über statistische Abhängigkeit oder Unabhängigkeit zweier Merkmale ist deshalb oft schwierig.

Beispiel 5.15 (Aufgabe aus Mathematik: Duden 10, S. 139)

In einer Untersuchung in Mitteleuropa zur Geschlechtsabhängigkeit der vier Hauptblutgruppen 0, A, B, AB wurden die in der Tabelle angegebenen Häufigkeiten ermittelt. Untersuche, ob nach diesen Daten die Verteilung der Blutgruppen vom Geschlecht abhängig ist.

	0	A	B	AB	Summe
Weiblich	817	723	176	92	1808
Männlich	862	765	191	106	1924
Summe	1679	1488	367	198	3732

Es handelt sich um eine Mehrfeldertafel, deren Unterschiede zur Vierfeldertafel zunächst von Schülern erfasst werden müssen. Daran anschließend ist es wieder sinnvoll, sich zu überlegen, wie die Häufigkeiten in einem Baumdiagramm dargestellt werden können (s. Abb. 5.25). Da nur die Anteile der Blutgruppen bei jedem Geschlecht interessieren, kann ein Baumdiagramm gezeichnet werden, dessen erste Stufe das Geschlecht darstellt. Die Pfadwahrscheinlichkeiten ergeben sich aus den betreffenden Anteilen, z. B. für den Anteil der Blutgruppe 0

$$\text{bei Frauen } \frac{817}{1808} = 0{,}452 \approx 45\,\%; \text{ und bei Männern } \frac{862}{1924} = 0{,}448 \approx 45\,\%.$$

Aufgrund der geringen Unterschiede in den entsprechenden relativen Häufigkeiten kann man mit großer Sicherheit vermuten, dass die Verteilung der Blutgruppen unabhängig vom Geschlecht ist. So gibt es keinen Grund anzunehmen, dass sich die Verteilung der Blutgruppen nach Geschlecht unterscheidet. In vielen stochastischen Situationen lässt sich die Unabhängigkeit von Merkmalen als Modellannahme aus dem Sachkontext begründen.

Mit dem Darstellungswechsel von einer Vierfeldertafel zu Baumdiagrammen sind einige Schwierigkeiten verbunden, die im Unterricht auftreten können und auf die die Lehrkraft besonders achten sollte.

Prozentuale Häufigkeiten in Vierfeldertafeln
Ein Problem bei der Arbeit mit Vierfeldertafeln ist die Frage, ob sie nur absolute oder schon relative Häufigkeiten in Prozent enthalten sollte. So hätte die Vierfeldertafel zum

Abb. 5.25 Baumdiagramm Blutgruppen

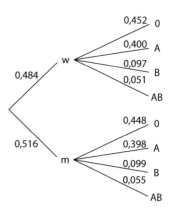

Tab. 5.8 Vierfeldertafel mit Prozentangaben zum Bsp. 4.8

	Liest gern	Liest nicht gern	**Summe**
Mädchen	39,3 %	14,3 %	**53,6 %**
Junge	17,9 %	28,6 %	**46,4 %**
Summe	**57,1 %**	**42,9 %**	**100 %**

Bsp. 4.8 (s. Abschn. 4.3.2) mit Prozentangaben die in Tab. 5.8 angegebene Form. Diese Tabelle ist zunächst unübersichtlicher als die Tabelle mit absoluten Häufigkeiten, was natürlich in diesem Fall auch an den konkreten Zahlen liegt. Ein weiteres Problem sind mögliche Fehldeutungen, auf die auch Motzer (2007) hinweist. So könnten Schüler zu der fehlerhaften Aussage kommen, dass 39,3 % der Mädchen gerne lesen. In Statistikprogrammen gibt es die Möglichkeit, die Prozentangaben zeilen- oder spaltenweise anzugeben, was diese Fehldeutungen ausschließen würde, aber zu weiteren Schwierigkeiten führen kann. Diese Form der Tabelle erweckt weiterhin ohne zusätzliche Informationen den Eindruck, als ob es um Aussagen über alle Mädchen und Jungen einer größeren Grundgesamtheit ginge, womit die Prozentangaben als Schätzwerte für Wahrscheinlichkeiten in dieser Grundgesamtheit gedeutet werden könnten. Wir empfehlen, Prozentangaben in einer Vierfeldertafel nur zu verwenden, wenn der Aufgabentext keine absoluten Häufigkeiten, sondern nur Prozentangaben enthält.

Formulierung scheinbar widersprüchlicher Aussagen

Die Tatsache, dass es zu einer Vierfeldertafel zwei verschiedene Auswertungsmöglichkeiten gibt (zeilen- oder spaltenweise), kann in bestimmten Fällen zu scheinbar widersprüchlichen Aussagen führen, die auf den gleichen Daten beruhen. So kann man zu den Daten in Bsp. 5.13 folgende zwei Aussagen formulieren: Die meisten Mädchen besitzen ein Fahrrad. Aber: Die meisten Fahrradbesitzer sind Jungen. Die scheinbare Widersprüchlichkeit beruht darauf, dass es sich um zwei Aussagen handelt, die sich auf unterschiedliche Grundgesamtheiten beziehen und daher nicht direkt etwas miteinander zu tun haben. Einmal geht es um die Grundgesamtheit der Mädchen mit Blick auf das Merkmal Fahrradbesitz und zum anderen um die Grundgesamtheit der Fahrradbesitzer mit Blick auf das Merkmal Geschlecht. Meyer (2006) schlägt vor, solche Aussagen zur Vertiefung der Arbeit mit Vierfeldertafeln im Unterricht zu thematisieren und gibt folgendes Beispiel an. Zwei Lehrer unterhalten sich über dieselbe Schulklasse: „In dieser Klasse tragen fast alle Jungen eine Brille." „Mir ist aufgefallen, dass fast alle Brillenträger Mädchen sind." Die Schüler konstruierten selbst ein Zahlenbeispiel, bei dem beide Aussagen zutreffend sind. Zur Aufklärung der scheinbaren Widersprüchlichkeit sollten entsprechende Baumdiagramme gezeichnet und gezielt Veränderungen von Daten bzw. relativen Häufigkeiten vorgenommen oder zu den Aussagen entsprechende Daten konstruiert werden.

Fehlinterpretationen zur Abhängigkeit von Merkmalen

Bei Aussagen zur statistischen Abhängigkeit von zwei Merkmalen sind fehlerhafte Interpretationen möglich, die in enger Beziehung zur fehlerhaften Verwendung des Prozentbegriffs stehen. In den Büchern von Krämer (2011b) und Bosbach und Korff (2011) findet man zahlreiche Beispiele solcher Fehlinterpretationen aus den Medien. So wurde etwa in einer Zeitschrift formuliert: „Fußballspieler sind ... die reinsten Bruchpiloten. Sie verursachen fast die Hälfte der jährlichen rund eine Million Sportunfälle." (Krämer 2011b, S. 37). Aufgrund des häufigen Auftretens solcher Schlussweisen sollten diese auch mit Schülern thematisiert werden. Dabei kann die Übersetzung der Sachsituation in ein aussagekräftiges Baumdiagramm eine Hilfe zum Erkennen der logischen Struktur von Aussagen darstellen, was zur Aufklärung einer fehlerhaften Interpretation beitragen kann.

Anhand der folgenden Daten (vgl. Tab. 5.9) kann mit Schülern die Behauptung diskutiert werden, dass Fahrradfahren im Alter von 15 bis 18 Jahren gefährlicher sei als Moped- oder Mofafahren.

Um zu erkennen, dass aus dem Vergleich der Häufigkeiten der Unfälle mit verschiedenen Verkehrsmitteln nicht auf deren Gefährlichkeit geschlossen werden kann, sollten Schüler aufgefordert werden, aus den Daten in der Tabelle Baumdiagramme zu erstellen, mit dessen Hilfe die Aussage belegt werden könnte. Dabei müssen sie zunächst erkennen, dass es um die Beteiligung eines Jugendlichen im Alter von 15 bis 18 Jahren im Straßenverkehr mit den angegebenen Verkehrsmitteln geht. Bei diesem Vorgang wird das Merkmal betrachtet, ob ein Unfall passiert oder nicht. Die Grundgesamtheit ist die Menge aller Fahrten mit einem der Verkehrsmittel. Daraus ergäbe sich mit den Daten in der Tab. 5.9 zunächst der im linken Teil in Abb. 5.26 angedeutete Häufigkeitsbaum.

Um die eigentliche Frage nach der Gefährlichkeit eines Verkehrsmittels zu beantworten, müsste ein umgekehrtes Baumdiagramm gezeichnet werden können (im rechten Teil der Abb. 5.26 angedeutet). Dies ist aber nicht möglich, da die Gesamtzahl der Fahrten und damit die Anteile der Fahrten der Jugendlichen in dem Alter mit den entsprechenden Verkehrsmitteln nicht bekannt sind. Dies kann auch kaum statistisch erfasst werden. Eine gezielte Suche im Internet ergab keine Ergebnisse. Da erfahrungsgemäß Jugendliche im Alter von 15–18 Jahren viel häufiger mit einem Fahrrad als mit einem Moped oder gar Motorrad fahren, kann die Fehlerhaftigkeit der Schlussweise trotzdem qualitativ gut verdeutlicht werden. Bei der Interpretation der Daten ist noch zu beachten, dass in der Tabelle die Unfallbeteiligten aufgeführt werden und nicht die Führer des jeweiligen Fahrzeuges.

Im gymnasialen Bildungsgang sollten auch Betrachtungen aus probabilistischer Sicht mit bedingten Wahrscheinlichkeiten vorgenommen werden, um den entsprechenden in-

Tab. 5.9 Unfallbeteiligte im Alter von 15 bis unter 18 Jahren im Jahre 2013. (Quelle: Statistisches Bundesamt, Wiesbaden 02.08.2014)

Unfälle nach Art der Verkehrsbeteiligung					
Moped/Mofa	Motorrad	PKW	Fahrrad	Sonstige	Summe
3921	3125	927	4655	1913	14.541

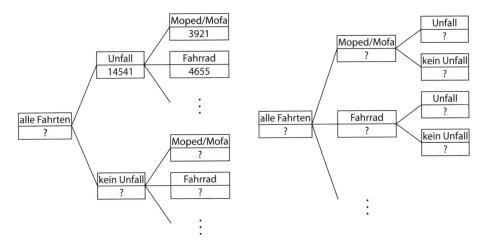

Abb. 5.26 Häufigkeitsbäume zu Tab. 5.9

Tab. 5.10 Unfälle im Sportunterricht in NRW im Jahre 2003

Sportart	Anteil an Unfällen in %	Anteil am Sportunterricht in %
Basketball	19,8	9,7
Fußball	20,4	5,1

haltlichen Aspekt des Begriffs zu festigen (vgl. Abschn. 6.5). So geht es bei der Frage nach der Gefährlichkeit des Fahrradfahrens um die bedingte Wahrscheinlichkeit, dass man an einem Fahrradunfall beteiligt ist, wenn man Fahrrad fährt. Um die unterschiedlichen Schlussweisen auch zahlenmäßig zu untersetzen, könnten fiktive Daten oder geschätzte Wahrscheinlichkeiten für die Art der Verkehrsbeteiligung für Berechnungen in den Baumdiagrammen verwendet werden.

Ein häufiger Fehlschluss der gleichen Art (s. Krämer 2011b, S. 37) ist, aus der Anzahl der jährlichen Sportunfälle in den einzelnen Disziplinen auf die Gefährlichkeit der jeweiligen Sportart zu schließen. Auch hier könnten die Schüler versuchen, im Internet entsprechende Daten zur Häufigkeit der Ausübung der Sportarten zu finden. Im Gesundheitsbericht des Landes Nordrhein-Westfalen (NRW) im Jahr 2003 (Henke 2003, S. 8) sind sowohl die Anteile der Unfälle in den Sportarten an Schulen als auch der Anteil dieser Sportarten am Sportunterricht an den Schulen enthalten (vgl. Tab. 5.10).

Obwohl die Anteile an Unfällen bei beiden Ballsportarten etwa gleich sind, kann man nicht sagen, dass Basketball genauso gefährlich wie Fußball ist, denn es wird im Sportunterricht viel häufiger Basketball als Fußball gespielt. Über diese qualitative Aussage hinaus ist aber eine Ermittlung der Wahrscheinlichkeit, beim Fußballspielen einen Unfall zu erleiden, aus den Daten nicht möglich, wie man ebenfalls mit Baumdiagrammen herausfinden kann. Es müsste noch die Gesamtheit aller Sportstunden und die Gesamtzahl aller Unfälle im Sportunterricht im Jahre 2003 bekannt sein. Diese Daten sind im Bericht nicht enthalten.

Weitere Beispiele dieser Art findet man bei Meyer (2006) und Strick (1999).

5.5.2 Bedingte Wahrscheinlichkeit

Die folgenden Unterrichtsvorschläge sind nur für den *gymnasialen Bildungsgang* gedacht. Wir empfehlen, den Begriff der bedingten Wahrscheinlichkeit im Anschluss an die vorgeschlagenen Untersuchungen zur statistischen Abhängigkeit und Unabhängigkeit bei bivariaten Daten einzuführen. Dies entspricht unserem datenorientiertem Vorgehen analog zu unseren Vorschlägen für die Einführung eines quantitativen Wahrscheinlichkeitsbegriffs in den Jahrgangsstufen 5/6 (vgl. Abschn. 3.5.2).

Im Anschluss an die Erstellung von Bäumen zu Daten aus einer Vierfeldertafel sollte der Übergang zu Wahrscheinlichkeitsbäumen erfolgen. Letztere sind aber mit einer anderen Sichtweise auf die stochastische Situation verbunden. Die relativen Häufigkeiten an den Pfaden müssen jetzt als Wahrscheinlichkeiten bei einem zweistufigen Vorgang gedeutet werden. Wir wollen dazu das Beispiel der Daten zu Geschlecht und Mitgliedschaft in einem Sportverein aus dem vorangegangenen Abschnitt wieder aufgreifen (s. Tab. 5.7). Ein Wahrscheinlichkeitsbaum hat die gleiche Form wie die Baumdiagramme in Abb. 5.22 mit relativen Häufigkeiten. Da Aussagen auf der Basis der vorliegenden Daten nur für die betreffende Klasse gelten, kann es sich nur um Wahrscheinlichkeiten bei einer zufälligen Auswahl eines Jugendlichen aus der Klasse handeln. Die Teilvorgänge ergeben sich aus den Merkmalen Geschlecht und Mitgliedschaft im Sportverein. Im linken Baumdiagramm (s. Abb. 5.22) ist die erste Stufe das Geschlecht. Daher geben die Brüche an den Pfaden zur ersten Stufe die Wahrscheinlichkeit dafür an, dass aus der Klasse zufällig ein Junge oder ein Mädchen ausgewählt wird. Auf der zweiten Stufe wird aus der Menge der Jungen bzw. der Mädchen ein Schüler zufällig ausgewählt. Als Sprechweise für die Wahrscheinlichkeiten, die an den Pfaden zwischen der ersten und zweiten Stufe stehen, können folgende Formulierungen verwendet werden: „Die Wahrscheinlichkeit beträgt $\frac{1}{3}$, dass ein (zufällig ausgewählter) Schüler in einem Sportverein ist, ...

- wenn zuerst ein Junge ausgewählt wurde *oder*
- unter der Bedingung, dass ein Junge ausgewählt wurde, *oder*
- wenn ich schon weiß, dass der ausgewählte Schüler ein Junge ist."

Das rechte umgekehrte Baumdiagramm (s. Abb. 5.22) entspricht der Situation, dass bei einem zufällig ausgewählten Schüler nur seine Mitgliedschaft in einem Sportverein bekannt ist und dann gefragt wird, mit welcher Wahrscheinlichkeit er ein Junge (oder ein Mädchen) ist. Die bedingten Wahrscheinlichkeiten auf der zweiten Stufe können in folgender Weise beschrieben werden: Wenn ich von einem Schüler schon weiß, dass er in einem Sportverein ist, beträgt die Wahrscheinlichkeit 50 %, dass er ein Junge ist. Diese

Situation lässt sich auch in folgenden Sachverhalt einkleiden: In der Schule wurde ein Trikot eines örtlichen Sportvereins gefunden. Mit welcher Wahrscheinlichkeit gehört es einem Jungen?

Es sind zwei Schreibweisen für bedingte Wahrscheinlichkeiten möglich (vgl. Abschn. 6.5), die jeweils Vor- und Nachteile haben. Wir verwenden im Folgenden vorrangig die Form P(B | A), wie etwa für das obige Beispiel:

$$P(\text{Mitglied im Sportverein}|\text{Junge}) = \frac{1}{3}$$

$$P(\text{Junge}|\text{Mitglied im Sportverein}) = \frac{1}{2}$$

Zur Motivierung der Bezeichnung „bedingt" kann an die Formulierung „unter der Bedingung, dass ..." angeknüpft werden. Es sollten aber auch andere Formulierungen wie folgende verwendet werden:

- die Wahrscheinlichkeit von B unter der Voraussetzung, dass A eingetreten ist,
- die Wahrscheinlichkeit von B unter der Bedingung A,
- die Wahrscheinlichkeit von B, wenn A eingetreten ist,
- die durch A bedingte Wahrscheinlichkeit von B.

Durch die Verbindung des Begriffs „bedingte Wahrscheinlichkeit" mit der statistischen Abhängigkeit von Merkmalen sowie den Wahrscheinlichkeitsangaben in Baumdiagrammen und umgekehrten Baumdiagrammen werden zugleich mehrere inhaltliche Aspekte des Begriffs ausgebildet (vgl. Abschn. 6.5). Außerdem tritt die bedingte Wahrscheinlichkeit Schülern auf diese Weise nicht als etwas völlig Neues gegenüber, sondern als eine neue Sprechweise für ihnen bereits bekannte Zusammenhänge. Nach der Einführung der Bezeichnung „bedingte Wahrscheinlichkeit" und ihrer Anwendung auf weitere Beispiele zur Abhängigkeit bzw. Unabhängigkeit von Merkmalen sollten Bezüge zu stochastischen Vorgängen aus der Wahrscheinlichkeitsrechnung hergestellt werden (vgl. Abschn. 4.3). Man kann auch für bereits behandelte Aufgaben oder Musterlösungen in Lehrbüchern die Wahrscheinlichkeiten an den Pfaden der zweiten Stufe entsprechend ausdrücken. So kann etwa im Bsp. 4.12 (vgl. Abschn. 4.3) formuliert werden: „Die Wahrscheinlichkeit, dass das zweite Kind eine rote Karte zieht unter der Bedingung, dass das erste Kind eine schwarze Karte gezogen hat, beträgt $\frac{1}{2}$." Oder in formaler Schreibweise: P(2. Kind zieht Rot | 1. Kind zieht Schwarz) = $\frac{1}{2}$.

An Beispielen sollte herausgestellt werden, dass bedingte Wahrscheinlichkeiten an Pfaden ab der zweiten Stufe auftreten. Im Anschluss daran kann eine Verallgemeinerung für einen zweistufigen Vorgang erfolgen (s. Abb. 5.27). Durch die Gegenüberstellung eines Baumdiagramms mit dem dazu umgekehrten Baumdiagramm sind alle vorkommenden bedingten Wahrscheinlichkeiten erkennbar.

Aus der Pfadmultiplikationsregel lässt sich dann leicht durch Umstellen der Gleichung P(A) · P(B|A) = P(A und B) eine Formel für die direkte Berechnung der bedingten Wahr-

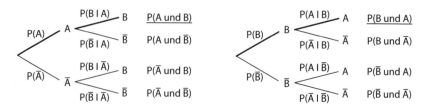

Abb. 5.27 Allgemeines und dazu umgekehrtes Baumdiagramm

scheinlichkeit finden, auf deren Grundlage man den Begriff definieren kann (vgl. Abschn. 6.5).

$P(B|A) = \frac{P(A \text{ und } B)}{P(A)}$ ist die bedingte Wahrscheinlichkeit von B unter der Voraussetzung, dass A eingetreten ist.

Um Schüler auf Berechnungen bedingter Wahrscheinlichkeiten ohne Verwendung des Satzes von Bayes vorzubereiten und ihnen weitere Sicherheit im Umgang damit zu geben, kann das Umkehren eines Baumdiagramms an einer Sachaufgabe erarbeitet werden. Aktuelle bivariate Daten für solche Aufgaben können oft aus den Medien entnommen werden. Die Schüler sollten angeregt werden, zu den Daten Fragen zu stellen, und dann versuchen, diese zu beantworten. Das folgende Bsp. 5.16 bezieht sich auf eine Studie der Stiftung Lesen, deren Ergebnisse Eltern dazu anregen sollen, ihren Kindern häufiger vorzulesen. Aus den Daten können aber auch weitere interessante Schlussfolgerungen gezogen werden, wie die Antworten auf die beiden Aufgabenteile a) und b) zeigen.

Beispiel 5.16

In einer Studie über Einstellungen zum Bücherlesen bei Kindern und Jugendlichen (Ehmig und Reuter 2013, S. 10) gaben in einer repräsentativen Stichprobe von Kindern und Jugendlichen im Alter von 10 bis 19 Jahren 61,4 % an, dass ihnen als Kind von den Eltern vorgelesen wurde. Der Aussage „Bücherlesen macht Spaß" stimmten 54,1 % der Kinder zu, denen vorgelesen wurde, dagegen nur 38,0 % jener Kinder, denen nicht vorgelesen wurde.

a) Eine Deutschlehrerin möchte aus diesen Daten ermitteln wie groß die Wahrscheinlichkeit ist, dass einem Schüler im Alter von 10–19 Jahren das Bücherlesen Spaß macht.

b) Die Deutschlehrerin kennt viele Schüler im Alter von 10–19 Jahren, denen Bücherlesen keinen Spaß macht. Sie fragt sich, wie groß die Wahrscheinlichkeit ist, dass einem solchen Schüler als Kind vorgelesen wurde.

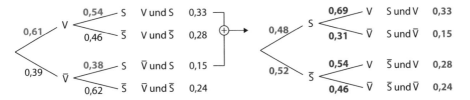

Abb. 5.28 Baumdiagramm und umgekehrtes Baumdiagramm zum Bsp. 5.16

Da es sich bei der Studie um eine repräsentative Stichprobe handelt, können die gegebenen relativen Häufigkeiten als Wahrscheinlichkeiten gedeutet werden, wobei eine sinnvolle Genauigkeit gewählt werden sollte. Aus den Angaben kann direkt ein Baumdiagramm erstellt werden (s. linkes Baumdiagramm in Abb. 5.28). Es bedeuten V „Es wurde vorgelesen" und S „Bücherlesen macht Spaß". Aus den drei gegebenen relativen Häufigkeiten (grün markiert) können alle anderen (schwarz markierten) Wahrscheinlichkeiten im Baum berechnet werden.

Zur Lösung der Teilaufgabe a) muss mithilfe der Pfadadditionsregel die Wahrscheinlichkeit P(S) berechnet werden. Es ist $P(S) = 0,33 + 0,15 = 0,48$. Diese Wahrscheinlichkeit kann von der Deutschlehrerin auf zwei Arten interpretiert werden. Zum einen ergibt sich daraus ihr Erwartungsgefühl gegenüber einem ihr noch unbekannten (zufällig ausgewählten) Schüler in Bezug auf seine Freude am Lesen. Im Sinne der Häufigkeitsinterpretation dieser Wahrscheinlichkeit kann sie die Aussage treffen, dass nach der Studie etwa der Hälfte der Schüler im Alter von 10 bis 19 Jahren Bücherlesen Spaß macht. In der Teilaufgabe b) müssen Schüler erkennen, dass eine bedingte Wahrscheinlichkeit im umgekehrten Baumdiagramm gesucht ist. Um diese zu ermitteln, müssen sie das umgekehrte Baumdiagramm erstellen (s. rechtes Baumdiagramm in Abb. 5.28) und erkennen, dass die berechnete Wahrscheinlichkeit für P(S) jetzt eine Wahrscheinlichkeit auf der ersten Stufe ist. Die Wahrscheinlichkeiten, die aus dem ersten Baumdiagramm und Aufgabenteil a) bekannt sind, wurden blau markiert. Mittels Division der jeweiligen Pfadwahrscheinlichkeit durch die Wahrscheinlichkeit am ersten Pfad können dann die (rot markierten) bedingten Wahrscheinlichkeiten berechnet werden. Die durch Division berechnete (Rückwärts-)Wahrscheinlichkeit $P(V|\bar{S}) = 0,54$ kann entsprechend der Häufigkeitsinterpretation so gedeutet werden, dass mehr als der Hälfte der Jugendlichen, denen heute Bücherlesen keinen Spaß macht, im Kindesalter von den Eltern vorgelesen wurde. Dies zeigt die Grenzen elterlicher Bemühungen, die nur ein Faktor für die aktuelle Freude am Bücherlesen sind. Es gibt keinen Grund, aus dem Desinteresse eines Schülers am Lesen darauf zu schließen, dass die Eltern es versäumt hätten, ihm als Kind etwas vorzulesen.

Bedingte Wahrscheinlichkeiten bei Erkenntnisvorgängen

Eine weitere wichtige Anwendung des Konzepts der bedingten Wahrscheinlichkeit ergibt sich bei der Modellierung von Vorgängen zur Gewinnung von Erkenntnissen über ein eingetretenes, aber unbekanntes Ergebnis eines stochastischen Vorgangs. Im Resultat

Abb. 5.29 Prozessschema zur
Diagnose einer Krankheit

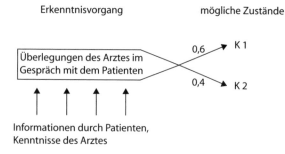

eines solchen Erkenntnisvorgangs entstehen Hypothesen, also begründete Vermutungen über das unbekannte Ergebnis. Den Hypothesen kann man in der Regel eine bestimmte Wahrscheinlichkeit zuordnen. Durch weitere Informationen über das unbekannte Ergebnis können sich die Wahrscheinlichkeiten der Hypothesen ändern. Bei der Berechnung dieser neuen Wahrscheinlichkeiten sind Formeln zur bedingten Wahrscheinlichkeit nützlich.

Ein typisches Beispiel ist die Diagnose einer Krankheit. Bei einem Patienten ist eine bestimmte Krankheit eingetreten, die der untersuchende Arzt feststellen möchte. Nach den Schilderungen des Patienten über die Erkrankung sowie seinen Erfahrungen und Kenntnissen kommt der Arzt zu ersten Wahrscheinlichkeiten für seine Hypothesen über die eingetretene Krankheit. Der Prozess der Erkenntnisgewinnung kann an folgender Situation modellhaft beschrieben und exemplarisch nachvollzogen werden.

Bei der Untersuchung eines Patienten hält ein Arzt nur die beiden Krankheiten K1 und K2 des Patienten für möglich. Nach den ersten Untersuchungen und Gesprächen mit dem Patienten vermutet der Arzt, dass der Patient die Krankheit K1 mit einer Wahrscheinlichkeiten von 60 % und K2 entsprechend mit einer Wahrscheinlichkeit von 40 % hat (s. Abb. 5.29).

Der Arzt weiß, dass bei Krankheit K1 bzw. K2 bestimmte Wahrscheinlichkeiten für keine (E1), leichte (E2) und starke (E3) Erhöhung der weißen Blutkörper vorhanden sind (s. linker Teil der Abb. 5.30). Er lässt dann als erste Untersuchung ein Blutbild seines Patienten machen, bei dem eine erhöhte Anzahl weißer Blutkörperchen festgestellt wird, also das Ergebnis E3 eingetreten ist. Dieses Ergebnis spricht bereits für das Vorliegen von K1, da es unter dieser Hypothese wahrscheinlicher ist.

Nun stellt sich der Arzt die Frage, mit welcher Wahrscheinlichkeit der Patient die Krankheiten K1 bzw. K2 nach diesem Befund hat. Dazu muss zuerst die Wahrscheinlich-

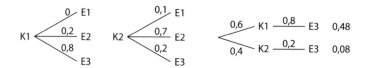

Abb. 5.30 Baumdiagramme zum Diagnoseproblem

Abb. 5.31 Umgekehrtes
Baumdiagramm zum Diagno-
seproblem

$$0,56 \diagup E3 \diagup^{0,86} K1 \quad 0,48 \qquad P(K1 \mid E3) = 0,48 : 0,56 \approx 0,86$$
$$\diagdown_{0,14} K2 \quad 0,08 \qquad P(K2 \mid E3) = 0,08 : 0,56 \approx 0,14$$
$$0,44 \diagdown \overline{E3}$$

keit von E3 berechnet werden, was mit einem verkürzten Baumdiagramm erfolgen kann (s. rechter Teil der Abb. 5.30). Nach der Pfadadditionsregel ist $P(E3) = 0,6 \cdot 0,8 + 0,4 \cdot 0,2 = 0,56$.

Die Berechnung der bedingten Wahrscheinlichkeiten kann mithilfe eines umgekehrten Baumdiagramms erfolgen, in das nur die interessierenden Ergebnisse eingetragen werden (s. Abb. 5.31). Die gesuchten bedingten Wahrscheinlichkeiten (rot markiert) können wieder als Umkehraufgabe zur Pfadmultiplikation durch Division ermittelt werden. Daraus wird ersichtlich, dass sich die Wahrscheinlichkeit für die Krankheit K1 nach der Blutuntersuchung von 60 % auf rund 86 % erhöht hat.

Der gesamte Erkenntnis- bzw. Informationsverarbeitungsprozess kann auch in einem verkürzten doppelten Baumdiagramm dargestellt werden (s. Abb. 5.32). Diese Darstellung sollte im Unterricht aber nur eingeführt werden, wenn weitere Beispiele zu diesen stochastischen Situationen wie das „Schubladenproblem" oder das „Ziegenproblem" behandelt werden.

Das Diagramm ist nach rechts fortsetzbar, wenn weitere Untersuchungen erfolgen. Das Vorgehen zur Berechnung der bedingten Wahrscheinlichkeiten nach der neuen Information durch das Ergebnis der Blutuntersuchung (Rückwärtsschließen) sollte als Verallgemeinerung aus den obigen ausführlichen Betrachtungen erarbeitet werden. Dahinter steht der Satz von Bayes, der aber zur Lösung der Aufgaben nicht formuliert werden muss, da sich die Rechnung durch Überlegungen zu dem umgekehrten Baumdiagramm finden und begründen lässt.

Bei dem stochastischen Vorgang der Diagnose eines Arztes geht es in den meisten Fällen um eine Einzelfallentscheidung, insbesondere wenn die Diagnose nach der ersten Untersuchung nicht klar ist. Daher lässt sich aus unserer Sicht die künstliche Schaffung einer Massenerscheinung zur Häufigkeitsinterpretation der Wahrscheinlichkeiten hier nicht rechtfertigen. Es macht wenig Sinn, eine Situation zu konstruieren, in der etwa 100 Patienten mit genau den gleichen Beschwerden zu genau dem gleichen Arzt gehen, der genau die gleiche Untersuchung durchführt usw. Damit wird die eigentliche stochastische Si-

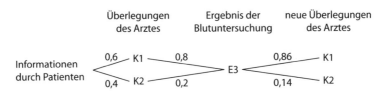

Abb. 5.32 Doppeltes Baumdiagramm zum Diagnoseproblem

tuation, in der ein Arzt Hypothesen aufstellt und diese nach vorliegenden Informationen wieder korrigiert, nicht erfasst.

Es gibt viele Berufsgruppen, die dieses umgekehrte Schließen täglich anwenden. Nicht nur das Schließen von Ärzten aus Symptomen auf zugrunde liegende Krankheiten beruht darauf, auch Handwerker bedienen sich bei der Suche nach Ursachen für ein bestehendes Problem dieses Vorgehens, allerdings auf empirischer Ebene und meistens ohne sich des theoretischen Hintergrundes bewusst zu sein. Im Unterricht kann die Brisanz des umgekehrten Schließens nur an einprägsamen Beispielen wie etwa den Fehlschlüssen zum Unfallgeschehen (vgl. Tab. 5.9) exemplarisch verdeutlicht werden. Oft wird auch in Schulbüchern für den gymnasialen Bildungsgang das Problem der Diagnose seltener Ereignisse wie etwa eine Aids- oder Brustkrebserkrankung behandelt, bei denen im Fall eines positiven Befundes fehlerhafte Interpretationsmöglichkeiten auftreten können.

Unterrichtsvorschläge zur bedingten Wahrscheinlichkeit, die in einigen Bundesländern bereits Stoff der Sekundarstufe I sind, enthalten häufig das sogenannte **Ziegenproblem**, dessen Lösung zu einem überraschenden Ergebnis führt. Das Ziegenproblem gehört zu einer Klasse strukturgleicher Probleme, deren ältester Vertreter das Schubladenparadoxon (Kästchenparadoxon, Drei-Kasten-Problem) ist, das der französische Mathematiker Joseph Bertrand (1822–1900) erstmalig 1889 veröffentlichte. Ein weiterer Vertreter ist das „Drei-Gefangenen-Problem", das von dem Rätselerfinder Martin Gardner im Oktober 1959 formuliert wurde. In eine ähnliche Geschichte eingekleidet, stellte dann 1990 Marilyn vos Savant dieses Problem in der Rätselkolumne „Ask Marilyn" des US-Magazins *Parade* vor. In dieser Form ist es als „Ziegenproblem" oder „Drei-Türen-Problem" in die Geschichte der Stochastik und des Stochastikunterrichts eingegangen. Die Lösungsvorschläge haben weltweit auch unter Fachwissenschaftlern kontroverse Diskussionen ausgelöst. Es gibt viele Versuche, die Lösungsüberlegungen in verständlicher Form darzustellen, oder auch durch Simulationen die Sinnhaftigkeit der Lösung nachzuweisen (Atmaca und Krauss 2001; Henze 2004; Jahnke 1997; Wollring 1992). Oft wird dabei die Häufigkeitsinterpretation der Wahrscheinlichkeit zugrunde gelegt, obwohl es sich um einen stochastischen Vorgang handelt, bei dem es um einen Erkenntnisprozess zur Bestimmung der Wahrscheinlichkeit eines eingetretenen, aber der Person unbekannten Zustandes geht.

Mit den bereits beim Diagnoseproblem verwendeten Lösungsüberlegungen und Darstellungsweisen lässt sich auch das Ziegenproblem in übersichtlicherer Weise lösen als durch die meist übliche Darstellung aller Möglichkeiten in vollständigen Baumdiagrammen. Dabei ist aber bei Schülern Vertrautheit im Umgang mit bedingten Wahrscheinlichkeiten und der Umkehrung von Baumdiagrammen vorauszusetzen.

Beispiel 5.17 Ziegenproblem

In einer amerikanischen Spielshow werden hinter drei Türen auf zufällige Weise ein Auto und zwei Ziegen versteckt. Der Moderator weiß, hinter welcher Tür sich das Auto befindet.

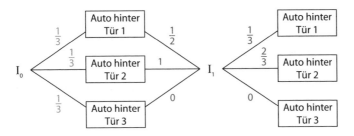

Abb. 5.33 Baumdiagramm zum Ziegenproblem

In einer Show tippt ein Kandidat auf die Tür 1. Der Moderator sagt: „Ich zeige Ihnen mal was", und öffnete die Tür 3, aus der eine Ziege ins Publikum schaut. Der Kandidat weiß nun, dass sich das Auto nur noch hinter Tür 1 oder Tür 2 befinden kann. Der Moderator bietet ihm wie üblich an, bei seiner Wahl zu bleiben oder auf Tür 2 zu setzen. Wie sollte sich der Kandidat verhalten?

Das Baumdiagramm in Abb. 5.33 kann schrittweise im Ergebnis der aufgeführten Überlegungen entstehen. Mit dem (doppelten) Baumdiagramm, das nur die zur Lösung des Problems benötigten Pfade enthält, können die Überlegungen gut strukturiert und auf das Wesentliche gelenkt werden.

Es liegen folgende Informationen vor:

I_0 ... Das Auto wurde zufällig hinter einer der drei Türen versteckt.

I_1 ... Der Moderator öffnet die Tür 3, nachdem der Kandidat auf Tür 1 gesetzt hat. Hinter der Tür 3 ist nicht das Auto.

Es geht um das dem Kandidaten unbekannte Ergebnis des Versteckens eines Autos hinter einer von drei Türen. Die möglichen Ergebnisse sind die Hypothesen des Kandidaten. Aus der Information I_0 ergibt sich, dass alle drei Hypothesen die gleiche Wahrscheinlichkeit $\frac{1}{3}$ haben (grün markiert).

Die entscheidenden Überlegungen, die zur Lösung des Problems führen, bestehen in der Ermittlung der bedingten Wahrscheinlichkeiten für die Information I_1 unter der Annahme der jeweiligen Hypothese (blau markiert).

- Wenn sich das Auto hinter der Tür 1 befindet, auf die der Kandidat gesetzt hat, kann der Moderator Tür 2 oder Tür 3 öffnen. Es muss an dieser Stelle vorausgesetzt werden, dass der Moderator eine der beiden Türen 2 oder 3 zufällig auswählt. Also ist $P(I_1 \mid$ Auto hinter Tür 1$) = \frac{1}{2}$.

- Wenn sich das Auto hinter der Tür 2 befindet und der Kandidat auf Tür 1 gesetzt hat, muss der Moderator mit Sicherheit Tür 3 öffnen. Also is $P(I_1 \mid$ Auto hinter Tür 2$) = 1$.

- Wenn sich das Auto hinter Tür 3 befindet, kann der Moderator unter keinen Umständen diese Tür öffnen. Also ist $P(I_1 \mid$ Auto hinter Tür 3$) = 0$.

An dieser Stelle ist bereits zu erkennen, dass die Information I_1 eher für die Hypothese spricht, dass sich das Auto hinter Tür 2 befindet. Die folgenden Rechnungen dienen lediglich der Bestätigung dieser Erkenntnis und der Berechnung der neuen (revidierten) Wahrscheinlichkeiten für die drei Hypothesen nach Erhalt der Information I_1 (rot markiert), die ohne den Satz von Bayes durch Umkehrung der Pfadmultiplikationsregel ermittelt werden können.

$$P(I_1) = \frac{1}{3} \cdot \frac{1}{2} + \frac{1}{3} \cdot 1 + \frac{1}{3} \cdot 0 = \frac{1}{2}$$

$$P(\text{Auto hinter Tür } 1 | I_1) = \left(\frac{1}{3} \cdot \frac{1}{2}\right) : \left(\frac{1}{2}\right) = \frac{1}{3}$$

$$P(\text{Auto hinter Tür } 2 | I_1) = \left(\frac{1}{3}\right) : \left(\frac{1}{2}\right) = \frac{2}{3}$$

Die Wahrscheinlichkeit, dass sich das Auto hinter Tür 2 befindet, ist für den Kandidaten nach den Handlungen des Moderators also doppelt so groß wie die Wahrscheinlichkeit, dass sich das Auto hinter Tür 1 befindet, auf die der Kandidat zunächst gesetzt hat. Die verbreitete Fehlvorstellung, dass die Wahrscheinlichkeit für beide Türen gleich groß ist, ignoriert die Tatsache, dass das Öffnen von Tür 3 eher für die Hypothese spricht, dass das Auto hinter Tür 2 steht als hinter Tür 1. Die gleichen Überlegungen lassen sich für alle Türen anstellen, auf die der Kandidat setzen könnte. Ein Wechsel der Tür verdoppelt also die Wahrscheinlichkeit, das Auto zu gewinnen. Die Wahrscheinlichkeit, dass sich das Auto hinter der Tür befindet, auf die zuerst gesetzt wurde, ist mit $\frac{1}{3}$ aber immer noch sehr hoch und die Angst vor einem irrtümlichen Wechsel kann das Verhalten mancher Menschen stärker beeinflussen als alle Überlegungen zur Wahrscheinlichkeit der Hypothesen.

Hypothesen sind zudem im Denken vieler Menschen entweder wahr oder falsch. Sie sollten aber als Ergebnisse von Denkvorgängen aufgefasst werden, die wie alle anderen Ergebnisse von Vorgängen eine bestimmte Wahrscheinlichkeit besitzen. Im Fall von Unsicherheit ist es in der Regel sinnvoll, sich an den wahrscheinlichsten Hypothesen zu orientieren.

Ein Ausblick auf stochastische Unabhängigkeit

Ein unverzichtbarer Grundbegriff der Wahrscheinlichkeitstheorie ist die **stochastische Unabhängigkeit**. Der Begriff wird zwar erst im Stochastikunterricht der Sekundarstufe II explizit thematisiert, dennoch spielen inhaltliche Vorstellungen von stochastischer Unabhängigkeit in der Sekundarstufe I eine wichtige Rolle, wie die Abschn. 4.3 und 5.5 zeigen. Hier sollen nun einige Aspekte dieses Begriffs im Zusammenhang mit seinen typischen Verwendungsweisen zusammenfassend reflektiert werden.

In der Wahrscheinlichkeitstheorie wird die stochastische Unabhängigkeit für Zufallsgrößen oder Ereignisse für gegebene Wahrscheinlichkeitsräume definiert. Durch formale Rechnungen lässt sich nachprüfen, ob zwei Ereignisse oder Zufallsvariablen voneinander unabhängig sind. Stochastische Unabhängigkeit tritt daneben in Anwendungssituationen insbesondere als Modellierungsinstrument auf, beispielsweise zur Beschreibung mehrstufiger stochastischer Vorgänge. So muss man etwa bei der Modellierung des doppelten Münzwurfs (s. Abschn. 4.3.3) nicht nur annehmen, dass die beiden Würfe mit dem Laplace-Modell beschrieben werden können, d. h. jeweils sechs gleichwahrscheinliche Ergebnisse möglich sind. Es muss weiterhin angenommen werden, dass die Ergebnisse des zweiten Würfelwurfs nicht vom Ergebnis des ersten Wurfs abhängen. Dazu dürfen sich die beiden Würfel physikalisch nicht beeinflussen, was sich durch aufeinanderfolgendes Werfen unter gleichen Bedingungen oder bei gleichzeitigem Werfen mit der Verwendung eines Würfelbechers realisieren lässt. Eine Modellannahme zur stochastischen Unabhängigkeit von Teilvorgängen kann empirisch überprüft werden, indem man Daten erhebt und, wie in Bsp. 5.15 geschehen, entsprechende relative Häufigkeiten ermittelt und miteinander vergleicht. Für die Sekundarstufe I spielt daher für die Entwicklung inhaltlicher Vorstellungen zur stochastischen Unabhängigkeit die statistische Auswertung von Vier- oder Mehrfeldertafeln eine grundlegende Rolle.

Auch die Modellierung mehrstufiger stochastischer Vorgänge mittels Baumdiagrammen in der Wahrscheinlichkeitsrechnung ermöglicht Schülern erste Erfahrungen mit der stochastischen Unabhängigkeit der Teilvorgänge. Dass zwei Teilvorgänge stochastisch unabhängig voneinander sind, drückt sich darin aus, dass ihren Ergebnissen auf der zweiten Stufe jeweils gleiche Wahrscheinlichkeiten zugeordnet werden können (z. B. in den Beispielen 4.6, 4.7, 4.9 und 4.10, vgl. Abschn. 4.3.2). Stochastische Unabhängigkeit und bedingte Wahrscheinlichkeiten treten typischerweise in den Urnenmodellen „Ziehen mit Zurücklegen" und „Ziehen ohne Zurücklegen" auf. Gleiche Teilvorgänge lassen sich durch wiederholtes Ziehen aus gleichen Urnen, verschiedene Teilvorgänge durch aufeinanderfolgende Ziehungen aus unterschiedlich gefüllten Urnen modellhaft beschreiben. Zieht man nacheinander aus einer Urne, muss man darauf achten, dass nach dem Ziehen die Kugel zurückgelegt und gemischt wird, um die stochastische Unabhängigkeit der einzelnen Ziehungen zu garantieren. Auch wenn man nacheinander aus verschiedenen Urnen einmal zieht, kann man stochastische Unabhängigkeit realisieren, nun von zwei verschiedenen Teilvorgängen. Ein Vorteil der Urnenmodelle besteht darin, dass die verschiedenen Ziehungsarten als prototypische Beispiele für die stochastische Unabhängigkeit bei mehrstufigen Vorgängen fungieren. Aufgrund ihrer einfachen Struktur liefern sie eine inhaltliche Begründung dafür, warum sich Ziehungen nicht gegenseitig beeinflussen können. Zum anderen können sie wiederum als Standardmodelle zur Beschreibung stochastischer Situationen genutzt werden, in denen Unabhängigkeit angenommen werden darf. Damit erhält man eine Grundlage für Simulationen (s. Abschn. 5.3 zur Simulation mit Zufallsgeräten).

5.6 Zusammenhänge bivariater metrischer Daten

Im gymnasialen Stochastikunterricht sollten Streudiagramme genutzt werden, um bei der Auswertung bivariater metrischer Daten Zusammenhänge zwischen zwei Merkmalen eines Objekts zu untersuchen. In Unterrichtsmaterialien findet man häufig Streudiagramme zum Zusammenhang von in der Klasse erhobenen Körpermaßen. Da das Merkmal Gewicht heikel für Schüler sein kann und der Zusammenhang von Körpergröße und Gewicht auf den problematischen Body-Mass-Index führt, empfehlen wir auf diese Betrachtung im Stochastikunterricht zu verzichten. Besser geeignet ist der Vergleich von Körpergröße und der Spannweite bei ausgestreckten Armen (vgl. die Unterrichtsvorschläge bei Eichler und Vogel 2009, Kap. 3; Biehler 2011, S. 43 f.). Im Unterricht lassen sich ohne großen Zeitaufwand die Spannweiten und Körpergrößen der Schüler messen und in einer Datentabelle erfassen. Die beiden Spalten in Tab. 5.11 erinnern an die bekannten Wertetabellen bei Funktionen. Eine grafische Auswertung mithilfe von Punkten in einem Koordinatensystem liegt somit nahe.

Die Daten können nun per Hand oder mit einem geeigneten Computerprogramm als **Datenpunkte in einem Streudiagramm** eingezeichnet werden. Jeder Datenpunkt stellt mit seinen Koordinaten (x;y) die Körpermaße einer Person (Körpergröße; Spannweite) dar. In Abb. 5.34 ist ein deutlicher Zusammenhang zwischen diesen beiden Merkmalen sichtbar. Je größer eine Person ist, desto größer ist ihre Spannweite. Die Datenpunkte scheinen um eine Gerade mit positiver Steigung herum zu streuen.

Sehr gut eignen sich zur Erkundung statistischer Zusammenhänge auch selbst erhobene bivariate Daten aus dem Sportunterricht. Hier könnte es für Schüler interessant sein, den Zusammenhang von 100-Meter-Laufzeit und Sprungweite beim Weitsprung zu erkunden. Die dafür benötigten Zeiten und Weiten können direkt im Sportunterricht gemessen werden.[3] Alternativ können auch im Internet frei zugängliche Daten von Spitzensportlern zur Auswertung verwendet werden, z. B. die 100-Meter-Zeiten und Sprungweiten der Zehnkämpfer bei der Leichtathletik WM 2013 in Moskau (n = 33).

Tab. 5.11 Datentabelle Körpergröße und Spannweite

Körpergröße	Spannweite
180 cm	176 cm
166 cm	165 cm
…	…

---

[3] Hinweise zur Planung der Datenerhebung findet man im Beispiel „Zweikampf" auf http://www.stat4u.at.

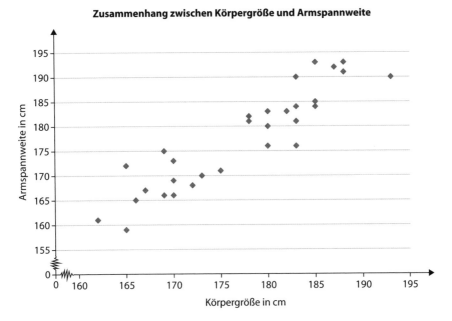

Abb. 5.34 Zusammenhang zwischen Körpergröße und Spannweite bei 31 Erwachsenen

Beispiel 5.18

Können schnellere 100-Meter-Läufer weiter springen?

	Name	Nation	100 m Zeit (in s)	Weitsprungweite (in m)
1	Ashton Eaton	USA	10,35	7,73
2	Damian Warner	CAN	10,43	7,39
3	Trey Hardee	USA	10,52	7,35
4	Rico Freimuth	GER	10,6	7,22
5	Mihail Dudas	SRB	10,67	7,51
6	Michael Schrader	GER	10,73	7,85
7	Carlos Chinin	BRA	10,78	7,54
...	...		...	...	...

Anhand der nach den Laufzeiten sortierten Datentabelle ist die Frage, ob schnellere Sprinter auch weiter springen, nicht eindeutig zu beantworten. Bei den ersten vier Läufern kann dieser Zusammenhang tatsächlich beobachtet werden. Allerdings sprang der Deutsche Michael Schrader als Sechstschnellster weiter als die vor ihm liegenden Zehnkämpfer. Bezieht man alle 31 Zehnkämpfer in die Auswertung mit ein, so lässt sich der Zusammenhang zwischen Laufzeit und Sprungweite wieder gut mit einem Streudiagramm

Zusammenhang zwischen 100-Meter-Laufzeit und Weitsprungweite im Zehnkampf bei der WM 2013

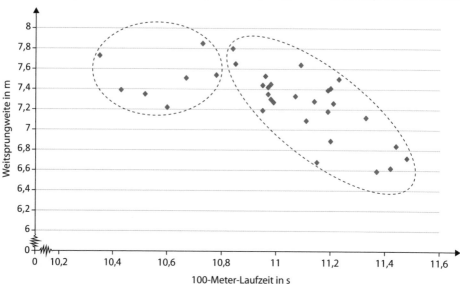

Abb. 5.35 Analyse eines Streudiagramms

auf einen Blick erfassen. Jeder Datenpunkt stellt hier die erzielten Leistungen der einzelnen Sportler (100-Meter-Laufzeit; Weitsprungweite) dar.

Das Streudiagramm in Abb. 5.35 zeigt, dass die schnellsten sieben Läufer (100 m unter 10,8 s) in ihren Sprungweiten streuen. Bei den restlichen langsameren Läufern ist trotz der Streuung klar ein Zusammenhang erkennbar: Ihre Datenpunkte liegen rechts weiter unten im Streudiagramm, das heißt, langsamere Läufer springen tendenziell weniger weit. Eine Prozessbetrachtung hilft dieses Ergebnis zu deuten. Eine wesentliche Einflussgröße beim Weitsprung ist neben der Absprungtechnik vor allem die Anlaufgeschwindigkeit. Diese muss beim Absprung in eine möglichst optimale Absprunggeschwindigkeit umgesetzt werden. Daher ist der im Streudiagramm sichtbare Zusammenhang einer tendenziell kürzeren Weitsprungweite bei höheren 100-Meter-Laufzeiten sachbezogen gut nachvollziehbar. Wir empfehlen, dass die Lehrkraft mit ihren Schülern zuerst das Lesen und Interpretieren von Streudiagrammen im Sachkontext einübt und nicht gleich Ausgleichsgeraden per Augenmaß oder mit Softwareunterstützung in geeignete Streudiagramme eingepasst werden.

Anpassen einer Ausgleichsgerade im Streudiagramm am Beispiel funktionaler Zusammenhänge

Für diesen weiteren Auswertungsschritt bei der Arbeit mit Streudiagrammen bieten sich Beispiele an, in denen die Parameter der Geradenanpassung im Sachkontext gut interpretiert werden können. Hierbei können entweder rein stochastische oder funktionale Zusammenhänge aus den naturwissenschaftlichen Unterrichtsfächern oder dem Geometrieunterricht untersucht werden. Wir empfehlen, in der Sekundarstufe I bei der Anpassung von Ausgleichsgeraden zuerst funktionale Zusammenhänge zu behandeln, da hier eine sinnvolle Verbindung zur Funktionenlehre im Mathematikunterricht hergestellt werden kann. Die Untersuchung stochastischer Zusammenhänge mittels Korrelation und Regression sollte der Sekundarstufe II vorbehalten bleiben.

Funktionale Zusammenhänge bei bivariaten metrischen Daten werden typischerweise im Physikunterricht der Sekundarstufe I zur experimentellen Erarbeitung von „Gesetzmäßigkeiten" wie dem Hookeschen Federgesetz, der gleichförmigen Bewegung, dem Zusammenhang von Stromstärke und Spannung oder der Messung der Schallgeschwindigkeit untersucht. Die dabei gemessenen Paare physikalischer Größen können mittels proportionaler Funktionen modellhaft beschrieben werden, was auf die Auswertung von Messwerten im Streudiagramm mittels einer Ausgleichsgerade durch den Ursprung führt. Die Planung, Durchführung und Auswertung von Messungen in physikalischen Experimenten beinhaltet somit einen wichtigen Querbezug zum Stochastikunterricht. Das Anpassen von Standard-Funktionsmodellen an Daten sollte auch im Mathematikunterricht integriert werden, wenn es um das Modellieren mit Funktionen geht. Daten können dabei helfen, ein passendes Funktionsmodell zu finden oder ein vorliegendes zu validieren. Der Einbezug von Daten in die Funktionenlehre wird von zahlreichen Stochastikdidaktikern gefordert (z. B. Schupp 2004; Engel 1998, 2010), hat sich aber leider in der Schulpraxis noch nicht in der Breite durchgesetzt. Geeignete Unterrichtsvorschläge für die Sekundarstufe I findet man u. a. in Biehler und Schweynoch (1999), Biehler (2011, S. 45–48) und Vogel (2008). Das Anpassen von Ausgleichsgeraden kann ohne großen Mehraufwand an passenden Stellen in der Jahrgangsstufe 7/8 im Zusammenhang mit den proportionalen und linearen Funktionen thematisiert werden (vgl. die Umsetzung in der Schulbuchreihe *Neue Wege* für die Jahrgangsstufen 7 und 8).

Auch der Geometrieunterricht eignet sich zur Auswertung bivariater metrischer Daten. Beispielsweise kann nach Messungen von Umfang und Durchmesser kreisförmiger Alltagsgegenstände der proportionale Zusammenhang beider Größen experimentell bestätigt und die Kreiszahl π über die Steigung einer Ursprungsgeraden näherungsweise bestimmt werden.

Beispiel 5.19 (frei nach Mathematik Neue Wege 9, S. 124)

Welcher Zusammenhang besteht zwischen dem Umfang und dem Durchmesser eines Kreises? Suche unterschiedlich große kreisförmige Gegenstände und miss jeweils möglichst genau deren Durchmesser und Umfang (ein Faden, Millimeterpapier oder eine Schieblehre helfen beim Messen). Trage die erhobenen Wertepaare in ein Streudiagramm ein und werte dieses aus: Welchen Zusammenhang vermutest du? Versuche eine Formel aufzustellen, mit der man aus dem gegebenen Durchmesser den Umfang berechnen kann.

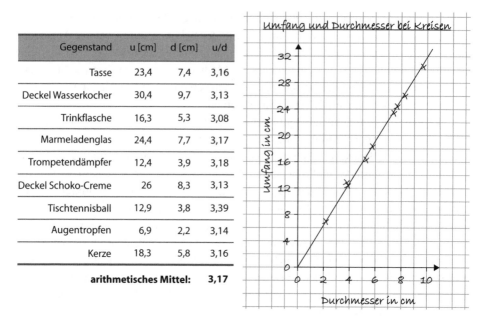

Gegenstand	u [cm]	d [cm]	u/d
Tasse	23,4	7,4	3,16
Deckel Wasserkocher	30,4	9,7	3,13
Trinkflasche	16,3	5,3	3,08
Marmeladenglas	24,4	7,7	3,17
Trompetendämpfer	12,4	3,9	3,18
Deckel Schoko-Creme	26	8,3	3,13
Tischtennisball	12,9	3,8	3,39
Augentropfen	6,9	2,2	3,14
Kerze	18,3	5,8	3,16
arithmetisches Mittel:			**3,17**

Abb. 5.36 Messwerttabelle und Streudiagramm zum Zusammenhang von Umfang und Durchmesser

Bei dieser experimentellen Erarbeitung des proportionalen Zusammenhangs von Umfang und Durchmesser eines Kreises ist es wichtig, dass Schüler möglichst genau messen. Wird beispielsweise ein Faden zur Umfangsmessung verwendet, so eignet sich eine Angelschnur besser als ein Bindfaden.

Beim Anpassen einer Ausgleichsgerade nach Augenmaß an die Datenpunkte im Streudiagramm hilft die vom arithmetischen Mittel vertraute Ausgleichsvorstellung, dass sich Abweichungen der Datenpunkte vom Modell der Ursprungsgerade nach oben und unten ausgleichen. Dabei liegen die einzelnen Datenpunkte gleichmäßig und zufällig ohne besonderes Muster um die Ausgleichsgerade herum verstreut (s. Abb. 5.36).

Zur weiteren Auswertung können Schüler mittels eines (möglichst großen) Steigungsdreiecks die Steigung und damit die Gleichung der proportionalen Funktion bestimmen. Bei den Messwerten in Abb. 5.36 erhält man mit etwa 3,2 einen Näherungswert für die Kreiszahl π. Die Abweichungen der Datenpunkte vom theoretischen Modell der Ursprungsgeraden $u = \pi d$ lassen sich durch zufällige Messfehler erklären. Hier sollte der zufällige vom systematischen Fehler unterschieden werden. Letzterer könnte beispielsweise auftreten, wenn sich der Faden bei der Umfangsmessung ausdehnt und daher systematisch zu niedrige Umfänge ermittelt werden. Hinzu kommt, dass es sich bei der Kreiszahl π um eine irrationale Zahl[4] handelt, sodass das Verhältnis von Umfang zu Durchmesser mithilfe von rationalen Maßzahlen der gemessenen Längen nicht exakt erfasst werden kann.

Alternativ zur Auswertung der Messdaten im Streudiagramm kann die Proportionalität von Kreisumfang und Durchmesser durch Quotientenbildung u/d überprüft werden. Die Ergebnisse aus Abb. 5.36 zeigen, dass die Quotienten zwischen 3,08 und 3,39 schwanken. Das arithmetische Mittel beträgt rund 3,17.

---

[4] Daher genügt es nicht, den funktionalen Zusammenhang zwischen Umfang und Durchmesser eines Kreises rein experimentell mit statistischen Methoden zu untersuchen. Im Geometrieunterricht sollten in den Jahrgangsstufen 9/10 wenigstens am Gymnasium weitere Näherungsverfahren zur π-Berechnung behandelt und die Irrationalität herausgestellt werden.

Aspekte grundlegender Begriffe, Methoden und Betrachtungsweisen

6

Im diesem Kapitel wenden wir uns ausgewählten theoretischen Fragen zu, die im Zusammenhang mit unseren Unterrichtsvorschlägen aufgetreten sind und die wir an dieser Stelle auch in Bezug auf Auffassungen in der Literatur ausführlicher diskutieren wollen. Damit sollen unsere Standpunkte verdeutlicht werden, die den Unterrichtsbeispielen in den bisherigen Kapiteln zugrunde liegen.

6.1 Prozessbetrachtung stochastischer Situationen

In diesem Abschnitt wird die in diesem Buch verwendete Prozessbetrachtung noch einmal aufgegriffen, zusammenfassend erläutert und ausführlicher begründet. Dazu legen wir zuerst unsere Auffassungen zum Umgang mit dem Begriff Zufall und den damit verbundenen Wortkombinationen im Stochastikunterricht dar.

6.1.1 Verwendung der Wörter „Zufall" und „zufällig"

In der didaktischen und teilweise auch fachwissenschaftlichen Literatur werden Betrachtungen zum Zufall oft zur Motivation des Anliegens der Stochastik verwendet. So ist für Herget et al. (2005) der Zufall das Herzstück und die Grundlage der mathematischen Disziplin Stochastik und wird aus ihrer Sicht viel zu wenig in der Mathematik und deren Didaktik thematisiert. Eichler und Vogel (2009) schlagen zu Beginn des Themas Wahrscheinlichkeit einen Exkurs zum Zufallsbegriff vor und Kütting und Sauer motivieren die Wahrscheinlichkeitstheorie mit der Feststellung, dass diese „den Zufall durch mathematisches Denken so weit wie möglich zu entschlüsseln" versucht (2011, S. 74). In vielen Schulbüchern erfolgt der Einstieg in die Wahrscheinlichkeitsrechnung ebenfalls über Betrachtungen zum Zufall, wie die Analysen in der Dissertation von Döhrmann (2004) zeigen. Der Begriff Zufall tritt in der Bezeichnung der entsprechenden Leitidee „Daten

© Springer-Verlag Berlin Heidelberg 2015
K. Krüger et al., *Didaktik der Stochastik in der Sekundarstufe I*,
Mathematik Primarstufe und Sekundarstufe I + II, DOI 10.1007/978-3-662-43355-3_6

und Zufall" der Bildungsstandards von 2004 auf. In der Fachwissenschaft werden dagegen die Wörter „Zufall" und „zufällig" zum Aufbau der Theorie nicht benötigt und können auch nicht mit mathematischen Mitteln definiert werden. In den meisten Fachbüchern gibt es deshalb auch keine oder nur sehr wenige Bemerkungen zu dieser Thematik. Eine Ausnahme bilden dabei z. B. die Bücher von Kütting und Sauer (2011) sowie insbesondere Böhme (1964), der sein Fachbuch zur Wahrscheinlichkeitsrechnung und Mathematischen Statistik mit dem Titel „Erscheinungsformen und Gesetze des Zufalls" versah.

Der Zufallsbegriff besitzt in der Umgangssprache sowie in den Naturwissenschaften und der Philosophie eine Vielzahl von möglichen Interpretationen und Bedeutungsaspekten. So wurden bei einer Befragung in den Jahrgangsstufen 11 und 12 von den befragten 94 Schülern insgesamt 81 unterscheidbare Begriffe genannt, die sie zur geforderten Umschreibung des Begriffs „zufällig" verwendet haben (Döhrmann 2004). Weitere ausführliche Darstellungen der Bedeutungsaspekte findet man z. B. bei Sill (1993) oder Herget et al. (2005). Aufgrund dieser unterschiedlichen Verwendungen der Wörter „Zufall" bzw. „zufällig" in der Umgangssprache kann eine Verständigung über stochastische Situationen insbesondere im Bereich des Umgangs mit Daten erschwert werden, wie die folgenden Beispiele zeigen. So wird unserer Erfahrung nach von Lehramtsstudierenden die pünktliche Ankunft eines Linienbusses oder die Laufzeit eines Schülers über 100 Meter oft nicht als „zufällig" angesehen. Dahinter steht die Vorstellung, dass es für konkrete Ankunftszeiten eines Busses oder Laufzeiten eines Schülers Ursachen gibt, während mit etwas Zufälligem im Alltag oft ursächlich nicht Erklärbares verbunden wird. Die Sicht auf die verschiedenen möglichen Ergebnisse bezüglich eines Merkmals wird deshalb nicht mit den Wörtern „Zufall" oder „zufällig" in Verbindung gebracht. Möchte man im Stochastikunterricht nicht nur Wahrscheinlichkeiten untersuchen, sondern verstärkt Daten einbeziehen, ist die Verwendung der Wörter „Zufall" oder „zufällig" in einem allgemeinen Modell für stochastische Situationen wenig sinnvoll. Mit der von uns vorgeschlagenen Prozessbetrachtung (vgl. Abschn. 6.1.2) kann ohne Verwendung der Wörter „Zufall" und „zufällig" eine verständliche und umfassende Analyse dieser Situationen vorgenommen werden.

Diskussionen mit Schülern über das, was man als „Zufall" oder „zufällig" bezeichnet, sind ein interessantes und fachübergreifendes Thema für vielfältige Betrachtungen aus naturwissenschaftlicher, sprachlicher und insbesondere philosophischer Perspektive. Wir halten solche Diskussionen im Interesse einer Allgemeinbildung der Schüler für bedeutsam. Wenn die Lehrkraft über entsprechende naturwissenschaftliche oder philosophische Kenntnisse verfügt, bietet sich der Stochastikunterricht neben anderen Unterrichtsfächern dazu in besonderer Weise an, exemplarisch Facetten des Zufallsbegriffs zu erkunden. Solche Betrachtungen sind aber keine notwendige Lernvoraussetzung für einen verständnisorientierten Stochastikunterricht.

Auch wenn wir aus oben genannten Gründen vor einer Thematisierung des Zufallsbegriffs im Stochastikunterricht abraten, wollen wir im Folgenden einzelne Wortverbindungen wie zufälliges Ereignis, Zufallsexperiment (Zufallsversuch), Zufallsgröße (Zufallsvariable), Zufallszahlen oder zufällige Auswahl diskutieren und unsere Standpunkte zu ihrer Nutzung im Unterricht begründen.

Die Wortkombination **zufälliges Ereignis**, die nur gelegentlich in der Fachliteratur verwendet wird, sollte aus unserer Sicht im Unterricht möglichst vermieden werden, da die sehr unterschiedlichen individuellen Auffassungen vom Wort „zufällig" im Rahmen der Wahrscheinlichkeitsrechnung zu inadäquaten Vorstellungen führen können. Dass etwa bei einem Wurf eines Würfels keine 6 kommt, wird man umgangssprachlich nicht als Zufall bezeichnen, da dies ja eigentlich zu erwarten war. Hinzu kommt, dass der Ereignisbegriff, den man im Unterricht nicht umgehen kann, aufgrund seiner umgangssprachlichen Bedeutung weitere Verständnisschwierigkeiten beinhaltet (s. Abschn. 6.4).

Mit dem Begriff **Zufallsexperiment** ist eine Reihe von Problemen verbunden, die insgesamt gegen seine Verwendung im Unterricht sprechen. Als Begründung für seinen Gebrauch in vielen Schulbüchern wird angeführt, dass es sich um einen Fachbegriff der Wahrscheinlichkeitsrechnung handelt. Dies ist aber nicht der Fall, zum theoretischen Aufbau der Wahrscheinlichkeitsrechnung ist der Begriff nicht erforderlich. Er tritt zwar in Fachbüchern auf, dient aber lediglich zur Beschreibung des Übergangs von der Realität zur Modellebene. Eine Analyse von 28 Fachbüchern ergab, dass nur in gut der Hälfte davon der Begriff „Zufallsexperiment" bzw. „Zufallsversuch" verwendet wurde (Sill 2010).

Als wesentliches Merkmal eines „Zufallsexperiments" wird in der Regel die beliebige Wiederholbarkeit unter gleichen Bedingungen genannt. Dabei handelt es sich um eine Modellannahme, nämlich die der stochastischen Unabhängigkeit. Das heißt, der Begriff ist eigentlich auf der theoretischen Ebene angesiedelt. Dies wird aber in vielen Fällen nicht beachtet, in denen z. B. als „Zufallsexperimente" reale Vorgänge wie das tatsächliche Würfeln oder das Ziehen von Losen angegeben werden. Bei dieser Verwendung des Wortes „Zufallsexperiment" verwischt man die Grenzen zwischen Realität und Modellebene. Sill (2010) hat als eine Lösung dieses Problems vorgeschlagen, den Begriff auf der Modellebene exakt zu definieren, wozu dann allerdings eine Definition von „Zufallsgeräten" und „Zufallsversuchen" im mathematischen Sinne erforderlich ist. Aus der Forderung der beliebigen Wiederholbarkeit unter gleichen Bedingungen ergibt sich weiterhin in der Schulpraxis eine wesentliche Einschränkung der betrachteten stochastischen Situationen. Im Mittelpunkt stehen dann Vorgänge, die sich mit Würfel, Münze, Urne, Glücksrad oder Glückskreisel oder auch durch das Werfen von Quadern und Reißzwecken realisieren lassen. Diese Vorgänge treten meist bei Glücksspielen auf und haben ansonsten keinen praktischen Nutzen. Die Dominanz dieser Vorgänge im Stochastikunterricht verfälscht in erheblichem Maße die Vorstellung der Schüler von dem Anwendungsbezug der Stochastik.

Ein weiteres Problem ergibt sich aus der Tatsache, dass der Begriff Experiment in den Naturwissenschaften einen klar umrissenen Inhalt hat. Experimente werden von Individuen geplant, durchgeführt und ausgewertet. Sie dienen zur Überprüfung von wissenschaftlichen Hypothesen. In Schulbüchern werden Zufallsexperimente oft als spezielle Experimente erklärt und gegenüber naturwissenschaftlichen Experimenten abgegrenzt. Der Fokus liegt dabei wieder auf Glücksspielsituationen. In stochastischen Anwendungen werden aber oft Situationen betrachtet, die man nicht als Experimente bezeichnen kann. Dies betrifft insbesondere alltägliche Situationen wie den Gang zur Schule, das Schreiben einer Mathematikarbeit oder die Entwicklung von Freizeitinteressen, aber auch ein normales „Mensch ärgere dich nicht"-Spiel. Wir halten das Durchführen von tatsächlichen Experimenten zu stochastischen Vorgängen im naturwissenschaftlichen Sinne für eine der Besonderheiten des Stochastikunterrichts (vgl. Abschn. 1.2) und deshalb sollte der Begriff „Experiment" auch dafür reserviert bleiben.

Bei dem Wort „Zufallsversuch", das teilweise anstelle von „Zufallsexperiment" oder synonym dazu verwendet wird, ist die Gefahr der Vermischung mit dem naturwissenschaftlichen Begriff „Experiment" zwar etwas geringer, aber das Wort „Versuch" hat auch die Bedeutung von Experiment und ein Versuch ist immer an eine den Versuch ausführende Person gebunden. Versuch bedeutet aber auch eine einmalige Durchführung eines Vorgangs (ein Versuch im Weitsprung), was in einem Schulbuch zur Stochastik zur Unterscheidung von Versuch und Experiment führte (Feuerpfeil et al. 1989).

Neben den Bezeichnungen „Zufallsexperiment" und „Zufallsversuch" findet man in der Literatur weiterhin folgende Wortverbindungen: „Vorgang mit zufälligem Ergebnis" (Schupp et al. 1979; Koops et al. 1981; Nawrotzki 1994; Warmuth und Warmuth 1998), „stochastischer Vorgang" (Diepgen et al. 1993), „Zufallsvorgang" (Bourier 2013) und „zufälliger Vorgang" (Sill 1993, 2010; Behnen und Neuhaus 2003; Eichler und Vogel 2009). Wenn die Bezeichnung „zufälliger Vorgang" im Unterricht verwendet werden soll, muss damit ein neuer Aspekt des Zufallsbegriffs bei den Lernenden ausgebildet werden. Während die Wörter „Zufall" und „zufällig" in der Umgangssprache und auch in der Wissenschaft in der Regel mit Ereignissen verbunden sind, ist dagegen bei einem „zufälligen Vorgang" das Zufällige eine Eigenschaft eines Prozesses. Es ist aber bisher nicht eingehend untersucht worden, inwieweit dieser neue Aspekt des Zufallsbegriffs mit den bisherigen interferiert.

Unter Beachtung aller diskutierten Aspekte schlagen wir vor, anstelle von „Zufallsexperiment" oder „Zufallsversuch" im Stochastikunterricht die Bezeichnung „Vorgang mit mehreren möglichen Ergebnissen" (Primar- und Orientierungsstufe) bzw. „stochastischer Vorgang" (Sekundarstufen) zu verwenden. Ein stochastischer Vorgang ist auf der Ebene der Realmodelle angesiedelt und stellt im Rahmen der von uns vorgeschlagenen Prozessbetrachtung einen wesentlichen Modellierungsschritt dar (vgl. Abschn. 2.1).

Der Begriff **Zufallsgröße** ist ein Grundbegriff der Wahrscheinlichkeitsrechnung und sollte deshalb im gymnasialen Bildungsgang im Zusammenhang mit der Behandlung von Erwartungswerten vorbereitet werden. Um die Wahrscheinlichkeitsrechnung mit der Beschreibenden Statistik zu verbinden, schlagen wir vor, enge Bezüge zu den Begriffen „Größe" und „Merkmal" sowie zum Funktionsbegriff herzustellen (s. Abb. 5.18 in Abschn. 5.4). In der Fachwissenschaft wird anstelle der Bezeichnung „Zufallsgröße" oft der Begriff „Zufallsvariable" verwendet. Für die Bezeichnung „Zufallsgröße" spricht, dass es sich in den meisten schulischen Anwendungen um Größen handelt, wie etwa bei den typischen Aufgaben zu Erwartungswerten. Wir fassen zudem Größen im Sinne von Griesel (1997) als Funktionen auf Trägermengen auf (s. Abschn. 6.2.1), sodass Zufallsgröße und

Größe in analoger Weise definiert sind. Gegen das Stammwort „Variable" spricht weiter-hin, dass damit der Funktionscharakter nicht zum Ausdruck kommt.

Gegenstand des Stochastikunterrichts sollten ebenfalls die Fachbegriffe **zufällige Aus-wahl** und **Zufallsstichprobe** sein, die sowohl in der Statistik als auch in der Wahrschein-lichkeitsrechnung benötigt werden. Dabei sollte Schülern verdeutlicht werden, dass diese Begriffe nur die folgenden ausgewählten Aspekte des Zufallsbegriffs enthalten:

- Man spricht von einer zufälligen Auswahl bzw. Zufallsstichprobe, wenn alle möglichen Ergebnisse gleichwahrscheinlich sind bzw. alle Elemente der Grundgesamtheit mit der gleichen Wahrscheinlichkeit in die Stichprobe gelangen können.
- Bei einer zufälligen Auswahl kann man das Ergebnis eines Vorgangs nicht vorhersehen und auch nicht beeinflussen. Sobald der Mensch das Ergebnis des Vorgangs beeinflus-sen kann, wird diese Situation nicht mehr als zufällig bezeichnet. Dies ist z. B. der Fall, wenn man beim Ziehen aus einem Behälter in diesen hineinsehen darf oder wenn dieser durchsichtig ist.

Bei dieser Verwendung des Wortes „zufällig" entsprechen die Alltagsvorstellungen, dass damit etwas Unvorhersehbares, von Menschen nicht Beeinflussbares bezeichnet wird, den tatsächlichen Merkmalen des Begriffs. Auch die umgangssprachliche Verwendung von „zufällig" beim Eintreten von gleichwahrscheinlichen Ergebnissen (Welche Augen-zahl beim Würfeln kommt, ist Zufall.) entspricht in diesem Fall dem fachlichen Hinter-grund. Diese genannten Bedeutungen hat das Wort „zufällig" nach unserer Einschätzung meist bei seiner Verwendung in der Fachwissenschaft. Aus Sicht unserer Prozessbetrach-tung handelt es sich beim Ziehen aus einem durchsichtigen Behälter oder beim Hin-einsehen in den Behälter auch um stochastische Situationen; es geht in beiden Fällen um Vorgänge mit mehreren möglichen Ergebnissen, die nun allerdings nicht gleichwahr-scheinlich sind. Daher sollte nicht von „zufälligen Vorgängen" gesprochen werden, um Verständnisschwierigkeiten bei Schülern zu vermeiden.

Die Bezeichnung **Zufallsgerät** wird in sehr vielen Schulbüchern und in der didakti-schen Literatur verwendet. Aus Sicht der Fachwissenschaft ist dies nicht erforderlich, da es sich nicht um einen Fachbegriff der Wahrscheinlichkeitsrechnung handelt. Bei Ver-wendung dieser Bezeichnung im Unterricht sehen wir das Problem, dass damit der Unter-schied zwischen Realität und Modell verwischt werden kann: Es ist oft nicht klar, ob mit der Bezeichnung „Zufallsgerät" ein reales Objekt oder ein theoretisches Modell gemeint ist. Das gleiche Problem entsteht bei der oft anzutreffenden Verwendung des Begriffs „Laplace-Würfel". Kann etwa auch ein „Laplace-Würfel" vom Tisch fallen? In Schul-lehrbüchern werden solche ungültigen Versuchsausgänge meist nicht betrachtet. Es wird implizit davon ausgegangen, dass reale Zufallsgeräte kein außergewöhnliches Verhalten zeigen. So könnte es durchaus vorkommen, dass bei einem gleichzeitigen Wurf von zehn Münzen auf einer weichen Unterlage eine auf einer Kante liegen bleibt. Die Begriffe „Zufallsgerät" und auch „Laplace-Würfel" befinden sich also bereits auf der Ebene der Realmodelle (vgl. Abschn. 2.1).

Abb. 6.1 Realer Würfel und idealisierter Würfel

Wir halten es daher für günstiger, nicht von „Zufallsgeräten" zu sprechen, wenn man die realen Objekte meint. Man kann sie direkt als Würfel, Münze usw. bezeichnen oder als Oberbegriff das Wort „Spielgeräte" verwenden, wie es zum Beispiel in *Mathematik Neue Wege 7* (S. 223) erfolgt. Mit dem Begriff „Zufallsgerät" ist eine Vereinfachung der Verständigung im Unterricht möglich. Dies könnte für das Beispiel Würfel etwa in folgender Weise erfolgen: Wenn von einem Würfel als Zufallsgerät gesprochen wird, ist damit ein idealer Würfel gemeint, bei dem alle Seiten die gleiche Wahrscheinlichkeit haben und beim Werfen stets genau eine Seite oben liegt. Ein solcher idealer Würfel wird auch als Laplace-Würfel bezeichnet (s. Abb. 6.1).

Diese Betrachtungsweise kann auch auf den Fall nicht gleichwahrscheinlicher Ergebnisse übertragen werden. So könnte zwischen einem realen Riemer-Würfel (s. Abb. 3.41) und einem Prisma als Zufallsgerät unterschieden werden, bei dem jede Seite genau eine bestimmte Wahrscheinlichkeit hat und beim Werfen des Zufallsgerätes immer genau eine Seite oben liegt.

Der Begriff **Zufallsgenerator** wird in der Fachwissenschaft als Abkürzung für Zufallszahlengenerator verwendet (Henze 2004, S. 148). Damit bezeichnet man Verfahren, mit denen **Zufallszahlen** erzeugt werden können. Man kann physikalische Zufallszahlengeneratoren und auf mathematischen Algorithmen beruhende Pseudozufallszahlengeneratoren unterscheiden. In dieser Bedeutung sollte der Begriff „Zufallsgenerator" auch im Stochastikunterricht verwendet werden und gehört damit zum Themenkreis der Simulation. Wir halten es für ungünstig, die Begriffe „Zufallsgerät" und „Zufallsgenerator" synonym zu verwenden, wie es teilweise in der Literatur, insbesondere für die Primarstufe, erfolgt.

6.1.2   Aspekte der Prozessbetrachtung

Im Abschn. 2.1 wurde die in diesem Buch verwendete Prozessbetrachtung bereits skizziert und in die Modellierung stochastischer Situationen eingeordnet. Im Folgenden sollen die wesentlichen Merkmale einer Prozessbetrachtung ausführlicher erläutert werden.

Das *Besondere der Prozessbetrachtung* ist, dass nicht nur die Ergebnisse eines stochastischen Vorgangs betrachtet werden, sondern auch der Prozess untersucht wird, als dessen Resultat diese Ergebnisse eintreten können. Dies entspricht dem Aufstellen eines Realmodells zu einer stochastischen Situation.

Ein wesentliches *Ziel der Prozessbetrachtung* ist die Schaffung einer gemeinsamen methodischen und begrifflichen Grundlage zur Analyse unterschiedlicher stochastischer Situationen. Damit sollen die oft unverbundenen großen Teilgebiete der Stochastik in der Schule, die Beschreibende Statistik und die Wahrscheinlichkeitsrechnung, in eine engere Beziehung gebracht werden.

In der Beschreibenden Statistik erfolgt durch eine Prozessbetrachtung eine Orientierung auf die eigentlichen Vorgänge, in denen die Ausprägungen der Merkmale und damit die Daten entstehen. Häufig wird z. B. die Befragung von Schülern nach ihren Freizeitinteressen oder die Messung der Körpergröße von Schülern als der Vorgang angesehen, der zu den Befragungs- bzw. Messergebnissen führt. Dies ist durchaus naheliegend, da diese Messvorgänge direkt sichtbar sind und unmittelbar die Ergebnisse liefern. Wenn man aber die Daten hinterfragen will und z. B. nach Ursachen für die Ausprägung der Freizeitinteressen sucht, kommt man zu dem eigentlichen Prozess, in dem die Merkmalsausprägungen entstanden sind, nämlich dem Prozess der Herausbildung der Freizeitinteressen bzw. dem Prozess der körperlichen Entwicklung des Schülers. Durch eine Prozessbetrachtung wird von Anfang an auf diese Vorgänge fokussiert und es wird nach Einflussfaktoren gefragt, deren Kenntnis sowohl für die Planung statistischer Untersuchungen als auch für die Interpretation der Daten von Bedeutung ist.

In der Wahrscheinlichkeitsrechnung ersetzt die Bezeichnung „Vorgang mit mehreren möglichen Ergebnissen" bzw. „stochastischer Vorgang" das Wort „Zufallsexperiment", dessen Verwendung wir aus den schon dargelegten Gründen ablehnen (vgl. Abschn. 6.1.1). Bei Aufgaben zur Ermittlung von Wahrscheinlichkeiten ist der Vorgang, der zu den Ergebnissen führt, oft bereits in der Aufgabenstellung enthalten (Ein Würfel wird geworfen.).

Die Methode der Prozessbetrachtung besteht aus folgenden Komponenten:

Bestimmung des Vorgangs und der beteiligten Objekte bzw. Personen
Das Wort „Vorgang" ist in der Umgangssprache eine Bezeichnung für etwas, was vor sich geht, abläuft oder sich entwickelt. Diese Bedeutung ist der Kern des von uns verwendeten Begriffs „Vorgang". Somit ist ein unmittelbarer Anschluss an die inhaltlichen Vorstellungen der Schüler zu diesem Begriff möglich.

In stochastischen Situationen, die mit den Mitteln der Beschreibenden Statistik untersucht werden, treten oft Mengen von Objekten oder Personen auf, die man als Grundgesamtheiten oder Stichproben bezeichnet. Eine Prozessbetrachtung dieser Situationen erfordert nicht nur, wie oben dargelegt, eine neue dynamische Sichtweise auf die ablaufenden Vorgänge, sondern auch zunächst die Betrachtung eines *einzelnen* Vorgangs (das Wettergeschehen an *einem* Tag, die Entwicklung der Freizeitinteressen *eines* Schülers).

Weiterhin sollten folgende Vorstellungen bei den Schülern ausgebildet werden:

- Stochastische Vorgänge treten in allen Bereichen des Lebens auf.
- Man kann stochastische Vorgänge betrachten, die schon abgeschlossen sind (Weitsprung eines Schülers), die noch andauern (Einstellung eines Kindes zu Tieren entwickelt sich) oder noch bevorstehen (der nächste Wurf mit einem Würfel).
- Es gibt stochastische Vorgänge, die sehr kurz sind (Luft anhalten eines Schülers), die etwas länger dauern (Weg eines Schülers zur Schule) und solche, die sehr lange dauern (Wachstum eines Schülers).
- Es gibt stochastische Vorgänge, deren Ergebnisse man nicht beeinflussen kann (Würfeln), und Vorgänge, bei denen die beteiligten Personen das Ergebnis beeinflussen können (Weitsprung eines Schülers).

Bestimmung eines interessierenden Merkmals

Weil Ergebnisse eines Vorgangs nur in Bezug auf ein *Merkmal* angegeben werden können, gehört zu einer Prozessbetrachtung weiterhin, dass das Merkmal festgelegt wird, für das man sich interessiert. Mit dem Begriff „Merkmal" wird ein Grundbegriff der Statistik in die Prozessbetrachtung integriert. Er hat inhaltliche Beziehungen zu dem später im gymnasialen Bildungsgang eingeführten Begriff der Zufallsgröße aus der Wahrscheinlichkeitsrechnung. Ein Merkmal ist eine Eigenschaft der betrachteten Objekte. Man könnte einwenden, dass der Begriff „Vorgang" einen subjektiven Charakter erhält, wenn er an die Betrachtung von Merkmalen gebunden wird. Dies ist aber nicht der Fall, da die Merkmale eines Vorgangs auch ohne ihre Betrachtung existieren.

Festlegung des Verfahrens zur Bestimmung der Ausprägungen des Merkmals und Ermittlung der möglichen Ergebnisse

Nachdem man sich für ein interessierendes Merkmal entschieden hat, muss überlegt werden, wie man die konkreten Ausprägungen des Merkmals bei den vorliegenden Untersuchungsobjekten bzw. Personen bestimmen kann. Dazu werden Geräte, Skalen oder Methoden zum Messen benötigt. Manchmal ist es möglich, für ein Merkmal unterschiedliche Skalen zum Messen zu verwenden. Mit der Festlegung einer Messskala sind auch die *möglichen Ergebnisse* des Vorgangs gegeben, sie sind die Werte der betreffenden Skala. Werte können dabei auch Bezeichnungen auf einer Nominalskala sein (vgl. Abschn. 6.2.1).

Nachdem die Messskala bzw. -methode festgelegt wurde, können damit die konkreten Ausprägungen des Merkmals ermittelt werden, die wir auch allgemein als (tatsächliche, konkrete) Ergebnisse des Vorgangs bezeichnen. Bei statistischen Untersuchungen spricht man auch von *Daten*. In einigen stochastischen Situationen, vorrangig in der Wahrscheinlichkeitsrechnung, sind keine speziellen Messverfahren erforderlich, weil die Ergebnisse einfach durch Beobachtung (z. B. durch Ablesen der Augenzahl) ermittelt werden können.

Betrachtung der Bedingungen des Vorgangs

Wenn man die ermittelten Daten oder die Wahrscheinlichkeiten der möglichen Ergebnisse hinterfragen oder einschätzen will, müssen die *Bedingungen* betrachtet werden, die Einfluss auf den Vorgang und damit auf die eintretenden Ergebnisse haben. Man spricht anstelle von Bedingungen auch von *Einflussfaktoren*. Die Bedingungen eines Vorgangs können auf zwei verschiedenen Ebenen betrachtet werden: zum einen auf einer allgemeinen Ebene und zum anderen für einen konkreten Verlauf des Vorgangs. So wird etwa die Internetnutzung durch einen Schüler durch allgemeine Bedingungen wie das Geschlecht, die Freizeitinteressen oder Einschränkungen durch Eltern beeinflusst. Bei einem konkreten Schüler haben diese Bedingungen eine konkrete Ausprägung. Mit der Einbeziehung von Bedingungen in die Prozessbetrachtung entstehen enge Bezüge zu den Betrachtungen von Gesetzen in den Naturwissenschaften, die ebenfalls nur unter bestimmten Bedingungen gelten.

Betrachtung von Wiederholungen des Vorgangs

In der Statistik und in der Wahrscheinlichkeitsrechnung geht es oft um Massenerscheinungen und mehrfache Wiederholungen eines Vorgangs. Ob ein Vorgang wiederholt abläuft, ob mehrere Vorgänge parallel verlaufen oder ob Vorgänge überhaupt zusammengefasst werden können, sehen wir als ein gesondert zu untersuchendes Problem an. Eine Zusammenfassung von Vorgängen zu einer Gesamtheit ist nur sinnvoll, wenn wesentliche Bedingungen gleich bleiben oder mindestens vergleichbar sind. Bei einer Prozessbetrachtung wird deshalb zunächst immer nur ein einzelner Vorgang in der bisher beschriebenen Weise untersucht. Die Wiederholbarkeit eines Vorgangs unter gleichen Bedingungen ist also keine definierende Eigenschaft eines stochastischen Vorgangs. Die Untersuchung und der Vergleich der Ausprägungen der allgemeinen Bedingungen bei einer Vielzahl parallel laufender Vorgänge führen zum Problem der Gruppierung von Vorgängen, also allgemein zur Betrachtung von Element-System-Beziehungen (vgl. Steinbring 1985; Sill 1992).

6.2 Begriffe und grafische Darstellungen der Beschreibenden Statistik

Die Beschreibende Statistik ist zwar die älteste der Disziplinen, die unter dem Begriff Stochastik zusammengefasst werden, sie ist aber im Unterschied zur Wahrscheinlichkeitsrechnung nicht axiomatisch fundiert und es gibt auch keine einheitliche theoretische Grundlage. Dies hat zur Folge, dass man in statistischen Fachbüchern und auch anderer Literatur oft viele unterschiedliche Bezeichnungen für gleiche Begriffe findet. Für den Stochastikunterricht ergibt sich deshalb die Notwendigkeit, eine Auswahl und Beschränkung der Bezeichnungen vorzunehmen. In diesem Kapitel erläutern und begründen wir die von uns für unsere Unterrichtsvorschläge getroffene Auswahl.

6.2.1 Grundbegriffe

Ausgangspunkt der Überlegungen zur Verwendung von Begriffen und Bezeichnungen der Beschreibenden Statistik sind unsere Auffassungen zur Modellierung stochastischer Situationen, insbesondere die Unterscheidung von drei Ebenen und die darin eingebettete Rolle des Prozessmodells (vgl. Abschn. 2.1).

Grundgesamtheit

Um eine statistische Untersuchung durchzuführen, muss in der Ebene der Realität zunächst eine Menge von realen Objekten oder Zuständen bestimmt werden, die Träger bestimmter Eigenschaften sind. Für den Unterricht verwenden wir für die Menge der Untersuchungsobjekte die Bezeichnung *Grundgesamtheit*. In der Fachliteratur findet man u. a. Bezeichnungen wie „statistische Einheit", „statistische Masse" oder „empirisches Relativ" (Schäfer 2010). Bei statistischen Untersuchungen ist es wichtig, dass die Grundgesamtheit sächlich, zeitlich und räumlich klar abgegrenzt wird, also z. B. genau festgelegt wird, um welche Schüler es wann und wo geht. An den Elementen der Grundgesamtheit wird dann ein interessierendes Merkmal untersucht, in dem die Ausprägungen des Merkmals bestimmt werden. Bei der von uns vorgeschlagenen Prozessbetrachtung stochastischer Situationen modellieren wir noch vor der Bildung von Grundgesamtheiten den Prozess der Entstehung der Merkmalsausprägungen an einem Element einer möglichen Grundgesamtheit, um Bedingungen und Faktoren zu erfassen, die Einfluss auf die Ausprägungen des Merkmals haben.

Daten- und Skalenarten

Nach der Bestimmung eines interessierenden Merkmals muss zur Ermittlung der Merkmalsausprägungen ein Messverfahren festgelegt werden. Das Messen und die Überlegungen dazu sind ein wichtiges Element statistischer Untersuchungen und sollten im Unterricht an geeigneten Stellen thematisiert werden. Die Schüler kennen das Wort „messen" aus dem Mathematik- und naturwissenschaftlichen Unterricht, allerdings im engeren Sinne als ein Bestimmen von Größenwerten mit einem Messinstrument. In der Statistik wird der Begriff „messen" im weiteren Sinne verwendet, da zum Beispiel auch das Bestimmen des Geschlechts eines Menschen ein Messvorgang ist, der zu Daten führt. Der Begriff „messen" im weiteren Sinne bildet sich implizit durch die Arbeit mit den verschiedenen Daten- und Skalenarten heraus. Das Wort „Skala" ist den Schülern als Bezeichnung für Einteilungen auf Messgeräten bekannt, wie z. B. die Temperaturskala auf einem Thermometer. Bei der grafischen Darstellung einer Häufigkeitsverteilung stellt die Merkmalsachse die verwendete Messskala dar.

Bei einer Messung können unterschiedliche Datenarten auftreten. Diese resultieren aus der verwendeten Skala zur Erfassung der Daten. Eine *Nominalskala* enthält lediglich Namen, Bezeichnungen oder allgemein Kategorien. Zwischen den Bezeichnungen gibt es keine Relationen, ihre Reihenfolge kann beliebig vertauscht werden. Die mit der Skala ermittelten Daten heißen *Nominaldaten* oder *kategoriale Daten*; im Stochastikunterricht halten wir es für ausreichend, nur von *Bezeichnungen* zu sprechen. Beispiele sind Tierarten, wie Hund oder Katze, oder die Kategorien männlich und weiblich. Jeder Merkmalsausprägung muss eindeutig ein Skalenwert, also eine Kategorie zugeordnet werden können.

Auf einer *Ordinalskala (Rangskala)* sind die Skalenwerte der Größe nach geordnet. Die Größe des Abstandes zwischen zwei Werten der Skala kann nicht angegeben werden. Eine Ordinalskala kann Ränge von 1 bis n enthalten (1. Platz, 2. Platz, 3. Platz) oder nur aus einer geordneten Folge von Merkmalsausprägungen bestehen (sehr klein, klein, mittelgroß, groß, sehr groß). Die mit einer Ordinalskala ermittelten Daten werden als *ordinale Daten (Rangdaten)* bezeichnet. Da es bei den Werten einer Ordinalskala um geordnete Bezeichnungen handelt, kann man in der Schule anstelle von ordinalen Daten auch einfach von *Bezeichnungen, die geordnet werden können,* sprechen. Die Ordnung der Daten muss in einem sinnvollen Zusammenhang mit dem Sachverhalt stehen. Skalen mit Einschätzungen wie z. B. „Wie gerne magst du Pizza (sehr gerne, gerne, geht so, gar nicht)?" werden in der Fachliteratur auch *Ratingskalen* genannt.

Bei einer *metrischen Skala* lässt sich der Abstand zwischen den Skalenwerten zahlenmäßig angeben. Metrische Skalen können in Intervall-, Verhältnis- und Absolutskalen unterteilt werden. In der Schule ist eine begriffliche Unterscheidung nicht erforderlich, die Konsequenzen für mögliche Berechnungen können jeweils im konkreten Fall diskutiert werden. Auf einer reinen *Intervallskala* wie etwa der Temperaturskala in Grad Celsius (°C), der Uhrzeit oder Kalenderangaben können nur Summen oder Differenzen, aber keine Verhältnisse gebildet werden. So kann man etwa sagen, dass eine Temperatur von 10 °C um 3 °C höher als 7 °C ist, aber nicht, dass 10 °C doppelt so groß wie 5 °C ist. Die Skalen enthalten zwar einen Nullpunkt, der aber mehr oder weniger willkürlich gewählt ist. Bei der Interpretation von Ergebnissen zentraler Vergleichsarbeiten, wie etwa von VERA oder PISA, muss beachtet werden, dass es sich durch das gewählte Auswertungsverfahren nur um Intervallskalen handelt. Eine *Verhältnisskala* wie etwa die Skalen zum Messen von Längen, Zeiten, Massen oder Volumina enthalten einen natürlichen Nullpunkt, sodass Verhältnisse beliebiger Werte gebildet werden können, die von der gewählten Maßeinheit unabhängig sind. Ein Spezialfall der Verhältnisskala ist die *Absolutskala,* die auch eine natürliche Maßeinheit enthält, wie z. B. bei Anzahlen.

Für die grafische Darstellung von Daten ist es in bestimmten Fällen notwendig, zwischen metrischen Skalen zu unterscheiden, die aus einzelnen (diskreten) Werten bestehen (z. B. Anzahlen), und solchen, bei denen die Werte dicht liegen, d. h. bei denen zwischen zwei Werten immer noch ein weiterer existiert. Bei Messgeräten ist aufgrund der Beschränktheit der Messgenauigkeit die Anzahl der Skalenwerte stets endlich. Trotzdem geht man für grafische Darstellungen von dicht liegenden Werten aus, wenn es „theoretisch" unendlich viele Werte zwischen zwei beliebigen Skalenwerten gibt.

Die mit metrischen Skalen erfassten Daten bezeichnen wir als *metrische Daten.* Die Verwendung der Bezeichnung „Messdaten" für „metrische Daten" ist problematisch, da auch andere Datenarten gemessen werden können. Auf die Bezeichnung „Messdaten" muss aber nicht verzichtet werden, wenn aus dem Zusammenhang hervorgeht, welche

Skalenart gemeint ist. In der Schule handelt es sich bei metrischen Daten meist um Größen oder Anzahlen. Deshalb kann auf den Oberbegriff „metrische Daten" oft verzichtet und von Größen oder Anzahlen gesprochen werden.

Wir halten es, wie schon in Abschn. 3.1.1 erwähnt, nicht für erforderlich, dass im Stochastikunterricht Skalenarten explizit bezeichnet werden. Um begründete Entscheidungen zur Auswahl geeigneter grafischer Darstellungen oder statistischer Kenngrößen zu formulieren, ist es ausreichend, nur die Datenarten zu bezeichnen. In den Jahrgangsstufen 5/6 und 7/8 sollten die Datenarten wie oben vorgeschlagen ohne Verwendung der Fachbegriffe bezeichnet werden. Erst in oberen Klassen kann eine Verwendung der Fachbegriffe erfolgen, ohne dies zum Gegenstand von Leistungserhebungen zu machen.

Merkmalsbegriff und Merkmalsarten

Eine Grundlage unserer Überlegungen zum Begriff „Merkmal" und zu Merkmalsarten stellt die grundlegende Arbeit von Heinz Griesel (1997) zum Größenbegriff dar. Er hat gezeigt, dass man eine mathematisch fundierte Modellebene für das Arbeiten mit Größen schaffen kann. Dabei werden Größen als Funktionen auf Mengen realer Objekte, von Griesel als „Trägermengen" bezeichnet, definiert. Auf der Ebene der Realmodelle kann man ein Merkmal, das mit einem bestimmten Messverfahren erfasst wurde, analog zur Größendefinition von Griesel als eine Funktion auf der Menge der Merkmalsträger definieren. Das Merkmal ist dann der Name der Funktion und die Merkmalsausprägungen sind die Funktionswerte. Eine Definition für die Merkmale Sprungweite, Schulnote und Geschlecht als Funktionen auf Trägermengen findet man bei Sill (2014, S. 9).

Man kann ein Merkmal mit unterschiedlichen Skalen erfassen. So kann etwa die Sprungweite mit einem Messinstrument mit einer metrischen Skala (Bandmaß), einer Ordinalskala (Note für den Sprung) oder einer Nominalskala (unter oder über einer Qualifikationsmarke) erfasst werden. Es ist deshalb nicht sinnvoll, Merkmalsarten (wie Rangmerkmal, metrisches Merkmal, qualitatives Merkmal, quantitatives Merkmal u. a.) zu unterscheiden, wie es in der Literatur oft geschieht. Es wäre lediglich sinnvoll, von einem nominal skalierten, ordinal skalierten oder einem metrisch skalierten Merkmal zu sprechen. Die Bezeichnung „stetiges Merkmal" halten wir nicht für geeignet, da die Stetigkeit eine Eigenschaft von Funktionen bzw. Zufallsgrößen auf der Ebene der theoretischen Modelle ist. Wir schlagen deshalb insgesamt vor, im Unterricht auf sämtliche Unterscheidungen von Merkmalsarten zu verzichten. Dies entspricht auch den üblichen Konventionen im Mathematikunterricht: So werden etwa der Flächeninhalt eines Dreiecks nicht als stetiges Merkmal und die Dreiecksarten nicht als kategoriale Merkmale eines Dreiecks bezeichnet.

6.2.2 Grafische Darstellungen von Daten

Eine grafische Darstellung von Daten wird meist – und so auch in diesem Buch – als *Diagramm* bezeichnet. Es gibt aber auch Arten von Diagrammen, die keine grafischen

Darstellungen von Daten sind. Dazu zählen das Flussdiagramm in der Informatik, das Blockdiagramm in der Technik, aber auch das Mengendiagramm in der Mathematik. Im *Gabler Wirtschaftslexikon* wird synonym für „grafische Darstellung" das Wort *Schaubild* verwendet.[1] Schaubild kann aber auch eine maßstäbliche zeichnerische Darstellung bedeuten (Kunkel-Razum et al. 2003, S. 1364). Degen u. Lorscheid sprechen von einem *statistischen Schaubild* (2002, S. 27). Im Deutschunterricht versteht man unter einem Schaubild eine thematische Zusammenstellung aus Symbolen, Textelementen, Bildern und Diagrammen. Das Analysieren von Schaubildern ist ein Bestandteil von Lernstandserhebungen im Deutschunterricht der Klasse 8.[2] Das Interpretieren von Diagrammen ist jedoch auch Gegenstand vieler anderer Unterrichtsfächer, insbesondere des Politik- und Gesellschaftskundeunterrichts, des Geschichts-, des Erdkunde- und des naturwissenschaftlichen Unterrichts. Daher liefert der Stochastikunterricht in der Sekundarstufe I einen wichtigen Beitrag zur Ausbildung methodischer Kompetenzen mit Blick auf die verständige Nutzung grafischer Darstellungen von Daten, die in anderen Schulfächern benötigt werden. Umgekehrt gibt es auch Rückwirkungen der eben genannten Schulfächer auf den Stochastikunterricht, da dort häufig deutlich komplexere grafische Darstellungen im Zusammenhang mit datenbezogenen Argumentationen verwendet werden (vgl. etwa Ullmann 2012b). Dem Stochastikunterricht in der Sekundarstufe I kommt daher die Aufgabe zu, Schülern ein Grundverständnis verschiedener grafischer Darstellungen von Daten zu vermitteln. Dabei darf sich der Unterricht im Sinne stochastischer Grundbildung nicht auf das Erstellen einfacher Diagramme zu Rohdaten oder Häufigkeitsverteilungen beschränken, sondern muss auch das Lesen und Interpretieren von grafischen Darstellungen in überschaubaren Sachkontexten einüben. Wir haben das in unseren Vorschlägen über alle Jahrgangsstufen mit einbezogen (s. Abschn. 3.2, 4.2, 5.1 bis 5.3).

Sowohl beim Erstellen als auch beim Lesen von Diagrammen (im Sinne des Ablesens von Häufigkeiten oder statistischen Kennzahlen) sind einige Grundsätze zu berücksichtigen, die Schüler bis zum Abschluss der Sekundarstufe I kennen und anwenden sollten. Das gewählte oder vorliegende Diagramm sollte eine statistische Erkenntnis, das Wesentliche einer Datensammlung anschaulich und einprägsam ausdrücken sowie möglichst keine Fehlinterpretationen zulassen. Zu diesem Zweck sollte das Diagramm einen informativen Titel tragen, für sich allein verständlich sein, alle wesentlichen Beschriftungen an den Achsen enthalten (Datenquelle, Legende, Fallzahl, Maßstab, Einheiten, ...), übersichtlich und interessant gestaltet sein und nicht zu viele Details enthalten. Insbesondere muss es sich für die Darstellung der jeweiligen Datenart eignen.

Arten und Bezeichnungen grafischer Darstellungen

Es gibt eine sehr große Vielfalt an Arten grafischer Darstellungen für Daten sowie meist unterschiedliche Bezeichnungen für einzelne Arten. Lediglich die Begriffe „Kreisdia-

---

[1] http://wirtschaftslexikon.gabler.de/Definition/grafische-darstellung.html.
[2] http://www.standardsicherung.schulministerium.nrw.de/lernstand8/lehrerinformationen/ fachbezogene-informationen-neu/deutsch-neu/.

gramm" und „Histogramm" werden einheitlich verwendet. Exakte Begriffsdefinitionen im Mathematikunterricht halten wir aufgrund der geringen Bedeutung begrifflicher Exaktheit in diesem Fall sowie angesichts der Fülle unterschiedlicher Darstellungen in den Medien nicht für erforderlich. Im Folgenden werden wir nur die für den Unterricht relevanten Arten beschreiben, mögliche Bezeichnungen diskutieren, eine begründete Auswahl treffen sowie einige Hinweise zum Einsatz der Diagramme für bestimmte Datenarten im Unterricht geben.

In einem *Strecken- oder Stabdiagramm* werden Häufigkeitsverteilungen, aber teilweise auch metrische Rohdaten, z. B. Anzahlen und Größen, in einem rechtwinkligen Koordinatensystem als Strecken mit der entsprechenden Länge dargestellt (s. Abschn. 3.2.1). In der Fachliteratur wird meist die Bezeichnung „Stabdiagramm" verwendet (Bourier 2011, S. 52; Degen und Lorscheid 2002, S. 29; Fahrmeir et al. 2007, S. 35; Kütting und Sauer 2011, S. 18; Eichler und Vogel 2011, S. 23). Wir empfehlen diese Bezeichnung auch für den Unterricht, da bei einem Streckendiagramm eine Verwechslung mit einem Streckenzug wie bei den Liniendiagrammen möglich ist.

Ein *Streifendiagramm* unterscheidet sich nur insofern von dem Stabdiagramm, als bei diesem statt der Strecken Rechtecke zur Visualisierung von Häufigkeiten, Anzahlen oder Größen benutzt werden. Die Rechtecke müssen alle gleich breit sein und den gleichen Abstand voneinander haben, damit der visuelle Eindruck der dargestellten Rohdaten oder der Häufigkeitsverteilung nicht verzerrt wird. Ein Streifendiagramm mit senkrecht dargestellten Rechtecken wird auch *Säulendiagramm* bzw. mit waagerechten Rechtecken *Balkendiagramm* genannt. Diese beiden Bezeichnungen werden in der Fach- und Schulbuchliteratur relativ einheitlich verwendet. Die Bezeichnung „Streifendiagramm", die wir als Oberbegriff für Säulen- und Balkendiagramme verwenden, tritt dabei eher selten auf. Wir halten sie aber insbesondere für den Mathematikunterricht in der Primarstufe für geeignet, da „Streifen" direkt beim Sortieren und „Stapeln" von Datenkarten bei der Auswertung selbst erhobener Daten in Form einer Häufigkeitsverteilungen erstehen und somit dieser Diagrammname für junge Schüler einprägsam sein sollte (vgl. den Geburtstagskalender in Abschn. 3.2.1).

Mit Statistiksoftware können Säulen- und Balkendiagramme auch räumlich dargestellt werden. Dabei wird das Ablesen von Häufigkeiten oder Merkmalswerten an den Koordinatenachsen erschwert, sodass diese Variante gut im Zusammenhang mit dem Thema „Manipulationen bei Datendarstellungen" problematisiert werden kann (vgl. Abschn. 5.1). Daneben gibt es eine Reihe weiterer Varianten dieser Diagrammart, die sich für den Vergleich von Verteilungen sowie zur Darstellung von Abhängigkeiten bei Merkmalen eignet (vgl. Biehler 2007b). Das *gepaarte Säulen- oder Balkendiagramm* ist in Datenanalysesoftware wie Fathom, aber auch in Tabellenkalkulationsprogrammen enthalten und ermöglicht Gruppenvergleiche von Häufigkeitsverteilungen (s. das Beispiel zur Internetnutzung in Abhängigkeit von der Altersstufe in Abb. 4.11 in Abschn. 4.2.2). Alternativ kann man bei Gruppenvergleichen die Häufigkeiten auch in einem *gestapelten Säulen- oder Balkendiagramm* darstellen. In Abb. 6.2 sind zwei alternative gestapelte Säulendiagramme zu den Ergebnissen der JIM-Studie 2012 über die Häufigkeit des Bücherlesens bei 12- bis 19-

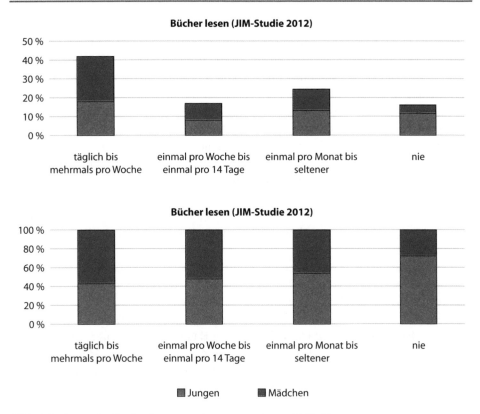

Abb. 6.2 Gestapelte Säulendiagramme (unten: normiert auf 100 %)

jährigen Jugendlichen gezeigt (vgl. Bsp. 4.2 in Abschn. 4.2.2). Werden die relativen Häufigkeiten der einzelnen Merkmalsausprägungen nach Teilgruppen (hier dem Geschlecht) aufgespaltet, kann man untersuchen, ob sich die Geschlechterverhältnisse für die einzelnen Merkmalausprägungen unterscheiden. Um die Abhängigkeit des Bücherlesens vom Geschlecht zu untersuchen, ist allerdings ein gestapeltes Säulendiagramm besser geeignet, das nicht die relativen Häufigkeiten der zusammengesetzten Merkmalsausprägung angibt, wie in Abb. 6.2 oben geschehen (z. B. beträgt die relative Häufigkeit der Merkmalskombination „Junge" und „nie lesen" rund 11,5 %). Wird jede Säule auf 100 % gestreckt, so geben die Prozente Geschlechteranteile in Bezug auf die kleineren Grundgesamtheiten „Jugendliche, die nie lesen", „Jugendliche, die einmal pro Monat oder seltener lesen" usw. an. Dabei ergibt sich eine grafische Darstellung, die analog zum Einheitsquadrat (s. Abb. 6.4) die Unabhängigkeit bzw. Abhängigkeit der beiden untersuchten Merkmale (hier Geschlecht und Lesehäufigkeit) visualisiert.

Ein gestapeltes Säulendiagramm wie in Abb. 6.2 unten entspricht einem *Prozentband* (*bzw. Prozentstreifen*), das Schülern aus der Prozentrechnung in Klasse 7 bekannt sein sollte. Diese grafische Darstellung wird auch als *Blockdiagramm* (Kütting und Sauer 2011,

S. 22), *Stapeldiagramm* (Büchter und Henn 2007, S. 33) oder *Banddiagramm* (Biehler et al. 2006, S. 37) bezeichnet. Die relativen Häufigkeiten der einzelnen Merkmalsausprägungen einer Grundgesamtheit werden als Anteile in einem Rechteck dargestellt (s. Abschn. 3.2.2). Wir empfehlen für den Unterricht in Anlehnung an die Prozentrechnung die Bezeichnung „Banddiagramm". Die Bezeichnung „Blockdiagramm", die nur selten in der Fachliteratur, aber häufiger in Schulbüchern auftritt, wird in der Technik als Fachbegriff für eine bestimmte Art der Darstellung zur Beschreibung der Funktion von Systemen verwendet. Daher sollte im Mathematikunterricht darauf verzichtet werden.

In einem *Kreisdiagramm* werden die relativen Häufigkeiten der Merkmalsausprägungen als Kreissegmente dargestellt. Somit können die einzelnen Anteile in der Grundgesamtheit miteinander in Beziehung gesetzt und absolute Mehrheiten sichtbar gemacht werden. Die räumliche Darstellung eines Kreisdiagramms wird meist *Tortendiagramm* genannt. Mit Tortendiagrammen können Daten visuell verfälscht dargestellt werden (vgl. Beispiel 5.4 in Abschn. 5.1).

Banddiagramme und Kreisdiagramme werden vorrangig zur Darstellung von Häufigkeitsverteilungen bei kategorialen Daten verwendet. Sie eignen sich nicht gut zur Auswertung von Befragungsergebnissen mit Mehrfachnennungen.

In einem *Piktogramm*, auch als *Bilddiagramm* oder *gegenständliches Diagramm* bezeichnet (Eichler und Vogel 2009, S. 35), werden Häufigkeitsverteilungen durch Bilder, Symbole oder Zeichen veranschaulicht. Dabei werden passend zu den Merkmalen typische Bilder gewählt. Wir empfehlen für den Unterricht die Bezeichnung Piktogramm, auch wenn damit ebenfalls nicht an Daten gebundene stilisierte Darstellungen bezeichnet werden, die Informationen vermitteln und meist festgelegte Bedeutungen haben. Wir unterscheiden zwei Arten von Piktogrammen zur Darstellung von Daten. Zur Veranschaulichung von absoluten Häufigkeiten können Aneinanderreihungen gleicher Bilder verwendet werden. Dabei steht ein Bild jeweils für eine bestimmte Anzahl (vgl. Abb. 3.12 in Abschn. 3.2.1). In einem *flächenhaften Piktogramm* werden Anzahlen oder Größen, d. h. metrische Daten durch zu ihnen proportionale Flächen dargestellt. Flächenhafte Piktogramme werden auch als *Flächendiagramme* bezeichnet. Wir empfehlen aber, diese Bezeichnung nicht zu verwenden, da sie auch für Liniendiagramme benutzt wird, bei denen die Fläche unter dem Streckenzug markiert ist. Bei flächenhaften Piktogrammen besteht schließlich die Gefahr der Manipulation beim Vergleich von Daten. Darauf sollten Schüler im Unterricht aufmerksam gemacht werden (vgl. Abschn. 5.1).

Ein *Histogramm* ist nur zur grafischen Darstellung metrischer Daten geeignet. Weiterhin muss eine Klasseneinteilung des Merkmals vorliegen. Die Breite der Klassen kann dabei unterschiedlich sein. Über den Klassen werden Rechtecke gezeichnet, deren Flächeninhalte der Häufigkeit der Werte in den einzelnen Klassen entsprechen und die sich berühren. Bei gleich breiten Klassen ist die Höhe der Rechtecke proportional zur Häufigkeit. In der Sekundarstufe I sollten nur Histogramme mit gleich breiten Klassen gezeichnet werden, da ansonsten die Skalierung der y-Achse problematisch ist, weil auf Häufigkeitsdichten zurückgegriffen werden muss.

Ein *Liniendiagramm* stellt die zeitliche Entwicklung der Merkmalswerte bei metrischen Daten in einem bestimmten Zeitraum dar. Es eignet sich zur Darstellung von Daten aus Zeitreihen und wird auch als *Kurvendiagramm, Streckenzug* oder *Entwicklungskurve* bezeichnet. Im Unterricht ist es ausreichend, nur von Liniendiagrammen zu sprechen. Wenn die Zeitachse nur Zeitpunkte (z. B. Jahre) enthält, muss eine Verbindung der Datenpunkte mittels Strecken im jeweiligen Sachkontext geprüft werden.

Ein *Stamm-Blätter-Diagramm* ist eine neuere Diagrammart, die aus der Explorativen Datenanalyse stammt und eine Mischung aus Tabelle und Diagramm darstellt (vgl. Abschn. 3.2.3). Diese Diagrammart eignet sich zur Darstellung weniger metrischer Daten und kann von Schülern gut per Hand erstellt werden. Ein besonderer Vorteil ist, dass damit gleichzeitig eine Rangliste der Daten erstellt wird, aus der Zentral- und Viertelwerte abgelesen werden können. Das Stamm-Blätter-Diagramm wird in der Literatur auch als Stängel-und-Blätter-Diagramm (Biehler 1982, S. 22), Stängel-Blatt-Diagramm (Kütting und Sauer 2011, S. 26; Eichler und Vogel 2011, S. 24) und als Stamm-und-Blatt-Diagramm (Borovcnik und Ossimitz 1987, S. 191; Eichler und Vogel 2009, S. 36; Fahrmeir et al. 2007, S. 37) bezeichnet. Für die von uns verwendete Bezeichnung Stamm-Blätter-Diagramm spricht, dass es meist mehrere „Blätter" gibt. Das Wort „Stamm" hat in der Bedeutung der Sprachwissenschaft als Teil eines Wortes, dem andere Bestandteile zugesetzt oder angehängt werden, eher eine Beziehung zur Art der Darstellung als der Begriff „Stängel", der bisher ein rein biologischer Terminus ist und auch im umgangssprachlichen Sinne (vom Stängel fallen) wenig Bezug zum Sachverhalt hat.

Eine weitere, aus der Explorativen Datenanalyse stammende Darstellung ist der *Boxplot*, der auch als *box-plot-Diagramm* (Kütting und Sauer 2011, S. 47) oder *Kastenschaubild* bezeichnet wird. Wir verwenden die englische Bezeichnung Boxplot, die sich mittlerweile schon in vielen Plänen und Schulbüchern etabliert hat.

Bei der Verwendung von Statistiksoftware (z. B. Excel, VU-Statistik, Fathom 2, TinkerPlots) können zur grafischen Darstellung bivariater metrischer Daten *Streudiagramme* verwendet werden, bei denen alle Wertepaare als Punkte in einem Koordinatensystem dargestellt werden. Diese Diagrammform ist auch möglich, wenn nur ein Merkmal erfasst wurde, in einem solchen Fall wird sie *Punktdiagramm* oder *Dotplot* genannt (Eichler und Vogel 2011, S. 23; Precht 2005, S. 18). Sie ist in Schulbüchern noch nicht sehr verbreitet, eignet sich aber sehr gut zur Einführung in den Boxplot (vgl. Abb. 4.17 in Abschn. 4.2.4).

6.3 Aspekte des Wahrscheinlichkeitsbegriffs

„So zeigt ein erster flüchtiger Gesamtüberblick, dass es wohl kaum einen anderen mathematischen Begriff gibt, der eine ähnliche Vielfalt verschiedenartiger Definitionen und gegensätzlicher Interpretationen aufweist, wie der Begriff der Wahrscheinlichkeit. [...] Dies macht den Wahrscheinlichkeitsbegriff zwar zu einem sehr interessanten, aber gleichzeitig wohl zu einem der problematischsten Begriffe für die Schule überhaupt" (Steinbring 1980, S. 1). Der Wahrscheinlichkeitsbegriff ist ein Grundbegriff der Stochastik und durchzieht mit seinen unterschiedlichen Facetten den gesamten Stochastikunterricht in der Schule wie ein roter Faden. Eine Lehrkraft sollte die schillernde Vielfalt seiner Aspekte kennen, um die Entwicklung des Begriffs bei ihren Schülern als langfristigen spiralförmigen Prozess anlegen zu können.

Wir konzentrieren uns bei der folgenden Analyse des Wahrscheinlichkeitsbegriffs auf ausgewählte Aspekte, die für den Stochastikunterricht in der Sekundarstufe I von Bedeutung sind. Dabei kommt linguistischen und insbesondere semantischen Analysen von Wörtern und Wortverbindungen eine große Bedeutung zu. Dies betrifft neben dem Substantiv „Wahrscheinlichkeit" z. B. auch die Adverbien „wahrscheinlich", „möglich", „sicher" und „unmöglich" sowie die Substantive „Chance" und „Risiko". Auf die Rolle der Sprache bei der Aneignung inhaltlicher Aspekte des Wahrscheinlichkeitsbegriffs wird insbesondere in der englischsprachigen Literatur hingewiesen (Jones et al. 2007). Im Englischen gibt es drei Wörter (*probability*, *likelihood* und *chance*), die in verschiedenen Zusammenhängen den Begriff Wahrscheinlichkeit bezeichnen.

Borovcnik (1992) hat in einer grundlegenden Arbeit das Verhältnis von intuitiven Vorstellungen zu stochastischen Begriffen und ihrer Verwendung in der „offiziellen" Mathematik eingehend untersucht. Er betont dabei, dass die inhaltlichen Bedeutungen und die formalen Verwendungen in einem engen Wechselverhältnis stehen und „nicht ohne wesentlichen Bedeutungsverlust voneinander isoliert werden können" (Borovcnik 1992, S. 10). Deshalb wollen wir im Folgenden inhaltliche und formale Aspekte nicht getrennt, sondern unter verschiedenen Gesichtspunkten in ihrem Wechselverhältnis betrachten.

In der Literatur und auch in Schulbüchern werden Aspekte des Wahrscheinlichkeitsbegriffs oft durch adjektivische Attribute zum Wort „Wahrscheinlichkeit" oder „Wahrscheinlichkeitsbegriff" zum Ausdruck gebracht. Man findet in entsprechenden Publikationen[3] meist folgende Bezeichnungen:

- Laplace-Wahrscheinlichkeit oder klassische Wahrscheinlichkeit,
- objektive Wahrscheinlichkeit,
- frequentistische, statistische oder empirische Wahrscheinlichkeit,
- subjektive, subjektivistische oder epistemische Wahrscheinlichkeit.

Weiterhin gibt es u. a. noch folgende Wortverbindungen:

- axiomatische, theoretische oder formale Wahrscheinlichkeit,
- prognostische Wahrscheinlichkeit.

Wir werden uns in den folgenden Abschnitten mit Problemen dieser Bezeichnungen und ihrer Verwendung auseinandersetzen sowie eigene Vorschläge für geeignete Vorge-

---

[3] Borovcnik (1992), Büchter und Henn (2007), Eichler und Vogel (2009), Hájek (2003), Hawkins und Kapadia (1984), Jones et al. (2007), Kütting und Sauer (2011), Riemer (1991a), Spandaw (2013), Wolpers (2002).

hens- und Sprechweisen im Unterricht unterbreiten, die sich an Aspekten der Prozessbetrachtung orientieren.

6.3.1 Objektive und subjektive Wahrscheinlichkeit aus Sicht der Prozessbetrachtung

Ein zentrales Thema in vielen Diskussionen zum Wahrscheinlichkeitsbegriff ist das Verhältnis von sogenannten *„objektiven"* und *„subjektiven"* Wahrscheinlichkeiten. Damit bezeichnet man bestimmte Auffassungen von der Natur des Wahrscheinlichkeitsbegriffs, die sich teilweise diametral gegenüberstehen. Anhänger dieser beiden Interpretationen werden auch als „Objektivisten" bzw. „Subjektivisten" oder „Bayesianer"[4] bezeichnet. Damit verbunden spricht man von zwei unterschiedlichen Theorien der Wahrscheinlichkeitsrechnung, der klassischen Statistik sowie der Bayes-Statistik, die beide insbesondere beim Interpretieren statistischer Daten und Zusammenhänge mit wahrscheinlichkeitstheoretischen Mitteln unterschiedliche Methoden verwenden. Beide Theorien stützen sich auf den gleichen axiomatischen Aufbau der Wahrscheinlichkeitsrechnung. Dies zeigt, dass sich aus dem Axiomensystem keine der beiden Interpretationen ableiten lässt.

Der Stochastikunterricht in der Schule kann sich diesem Spannungsfeld zwischen den unterschiedlichen Auffassungen zum Wahrscheinlichkeitsbegriff nicht entziehen. Bereits bei elementaren Anwendungen des Wahrscheinlichkeitsbegriffs, vor allem aber bei der Behandlung von Problemen der Beurteilenden Statistik in der Oberstufe stößt man unweigerlich auf die beschriebenen Probleme, was im Folgenden verdeutlicht werden soll.

Bei der *objektiven* bzw. *klassischen* Auffassung des Wahrscheinlichkeitsbegriffs werden Wahrscheinlichkeiten als Objekten zukommende Eigenschaften angesehen, die unabhängig von einem erkennenden Subjekt existieren. Eng verbunden mit dieser Auffassung ist die Forderung, dass die Vorgänge beliebig oft unter gleichen Bedingungen wiederholt werden können und dabei die relative Häufigkeit des betrachteten Ergebnisses sich der Wahrscheinlichkeit des Ergebnisses im stochastischen Sinne beliebig genau annähert. Die Wahrscheinlichkeit wird als ein Häufigkeitsmaß angesehen und muss immer mit Massenerscheinungen verbunden sein. Wird zum Beispiel mit einem Quader gewürfelt, so gibt es nach dieser Auffassung eine objektive Wahrscheinlichkeit für jede der sechs Seiten, die sich aus den geometrischen und physikalischen Eigenschaften des Quaders ergibt. Die Wahrscheinlichkeit für ein mögliches Ergebnis lässt sich näherungsweise durch wiederholten Ablauf des Vorgangs und Bestimmung der Häufigkeit des Auftretens dieses Ergebnisses ermitteln. Für Vorgänge, die nicht wiederholbar sind, wie etwa ein Fußballspiel, ist nach dieser Auffassung die Angabe einer Wahrscheinlichkeit für das zu erwartende Ergebnis sinnlos.

---

[4] Die Bezeichnung bezieht sich auf Thomas Bayes (1701–1761), den Namensgeber des Satzes von Bayes, der eine zentrale Rolle in dieser Wahrscheinlichkeitsauffassung spielt.

Die *subjektive* bzw. *intuitive* Auffassung des Wahrscheinlichkeitsbegriffs geht davon aus, dass eine Wahrscheinlichkeit wie etwa beim Würfeln mit einem Quader niemals exakt, sondern immer nur näherungsweise bestimmt werden kann. Es ist deshalb nicht sinnvoll, die objektive Existenz der Wahrscheinlichkeit anzunehmen. Die Angabe von Wahrscheinlichkeiten ist immer an ein Subjekt gebunden und deshalb abhängig von den Kenntnissen des Objekts. Eine Wahrscheinlichkeit ist aus dieser Sicht deshalb auch nicht an die Wiederholbarkeit eines Vorgangs gebunden. Hypothesen als Vermutungen über künftige Ergebnisse besitzen eine Wahrscheinlichkeit. Ausgewiesene Vertreter dieser Richtung in der deutschen Mathematikdidaktik sind Riemer (1991a) und Wickmann (1990). Ein umfassender Vergleich beider Auffassungen wurde u. a. von Borovcnik (1992), Buth (1996), Wickmann (1998) und in einer neueren Publikation von Spandaw (2013) vorgenommen, die in verständlicher Weise Argumente für und gegen beide Auffassungen zusammenstellt und Vorschläge für den Mathematikunterricht unterbreitet haben.

Wir sind der Auffassung, dass in der Schule beide Auffassungen in angemessener Weise berücksichtigt werden sollten. Das ist auf der Grundlage unserer Prozessbetrachtung möglich. Da wir zunächst immer einen einzelnen Vorgang betrachten und die Wiederholbarkeit gesondert thematisieren, können beide Sichtweisen eingeordnet werden. Wie im Folgenden dargestellt wird, unterscheiden wir dazu *zwei verschiedene Arten stochastischer Vorgänge*. Dieser Ansatz liegt unseren Unterrichtsvorschlägen in den Kap. 3 bis 5 zugrunde. Er ist nicht als expliziter Gegenstand des Unterrichts gedacht, sondern sollte zum Hintergrundwissen einer Lehrkraft gehören und Orientierung zur Auswahl von Lehrinhalten und zur Interpretation von Wahrscheinlichkeiten geben.

Zur *ersten Art von stochastischen Vorgängen* zählen wir solche, deren Objekte reale Dinge oder Personen sind. Dazu gehören z. B. das Werfen eines Würfels, der Weitsprung eines Schülers oder die Produktion eines Schrankes.

Werden Merkmale dieser Vorgänge betrachtet, wie etwa die geworfene Augenzahl, die Sprungweite oder die Anzahl der Fehler bei einem produzierten Schrank, so haben alle möglichen Ergebnisse eine bestimmte Wahrscheinlichkeit, die sich aus den konkreten Bedingungen des betreffenden Vorgangs ergibt. Diese Vorgänge müssen nicht beliebig oft unter gleichen Bedingungen wiederholbar sein. Auch für einen einzelnen, nicht wiederholbaren Vorgang wie etwa ein Fußballspiel gibt es eine Wahrscheinlichkeit für die möglichen Ergebnisse. Diese ergeben sich aus den im Verlauf des Spiels relativ konstanten Bedingungen wie der Leistungsfähigkeit der beiden Mannschaften, aber auch aus sehr variablen Bedingungen etwa beim Schießen des Balls, insbesondere beim Schuss auf ein Tor. Die meisten Unterrichtsvorschläge in unserem Buch betreffen diese Art von stochastischen Vorgängen.

Die Objekte einer *zweiten Art von stochastischen Vorgängen* sind die Gedanken von Menschen zu Ergebnissen eines Vorgangs der ersten Art. Zu den Bedingungen, unter denen die Überlegungen bzw. Erkenntnisprozesse ablaufen, gehören die fachlichen Kenntnisse der betreffenden Person, aber vor allem auch die ihr zur Verfügung stehenden Informationen über den realen Vorgang in Form von Daten. Die Wahrscheinlichkeitsaussagen sind an die Personen und ihre Erkenntnisfähigkeiten gebunden und stellen subjektive

Einschätzungen der objektiven Wahrscheinlichkeiten dar. Die personenbezogenen Wahrscheinlichkeiten der Aussagen können sich ändern, wenn die Personen weitere Informationen über den realen Vorgang erhalten. Man kann bei Vorgängen der *zweiten Art* folgende Fälle unterscheiden:

1. **Überlegungen zur Wahrscheinlichkeit künftiger Ergebnisse**

   Dazu gehören Überlegungen zum nächsten Wurf eines quaderförmigen Würfels oder dem nächsten Weitsprung eines Schülers. Die Überlegungen führen zu einer subjektiven Schätzung der Wahrscheinlichkeit von Ergebnissen. Bei genauer Kenntnis der Bedingungen des Vorgangs können diese Schätzungen der tatsächlichen Wahrscheinlichkeit sehr nahekommen. Mit unseren Vorschlägen zum Schätzen von Wahrscheinlichkeiten (vgl. Abschn. 3.4) haben wir zur Ausbildung inhaltlicher Vorstellungen zum Wahrscheinlichkeitsbegriff solche Überlegungen von Schülern angeregt.

2. **Überlegungen einer Person zur Wahrscheinlichkeit eingetretener, aber ihr unbekannter Ergebnisse**

   Beispiele für diesen Fall sind Überlegungen zu der gewürfelten, aber unbekannten Augenzahl, zur eingetretenen, aber unbekannten Krankheit eines Patienten oder zur Ursache für einen Defekt in einem Gerät. Überlegungen dieser Art beschäftigen sich mit Wahrscheinlichkeitsaussagen über einen „unbekannten Zustand" der Welt (Wickmann 1990, S. 13). Je mehr Informationen über den unbekannten Zustand vorhanden sind, umso genauer kann die Wahrscheinlichkeit möglicher Ergebnisse ermittelt werden. Aufgaben zu Vorgängen dieser Art sind bereits in der Primarstufe möglich (Häring und Ruwisch 2012). In unseren Vorschlägen für die Klassenstufen 5/6 sind ebenfalls entsprechende Beispiele enthalten (vgl. Abschn. 3.4). Mithilfe umgekehrter Baumdiagramme bzw. dem Satz von Bayes können weitere anspruchsvollere Aufgaben dieses Typs gelöst werden (vgl. Abschn. 5.5.2)

Ein Vergleich dieser beiden unterschiedlichen Arten von Vorgängen mit den dargestellten objektivistischen und subjektivistischen Auffassungen zum Wahrscheinlichkeitsbegriff zeigt, dass bei subjektiven, d. h. von Personen angegebenen Schätzungen von Wahrscheinlichkeiten verschiedene Fälle zu unterscheiden sind. Es gibt unterschiedliche Arten von subjektiven Wahrscheinlichkeiten, die getrennt betrachtet werden sollten. Der von den Bayesianern verwendete Begriff der subjektiven Wahrscheinlichkeit betrifft nur den zweiten Fall von Vorgängen der zweiten Art.

Die Beziehungen zwischen den beiden Arten von Vorgängen sind bei genauerer Betrachtung allerdings weitaus vielschichtiger, als es hier vereinfachend dargestellt werden konnte. So können etwa auch die Überlegungen von bestimmten Personen als ein realer (objektiver) Vorgang angesehen werden, zu denen andere Personen wiederum Überlegungen anstellen.

Insgesamt gesehen ist es aus unserer Sicht in der Schule und auch in der Didaktik *nicht sinnvoll*, von einem objektiven bzw. subjektiven Wahrscheinlichkeitsbegriff zu sprechen. Es gibt, entsprechend unserer Auffassung zum epistemologischen Status von

Begriffen, nur einen Wahrscheinlichkeitsbegriff, der verschiedene Aspekte hat. Diese ergeben sich aus seinen Bedeutungen in verschiedenen Kontexten. Man sollte also z. B. nur von dem objektiven oder subjektiven Aspekt des Wahrscheinlichkeitsbegriffs sprechen. Dies sind aber Metabetrachtungen, die kein Gegenstand des schulischen Stochastikunterrichts sein sollten. Im Unterricht sollte nach unserer Auffassung von Beginn an nur das Wort „Wahrscheinlichkeit" ohne weitere Zusätze verwendet werden. Wenn die Schüler im Laufe des Unterrichts mit den verschiedenen Bedeutungen dieses Wortes in entsprechenden Zusammenhängen vertraut gemacht werden, bildet sich bei ihnen ein System von Gedanken aus, das den Aspekten des Wahrscheinlichkeitsbegriffs entspricht. Mit der immanenten Berücksichtigung der beiden Arten stochastischer Vorgänge können ohne explizite Betrachtungen oder Begrifflichkeiten die Intensionen beider Richtungen im Unterricht sinnvoll erfasst werden.

Zum *objektiven Aspekt* des Wahrscheinlichkeitsbegriffs können u. a. folgende Vorstellungen eines Schülers gezählt werden:

- Wahrscheinlichkeiten geben den Grad der Möglichkeit des Eintretens von Ergebnissen zufälliger Vorgänge in der Natur oder der Gesellschaft an.
- Die Wahrscheinlichkeit der Ergebnisse hängt von Bedingungen des Vorgangs ab.
- Die Wahrscheinlichkeit der Ergebnisse wird durch das Denken eines Menschen, der den Vorgang untersucht, nicht beeinflusst, d. h., sie existiert unabhängig („objektiv"). Ein Mensch kann sie nur möglichst genau schätzen oder bestimmen.

Als subjektiven Aspekt des Wahrscheinlichkeitsbegriffs bezeichnen wir ein System von Vorstellungen, zu dem folgende Aspekte gehören:

- Wahrscheinlichkeiten können den Grad der Sicherheit einer Person zu Ergebnissen ihrer Denkvorgänge über ein eingetretenes, aber unbekanntes Ergebnis eines zufälligen Vorgangs angeben, die als Vermutungen (Hypothesen) geäußert werden.
- Die Wahrscheinlichkeit der geäußerten Vermutungen hängt von den Kenntnissen der Person und den ihr bekannten Informationen über das eingetretene Ergebnis sowie Bedingungen des Vorgangs ab.
- Die Wahrscheinlichkeit der Vermutungen kann sich bei weiteren Informationen, die die Person erhält, ändern.

6.3.2 Ermitteln von Wahrscheinlichkeiten

Zur Diskussion von weiteren Aspekten des Wahrscheinlichkeitsbegriffs und der genannten unterschiedlichen Wahrscheinlichkeitsbegriffe soll im Folgenden von der Frage ausgegangen werden, wie Wahrscheinlichkeiten ermittelt werden können.

Es gibt keine explizite Definition oder einen Satz, auf deren/dessen Grundlage man die Wahrscheinlichkeit eines Ereignisses allgemein berechnen kann. Der Begriff Wahrscheinlichkeit ist ein Grundbegriff, der durch Axiome festgelegt wird und nicht mithilfe anderer Begriffe definierbar ist. Es sind lediglich drei Axiome erforderlich, um die gesamte Wahrscheinlichkeitsrechnung axiomatisch aufzubauen (Kütting und Sauer 2011, S. 97 ff.). Dieser Nachweis gelang erstmalig im Jahre 1933 dem sowjetischen Mathematiker A. N. Kolmogorov (1903–1987). Für den Fall einer endlichen Ergebnismenge kann der Begriff Wahrscheinlichkeit in folgender Weise axiomatisch festgelegt werden (Kütting und Sauer 2011, S. 98).

Sei Ω eine nichtleere, endliche Ergebnismenge und sei P : $\mathcal{P}(\Omega) \to \mathbb{R}$ eine Abbildung (Funktion) P der Potenzmenge $\mathcal{P}(\Omega)$ in die Menge der reellen Zahlen $\mathbb{R}$. Dann heißt die Abbildung P ein **Wahrscheinlichkeitsmaß** (eine **Wahrscheinlichkeitsverteilung**) genau dann, wenn gilt:

1. $P(A) \geq 0$ für alle $A \in \mathcal{P}(\Omega)$
2. $P(\Omega) = 1$
3. $P(A \cup B) = P(A) + P(B)$ für alle A, B $\in \mathcal{P}(\Omega)$ mit $A \cap B = \varnothing$

P(A) heißt die **Wahrscheinlichkeit** des Ereignisses A.

Für abzählbar und überabzählbar unendliche Ergebnismengen müssen geeignete Erweiterungen der Definitionsmenge der Wahrscheinlichkeit erfolgen (vgl. Kütting und Sauer 2011, S. 286 ff.).

Der auf diese Weise auf der formalen Ebene axiomatisch festgelegte Wahrscheinlichkeitsbegriff wird auch als *axiomatischer* bzw. *formaler* Wahrscheinlichkeitsbegriff bezeichnet. Dies halten wir nicht für sinnvoll, da das Wort „Wahrscheinlichkeit" im Axiomensystem lediglich eine Variable ist, die erst in einem Modell des Axiomensystems eine Bedeutung erhält (Buth 1996, S. 5). In den bekannten Modellen des Axiomensystems wird allerdings das gleiche Wort verwendet, was das Verständnis des Zusammenhangs erschwert.

Wahrscheinlichkeiten müssen also auf andere Arten ermittelt werden. Die Reihenfolge der im Folgenden genannten Möglichkeiten entspricht in etwa der zeitlichen Folge ihrer Realisierung im Unterricht.

Einschätzung der Wahrscheinlichkeit auf der Grundlage von persönlichen Erfahrungen, Kenntnissen oder Vorstellungen

Die Wahrscheinlichkeit eines Ereignisses kann von einer Person auf der Grundlage von Kenntnissen dieser Person über Bedingungen des Vorgangs geschätzt werden. Dies sind stochastische Vorgänge der zweiten Art, wie sie im vorherigen Abschnitt beschrieben wurden. Die so ermittelten Wahrscheinlichkeiten sollten aus sprachlich-logischer Sicht *nicht*, wie es in der Literatur oft üblich ist, als subjektive oder intuitive Wahrscheinlichkeiten bezeichnet werden, sondern als Schätzungen von Wahrscheinlichkeiten. So werden etwa Schätzungen von Größenangaben auch nicht als subjektive Größen bezeichnet.

Beim Schätzen von Wahrscheinlichkeiten allein auf der Grundlage von persönlichen Erfahrungen, Kenntnissen und Vorstellungen kann es zu Abweichungen von dem tatsächlichen Wert der Wahrscheinlichkeit kommen. Wenn es sich um verbreitet auftretende große Abweichungen handelt, wird meist von stochastischen Fehlintuitionen gesprochen. Diese Fälle sind Gegenstand zahlreicher insbesondere psychologischer Forschungen und werden oft als ein besonderes Problem der Ausbildung stochastischen Wissens und Könnens angesehen. Fehlerhafte Schätzungen sind aber an sich nichts Ungewöhnliches, sie treten auch beim Schätzen von Größen wie etwa bei Volumina oder großen Anzahlen auf.

Bestimmung von Wahrscheinlichkeiten auf der Grundlage von Modellannahmen
Damit erfolgt der Übergang von der Ebene der realen stochastischen Vorgänge zur Ebene der Realmodelle. Der für die Schule bedeutsamste Fall ist die Annahme einer Gleichverteilung, d. h. der gleichen Wahrscheinlichkeit für alle möglichen Ergebnisse eines Vorgangs. Ein prototypisches Beispiel ist das Würfeln mit einem normalen Spielwürfel. Unter der Annahme, dass aufgrund des symmetrischen und homogenen Aufbaus des Würfels die Wahrscheinlichkeit für das Auftreten aller Augenzahlen gleich ist, kann die Wahrscheinlichkeit für bestimmte Ergebnisse des Vorgangs bei Betrachtung eines Merkmals wie etwa der Augenzahl berechnet werden. Die Formel zur Berechnung der Wahrscheinlichkeit wird Laplace-Formel genannt nach dem französischen Mathematiker und Physiker Pierre-Simon (Marquis de) Laplace (1749–1827), der als einer der Ersten auf diese Weise Wahrscheinlichkeiten berechnete. Die so ermittelten Wahrscheinlichkeiten werden oft Laplace-Wahrscheinlichkeiten oder klassische Wahrscheinlichkeiten genannt. Wir halten die Verwendung dieser Bezeichnungen in der Schule nicht für sinnvoll, da es sich nicht um einen speziellen Wahrscheinlichkeitsbegriff handelt, sondern um eine Möglichkeit zur Ermittlung von Wahrscheinlichkeiten bei bestimmten Modellannahmen. Daher sollte von der *Laplace-Formel* zur Ermittlung von Ereignis-Wahrscheinlichkeiten im Fall von gleichwahrscheinlichen Ergebnissen gesprochen werden.

Bestimmung der Wahrscheinlichkeit auf der Grundlage von Daten aus Beobachtungen oder Experimenten
Wenn es möglich ist, die Vorgänge unter gleichen bzw. im Wesentlichen gleichen Bedingungen mehrfach zu wiederholen, kann die Wahrscheinlichkeit eines Ergebnisses auf der Grundlage der ermittelten Häufigkeiten geschätzt werden. Im Rahmen der mathematischen Theorie bei Voraussetzung einer Wiederholung unter genau gleichen Bedingungen lässt sich beweisen, dass mit zunehmender Anzahl von Wiederholungen die relative Häufigkeit des Ergebnisses im stochastischen Sinne gegen seine Wahrscheinlichkeit strebt (Gesetz der großen Zahlen, Kütting und Sauer 2011, S. 180). In der Realität ist immer nur eine endliche Anzahl von Wiederholungen und in den seltensten Fällen auch unter genau gleichen Bedingungen möglich. Mit Mitteln der Wahrscheinlichkeitsrechnung kann aber in diesen Fällen eine sinnvolle Schätzung der Wahrscheinlichkeit durch Angabe ei-

nes bestimmten Konfidenzintervalls vorgenommen werden. Im Unterricht lassen sich die Zusammenhänge durch Simulationen veranschaulichen.

Die so ermittelten Wahrscheinlichkeiten werden oft als *frequentistische Wahrschein-lichkeiten* bezeichnet. Wir halten auch diese Formulierung in der Schule nicht für sinnvoll, da es sich nicht um einen neuen Wahrscheinlichkeitsbegriff handelt und die Zusammen-hänge von Wahrscheinlichkeit und relativer Häufigkeit auch ohne diese Bezeichnung dis-kutiert werden können. Mit der Bezeichnung „frequentistische Wahrscheinlichkeit" ist in Schulbüchern teilweise eine einseitige Sicht auf den Wahrscheinlichkeitsbegriff verbun-den, wenn diese Bezeichnung bei der Erarbeitung des empirischen Gesetzes der großen Zahlen eingeführt und sogar der Begriff Wahrscheinlichkeit auf diese Weise erklärt wird. Dadurch besteht die Gefahr, dass die Schüler den Wahrscheinlichkeitsbegriff mit langen Versuchsreihen unter gleichen Bedingungen und oft auch eng mit Zufallsgeräten verbin-den. Es wird dann in der Regel nicht thematisiert, dass auch relative Häufigkeiten aus statistischen Untersuchungen Grundlage für Wahrscheinlichkeitsangaben sein können.

Bestimmen der Wahrscheinlichkeit auf der Grundlage bereits bekannter Wahrscheinlichkeiten

Mit Regeln und Sätzen der Wahrscheinlichkeitsrechnung können aus bekannten Wahr-scheinlichkeiten von Ergebnissen die Wahrscheinlichkeiten für weitere Ergebnisse bzw. Ereignisse berechnet werden. Zwei Möglichkeiten spielen in der Schule eine wichtige Rolle. Eine davon ist das Berechnen von Wahrscheinlichkeiten für Ereignisse mit der Additionsregel. In der Sekundarstufe I sollten nur die Ereignisse betrachtet werden, die sich aus disjunkten Ereignissen, insbesondere aus möglichen Ergebnissen durch „Oder-Verknüpfungen" bilden lassen. Dazu ist es ausreichend, die Wahrscheinlichkeiten der Er-gebnisse zu addieren, die das Ereignis bilden.

Eine weitere Möglichkeit ist die Berechnung von Wahrscheinlichkeiten für zusammen-gesetzte Ergebnisse bei mehrstufigen Vorgängen mit den Pfadregeln. Diese Methode ist für alle mehrstufigen Vorgänge anwendbar.

Mehrstufige stochastische Vorgänge können auch mithilfe eines Urnenmodells in die Sprache der Mathematik übersetzt werden. Urnenmodelle haben einen Modellcharakter und existieren nur in der Vorstellung. Reale Ziehungen oder Verteilungen von Objekten, die sich mit dem Urnenmodell beschreiben lassen, genügen oft nicht der wesentlichen Bedingung, dass bei jeder Ziehung alle Objekte die gleiche Wahrscheinlichkeit haben, gezogen zu werden. Die Urnen werden im Unterricht häufig auf der Realebene als reale Lostrommeln oder Behälter beschrieben, aus denen „jemand" ohne hineinzusehen Kugeln zieht. Allerdings wirken die beschriebenen Vorgänge meistens ausgedacht, da kein Grund angegeben wird, warum ein Mensch aus einer Schale mit bunten Kugeln nacheinander zwei mit geschlossenen Augen oder aus einem Stapel mit verdeckten Spielkarten zwei Karten nacheinander ziehen sollte. Dadurch vermischen sich oft die Realebene und die Modellebene für Schüler und die Urnenaufgaben wirken künstlich. Bei der Modellierung stochastischer Situationen durch Urnenmodelle werden die Wahrscheinlichkeitsberech-nungen wegen der zugrunde gelegten zufälligen Auswahl eines Objekts auf Laplace-

Wahrscheinlichkeiten zurückgeführt und häufig kombinatorische Regeln zur Anzahlbestimmung für günstige und mögliche Ergebnisse verwendet. Wir schlagen vor, die Modellierung durch Urnenmodelle nur an wenigen Beispielen im gymnasialen Bildungsgang exemplarisch zu thematisieren.

Zusammenfassend ergab die Diskussion erneut, dass die Einführung von verschiedenen Wahrscheinlichkeitsbegriffen aus Sicht eines Schülers verwirrend erscheinen kann und aus theoretischer Sicht problematisch ist. Statt etwa von einem axiomatischen Wahrscheinlichkeitsbegriff zu sprechen, sollte der Gedanke bei Schülern ausgebildet werden, dass nicht definiert werden kann, was eine Wahrscheinlichkeit ist, sondern diese auf andere Art und Weise ermittelt werden muss. Man sollte nicht die Bezeichnung „Laplace-" oder „klassische Wahrscheinlichkeit" einführen, sondern vermitteln, dass man bei der Modellannahme einer Gleichverteilung Wahrscheinlichkeiten mit der Laplace-Formel berechnen kann.

6.3.3 Qualitative Angabe von Wahrscheinlichkeiten

Wahrscheinlichkeiten können auf verschiedene Weise qualitativ oder numerisch angegeben werden. In der Primarstufe ist nur eine qualitative Beschreibung möglich, diese wird aber auch in der Sekundarstufe zur Interpretation von quantitativen Wahrscheinlichkeitsangaben benötigt.

Vergleichen von Wahrscheinlichkeiten

Als eine erste Stufe der Angabe von Wahrscheinlichkeiten kann das Vergleichen der Wahrscheinlichkeit von Ergebnissen eines Vorgangs angesehen werden. Dies wird auch als *komparativer Aspekt* des Wahrscheinlichkeitsbegriffs bezeichnet. Zum Vergleichen von Wahrscheinlichkeiten ist es nicht erforderlich, einen konkreten Wert zu kennen oder geschätzt zu haben. Bei der Entwicklung inhaltlicher Vorstellungen zum Wahrscheinlichkeitsbegriff, beginnend in der Primarstufe, sollte als erster Schritt ein Vergleichen von Wahrscheinlichkeiten erfolgen.

Qualitative Angabe von Wahrscheinlichkeiten

Wahrscheinlichkeiten können durch verbale Formulierungen qualitativ zum Ausdruck gebracht werden. In einer ersten Phase der qualitativen Angabe sind folgende fünf Sprechweisen ausreichend: unmöglich ($p = 0$), weniger wahrscheinlich ($0 < p < 0{,}5$), fifty-fifty ($p = 0{,}5$), eher wahrscheinlich ($0{,}5 < p < 1$) und sicher ($p = 1$).

Bei der Verwendung der Wörter „unmöglich" und „sicher" sind allerdings die folgenden Probleme zu beachten. Oft werden diese Begriffe als Fachbegriffe der Wahrscheinlichkeitsrechnung bezeichnet, was aber nur bedingt zutrifft. Auf der theoretischen Ebene gibt es die Begriffe „unmögliches Ereignis" und „sicheres Ereignis", die Bezeichnung „mögliches Ereignis" dagegen nicht. Das unmögliche und das sichere Ereignis gehören

Abb. 6.3 Verbale Beschreibungen von Wahrscheinlichkeiten

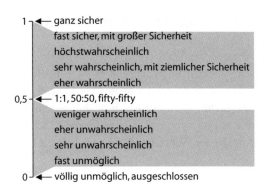

zudem aus theoretischer Sicht zu den Elementen des Ereignisfeldes. In der umgangssprachlichen Verwendung haben die Wörter mehrere Bedeutungen, was im Unterricht
beachtet werden sollte. Als Adverb bedeutet das Wort „sicher" (Kunkel-Razum et al.
2003, S. 1449), dass etwas höchstwahrscheinlich, mit ziemlicher Sicherheit passiert, z. B.:
„Sicher kommt er bald." Oder: „Er hat es sicher vergessen." Die zweite Bedeutung ist
gewiss, sicherlich, ohne Zweifel, z. B.: „Das ist sicher richtig." Nur in der zweiten Bedeutung geht es um ein Ereignis, das mit der Wahrscheinlichkeit 1 eintritt. In der ersten
Bedeutung kann die Wahrscheinlichkeit auch kleiner als 1 sein. Um diese Interpretation
auszuschließen, sollte im Unterricht mit entsprechenden Zusätzen gearbeitet werden wie
etwa: ganz sicher, absolut sicher, völlig sicher, mit absoluter Sicherheit, mit 100-prozen-
tiger Sicherheit.

Das Wort „unmöglich" hat neben den Bedeutungen „nicht durchführbar", „nicht denkbar", die einem Ereignis mit der Wahrscheinlichkeit 0 entsprechen, auch umgangssprachlich die Bedeutung des Nichtzulässigen, Nichttragbaren, Nichtvertretbaren, Nichtanstän-
digen (Kunkel-Razum et al. 2003, S. 1661), z. B.: „Du hast dich unmöglich verhalten." In
dieser Bedeutung kann das Wort „unmöglich" nicht zur Beschreibung eines Ergebnisses
mit der Wahrscheinlichkeit 0 verwendet werden.

Auf Grundlage der auch in der Umgangssprache verwendeten zahlreichen Abstufungen
ist zudem eine feinere qualitative Beschreibung möglich (s. Abb. 6.3). Diese sprachlichen Formulierungen können einmal dazu dienen, das Erwartungsgefühl durch qualitative Wahrscheinlichkeitsangaben möglichst genau auszudrücken, wenn keine quantitativen
Wahrscheinlichkeitsangaben bekannt sind oder von den Schülern noch nicht berechnet
werden können. Andererseits können sie aber auch bei der Interpretation berechneter
Wahrscheinlichkeiten zur Beschreibung des Erwartungsgefühls verwendet werden. Dies
betrifft insbesondere sehr große und sehr kleine Wahrscheinlichkeiten.

6.3.4   Angabe von Wahrscheinlichkeiten durch Chancen

Anstelle von Wahrscheinlichkeit wird im Alltag auch oft von Chancen gesprochen. Zwischen beiden Begriffen gibt es enge Beziehungen. Wenn die Wahrscheinlichkeit für ein Ereignis groß ist, sind auch die Chancen für das Eintreten dieses Ereignisses groß und umgekehrt. In der Literatur, insbesondere auch in Schulbüchern, werden diese Begriffe deshalb oft synonym verwendet, was fachlich nicht korrekt ist. Dies ist bereits bei der Angabe der Wahrscheinlichkeit 0,5 durch die Chancen 1 : 1 (oder fifty-fifty) ersichtlich.

> Unter den Chancen (engl. odds) für das Eintreten eines Ereignisses A versteht man das Verhältnis der Wahrscheinlichkeit von A zur Wahrscheinlichkeit des Gegenereignisses. Die Chancen eines Ereignisses A werden mit O(A) bezeichnet:
> $$O(A) = \frac{P(A)}{P(\overline{A})}.$$

Im Fall der Gleichverteilung entspricht diesem Verhältnis das Verhältnis der Anzahl der für A günstigen zu der für A nicht günstigen Ergebnisse. Chancen werden in der Regel als Verhältnis angegeben. So sind die Chancen für das Werfen einer 6 unter der Annahme der Gleichverteilung 1 : 5. Aber man findet auch eine Angabe von Chancen als Dezimalbruch, z. B. bei der Angabe von Geschlechtsverhältnissen, auf die Schüler bei Internetrecherchen stoßen können (www.laenderdaten.de/bevoelkerung/sex_ratio.aspx). Der Vergleich der Geschlechterverhältnisse in Ländern mit unterschiedlich großen Bevölkerungszahlen zeigt noch einmal die Streuung der relativen Häufigkeit um einen bestimmten, weltweit etwa gleichen Wert.

Aus den Chancen für ein Ereignis A kann die Wahrscheinlichkeit von A berechnet werden und umgekehrt. Betragen etwa für ein Ereignis A die Chancen 3 : 5, so gilt für seine Wahrscheinlichkeit $P(A) = 3 / 8$. Ist die Wahrscheinlichkeit eines Ereignisses A gleich $5 / 8$, so gilt $O(A) = 5 : 3$. Bei einer Wahrscheinlichkeit von 0,514 für die Geburt eines Jungen beträgt das Chancenverhältnis von Jungen zu Mädchen bei der Geburt etwa $1,06 : 1$. Die Chancen können also im Unterschied zur Wahrscheinlichkeit größer als 1 sein. Strebt $P(A)$ gegen 1, so strebt $O(A)$ gegen unendlich. Daraus ergibt sich, dass die Chancen eines Ereignisses nicht auf einer Wahrscheinlichkeitsskala dargestellt werden können, was in der Grundschul-Literatur aber zum Teil geschieht.

Oft werden bei Spielen die Gewinnchancen bestimmt, um etwa zu entscheiden, ob das Spiel fair ist. Gilt $O(A) = O(B)$, so ist auch $P(A) = P(B)$, d. h., bei gleichen Gewinnchancen sind auch die Gewinnwahrscheinlichkeiten gleich. Um zu beurteilen, ob ein Spiel fair ist, müssen also nur die Gewinnchancen der Spieler verglichen werden.

Mit der Angabe von Chancen als Verhältnisse kann im propädeutischen Stochastikunterricht die Wahrscheinlichkeit eines Ereignisses quantitativ charakterisiert werden, ohne dass dazu der Bruchbegriff benötigt wird. Es ist außerdem in einer realen Situation oft einfacher, das Verhältnis von günstigen zu ungünstigen Ergebnissen zu erkennen als das Verhältnis der günstigen Ergebnisse zu allen Ergebnissen.

Mit der Angabe von Chancen kann weiterhin in bestimmten Fällen ein multiplikativer Vergleich von Wahrscheinlichkeiten vorgenommen werden. Sind etwa die Chancen für ein Ereignis A 10 : 1, so ist die Wahrscheinlichkeit von A zehnmal so groß wie die Wahrscheinlichkeit des Gegenereignisses. Allgemein gilt: Ist $O(A) = k : 1$, so ist $P(A) = k \cdot P(\bar{A})$.

Borovcnik (1992) hat sich ausführlich mit der Bedeutung und den Möglichkeiten der Arbeit mit Chancenverhältnissen insbesondere zur intuitiven Aufklärung des Bayes-Ansatzes beschäftigt. Mit der Angabe von Chancen für ein Ereignis wird außerdem der Verhältnisbegriff vorbereitet.

6.3.5 Interpretieren von Wahrscheinlichkeiten

Neben den verschiedenen Möglichkeiten zur Ermittlung von Wahrscheinlichkeiten sollten Schüler im Stochastikunterricht auch mit Möglichkeiten zum Interpretieren der ermittelten Wahrscheinlichkeiten vertraut gemacht werden. Die Interpretation von Wahrscheinlichkeiten steht in engem Zusammenhang mit den im Abschn. 6.3.1 diskutierten Auffassungen zum Wahrscheinlichkeitsbegriff. Die im Folgenden vorgeschlagenen Interpretationsmöglichkeiten beruhen auf unserem Ansatz zur Berücksichtigung von objektivistischen und subjektivistischen Auffassungen durch Betrachtung unterschiedlicher Arten stochastischer Vorgänge.

Aussagen zum zukünftigen Eintreten von Ergebnissen
Vor dem Ablauf eines Vorgangs können mithilfe von Wahrscheinlichkeitsangaben Aussagen über die möglichen Ergebnisse getroffen werden. Dabei kann es sich um bereits bekannte Wahrscheinlichkeiten oder auch um subjektive Schätzungen handeln. Mit der Wahrscheinlichkeitsaussage wird zum Ausdruck gebracht, wie sicher man sich sein kann, dass ein bestimmtes Ergebnis eintritt oder auch in welchem Maße man das Ergebnis erwarten kann. Diese Art der Interpretation kann als *Grad der Sicherheit* bzw. *Grad der Erwartung* bezeichnet werden. Der Begriff Erwartung ist dabei nicht mit dem Erwartungswert zu verwechseln. Der Grad der Erwartung ist eine Wahrscheinlichkeitsangabe, der Erwartungswert ist eine Größe oder eine reelle Zahl. So kann man vor dem nächsten Wurf eines Würfels auf der Grundlage der bekannten Wahrscheinlichkeit für eine 6 formulieren, dass man viel eher keine 6 als eine 6 erwarten kann.

Aussagen über ein eingetretenes und bekanntes Ergebnis
Nach Ablauf eines Vorgangs können auf Grundlage der bekannten oder geschätzten Wahrscheinlichkeit des Ergebnisses geeignete Aussagen formuliert werden, die zum Ausdruck bringen, ob die Erwartungen erfüllt oder eher nicht erfüllt sind. Wenn eine 6 gewürfelt wurde, kann man sagen, dass dies eher nicht zu erwarten war, und kann sich darüber be-

sonders freuen. Würfelt man keine 6, so muss man darüber nicht besonders erstaunt sein und wird im nächsten Wurf auf mehr Glück hoffen.

Aussagen über ein eingetretenes, aber unbekanntes Ergebnis
Wenn das eingetretene Ergebnis eines stochastischen Vorgangs einer Person nicht bekannt ist, so kann diese durch eine Wahrscheinlichkeitsaussage zum Ausdruck bringen, wie sicher sie sich ist, ob ein bestimmtes Ergebnis eingetreten ist (vgl. Bsp. 3.21 in Abschn. 3.4). Die dabei angestellten Überlegungen der Person beruhen auf ihren Kenntnissen über den Vorgang und auf Informationen, die sie zu dem eingetretenen Ergebnis bekommt. Mit der Zunahme weiterer Informationen kann sich die Person immer sicherer sein, welches Ergebnis eingetreten ist. Auch diese Art der Interpretation einer Wahrscheinlichkeitsangabe kann als *Grad der Sicherheit* bezeichnet werden.

Vorhersagen der zu erwartenden Häufigkeit bei mehrmaligem Ablauf des Vorgangs unter gleichen Bedingungen
Wenn man den Vorgang unter gleichen Bedingungen mehrfach wiederholen kann, so sind Vorhersagen der zu erwartenden absoluten Häufigkeiten möglich. Diese entsprechen dem Erwartungswert der Wiederholungen der zugrunde gelegten Binomialverteilung. Wenn das Ergebnis die Wahrscheinlichkeit p hat und der Vorgang n-mal unabhängig voneinander wiederholt wird, so ist der Erwartungswert für die Häufigkeit des Ergebnisses $n \cdot p$. Dies wird als *Häufigkeitsinterpretation* der Wahrscheinlichkeit bezeichnet. Die tatsächliche Häufigkeit kann von dem erwarteten Wert mehr oder weniger stark abweichen. Eine Vorhersage für die Häufigkeit des Ergebnisses „Zahl" bei 30 Münzwürfen sollte in folgender Form erfolgen: Es ist etwa 15-mal das Ergebnis „Zahl" zu erwarten, die Häufigkeit des Ergebnisses kann aber auch größer oder kleiner sein.

Zum Problem der Abweichung der absoluten Häufigkeit vom erwarteten Wert können folgende, allerdings anspruchsvolle Aussagen getroffen werden. Wenn die Wiederholung des Vorgangs sehr häufig durchgeführt wird, so ist das arithmetische Mittel der jeweils aufgetretenen absoluten Häufigkeiten ein immer besserer Näherungswert für den erwarteten Wert. Zum Beispiel ist bei 30 Münzwürfen folgende Aussage möglich: Wenn man sehr oft 30-mal eine Münze wirft, so schwankt das arithmetische Mittel der Häufigkeiten des Ergebnisses „Zahl" immer weniger um 15. Dies wird als empirisches Gesetz der großen Zahlen für das arithmetische Mittel bezeichnet.

Interpretieren sehr kleiner und sehr großer Wahrscheinlichkeiten
Ereignisse mit sehr kleiner bzw. sehr großer Wahrscheinlichkeit spielen im alltäglichen Leben eine besondere Rolle. Sie sind entweder mit sehr großen Glücksmomenten (Hauptgewinn im Lottospiel) oder großem Leid (tödlicher Autounfall) verbunden. Wir sehen es als eine Aufgabe der Vermittlung stochastischer Grundbildung an, Einstellungen zu solchen Ereignissen bei den Schülern auszubilden. Es sollte in diesem Zusammenhang die Einsicht vermittelt werden, dass Ereignisse mit sehr geringer Wahrscheinlichkeit zwar äußerst selten vorkommen, dass aber bei einer genügend großen Zahl von Wiederholun-

gen des Vorgangs die Wahrscheinlichkeit, dass dieses Ereignis mindestens einmal auftritt, recht groß sein kann. Auf dieser Tatsache basieren z. B. die Argumente der Atomkraftgegner. Andererseits sollte aber auch verhindert werden, dass zu große Hoffnungen in Glücksfälle gesetzt werden bzw. zu große Befürchtungen vor Unglücksfällen bestehen. Nach Kitaigorodski (1977) sollten Ereignisse mit Wahrscheinlichkeiten kleiner als 10^{-6} von einem einzelnen Menschen vernachlässigt werden. In dieser Größenordnung liegen etwa die Wahrscheinlichkeiten für einen Hauptgewinn in einer Lotterie oder für einen tödlichen Autounfall. Für diese Ereignisse schlägt Richter (1956, S. 49) die Anwendung des Cournotschen Prinzips vor, dass Antoine-Augustin Cournot (1801–1877) für wirtschaftliche Entscheidungen entwickelt hat. Wenn die Wahrscheinlichkeit eines Ereignisses sehr nahe bei 1 liegt, sollte man so handeln, als ob das Eintreten sicher wäre, und bei einer Wahrscheinlichkeit nahe 0 sollte man das Eintreten außer Acht lassen.

6.4 Die Begriffe Ergebnis, Ereignis und Gegenereignis

In Unterrichtsvorschlägen für die Sekundarstufe I und teilweise sogar für die Primarstufe wird häufig das Ziel verfolgt, Schülern die Begriffe „Ergebnis", „Ergebnismenge" und „Ereignis" zu vermitteln, wozu auch eine Mengenschreibweise verwendet wird. Das Bestimmen von Gegenereignissen erweist sich in vielen Fällen aufgrund der damit verbundenen sprachlich-logischen Probleme als eine sehr anspruchsvolle Aufgabe. Wir wollen uns zunächst mit der Verwendung dieser Begriffe in der Fachwissenschaft beschäftigen und weitere Verständnisprobleme diskutieren, um dann zu einer Gesamteinschätzung zu kommen.

Verwendung der Begriffe auf der theoretischen Ebene

In der Fachwissenschaft wird zum axiomatischen Aufbau der Wahrscheinlichkeitsrechnung ein nicht definierbarer Grundbegriff benötigt, der eine Verallgemeinerung der in der Realität oder in dem Realmodell vorhandenen möglichen Ergebnisse eines Vorgangs bzw. der Menge dieser Ergebnisse darstellt. Dazu gibt es in der Fachliteratur unterschiedliche Bezeichnungen wie Ergebnis, zufälliges Ereignis, Elementarereignis oder atomares Ereignis. Man kann also zunächst feststellen, dass die Wörter „Ergebnis" und „Ereignis" in der Fachwissenschaft nicht einheitlich verwendet und auch nicht explizit definiert werden. Die Menge aller Ergebnisse (oder zufälligen Ereignisse, Elementarereignisse, . . .), die alternativ zur Bezeichnung der Ergebnisse als nicht definierbarer Grundbegriff angesehen werden kann, wird z. B. Ergebnismenge, Menge der Elementarereignisse, Ereignisraum, Grundmenge oder Grundraum genannt und in der Regel mit Ω bezeichnet.

Dabei müssen zwei grundlegende Fälle unterschieden werden: Die Ergebnismenge kann abzählbar bzw. abzählbar unendlich oder aber nicht abzählbar sein. In der Schule können mit dem Modell der abzählbaren Ergebnismenge fast alle Anwendungen erfasst werden. Jedoch sind z. B. für das Modellieren des Drehens eines Glücksrades, das Schießen auf eine Scheibe oder das Werfen einer Nadel aus theoretischer Sicht überabzählbare

Ergebnismengen erforderlich. Dieser Fall betrifft insbesondere die Anwendung des Wahrscheinlichkeitsbegriffs in der Geometrie, wofür oft der Begriff der *geometrischen Wahrscheinlichkeit* verwendet wird. Im weiteren Aufbau der Theorie wird dann eine Menge von Teilmengen der Ergebnismenge (Ereignisraum, Grundmenge, ...) mit einer bestimmten Struktur (σ-Algebra) gebildet und z. B. als Ereignisfeld oder Ereignisalgebra bezeichnet. Im Fall endlicher oder abzählbar unendlicher Ergebnismengen wird die Menge aller Teilmengen (die Potenzmenge) von Ω verwendet.

Ein Element des Ereignisfeldes wird dann meist als *Ereignis* oder *zufälliges Ereignis* bezeichnet. Als eine Konsequenz aus dieser Begriffsbildung ergibt sich, dass dann zwischen einem Ergebnis als Element einer Menge und einer Menge mit diesem Ergebnis (als Elementarereignis) unterschieden werden muss. So hat der Vorgang des Werfens eines Spielwürfels unter den Annahmen eines Realmodells als Ergebnisse die sechs möglichen Augenzahlen 1, 2, 3, 4, 5, 6. Die Ergebnismenge ist dann $\Omega = \{1, 2, 3, 4, 5, 6\}$ und ein Elementarereignis wäre z. B. $E_1 = \{1\}$, das von dem Ergebnis 1 zu unterscheiden ist.

Nur in wenigen Fachbüchern (z. B. Maibaum 1976) wird zum Aufbau der Wahrscheinlichkeitsrechnung eine auf der Aussagenlogik basierende *Ereignisalgebra* verwendet. Es hat sich die sofortige Verwendung einer Mengenalgebra durchgesetzt. Beide Zugänge sind möglich, nach dem Satz von Stone (ebd. S. 28) gibt es zu jeder Ereignisalgebra eine isomorphe Mengenalgebra.

Beim weiteren axiomatischen Aufbau der Wahrscheinlichkeitsrechnung wird dann die Wahrscheinlichkeit als ein Maß auf der Menge der Ereignisse, also einer strukturierten Menge von Teilmengen der Ergebnismenge definiert. Wahrscheinlichkeiten werden in der Mathematik also stets für Ereignisse angegeben.

Sprachliche Probleme

Mit dem Begriff „Ergebnismenge" ist folgende sprachliche Schwierigkeit verbunden. Wird eine Teilmenge der Ergebnismenge gebildet, so spricht man nicht mehr von einer Ergebnismenge, sondern von einem Ereignis. Eine Teilmenge der Ergebnismenge enthält aber auch Ergebnisse und ist damit ebenfalls eine Menge von Ergebnissen. Für einen Lernenden wird die Unterscheidung der Formulierungen „Ergebnismenge" als „Menge aller Ergebnisse" und „Menge von (ausgewählten) Ergebnissen" verwirrend erscheinen.

Auf Probleme, die mit der umgangssprachlichen Bedeutung des Wortes „Ereignis" verbunden sind, hat Hefendehl-Hebeker (1983a) in einer gründlichen Analyse hingewiesen. In seiner ursprünglichen Bedeutung bezeichnete das Wort „Ereignis" eine Erscheinung, Begebenheit oder ein Vorkommnis. Unter einem Ereignis wird heute dagegen allgemein ein besonderer, nicht alltäglicher Vorgang, ein Vorfall oder ein Geschehnis verstanden. Dies kommt z. B. in folgenden Redewendungen zum Ausdruck: eine „Duplizität der Ereignisse", ein „freudiges Ereignis" oder: „Große Ereignisse werfen ihre Schatten voraus." (Kunkel-Razum et al. 2003, S. 480).

Der Ereignisbegriff in der Sekundarstufe I

Im stochastischen Anfangsunterricht in der Primarstufe und auch zu Beginn der Orientierungsstufe ist es möglich, auf den Fachbegriff „Ereignis" zu verzichten und nur von „Ergebnissen" zu sprechen. Bei einer Prozessbetrachtung werden mögliche Ergebnisse eines Vorgangs immer nur in Bezug auf ein interessierendes Merkmal angegeben. So kann beim Werfen eines Würfels folgendes Merkmal betrachtet werden: Es wird eine gerade Zahl gewürfelt. Die dazugehörigen Ergebnisse lauten dann „ja" oder „nein".

Wegen der Bedeutung des Fachbegriffs Ereignis sollten aber im weiteren Unterricht in der Sekundarstufe I Schüler an die Verwendung des Wortes „Ereignis" in der Wahrscheinlichkeitsrechnung gewöhnt werden. Wie schon in Abschn. 6.1.1 diskutiert, sollte dabei auf den Zusatz „zufällig" verzichtet werden. Angesichts der erwähnten umgangssprachlichen Verwendung des Wortes „Ereignis" muss eine neue Wortbedeutung als Fachbegriff erarbeitet werden. Ausgehend von den umgangssprachlichen Formulierungen „etwas ist eingetreten" oder „es hat sich etwas ereignet" muss den Lernenden bewusst gemacht werden, dass Ereignisse in der Stochastik keine besonderen Vorfälle betreffen, sondern damit ein oder mehrere der möglichen Ergebnisse gemeint ist/sind. Ereignisse sind in diesem Sinne *Aussagen einer Person über Ergebnisse eines Vorgangs.*

Die Ergebnisse des Vorgangs des Werfens eines Spielwürfels unter den Annahmen eines Realmodells sollten zu Beginn in ausführlicher Weise ebenfalls als Aussagen angegeben werden, z. B.: „Es fällt eine 6." Im weiteren Unterricht kann dann zur Abkürzung als Ergebnis auch nur die Zahl 6 selbst genannt werden. Ein mögliches Ereignis in Form einer Aussage wäre im Fall des Würfelns z. B.: „Es fällt eine gerade Zahl." Dieses Ereignis kann auch als folgende Aussagenverbindung formuliert werden: „Es fällt eine 2 oder eine 4 oder eine 6." Durch die Formulierung von Aussagen leistet der Stochastikunterricht an dieser Stelle einen Beitrag zur sprachlich-logischen Schulung.

Die Verwendung des Begriffs „Elementarereignis" halten wir in der Schule aufgrund der damit verbundenen begrifflichen und sprachlichen Probleme nicht für sinnvoll. Es ist ausreichend, nur von Ergebnissen und Ereignissen zu sprechen, da aus dem Zusammenhang hervorgeht, was gemeint ist. Analog wird in der Algebra auch von Variablen und Termen gesprochen, obwohl bereits jede Variable ein Term ist.

Wir schlagen weiterhin vor, in der Sekundarstufe I auf eine Mengendarstellung von Ergebnissen bzw. Ereignissen möglichst zu verzichten. Bei den in Lehrbüchern meist als Musterbeispiele verwendeten Fällen wie das Werfen eines Würfels oder das Drehen eines Glücksrades können die Ergebnisse der Vorgänge aufgrund ihrer geringen Anzahl noch leicht als Mengen von Werten angegeben werden. Treten jedoch größere Anzahlen möglicher Ergebnisse auf, lassen sich diese nicht so einfach durch Wertemengen angeben (z. B. bei Ergebnissen von Befragungen ist die Mengenschreibweise eher ungeeignet). Außerdem ist die Formulierung von Ergebnissen und Ereignissen stochastischer Vorgänge als Aussagen inhaltlich viel naheliegender als ihre Angabe durch Mengen. Wir schlagen vor, die Ergebnisse aufzulisten, tabellarisch zu erfassen oder geeignet im Prozessschema zu kennzeichnen, wie wir es für Bsp. 3.26 (s. Abschn. 3.5.4) demonstriert haben.

Bestimmen von Gegenereignissen

Mit dem Bestimmen von Gegenereignissen sind zahlreiche Probleme verbunden, die vor allem auf der sprachlich-logischen Ebene liegen. Insbesondere wenn es um das Gegenereignis zu Aussagen mit den Begriffen „mindestens" und „höchstens", aber auch zu All- und Existenzaussagen geht, haben viele Schüler erhebliche Probleme. So beschreibt Motzer (2003, 2011) an Unterrichtsbeispielen Probleme, die bei der Verwendung des Begriffs „Gegenteil" im Zusammenhang mit Gegenereignissen auftreten. Als Gegenereignis wird häufig die gegenteilige Sicht auf das gleiche Ereignis angegeben. So gaben viele Schüler als Gegenereignis zu „Mindestens 10 Kinder mögen Mathe" die Aussage „Höchstens 10 Kinder mögen Mathe nicht" an (2003, S. 3). Die Probleme treten besonders im Unterricht der Sekundarstufe II im Zusammenhang mit Aufgabenstellungen zur Binomialverteilung auf. Der Begriff „Gegenereignis" wird aber bereits in der Jahrgangsstufe 5/6 verwendet (vgl. Abschn. 3.5.4), wobei dort nur Negationen von einfachen Aussagen vorkommen sollten. Bei Aufgaben zu mehrstufigen Vorgängen (Stufen 7/8) sollten dann aber auch Mindestaussagen mit „mindestens ein ..." negiert werden. Auch mit Blick auf die Anforderungen in der Sekundarstufe II schlagen wir deshalb insbesondere für den gymnasialen Bildungsgang vor, folgende Hinweise zu berücksichtigen:

Bei Anzahlaussagen, zu denen Aussagen mit den Begriffen „mindestens" und „höchstens" gehören (Bock und Walsch 1975, S. 103) geht es nicht um die Menge der Objekte, sondern um die Anzahl von Objekten mit einer bestimmten Eigenschaft. Deshalb empfehlen wir, diese Aussagen in entsprechende Aussagen über Anzahlen umzuformulieren. Für die Aussage „Mindestens 10 Kinder mögen Mathe" führt dies zu der äquivalenten Aussage, dass die *Anzahl* der Kinder in der Klasse, die Mathematik mögen, mindestens 10 beträgt, was dann auch in Form einer Ungleichung, etwa $A_m \geq 10$, geschrieben werden sollte. Analog kann die Aussage „Ich werfe mindestens eine Sechs bei drei Würfen" in die Anzahlaussage umformuliert werden: „Die Anzahl der Sechsen bei den drei Würfen ist größer oder gleich 1." Oder als Ungleichung: $A \geq 1$.

Eine Schwierigkeit bei der Negation von Aussagen besteht in dem Einfügen des Wortes „nicht" an die richtige Stelle in der zu negierenden Aussage. Diese Schwierigkeit kann verringert werden, wenn die Negation zunächst dadurch erfolgt, dass folgende Formulierungen verwendet werden: „Es stimmt nicht, dass ..." oder „Es ist nicht wahr, dass ...". Sind Anzahlaussagen bereits als Ungleichungen bzw. Gleichungen formuliert, ist eine Negation mit den Kenntnissen der Schüler zu Gleichungen und Ungleichungen leicht möglich. Für das oben betrachtete erste Beispiel ergibt sich somit als Gegenereignis die Aussage $A_m < 10$ bzw. $A_m \leq 9$, die dann sprachlich als „Höchstens 9 Schüler mögen Mathe" formuliert werden kann. Für das zweite Beispiel erhält man die Ungleichung $A < 1$ bzw. $A = 0$, die dann zu der Aussage führt: „Die Anzahl der Sechsen ist Null, d. h., bei den drei Würfen kommt keine Sechs."

6.5   Bedingte Wahrscheinlichkeit

In diesem Abschnitt erläutern wir unsere Auffassungen zu dem viel diskutierten Problem der bedingten Wahrscheinlichkeit aus theoretischer und unterrichtspraktischer Sicht.

Langfristige Entwicklung des Begriffs der bedingten Wahrscheinlichkeit im Stochastikunterricht

Unseren Unterrichtsvorschlägen liegt ein Konzept der phasenweisen Entwicklung des Begriffs der bedingten Wahrscheinlichkeit bei Schülern zugrunde, das analog zur Entwicklung des Wahrscheinlichkeitsbegriffs durch das Wechselverhältnis von formalen und inhaltlichen bzw. quantitativen und qualitativen Sichtweisen sowie datenorientierten und probabilistischen Aktivitäten gekennzeichnet ist.

Überlegungen zu den Bedingungen eines stochastischen Vorgangs sind Bestandteil der Prozessbetrachtung, die unsere Unterrichtsvorschläge in der gesamten Sekundarstufe durchzieht. In der *Jahrgangsstufe 5/6* werden die Schüler schrittweise daran gewöhnt, bei der Modellierung stochastischer Situationen durch das Prozessmodell danach zu fragen, welche Bedingungen bzw. Faktoren die möglichen Ergebnisse beeinflussen, das heißt auch wovon die Wahrscheinlichkeit dieser Ergebnisse abhängt. Diese inhaltlichen qualitativen Betrachtungen bereiten den Begriff der bedingten Wahrscheinlichkeit vor.

Die ersten quantitativen Untersuchungen zum statistischen Aspekt der bedingten Wahrscheinlichkeit erfolgen nach unseren Unterrichtsvorschlägen in der *Jahrgangsstufe 7/8*, wenn die Schüler kategoriale bivariate Daten mit Vierfeldertafeln auswerten (vgl. Abschn. 4.2.1). Dort werden sie an Beispielen mit der statistischen Abhängigkeit zweier Merkmale bekannt gemacht und verwenden Sprechweisen wie: „Die Mitgliedschaft in einem Sportverein ist vom Geschlecht abhängig." Mit bedingten Wahrscheinlichkeiten arbeiten Schüler intuitiv dann in einer weiteren Unterrichtsphase in der Jahrgangsstufe 7/8 bei der Verwendung von Baumdiagrammen zur Modellierung mehrstufiger Vorgänge, deren Teilvorgänge voneinander abhängig sind. Dazu ist es nicht notwendig, die Bezeichnung „bedingte Wahrscheinlichkeit" zu verwenden. Die benötigten Wahrscheinlichkeiten an den Pfaden der zweiten Stufe können sachverhaltsbezogen beschrieben werden. So kann im Bsp. 4.8 (s. Abschn. 4.3.2) formuliert werden: „Es geht um die Wahrscheinlichkeit, dass ein Kind gerne liest, wenn es ein Mädchen ist." Im Bsp. 4.12 (s. Abschn. 4.3.3) muss z. B. die Wahrscheinlichkeit bestimmt werden, dass das dritte Kind eine rote Karte zieht, wenn alle Kinder zuvor eine schwarze gezogen haben.

In der *Jahrgangsstufe 9/10* wird dann nach unseren Vorschlägen das Arbeiten mit Vierfeldertafeln und Baumdiagrammen zusammengeführt. Wir unterscheiden dabei datenbasierte Baumdiagramme mit absoluten Häufigkeiten (Häufigkeitsbäume) von Baumdiagrammen mit relativen Häufigkeiten sowie (probabilistischen) Baumdiagrammen mit Wahrscheinlichkeiten. Beim Umkehren von Baumdiagrammen lernen die Schüler die Berechnung von relativen Häufigkeiten bzw. Pfadwahrscheinlichkeiten durch Division kennen (s. Abschn. 5.5.2). In Verallgemeinerung dieser beiden Verfahren sollte dann im gymnasialen Bildungsgang die Bezeichnung „bedingte Wahrscheinlichkeit" und auch eine entsprechende Formel eingeführt werden (s. Abschn. 5.5.2). Damit verbinden Schüler diesen Begriff mit ihnen unmittelbar vertrauten Sachverhalten. Im gymnasialen Bildungsgang haben wir in einer weiteren Phase der Entwicklung des Begriffs die Beschäftigung mit bedingten Wahrscheinlichkeiten in Erkenntnisprozessen vorgesehen.

Probleme der Schreib- und Sprechweise

Die Bezeichnung „bedingte Wahrscheinlichkeit" ist nach Haller (1988) offenbar erst von Kolmogorov (1933) als Fachausdruck eingeführt worden. Diese Wortschöpfung ist allerdings nicht unproblematisch. „Bedingt" als Adjektiv bedeutet, dass etwas nur mit Einschränkungen erfolgt (z. B. bedingte Erlaubnis, bedingte Richtigkeit). In der Wortkombination „bedingte Wahrscheinlichkeit" ist diese Bedeutung allerdings nicht gemeint. Bedingt bezieht sich auf die Bedeutungen von „Bedingung", was in der Sprechweise für bedingte Wahrscheinlichkeiten als „die Wahrscheinlichkeit von B unter der Bedingung A" zum Ausdruck kommt. Eine Bedingung ist in der Umgangssprache etwas, was gefordert und von dessen Erfüllung etwas anderes abhängig gemacht wird, bzw. etwas, was zur Verwirklichung von etwas anderem als Voraussetzung notwendig gegeben bzw. vorhanden sein muss. Damit werden indirekt eine zeitliche Reihenfolge und eine kausale Beziehung der beiden Ereignisse A und B zum Ausdruck gebracht. Diese Bedeutung ist aber nicht für alle Anwendungen des Begriffs der bedingten Wahrscheinlichkeit zutreffend.

Aus Sicht der Prozessbetrachtung ist die Frage zu stellen, ob die Bezeichnung „bedingt" etwas mit den Bedingungen des betrachteten stochastischen Vorgangs zu tun hat. Diese Bedeutung ist in einigen, aber nicht in allen Anwendungsfällen vorhanden, da das Eintreten eines Ereignisses eine Bedingung für einen darauf folgenden Vorgang sein kann. So ist im Bsp. 4.12 (s. Abschn. 4.3.3) die Farbe der ersten gezogenen Karte eine Bedingung für die Wahrscheinlichkeit der Farbe der zweiten Karte. Mit dem Eintreten eines Ereignisses wird aber nur eine von vielen Bedingungen erfasst, die Einfluss auf den Verlauf eines Vorgangs haben. Es kann weiterhin der Eindruck entstehen, dass für den ersten Vorgang eines mehrstufigen Vorgangs keine Bedingungen angebbar sind, was nicht der Fall ist. Wenn zum Beispiel für das Würfeln einer 6 die Wahrscheinlichkeit $\frac{1}{6}$ angegeben wird, so gilt dies nur unter der Bedingung, dass es sich um einen idealen Würfel handelt. Es ist deshalb nicht sinnvoll, wie es teilweise in der Fachliteratur und auch in Schullehrbüchern geschieht, bei P(A) von einer „unbedingten" Wahrscheinlichkeit zu sprechen. Für Rényi (1969, S. 40) ist der Begriff „bedingte Wahrscheinlichkeit" eigentlich ein Pleonasmus, da jede Wahrscheinlichkeit eines Ereignisses von Bedingungen abhängt.

Mit dem Begriff der bedingten Wahrscheinlichkeit wird ein bestimmtes Verhältnis von Wahrscheinlichkeiten zweier Ereignisse bezeichnet. Im statistischen Kontext gibt eine bedingte Wahrscheinlichkeit eine bestimmte relative Häufigkeit und damit ein Verhältnis von Anzahlen an. Bei der sachbezogenen Beschreibung des Verhältnisses wird in der Regel von einem Anteil (z. B. Anteil der Jungen bei den Fahrradbesitzern) gesprochen. Mit Bezug auf diesen Kern der Bedeutung des Begriffs wäre eine Bezeichnung wie etwa „relationale Wahrscheinlichkeit" angemessener.

Ein weiteres Problem im Umgang mit bedingten Wahrscheinlichkeiten hängt mit ihrer formalen Bezeichnung zusammen. Es gibt zwei Möglichkeiten der Bezeichnung für die Wahrscheinlichkeit des Ereignisses B unter der Bedingung, dass das Ereignis A eingetreten ist: $P_A(B)$ und $P(B|A)$. Beide Bezeichnungen werden in der Literatur benutzt. Sie haben Vor- und Nachteile. Bei der Schreibweise $P_A(B)$ wird deutlich, dass es sich bei bedingten Wahrscheinlichkeiten um ein neues Wahrscheinlichkeitsmaß handelt und dass es um eine Wahrscheinlichkeit für das Ereignis B geht. Ein Nachteil der Bezeichnung $P_A(B)$ sind schreibtechnische Probleme, wenn das Ereignis A in Worten ausgedrückt werden soll. Die Reihenfolge des Lesens ist außerdem eine andere als die Schreibreihenfolge. Diese beiden Probleme bestehen bei der Schreibweise $P(B|A)$ nicht. Dafür ist zu beachten, dass es sich bei „$B|A$" nicht um eine Verknüpfung von Ereignissen im üblichen Sinne handelt, d. h., „$B|A$" ist kein Ereignis und die Schreibweise $P(B|A)$ ist daher fachlich problematisch. Ein weiterer Nachteil ist, dass leichter eine Verwechslung der beiden Wahrscheinlichkeiten $P(B|A)$ und $P(A|B)$ möglich ist.

Im Unterricht sollte möglichst nur eine der beiden Schreibweisen verwendet werden. Wir verwenden in diesem Buch hauptsächlich aus schreibtechnischen Gründen die Schreibweise $P(B|A)$.

Formale Aspekte des Begriffs der bedingten Wahrscheinlichkeit

Alle inner- oder außermathematischen Anwendungen des Begriffs der bedingten Wahrscheinlichkeit lassen sich im Prinzip immer mithilfe der Definition bearbeiten.

Es sei ein endlicher Wahrscheinlichkeitsraum mit der Ergebnismenge Ω und dem Wahrscheinlichkeitsmaß P gegeben und es sei $P(A) > 0$. Dann heißt für A, B $\subset \Omega$

$$P(B|A) = \frac{P(A \cap B)}{P(A)}$$

die bedingte Wahrscheinlichkeit von B unter der Bedingung A.

Mit dem so definierten Term $P(B|A)$ erhält man ein neues Wahrscheinlichkeitsmaß P_A über der Menge Ω, was sich durch Überprüfung der Gültigkeit der drei Axiome der Wahrscheinlichkeitsrechnung beweisen lässt.

Auf der theoretischen Ebene können bedingte Wahrscheinlichkeiten durch Untersuchen von Teilmengenbeziehungen in Ergebnismengen bestimmt werden. Ein typisches Beispiel für diese sehr formalen Aufgaben ist das folgende (Buth 2003, S. 292): Beim Wurf mit zwei Würfeln werden zwei Ereignisse betrachtet. Es sollen die bedingten Wahrscheinlichkeiten $P(B|A)$ bzw. $P(A|B)$ berechnet werden.

A: Die Augensumme ist höchstens gleich 7.
B: Die Augenzahl des ersten Würfels beträgt 1 oder 2.

Zur Berechnung der Wahrscheinlichkeiten braucht man nur die Anzahl der Elemente der Teilmengen zu ermitteln: $|A| = 21$, $|B| = 12$, $|A \cap B| = 11$. Daraus ergibt sich dann nach Anwendung der Laplace-Regel sofort P(B|A) und P(A|B).

Werden die Ereignisse A und B durch Mengendiagramme dargestellt, können die bedingten Wahrscheinlichkeiten als Verhältnisse visualisiert werden, wie es Bandt (1995) sogar als generelle Methode zum Arbeiten mit bedingten Wahrscheinlichkeiten vorschlägt. P(B|A) ist das Verhältnis der in den Mengen $A \cap B$ und A liegenden Elemente. Bei diesem Aspekt wird der Verhältnischarakter bedingter Wahrscheinlichkeiten deutlich. Für das obige Beispiel von Buth können die betreffenden Teilmengen in einer Kreuztabelle mit den 36 möglichen Würfelergebnissen markiert werden.

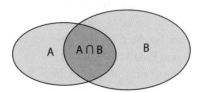

Da wir aus mehreren Gründen ein Arbeiten mit Ergebnismengen nicht für sinnvoll halten (vgl. Abschn. 6.4) und es für diese Art der Anwendung bedingter Wahrscheinlichkeiten wenige praktische Beispiele gibt, empfehlen wir, in der Sekundarstufe I auf diesen Aufgabentyp zu verzichten.

Inhaltliche Aspekte

Eine der Ursachen für Schwierigkeiten mit dem Begriff der bedingten Wahrscheinlichkeit sowohl aus erkenntnistheoretischer als auch aus unterrichtspraktischer Sicht sehen wir darin, dass damit völlig unterschiedliche Problemstellungen und Betrachtungsweisen bearbeitet bzw. beschrieben werden können. Eigentlich ist es ein bekanntes Problem der Anwendung von Mathematik, dass sich derselbe mathematische Apparat als Modell für verschiedene Sachverhalte anwenden lässt. Es können drei Hauptanwendungen bedingter Wahrscheinlichkeiten im Mathematikunterricht der Sekundarstufe I unterschieden werden. Die Anwendungen finden sich in unterschiedlichen Stoffeinheiten und in verschiedenen Klassenstufen.

(1) Berechnung von Wahrscheinlichkeiten bei mehrstufigen Vorgängen
(2) Schlussfolgerungen und Prognosen auf der Basis bivariater Daten
(3) Berechnung der Wahrscheinlichkeit von Hypothesen über ein eingetretenes, aber unbekanntes Ereignis

Wir empfehlen, bei der Einführung der Bezeichnung „bedingte Wahrscheinlichkeit" in der Jahrgangsstufe 9/10 im gymnasialen Bildungsgang eine enge Beziehung zu den Anwendungen (1) und (2) herzustellen, die im bisherigen Unterricht separat behandelt und bei denen bereits inhaltliche Vorstellungen zum Begriff der bedingten Wahrscheinlichkeit ausgebildet wurden.

Berechnung von Wahrscheinlichkeiten bei mehrstufigen Vorgängen

Bei diesen Anwendungen geht es vor allem um reale Vorgänge, die nacheinander ablaufen und in einem inhaltlichen Zusammenhang stehen. Diese Vorgänge sind für die Betrachtung bedingter Wahrscheinlichkeiten interessant, wenn das Eintreten eines Ereignisses die Wahrscheinlichkeit der Ereignisse des nachfolgenden Vorgangs beeinflussen kann. Ein typischer Fall sind Vorgänge, die durch das Ziehen von Kugeln aus Urnen ohne Zurücklegen modelliert werden können. In diesen Fällen ist ein zuerst eingetretenes Ereignis A eine *Bedingung* für das danach eintretende Ereignis B. Die bedingte Wahrscheinlichkeit P(B|A) bedeutet dann die Wahrscheinlichkeit des Ereignisses B unter der Voraussetzung, dass A eingetreten ist (bzw. unter der Bedingung A). In diesen stochastischen Situationen sind also die Sprechweisen „bedingt", „unter der Bedingung" oder „wenn B eingetreten ist" angebracht. Sie können im Unterricht in der Jahrgangsstufe 7/8 bezogen auf den Sachverhalt und ohne theoretische Verallgemeinerung verwendet werden. Die benötigten bedingten Wahrscheinlichkeiten an den Pfaden lassen sich durch Betrachtungen zum Sachverhalt ermitteln bzw. durch Division einer Pfadwahrscheinlichkeit durch eine Wahrscheinlichkeit an dem Pfad berechnen. Der letztere Fall tritt insbesondere bei Aufgaben zur Umkehrung von Baumdiagrammen auf, bei denen aus inhaltlicher Sicht die Reihenfolge der Vorgänge vertauscht werden muss.

Das umgekehrte Baumdiagramm entsteht aus formaler Sicht durch einfaches Vertauschen der Teilvorgänge. Inhaltlich kann es sich aber um völlig unterschiedliche stochastische Situationen handeln, wie etwa im Bsp. 4.8 (s. Abschn. 4.3.2) deutlich wird. Beim „direkten" Baumdiagramm geht es um die Abhängigkeit der Lesefreude vom Geschlecht, also um die statistische Abhängigkeit zweier Merkmale. Das dazu umgekehrte Baumdiagramm beschreibt eine Situation, in der Schlussfolgerungen aus Informationen (das Kind liest gerne) über einen unbekannten Zustand (das Geschlecht des Kindes) gezogen werden sollen. Das umgekehrte Baumdiagramm wurde von Riemer (1985, S. 57) gerade zur Lösung solcher Aufgabentypen als wesentliches heuristisches Hilfsmittel vorgeschlagen.

Beide Diagramme können auch in einem sogenannten *Doppelbaum*, bei dem das umgekehrte Baumdiagramm rechts neben dem eigentlichen entsteht, zusammengefasst werden (vgl. Abb. 5.23 in Abschn. 5.5.1). Das Lesen des Doppelbaums wird allerdings durch die sich kreuzenden Pfade erschwert. Im Doppelbaum ist erkennbar, dass zu einem Sachverhalt 16 Wahrscheinlichkeitsangaben gehören. Alle 16 Werte lassen sich aus drei geeigneten gegebenen Werten berechnen. Huerta (2009) hat gezeigt, dass es dazu 20 entsprechende unterschiedliche Aufgabenstellungen gibt.

Prognosen auf der Basis bivariater Daten

Es handelt sich um die Betrachtung von Ergebnissen statistischer Untersuchungen, bei denen an den Objekten der Grundgesamtheit die Ausprägungen mehrerer (oft nur zweier) Merkmale ermittelt wurden. Mit einer statistischen Untersuchung werden sehr viele gleichzeitig in der Wirklichkeit ablaufende reale stochastische Vorgänge erfasst, deren Ergebnisse zum gleichen Zeitpunkt gemessen werden. So geht es im Bsp. 4.8 um die Entwicklung von Einstellungen und Gewohnheiten zum Lesen, deren aktuelle Ausprä-

Abb. 6.4 Einheitsquadrat zum
Bsp. 4.8 (in Abschn. 4.3.2)

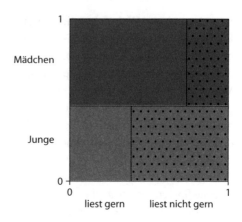

gung in der Klasse erfasst wurde. Der Übergang von der Datensicht zu einer probabilistischen Sicht ist in zweifacher Hinsicht möglich. Zum einen kann eine stochastische Situation im Rahmen der untersuchten Grundgesamtheit, in diesem Fall der Klasse, vorhanden sein. Dies kann zum Beispiel durch die zufällige Auswahl eines Schülers oder eine Aussage über einen beliebigen Schüler dieser Klasse erfolgen. Bei einer bestimmten Größe der Anzahl der untersuchten Objekte bzw. Personen können die Daten auch verwendet werden, um Wahrscheinlichkeitsaussagen für eine weit größere Grundgesamtheit zu treffen. Dieses Schließen von einer Stichprobe auf die Grundgesamtheit ist aber erst Inhalt des Stochastikunterrichts in der Sekundarstufe II. Es ist bei Schlussfolgerungen aus Daten nicht sinnvoll, die Sprechweisen „bedingt", „unter der Bedingung" oder „wenn B eingetreten ist" zu verwenden. Man sollte die bedingte Wahrscheinlichkeit durch eine Formulierung zum konkreten Sachverhalt beschreiben, z. B.: „Für einen zufällig ausgewählten Jungen beträgt die Wahrscheinlichkeit, dass er gerne liest, 5/13." Wir halten es für wichtig, die reine Datensicht und probabilistische Überlegungen deutlich zu trennen.

Zur Visualisierung des Zusammenhangs zweier Merkmale werden neben Baumdiagrammen auch Flächendiagramme wie Hunderterraster (Wassner 2004, S. 38) oder Einheitsquadrate (Bea und Scholz 1995; Eichler und Vogel 2010; Meyer 2011; Wassner 2004, S. 58) vorgeschlagen. Diese Darstellungen können dazu verwendet werden, zu zeigen, dass die völlige Unabhängigkeit zweier Merkmale ein seltener Grenzfall der Abhängigkeit ist. Für das Bsp. 4.8 ergibt sich das in Abb. 6.4 dargestellte Einheitsquadrat.

Am Einheitsquadrat ist die statistische Abhängigkeit der beiden Merkmale sofort daran erkennbar, dass die beiden senkrechten Strecken im Quadrat nicht auf einer Geraden liegen. Einheitsquadrate haben sich in den Untersuchungen von Bea und Scholz (1995) als ein wirksames Mittel zur Arbeit mit bedingten Wahrscheinlichkeiten bei sogenannten Basisratenproblemen erwiesen, die im Folgenden erläutert werden. Meyer (2008a) hält diese Darstellung für solche Probleme allerdings für wenig geeignet, da der zu visualisierende Effekt optisch oft zu klein ist.

Berechnung der Wahrscheinlichkeit der Hypothese einer Person über ein eingetretenes, aber ihr unbekanntes Ereignis

Die damit verbundenen Schlussweisen werden als umgekehrtes oder indirektes Schließen bezeichnet, da von Wirkungen (Beobachtungen) auf Ursachen (unbekannte Zustände) geschlossen wird. Zu diesem Aufgabentyp gehören zahlreiche Probleme, die sich als besonders schwierig erwiesen haben und deren Lösungen bzw. scheinbar unterschiedliche Lösungen oft sogar als paradox bezeichnet werden.

In der Mehrzahl der in Schulbüchern behandelten Problemstellungen dieser Art geht es um stochastische Situationen, in denen nur ein einzelner, auf eine handelnde Person bezogener Erkenntnisvorgang betrachtet wird. Es gibt bei diesen Problemen viele unterschiedliche Lösungsvarianten, die häufig mit geistreichen Überlegungen verbunden sind. Die Lösungen werden oft verbal beschrieben oder es wird mit Formeln bzw. Betrachtungen zu Ergebnismengen argumentiert. Die Verwendung von speziellen Baumdiagrammen, wie sie bereits von Engel (1983, S. 190), Borovcnik (1992) und Riemer (1985) vorgeschlagen wurden, halten wir für eine sehr geeignete Möglichkeit zum Finden und Darstellen von Lösungsideen. Dabei handelt es sich um verkürzte Baumdiagramme, die nur die für die konkrete Entscheidung interessierenden Pfade enthalten und aus Teilen eines Baumdiagramms und seiner Umkehrung bestehen. Die entscheidenden Überlegungen zur Lösung des Problems bestehen dann in inhaltlichen Überlegungen zu den bedingten Wahrscheinlichkeiten für die Information bzw. das Indiz. Die Ergebnisse der einzelnen, nacheinander ablaufenden Erkenntnisvorgänge sind Informationen. Die Art der Darstellung entspricht unserem Prozessmodell, das Diagramm ist nach rechts fortsetzbar (vgl. Abb. 6.5). Wir empfehlen diese Darstellung für den gymnasialen Bildungsgang, wenn bedingte Wahrscheinlichkeiten ausführlicher behandelt werden können.

Eine Gruppe von Aufgaben ist dadurch charakterisiert, dass Aussagen über die Wahrscheinlichkeit eines unbekannten Zustandes getroffen werden sollen, der in einer Grundgesamtheit sehr selten vorkommt. Die damit oft verbundenen Fehlvorstellungen werden als *Basisratenfehler* (Base Rate Fallacy, Prävalenzfehler) bezeichnet. Der Fehler besteht darin, dass nach einem positiven Testergebnis die Wahrscheinlichkeit für das tatsächliche Vorliegen des betreffenden Zustandes als viel zu hoch eingeschätzt wird. Das bekannteste Beispiel für ein Basisratenproblem ist die Diagnose seltener Krankheiten wie etwa Aids oder Brustkrebs mit sehr genauen Diagnoseinstrumenten. Diese Beispiele sind in fast allen Schulbüchern beim Thema der bedingten Wahrscheinlichkeit enthalten. Zur Aufklärung dieser Fehlintuition hat sich in psychologischen Untersuchungen das Arbeiten mit erwarteten absoluten Häufigkeiten (oft als „natürliche Häufigkeiten" bezeichnet) als

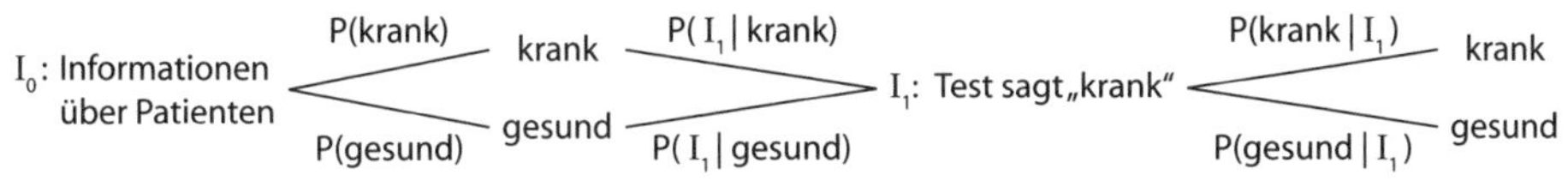

Abb. 6.5 Allgemeiner Wahrscheinlichkeitsbaum zum Diagnoseproblem

beste Methode erwiesen (Wassner 2004). Hinter dieser Lösungsmethode steckt die Häufigkeitsinterpretation von Wahrscheinlichkeiten, die auf der beliebigen Wiederholbarkeit eines stochastischen Vorgangs unter gleichen Bedingungen beruht. Da z. B. der Aidstest nicht als Massenuntersuchung durchgeführt wird, kann bei einer Person, die sich dem Test unterzieht, in der Regel nicht die Basisrate für Deutschland als A-priori-Wahrscheinlichkeit gewählt werden. Meyer (2008a) schlägt aus diesem Grund vor, als Beispiel eine verpflichtende Vorsorgeuntersuchung zu wählen wie den früher für alle Lehrkräfte jährlich durchgeführten TBC-Test. Zum Einfluss der Größe der A-priori-Wahrscheinlichkeit zitiert er ein beeindruckendes Beispiel (ebd. S. 135). Für diese Art der grafischen Repräsentation in einem nach rechts fortsetzbaren Baumdiagramm eignet sich zur Modellierung der Testsituation die Darstellung in Abb. 6.5. Die Informationen, die die Entstehung bzw. Revision der Wahrscheinlichkeitshypothesen bewirken, bezeichnen wir mit I_0, I_1, I_2.

Nach einem Vorschlag von Meyer (2008) verwenden wir für das Testergebnis nicht die sonst üblichen Bezeichnungen „Test positiv" bzw. „Test negativ", sondern „Test sagt krank" (bzw. „... gesund"), da die Wörter „positiv" und „negativ" missverständlich interpretiert werden können.

Anhang

Im Anhang nehmen wir zunächst eine Zusammenstellung von Problemen bzw. Aufgabenstellungen vor, die bereits bei einfachen stochastischen Situationen auftreten können, deren mathematische Behandlung aber in der Regel weit über den üblichen Schulstoff hinausreicht. Dabei geht es vor allem um Modellierungen mit Mitteln der Wahrscheinlichkeitsrechnung. Auf einige dieser Probleme können Schüler bei der Beschäftigung mit den betreffenden Situationen durchaus von selbst kommen. Die Aufgabenstellungen findet man oft in Lehrbüchern oder in populärwissenschaftlicher Literatur zur Stochastik, viele haben überraschende Ergebnisse und werden teilweise als Paradoxien bezeichnet. Einige Didaktiker weisen der Behandlung von Paradoxien eine besondere Rolle im Stochastikunterricht zu (Winter 1992; Eichler und Vogel 2013). Es sollte aber beachtet werden, dass in allen Wissenschaften, die sich mit realen Erscheinungen beschäftigen, und insbesondere in den Naturwissenschaften Phänomene untersucht werden, deren Verlauf oder Ergebnisse dem „normalen Menschenverstand" widersprechen. Dass sich der Druck in Flüssigkeiten allseitig ausbreitet oder ein Schiff aus Eisen schwimmen kann, mag für einen Lernenden ebenso überraschend erscheinen wie die im Folgenden aufgeführten Lösungen der stochastischen Probleme. Wir halten es zum anderen nicht für sinnvoll, Schüler in übermäßiger Weise mit für sie mathematisch nicht durchschaubaren Problemen zu konfrontieren, die ihren intuitiven Vorstellungen völlig widersprechen. Wenn Paradoxien für den Unterricht ausgewählt werden, sollte man die folgenden Kriterien berücksichtigen (vgl. Eichler und Vogel 2013, S. 36): Sie sollten einfach aufzuklären sein, große inhaltliche Relevanz für den Stochastikunterricht besitzen und, wenn möglich, mit selbst erhobenen Daten verbunden werden können.

Eine Mathematiklehrkraft sollte diese Probleme bzw. Aufgaben, mögliche Lösungswege und Lösungen kennen, um im Unterricht beim Auftreten der Fragestellungen entsprechend reagieren zu können oder um die oft sehr interessanten Probleme in geeigneter Weise im Unterricht einzusetzen. Auch wenn die Behandlung der allgemeinen Lösung meist nicht möglich ist, können in allen Fällen Simulationen durchgeführt werden, mit denen die Schüler erste Vorstellungen von den Problemlösungen gewinnen. Es ergeben sich oft auch geeignete Zusatzaufgaben für interessierte Schüler.

Nach einer kurzen Darstellung des Problems geben wir oft nur in knappem Umfang Beispiele und Lösungshinweise an und verweisen auf geeignete Literatur.

© Springer-Verlag Berlin Heidelberg 2015
K. Krüger et al., *Didaktik der Stochastik in der Sekundarstufe I,*
Mathematik Primarstufe und Sekundarstufe I + II, DOI 10.1007/978-3-662-43355-3

Wartezeitprobleme

Die beiden folgenden Problemstellungen können bereits bei der Arbeit mit Spielgeräten in der Grundschule auftreten. Auf das Problem des Nachweises einer Gleichverteilung, z. B. beim Würfeln, sind wir bereits eingegangen (vgl. Abschn. 3.5.5).

Warten auf den ersten Erfolg

Beschreibung des Problems Bei Würfelspielen wie „Mensch ärgere dich nicht" wird die Augenzahl 6 benötigt, um mit dem Spiel beginnen zu können. In diesem Zusammenhang können sich Schüler die Frage stellen, wie lange man im Schnitt warten muss, um das erste Mal eine 6 zu erhalten.

Beispiele und Lösungshinweise Ist p die Wahrscheinlichkeit für ein Ereignis und wird der Vorgang unter gleichen Bedingungen sehr oft wiederholt, so ist $E(X) = \frac{1}{p}$ der Erwartungswert für die Anzahl X der Wiederholungen bis zum ersten Auftreten des Ereignisses. Im Mittel muss man also sechsmal würfeln, um eine 6 zu bekommen. Da die Anzahl der Wiederholungen theoretisch unbegrenzt ist, handelt es sich um eine abzählbar unendliche Ergebnismenge. Für die Berechnung des Erwartungswerts muss der Grenzwert einer unendlichen Reihe berechnet werden. Es gibt weiterhin die Möglichkeit, durch Anwendung von Mittelwertregeln für Markow-Ketten auf elementare Weise den Erwartungswert zu berechnen. Man kann aber auch durch folgende präformale Begründung zu dem Ergebnis kommen: Bei 600 Würfen mit einen Würfel sind im Mittel 100 Sechsen zu erwarten, das heißt, bei 600 Versuchen hat man 100 Treffer oder mit anderen Worten, es sind im Mittel sechs Versuche für einen Treffer erforderlich. Diese Überlegung lässt sich auch auf Ereignisse mit einer anderen Wahrscheinlichkeit übertragen. Ist z. B. $p = \frac{5}{6}$, so hat man bei 600 Versuchen 500 Treffer, das ergibt $\frac{600}{500} = \frac{6}{5}$ Versuche pro Treffer.

Literaturhinweise Engel (1987, S. 65 ff.), Riehl (2010)

Warten auf eine vollständige Serie

Beschreibung des Problems Bei diesem auch als Sammelbildproblem bezeichneten Sachverhalt geht es darum, den Vorgang so lange zu wiederholen, bis alle möglichen Ergebnisse mindestens einmal aufgetreten sind. Diese Frage ergibt sich zum Beispiel beim Werfen eines Spielwürfels oder beim Kaufen von Sammelbildern. Es muss dabei vorausgesetzt werden, dass alle Ergebnisse gleichwahrscheinlich sind.

Beispiele und Lösungshinweise Beim Werfen mit einem Würfel braucht man im Mittel 14,7 Würfe, damit jede der sechs Augenzahlen mindestens einmal aufgetreten ist. Hat der Vorgang n verschiedene Ergebnisse, die alle mit der gleichen Wahrscheinlichkeit $\frac{1}{n}$ eintreten können, so gilt für den Erwartungswert der Anzahl X der Wiederholungen bis zum Auftreten einer vollständigen Serie aller Ergebnisse:

$$E(X) = n \left(1 + \frac{1}{2} + \frac{1}{3} + \frac{1}{4} + \ldots + \frac{1}{n} \right)$$

Literaturhinweise Engel (1987, S. 65 ff.), Wolpers (2002, S. 132), Strick (2005), Borovcnik (2007)

Stochastische Situationen, die auf Paradoxien führen

Es gibt eine Klasse von Problemen, wie etwa das Geburtstagsproblem oder das Problem der vertauschten Briefe, deren Lösungen für viele völlig überraschend erscheinen, da sie ihren intuitiven Vorstellungen widersprechen. Daher werden diese Probleme auch als Paradoxien bezeichnet.

Fehlerhafte Intuitionen treten oft dann auf, wenn das betreffende Ereignis eine Vereinigung vieler einzelner Ereignisse mit sehr geringer Wahrscheinlichkeit ist (Henze 2004, S. 77). Diesem Phänomen begegnet man bereits im Alltag bei der Interpretation seltener Ereignisse, wie etwa bei der zufälligen Begegnung mit einem lange nicht gesehenen Bekannten oder bei einem Hauptgewinn in einem Glücksspiel. Die Wahrscheinlichkeit, dass eine bestimmte Person, also etwa man selbst, einen Bekannten trifft oder einen Hauptgewinn hat, ist sehr gering. Aber die Wahrscheinlichkeit, dass eine beliebige Person aus einer sehr großen Anzahl von Personen einen Bekannten trifft oder einen Hauptgewinn hat, ist dagegen sehr viel größer.

Eine weitere Gruppe von fehlerhaften Intuitionen hängt mit Vorgängen zusammen, bei denen Objekte aus einer Menge zufällig ausgewählt bzw. Objekte zufällig auf Plätze verteilt werden. Bei diesen Vorgängen erwarten viele aufgrund der vorhandenen Gleichwahrscheinlichkeit eine relativ gleichmäßige Auswahl bzw. Verteilung der Objekte. In Wirklichkeit gibt es unerwartet viele Wiederholungen oder Häufungen von Ergebnissen. Bei praktisch bedeutsamen Fällen sollten, beginnend in der Primarstufe, durch Simulation dieser Vorgänge die entsprechenden Fehlvorstellungen zurückgedrängt werden.

Auftreten von mehreren Wiederholungen gleicher Ergebnisse

Beschreibung des Problems Bereits beim Werfen einer Münze kann die Frage entstehen, wie wahrscheinlich es ist, dass mehrfach nacheinander das gleiche Ergebnis auftritt. Wiederholungen gleicher Ergebnisse werden auch als Runs bezeichnet. Die Wahrscheinlichkeit von Runs größerer Länge wird oft weit unterschätzt. Mit der Kenntnis ausgewählter Lösungen dieses Problems kann ein Lehrer ausgedachte Ergebnisfolgen von zufällig erzeugten Folgen unterscheiden.

Beispiele und Lösungshinweise Es werden das Werfen einer Münze und Runs von Wappen oder Zahl betrachtet. Bei 200 Würfen beträgt die Wahrscheinlichkeit bereits 80 %, dass mindestens ein Run der Länge 7 auftritt (d. h. 7-mal Zahl oder 7-mal Wappen nacheinander). Bei 100 Würfen ist es mit 97-prozentiger Wahrscheinlichkeit fast sicher, dass mindestens ein Run mit der Mindestlänge 5 auftritt. Wenn man Schüler auffordert, 100-mal eine Münze zu werfen und die Ergebnisfolge aufzuschreiben oder sich eine Folge von 100 Ergebnissen eines Münzwurfs auszudenken, so kann man leicht erkennen, welche Folge tatsächlich durch Münzwürfe erzeugt und welche ausgedacht wurde. Man sucht in beiden Folgen nach Runs mit der Mindestlänge 5, in ausgedachten Folgen tritt ein Run mit der Länge 5 oder größer meist nicht auf.

Literaturhinweise Eichelsbacher (2002), Meyer (2008b), Humenberger (2000), Stadler (1986a, b)

Das Problem der vertauschten Briefe

Beschreibung des Problems Das Problem bzw. analoge Fragestellungen sind auch unter den Namen Rencontre-Problem (von franz. rencontre: Treffen) oder Koinzidenz-Paradoxon bekannt. Das Problem geht auf die Untersuchung des Treize-Spiels durch Pierre Rémond de Montmort (1678–1719) im Jahre 1708 zurück. Bei dem Spiel werden 13 Karten mit den Zahlen 1 bis 13 gemischt und nacheinander abgehoben. Stimmt keine Kartennummer mit der Ziehungsnummer überein, gewinnt der Spieler, ansonsten die Bank. Im Sachkontext von Briefen lautet die Fragestellung: Es werden n Briefe zufällig in n adressierte Umschläge gelegt. Wie groß ist die Wahrscheinlichkeit, dass sich mindestens ein Brief im richtigen Umschlag befindet? Das Problem kann im Alltag von Schülern bei Bräuchen zur Verteilung von Geschenken wie z. B. beim Wichteln auftreten, bei denen man sich innerhalb einer Gruppe gegenseitig beschenkt und die Zuordnung der Geschenke zufällig erfolgt.

Beispiele und Lösungshinweise Mathematisch gesehen geht es bei all diesen Problemen um die Wahrscheinlichkeit für mindestens einen Fixpunkt bei der Permutation (Vertauschung der Plätze) von n Elementen. Fixpunkt bedeutet, dass ein Element nach der Vertauschung seinen Platz behalten hat. Die Wahrscheinlichkeit für mindestens einen Fixpunkt für die Anzahlen von Elementen (also die Gruppengröße bei der Verteilung von Geschenken) enthält für die ersten n die Tab. A.1.

Tab. A.1 Wahrscheinlichkeit p für mindestens einen Fixpunkt bei der Permutation von n Elementen

n	2	3	4	5	6	7	8
p	0,5	0,6667	0,6250	0,6333	0,6319	0,6321	0,6321

Die Wahrscheinlichkeit nähert sich sehr schnell dem Wert $1 - \frac{1}{e} = 0{,}63212\ldots$ Bereits ab vier Personen beträgt also unabhängig von der Gruppengröße die Wahrscheinlichkeit, dass z. B. beim Wichteln mindestens einer sein eigenes Geschenk wieder erhält, etwa 63 %.

Literaturhinweise Rasfeld (2006), Krämer (2011a, S. 29 ff.), Henze (2013, S. 75)

Erstes Zusammentreffen von Zufallszahlen – das Geburtstagsproblem

Beschreibung des Problems Es sind n Zahlen gegeben, von denen nacheinander Zahlen zufällig ausgewählt werden. Dazu gibt es zwei mögliche Fragestellungen:

1. Wie viele Zahlen müssen nacheinander ausgewählt werden, sodass mit einer Wahrscheinlichkeit von 50 % (oder einer anderen Wahrscheinlichkeit) eine Zahl auftritt, die schon einmal gezogen wurde?
2. Es werden k Zahlen ausgewählt. Wie groß ist die Wahrscheinlichkeit, dass darunter mindestens zwei Zahlen gleich sind?

Die Anzahl der Wiederholungen bis zum ersten Auftreten der gleichen Zahl wird meist erheblich überschätzt.

Beispiele und Lösungshinweise Es muss sich um Ereignisse handeln, von denen man annehmen kann, dass sie gleichwahrscheinlich sind, wie etwa die Ergebnisse bei Glücksspielen oder die Geburtstage und Geburtsmonate. Als *Geburtstagsproblem* wird die Aufgabe bezeichnet, die Wahrscheinlichkeit zu bestimmen, dass von k Personen mindestens zwei am gleichen Tag Geburtstag haben. Analoge Fragestellungen treten auf, wenn man beim Werfen mit einem oder zwei Würfeln die Wiederholung von Ergebnissen untersucht. Die Aufgabe kann über das Gegenereignis mit kombinatorischen Mitteln in der Sekundarstufe I gelöst und auch mit Zufallszahlen simuliert werden. Zur Simulation des Geburtstagsproblems kann z. B. mehrfach eine von 365 Zahlen zufällig ausgewählt werden, bis zum ersten Mal die gleiche Zahl auftritt. Als überraschendes, intuitiv nicht erwartetes Ergebnis ergibt sich, dass bereits bei 23 Personen die Wahrscheinlichkeit, dass zwei am gleichen Tag Geburtstag haben, größer als 50 % ist. In Tab. A.2 sind für verschiedene Anzahlen n und k Ziehungen angegeben, mit welcher Wahrscheinlichkeit p mindestens zwei der gezogenen k Zahlen gleich sind.

Tab. A.2 Wahrscheinlichkeiten einer Wiederholung gleicher Ergebnisse

n	6		12		100		365		13.983.816	
k	4	5	5	8	13	22	23	41	4500	8500
p	0,72	0,91	0,62	0,95	0,55	0,92	0,51	0,90	0,52	0,92

Aus der Tabelle kann man unter anderem entnehmen, dass beim vierten Wurf eines Würfels bereits mit einer Wahrscheinlichkeit von 72 % eine Zahl auftritt, die bereits gewürfelt wurde, dass man bei 41 Personen fast sicher sein kann, dass zwei am gleichen Tag Geburtstag haben, und dass nach 4500 Wiederholungen des Spiels „6 aus 49" die Wahrscheinlichkeit für genau das gleiche Ergebnis über 50 % beträgt.

Literaturhinweise Engel (1983), Winter (1992), Stadler (1986a, 1986b), Strick (2005), Krämer (2011a, S. 32), Henze (2013, S. 71), Riehl (2014)

Führungswechsel bei Zwei-Personen-Spielen

Beschreibung des Problems Wenn bei einem Spiel mit zwei Personen die Gewinnwahrscheinlichkeit für jeden Spieler 50 % beträgt, kann leicht die Frage aufkommen, wie oft bei einer längeren Spieldauer die Führung wechselt. Intuitiv wird oft angenommen, dass ein häufiger Wechsel der Führung zu beobachten ist, da bei jedem Spiel jeder der beiden Spieler wieder die gleiche Wahrscheinlichkeit besitzt, zu gewinnen.

Beispiele und Lösungshinweise Ein Beispiel für ein solches Spiel ist das Werfen eine Münze, bei der ein Spieler beim Ergebnis Zahl und der andere beim Ergebnis Wappen einen Punkt erhält. Simulationen von 2500 Spielen zeigen, dass ein Führungswechsel oder Gleichstand sehr selten und teilweise auch überhaupt nicht auftritt. Man kann beweisen, dass bei 50 Spielen nur etwa 5-mal, bei 100 Spielen 7-mal und bei 200 Spielen 10-mal Gleichstand zu erwarten ist. Die Wahrscheinlichkeit, dass in der letzten Spielhälfte kein Gleichstand auftritt, beträgt unabhängig von der Dauer des Spiels 50 %.

Literaturhinweise Meyer (2008b), Riemer (1989), Krämer (2011a, S. 57)

Häufung von Ergebnissen

Beschreibung des Problems Werden von einer größeren Anzahl von Personen die Geburtstage erfasst und ihre Verteilung auf das Jahr untersucht, so stellt man überraschenderweise fest, dass es viele Geburtstage gibt, die dicht beieinanderliegen oder sogar zusammenfallen. Die Geburtstage sind entgegen intuitiven Vorstellungen nicht gleichmäßig über das Jahr verteilt.

Beispiele und Lösungshinweise Bei 60 Personen, deren Geburtstage zufällig auf die 365 Tage eines Jahres verteilt sind, d. h., für alle 365 Tage eines Jahres ist die Wahrscheinlichkeit für einen Geburtstag gleich, ergeben sich folgende Werte für die Wahrscheinlichkeit von Differenzen zwischen zwei aufeinanderfolgenden Geburtstagen (s. Tab. A.3).

Tab. A.3 Wahrscheinlichkeit von Differenzen zwischen zwei aufeinanderfolgenden Geburtstagen bei 60 Personen

Differenz zwischen den Geburtstagen	Wahrscheinlichkeit
0	14,9 %
1	12,7 %
2	10,9 %
3	9,3 %

Es ist z. B. zu erwarten, dass bei 60 Personen etwa 15 %, also neun Doppelgeburtstage auftreten. Aus der Sicht einer bestimmten Person bedeutet dies, dass mit einer Wahrscheinlichkeit von etwa 15 % mindestens eine andere Person am gleichen Tag Geburtstag hat. Die Wahrscheinlichkeit, dass bei 60 Geburtstagen die Differenz von einem Geburtstag zum nächsten nur maximal zwei Tage beträgt, ist 38,5 %. Aus der Sicht einer Person bedeutet dies, dass mit fast 40-prozentiger Wahrscheinlichkeit mindestens eine andere Person aus der Gruppe ebenfalls am selben oder einem der nächsten bzw. vorhergehenden zwei Tage Geburtstag hat.

Analoge Probleme sind die zufällige Auswahl von Fragen aus einem Fragenkatalog etwa für eine Prüfung oder die zufällige Belegung von Schränken in einem Schwimmbad. In diesen Fällen ist keine Wiederholung eines Ergebnisses möglich. Für das Beispiel der zufälligen Auswahl von 60 Fragen aus einem Katalog von 365 Fragen beträgt die Wahrscheinlichkeit, dass sich die Nummern der Fragen nur um maximal 2 unterscheiden, etwa 41 %.

Aus diesem Phänomen ergeben sich Konsequenzen für die konkreten Anwendungsfälle. So kann man in einer größeren Gruppe von Personen Geburtstage oft zusammen feiern, Prüflinge müssen damit rechnen, dass sie benachbarte Fragen bekommen, und in Umkleideräumen sind oft benachbarte Schränke belegt, wenn jeder seinen Schrank zufällig auswählt.

Literaturhinweise Riemer (2009)

Literatur

Verwendete Literatur

Arbeitskreis Stochastik der GDM: Empfehlungen zu Zielen und zur Gestaltung des Stochastikunterrichts. Stochastik in der Schule **23**(3), 21–26 (2003)

Atmaca, S., Krauss, S.: Der Einfluss der Aufgabenformulierung auf stochastische Performanz – Das „Drei-Türen-Problem". Stochastik in der Schule **21**(3), 14–21 (2001)

Bakker, A.B., Biehler, R., Konold, C.: Should young students learn about box plots? In: Burrill, G., Camden, M. (Hrsg.) Curricular Development in Statistics Education: International Association for Statistical Education (IASE) Roundtable Lund, Sweden, 28 June–3 July 2004. S. 163–173. (2006)

Bandt, C.: Behutsam zur Stochastik. Mathematik in der Schule **33**(4), 222–234 (1995)

Bea, W., Scholz, R.W.: Graphische Modelle bedingter Wahrscheinlichkeiten im empirisch-didaktischen Vergleich. Journal für Mathematik-Didaktik **16**(3/4), 299–327 (1995)

Behnen, K., Neuhaus, G.: Grundkurs Stochastik. Eine integrierte Einführung in Wahrscheinlichkeitstheorie und mathematische Statistik, 4., neu bearb. und erw. Aufl. PD-Verlag, Heidenau (2003)

Biehler, R.: Explorative. Datenanalyse. Eine Untersuchung aus der Perspektive einer deskriptiv-empirischen Wissenschaftstheorie Materialien und Studien, Bd. 24. Institut für Didaktik der Mathematik der Universität Bielefeld, Bielefeld (1982)

Biehler, R.: MUFFINS – Statistik mit komplexen Datensätzen. Freizeitgestaltung und Mediennutzung von Jugendlichen. Stochastik in der Schule **23**(1), 11–26 (2003)

Biehler, R.: TINKERPLOTS: Eine Software zur Förderung der Datenkompetenz in Primar- und früher Sekundarstufe. Stochastik in der Schule **27**(3), 34–42 (2007)

Biehler, R.: Denken in Verteilungen – Vergleichen von Verteilungen. Der Mathematikunterricht **53**(3), 3–11 (2007)

Biehler, R.: Daten und Zufall mit Fathom. Unterrichtsideen für die SI mit Software-Einführung. Schroedel, Braunschweig (2011)

Biehler, R.: Leitidee Daten und Zufall – Fundamentale Ideen aus Sicht der Statistik. In: Linneweber-Lammerskitten, H. (Hrsg.) Fachdidaktik Mathematik. Grundbildung und Kompetenzaufbau im Unterricht der Sek. I und II, 1. Aufl. Reihe Lehren lernen. S. 69–92. Klett, Seelze (2014)

Biehler, R., Maxara, C.: Integration von stochastischer Simulation in den Stochastikunterricht mit Hilfe von Werkzeugsoftware. Der Mathematikunterricht **53**(3), 45–62 (2007)

Biehler, R., Maxara, C., Prommel, A., Hofmann, T.: Fathom 2. Eine Einführung, 1. Aufl. Springer, Berlin (2006)

Biehler, R., Schweynoch, S.: Trends und Abweichungen von Trends – Die Entwicklung sportlicher Leistungen bei den Olympischen Spielen. mathematik lehren **97**, 17–22 (1999)

Biehler, R., Steinbring, H.: Entdeckende Statistik, Stengel und Blätter, Boxplots: Konzepte, Begründungen und Erfahrungen eines Unterrichtsversuches. Der Mathematikunterricht **37**(6), 5–32 (1991)

Blum, W.: Anwendungsorientierter Mathematikunterricht in der didaktischen Diskussion. Mathematische Semesterberichte **32**(2), 195–232 (1985)

Blumenstingl, K.: „Pasch!" – (un)wahrscheinlich rätselhaft!? mathematik lehren, 56–57 (2006). Sammelband „Wege in die Stochastik"

Bock, H., Walsch, W. (Hrsg.): Zum logischen Denken im Mathematikunterricht. Volk und Wissen, Berlin (1975)

Böhme, W.: Erscheinungsformen und Gesetze des Zufalls. Eine elementare Einführung in die Grundlagen und Anwendungen der Wahrscheinlichkeitsrechnung und mathematischen Statistik. Vieweg+Teubner Verlag, Wiesbaden (1964)

Bohrisch, G., Mirwald, E.: Zu Möglichkeiten des Einbeziehens von elementaren Aufgabenstellungen kombinatorischen oder stochastischen Charakters in die mathematische Bildung und Erziehung der Schüler unterer Klassen. Dissertation. Pädagogische Hochschule Erfurt, Erfurt (1988)

Borovcnik, M.: Zum Anwendungsproblem in der Statistik Teil I und Teil II. mathematica didactica **7**, 21–35 (1984)

Borovcnik, M.: Zur Rolle der beschreibenden Statistik I. mathematica didactica **9**(3/4), 177–192 (1986)

Borovcnik, M.: Zur Rolle der beschreibenden Statistik II. mathematica didactica **2**, 101–117 (1987)

Borovcnik, M.: Stochastik im Wechselspiel von Intuitionen und Mathematik. BI-Wissenschaftsverlag, Mannheim (1992)

Borovcnik, M.: Fundamentale Ideen als Organisationsprinzip in der Mathematikdidaktik. Didaktik-Reihe der Österreichischen Mathematischen Gesellschaft **27**, 17–32 (1997)

Borovcnik, M.: Das Sammelbildproblem – Rosinen und Semmeln und Verwandtes: Eine rekursive Lösung mit Irrfahrten. Stochastik in der Schule **27**(2), 19–24 (2007)

Borovcnik, M., Ossimitz, G.: Materialien zur Beschreibenden Statistik und Explorativen Datenanalyse. Hölder-Pichler-Tempsky, Wien (1987)

Bosbach, G., Korff, J.J.: Lügen mit Zahlen. Wie wir mit Statistiken manipuliert werden. Heyne, München (2011)

Bourier, G.: Beschreibende Statistik. Praxisorientierte Einführung – mit Aufgaben und Lösungen, 9. Aufl. Gabler, Wiesbaden (2011)

Bourier, G.: Wahrscheinlichkeitsrechnung und schließende Statistik. Praxisorientierte Einführung. Mit Aufgaben und Lösungen, 8., aktual. Aufl. Springer Gabler, Wiesbaden (2013)

Brauner, U., Leuders, T.: Es ist wahr, denn es steht in der Zeitung ... Mathematik als Mittel der Emanzipation. Pädagogik **5**, 14–18 (2006)

Bright, G.W., Friel, S.N.: Graphical representations: helping students interpret data. In: Lajoie, S.P. (Hrsg.) Reflections on Statistics: Learning, Teaching, and Assessment in Grades K-12, S. 63–68. Lawrence Erlbaum, Mahwah, New Jersey (1998)

Bruner, J.S.: Der Prozeß der Erziehung. Berlin-Verlag, Berlin (1970)

Büchter, A., Henn, H.-W.: Elementare Stochastik. Eine Einführung in die Mathematik der Daten und des Zufalls; mit 45 Tabellen, 2. Aufl. Springer, Berlin, Heidelberg, New York (2007)

Bundesministerium für Arbeit und Soziales (Hrsg.): Lebenslagen in Deutschland. Der Vierte Armuts- und Reichtumsbericht der Bundesregierung. Bonn (2013). www.bmas.de

Buth, M.: Schwierigkeiten im Umgang mit dem Zufall – eine didaktisch orientierte Sachanalyse. mathematica didactica **19**(2), 3–17 (1996)

Buth, M.: Methodische Anregungen zur Behandlung der bedingten Wahrscheinlichkeit. Der mathematische und naturwissenschaftliche Unterricht **56**(7), 391–394 (2003)

Cohors-Fresenborg, E., Kaune, C.: Baumdiagramme in der Wahrscheinlichkeitsrechnung: Auslöser unterschiedlicher mentaler Repräsentationen, aufgedeckt durch metakognitive Aktivitäten. Journal für Mathematik-Didaktik **26**(3/4), 200–223 (2005)

Degen, H., Lorscheid, P.: Statistik-Lehrbuch. Mit Wirtschafts- und Bevölkerungsstatistik; Methoden der Statistik im wirtschaftswissenschaftlichen Grundstudium, 2. Aufl. Oldenbourg, München [u. a.] (2002)

Diepgen, R., Kuypers, W., Rüdiger, K.: Stochastik, 1. Aufl. Cornelsen, Berlin (1993)

Dinges, H.: Rezension über Studienbriefe des DIPF, veröffentlicht 1980–81 in der Reihe Mathematik. Zentralblatt für Mathematikdidaktik **84**(5), 155–163 (1984)

Döhrmann, M.: Zufall, Aktien und Mathematik. Vorschläge für einen aktuellen und realitätsbezogenen Stochastikunterricht. Franzbecker, Hildesheim [u. a.] (2004)

Ehmig, S.C., Reuter, T.: Vorlesen im Kinderalltag. Bedeutung des Vorlesens für die Entwicklung von Kindern und Jugendlichen und Vorlesepraxis in den Familien. Stiftung Lesen, Mainz (2013)

Eichelsbacher, P.: Mit RUNS den Zufall besser verstehen. Stochastik in der Schule **22**(1), 2–8 (2002)

Eichler, A., Vogel, M.: Leitidee Daten und Zufall. Von konkreten Beispielen zur Didaktik der Stochastik. Vieweg+Teubner/GWV Fachverlage GmbH Wiesbaden, Wiesbaden (2009)

Eichler, A., Vogel, M.: Die (Bild-)Formel von Bayes. Praxis der Mathematik **52**(32), 25–30 (2010)

Eichler, A., Vogel, M.: Leitfaden Stochastik. Für Studierende und Ausübende des Lehramts, 1. Aufl. Vieweg+Teubner, Wiesbaden (2011)

Eichler, A., Vogel, M.: Paradoxien in der Stochastik. Sinn im Widersinnigen. mathematik lehren **181**, 34–38 (2013)

Engel, A.: Propädeutische Wahrscheinlichkeitstheorie. Der Mathematikunterricht **12**(4), 5–20 (1966)

Engel, A.: Wahrscheinlichkeitsrechnung und Statistik, 1. Aufl. Bd. 2. Klett, Stuttgart (1976)

Engel, A.: Wahrscheinlichkeitsrechnung und Statistik, 1. Aufl. Bd. 1. Klett, Stuttgart (1983)

Engel, A.: Stochastik. Klett, Stuttgart (1987)

Engel, J.: Zur stochastischen Modellierung funktionaler Abhängigkeiten: Konzepte, Postulate, Fundamentale Ideen. Mathematische Semesterberichte **45**, 95–112 (1998)

Engel, J.: Anwendungsorientierte Mathematik: von Daten zur Funktion. Eine Einführung in die mathematische Modellbildung für Lehramtsstudierende. Springer, Berlin, Heidelberg (2010)

Fahrmeir, L., Künstler, R., Pigeot, I., Tutz, G.: Statistik. Der Weg zur Datenanalyse, 6., überarb. Aufl. Springer, Berlin, Heidelberg (2007)

Feuerpfeil, J., Heigl, F., Wiedling, H.: Praktische Stochastik. Bayerischer Schulbuchverlag, München (1989)

Fischbein, E., Pampu, I., Minzat, I.: Einführung in die Wahrscheinlichkeit auf der Primarstufe. In: Steiner, H.-G. (Hrsg.) Didaktik der Mathematik, S. 140–160. Wissenschaftliche Buchgesellschaft, Darmstadt (1978)

Fischer, R., Malle, G.: Mensch und Mathematik. Eine Einführung in didaktisches Denken und Handeln. Bibliographisches Institut, Mannheim [u. a.] (1985)

Führer, L.: Misstrauensregeln. mathematik lehren 85, 61–63 (1997)

Gal, I.: Adults' Statistical Literacy: Meanings, Components, Responsibilities. International Statistical Review 70(1), 1–25 (2002)

Gigerenzer, G.: Das Einmaleins der Skepsis. Über den richtigen Umgang mit Zahlen und Risiken. Berlin-Verlag, Berlin (2002)

Gigerenzer, G., Krüger, C.: Das Reich des Zufalls. Wissen zwischen Wahrscheinlichkeiten, Häufigkeiten und Unschärfen. Spektrum Akademischer Verlag, Heidelberg (1999)

Greefrath, G.: Didaktik des Sachrechnens in der Sekundarstufe, 1. Aufl. Spektrum Akademischer Verlag, Heidelberg, Neckar (2010)

Griesel, H.: Zur didaktisch orientierten Sachanalyse des Begriffes Größe. Journal für Mathematik-Didaktik 18(4), 259–284 (1997)

Hájek, A.: Interpretations of probability. In: The Stanford Encyclopedia of Philosophy (Zalta). (2003). http://citeseerx.ist.psu.edu/viewdoc/summary?doi=10.1.1.125.8314. Zugegriffen: 04.01.2015

Haller, R.: Zur Geschichte der Stochastik. Didaktik der Mathematik 16(4), 262–277 (1988)

Häring, G., Ruwisch, S.: Die Wahrscheinlichkeits-Box Grundschule. Lehrerbegleitheft. Zufallsversuche durchführen und auswerten – Gewinnchancen einschätzen. Friedrich Verlag, Seelze (2012)

von Harten, G., Steinbring, H.: Stochastik in der Sekundarstufe I. Aulis, Köln (1984)

Hawkins, A.S., Kapadia, R.: Children's conceptions of probability? A psychological and pedagogical review. Educational Studies in Mathematics 15(4), 349–377 (1984)

Hefendehl-Hebeker, L.: Der Begriff „Ereignis" im Stochastikunterricht. Stochastik in der Schule 3(2), 4–16 (1983)

Hefendehl-Hebeker, L.: Ein Vorschlag zur Einführung des Begriffes „Ereignis" im Stochastikunterricht. mathematica didactica 6, 189–195 (1983)

Heitele, D.: Didaktische Ansätze zum Stochastikunterricht in Grundschule und Förderstufe. Dissertation. Dortmund: Pädagogische Hochschule Ruhr (1976)

Hellmann, R.: Zu Fragen der Behandlung stochastischer Sachverhalte im mathematischen und naturwissenschaftlichen Unterricht der allgemeinbildenden polytechnischen Oberschule. Dissertation. Universität Rostock (1986)

Henke, T.: Sportunfälle. Die Gesundheitsministerin informiert, Bd. 1. Ministerium für Gesundheit, Soziales, Frauen und Familie des Landes Nordrhein-Westfalen, Bielefeld (2003)

Henning, H.: Realität und Modell. Mathematik in Anwendungssituationen. WTM – Verlag für wissenschaftliche Texte und Medien, Münster (2011)

Henze, N.: Stochastik für Einsteiger. Eine Einführung in die faszinierende Welt des Zufalls, 5., überarb. Aufl. Aufl. Vieweg+Teubner, Wiesbaden (2004)

Henze, N.: Stochastik für Einsteiger. Eine Einführung in die faszinierende Welt des Zufalls, 10., erw. Aufl. Vieweg+Teubner, Wiesbaden (2013)

Herget, W., Hischer, H., Richter, K.: Was für ein Zufall!? Einige Bemerkungen über einen wenig beachteten Kern der Stochastik. Universität des Saarlandes, Saarbrücken (2005)

Heymann, H.W.: Allgemeinbildung und Mathematik. Beltz, Weinheim (1996)

Hinrichs, G.: Modellierung im Mathematikunterricht. Spektrum, Akademischer Verlag, Heidelberg (2008)

Holzäpfel, L., Leiss, D.: Modellieren in der Sekundarstufe. In: Linneweber-Lammerskitten, H. (Hrsg.) Fachdidaktik Mathematik. Grundbildung und Kompetenzaufbau im Unterricht der Sek. I und II, 1. Aufl., S. 159–178. Friedrich-Verlag, Seelze (2014)

Huerta, M.P.: On Conditional Probability Problem Solving Research – Structures and Contexts (2009). https://www.stat.auckland.ac.nz/~iase/publications/icme11/ICME11_TSG13_08P_huerta.pdf. Zugegriffen: 04.01.2015

Humenberger, H.: Überraschendes bei Münzwurfserien. Stochastik in der Schule **20**(1), 4–17 (2000)

Jäger, J., Schupp, H.: Curriculum Stochastik in der Hauptschule. Schöningh, Paderborn (1983)

Jahnke, T.: Drei Türen, zwei Ziegen und eine Frau. Ein didaktisches Lehrstück? mathematik lehren **85**, 47–51 (1997)

Jones, G.A., Langrall, C.W., Mooney, E.S.: Research in probability. Responding to Classroom Realities. In: Lester, F.K. (Hrsg.) Second handbook of research on mathematics teaching and learning. A project of the National Council of Teachers of Mathematics, S. 909–955. Information Age Publishing, Charlotte, NC (2007)

Kaun, A.: Stochastik in deutschen Lehrplänen allgemeinbildender Schulen. Stochastik in der Schule **26**(3), 11–17 (2006)

Kitaigorodski, A.: Unwahrscheinliches – möglich oder unmöglich? Verlag MIR, Fachbuchverlag Leipzig, Moskau, Leipzig (1977)

KMK: Bildungsstandards im Fach Mathematik für den Mittleren Schulabschluss (Jahrgangsstufe 10) (04.12.2003)

KMK: Bildungsstandards im Fach Mathematik für den Hauptschulabschluss (Jahrgangsstufe 9) (15.10.2004a)

KMK: Bildungsstandards im Fach Mathematik für den Primarbereich (Jahrgangsstufe 4) (15.10.2004b)

Kolmogorov, A.N.: Grundbegriffe der Wahrscheinlichkeitsrechnung. Springer, Berlin (1933)

Koops, H., Lehn, J., Preiß, G., Schröder, J., Wenzelburger, E.: Wahrscheinlichkeitsrechnung. HE 12. Deutsches Institut für Fernstudien, Tübingen (1981)

Krämer, W.: Denkste! Trugschlüsse aus der Welt der Zahlen und des Zufalls, Überarb. Neuausgabe der ungekürzten Taschenbuchausgabe. Aufl. Piper, München, Zürich (2011a)

Krämer, W.: So lügt man mit Statistik, Überarb. Neuausgabe. Aufl. Piper, München (2011b)

Krüger, K.: Erkundung der Altersverteilung in der BRD. Der Mathematikunterricht **58**(4), 42–52 (2012)

Krüger, K.: Haushaltsnettoeinkommen – ein Beispiel zur Nutzung der GENESIS-Online Datenbank im Unterricht. Stochastik in der Schule **32**(3), 8–14 (2012)

Krüger, K.: Was die Arbeitslosenzahlen (nicht) zeigen – Interpretation von Daten der Bundesagentur für Arbeit. Der Mathematikunterricht **58**(4), 32–41 (2012)

Kunkel-Razum, K., Scholze-Stubenrecht, W., Wermke, M., Auberle, A. (Hrsg.): Duden. Deutsches Universalwörterbuch, 5., überarb. Aufl. Dudenverlag, Mannheim (2003)

Kurtzmann, G., Sill, H.-D.: Vorschläge zu Zielen und Inhalten stochastischer Bildung in der Primarstufe sowie in der Aus- und Fortbildung von Lehrkräften. In: Ludwig, M. (Hrsg.) Beiträge zum Mathematikunterricht 2012, Bd. 2, S. 1005–1008. WTM – Verlag für wissenschaftliche Texte und Medien, Münster (2012)

Kuther, U.: Kinderbarometer Hessen 2006. Stimmungen, Meinungen, Trends von Kindern in Hessen. Hessenstiftung – Familie hat Zukunft, Bensheim (2006). Unter Mitarbeit von Christian Klöckner, Anja Beisenkamp und Sylke Hallmann

Kütting, H.: Beschreibende Statistik im Schulunterricht. BI-Wissenschaftsverlag, Mannheim [u. a.] (1994)

Kütting, H.: Didaktik der Stochastik. BI-Wissenschaftsverlag, Mannheim [u. a.] (1994)

Kütting, H., Sauer, M.J.: Elementare Stochastik. Mathematische Grundlagen und didaktische Konzepte, 3. Aufl. Spektrum Akademischer Verlag, Heidelberg (2011)

Lindenau, V., Schindler, M.: Wahrscheinlichkeitsrechnung in der Primarstufe und Sekundarstufe I. Klinkhardt, Bad Heilbrunn/Oberbayern (1977)

Maibaum, G.: Wahrscheinlichkeitstheorie und mathematische Statistik. Deutscher Verlag der Wissenschaften, Berlin (1976)

Maxara, C.: Stochastische Simulation von Zufallsexperimenten mit Fathom. Eine theoretische Werkzeuganalyse und explorative Fallstudie. Franzbecker, Hildesheim (2009)

Medienpädagogischer Forschungsverbund Südwest (Hrsg.): JIM 2011 (Jugend, Information, (Multi-)Media). Basisstudie zum Medienumgang 12- bis 19-Jähriger in Deutschland. Landesanstalt für Kommunikation Baden-Württemberg, Stuttgart (2011). http://www.mpfs.de/fileadmin/ JIM-pdf11/JIM2011.pdf. Zugegriffen: 05.07.2014

Medienpädagogischer Forschungsverbund Südwest (Hrsg.): JIM 2012 (Jugend, Information, (Multi-)Media). Basisstudie zum Medienumgang 12- bis 19-Jähriger in Deutschland. Landesanstalt für Kommunikation Baden-Württemberg, Stuttgart (2012). http://www.mpfs.de/fileadmin/ JIM-pdf12/JIM2012_Endversion.pdf. Zugegriffen: 05.07.2014

Meyer, J.: Bayes in Klasse 9. In: Eichler, A., Meyer, J. (Hrsg.) Anregungen zum Stochastikunterricht, Bd. 4, S. 123–135. Franzbecker, Hildesheim (2008). Tagungsband 2006/2007 des Arbeitskreises „Stochastik in der Schule" in der Gesellschaft für Didaktik der Mathematik e. V.

Meyer, J.: Überraschungen beim Münzwurf. Der Mathematikunterricht 54(1), 35–48 (2008)

Meyer, J.: Zweistufige Zufallsexperimente. Praxis der Mathematik 53(39), 19–24 (2011)

Motzer, R.: Hat das Gegenereignis etwas mit einem Gegenteil zu tun? – Was Schülerinnen und Schüler mit diesem Begriff verbinden und welche Schwierigkeiten sich daraus ergeben können. Stochastik in der Schule 23(3), 2–9 (2003)

Motzer, R.: Prozent von Prozent oder: Warum Prozentzahlen in Vierfeldertafeln missverstanden werden können. Stochastik in der Schule 27(1), 5–8 (2007)

Motzer, R.: Das Gegenereignis und der gegenteilige Blick auf das gleiche Ereignis. Stochastik in der Schule 31(2), 28–29 (2011)

Müller, P.H. (Hrsg.): Wahrscheinlichkeitsrechnung und mathematische Statistik. Lexikon der Stochastik, 5. Aufl. Akademie Verlag, Berlin (1991)

National Research Council: Reshaping School Mathematics: A Philosophy and Framework for Curriculum. National Academic, Washington (1990)

Nawrotzki, K.: Lehrbuch der Stochastik. Eine Einführung in die Wahrscheinlichkeitstheorie und die mathematische Statistik, 1. Aufl. Verlag Harri Deutsch, Thun, Frankfurt am Main (1994)

Ortlieb, C.P.: Mathematische Modellierung. Eine Einführung in zwölf Fallstudien, 1. Aufl. Vieweg+Teubner, Wiesbaden (2009)

Padberg, F.: Didaktik der Bruchrechnung: für Lehrerausbildung und Lehrerfortbildung, 4. erw., stark überarb. Aufl. Spektrum Akademischer Verlag, Heidelberg (2009)

Padberg, F., Benz, C.: Didaktik der Arithmetik: für Lehrerausbildung und Lehrerfortbildung, 4. erw., stark überarb. Aufl. Spektrum Akademischer Verlag, Heidelberg (2011)

Precht, M.: Angewandte Statistik, 7. Aufl. Oldenbourg, München (2005)

Rasfeld, P.: Das Rencontre-Problem, eine Quelle für den Stochastikunterricht von der Primarstufe bis zur Sekundarstufe II? In: Büchter, A. (Hrsg.) Realitätsnaher Mathematikunterricht. Vom Fach aus und für die Praxis. Festschrift für Hans-Wolfgang Henn zum 60. Geburtstag, S. 129–139. Franzbecker, Hildesheim [u. a.] (2006)

Rehse, M.: Leser manipulieren. Vorgegebene Daten manipulativ darstellen. Mathematik 5 bis 10 **14**, 40–41 (2011)

Rényi, A.: Briefe über die Wahrscheinlichkeit. VEB Deutscher Verlag der Wissenschaften, Berlin (1969)

Richter, H.: Wahrscheinlichkeitstheorie. Springer, Berlin [u. a.] (1956)

Riehl, G.: Markow-Ketten. Eine alternative Methode zur Lösung stochastischer Probleme. Der mathematische und naturwissenschaftliche Unterricht **63**(7), 401–404 (2010)

Riehl, G.: Alte Geburtstagsprobleme – neu gelöst. Mathematische Semesterberichte **61**(2), 215–231 (2014)

Riemer, W.: Neue Ideen zur Stochastik. Bibliographisches Institut, Mannheim (1985)

Riemer, W.: Riemer-Würfel. Ernst-Klett-Verlag, Stuttgart (1988)

Riemer, W.: Das Arcsin-Gesetz der Wahrscheinlichkeitsrechnung. Der Mathematikunterricht **35**(4), 64–75 (1989)

Riemer, W.: Stochastische Probleme aus elementarer Sicht. BI-Wissenschaftsverlag, Mannheim [u. a.] (1991)

Riemer, W.: Das „Eins durch Wurzel aus n"-Gesetz – Einführung in statisches Denken auf der Sekundarstufe I. Stochastik in der Schule **11**(3), 24–36 (1991)

Riemer, W.: Warum sich Ereignisse oft häufen. mathematik lehren **153**, 56–60 (2009). http:// riemer-koeln.de//mathematik/publikationen/ml-schwimmbad/ml-153-exponentialverteilung-schwimmbad.xls. Zugegriffen: 04.01.2015

Sachs, L.: Einführung in die Stochastik und das stochastische Denken, 1. Aufl. Harri Deutsch Verlag, Frankfurt am Main (2006)

Schäfer, T.: Statistik I. Deskriptive und Explorative Datenanalyse, 1. Aufl. VS Verlag für Sozialwissenschaften, Wiesbaden (2010)

Schmidt, G.: Schwächen im gegenwärtigen Stochastikunterricht und Ansätze zu ihrer Behebung. Der Mathematikunterricht **32**(6), 20–28 (1990)

Schreiber, A.: Universelle Ideen im mathematischen Denken. mathematica didactica **2**, 165–171 (1979)

Schukajlow, S.: Mathematisches Modellieren. Schwierigkeiten und Strategien von Lernenden als Bausteine einer lernprozessorientierten Didaktik der neuen Aufgabenkultur. Waxmann, Münster [u. a.] (2011)

Schupp, H.: Stochastik in der Sekundarstufe I. In: Volk, D. (Hrsg.) Kritische Stichwörter zum Mathematikunterricht, S. 297–309. Fink, München (1979)

Schupp, H.: Zum Verhältnis statistischer und wahrscheinlichkeitstheoretischer Komponenten im Stochastik-Unterricht der Sekundarstufe I. Journal für Mathematik-Didaktik 3(3/4), 207–226 (1982)

Schupp, H.: Sinnvoller Stochastikunterricht in der Sekundarstufe I. mathematica didactica 7(4), 233–243 (1984)

Schupp, H.: Anwendungsorientierter Mathematikunterricht in der Sekundarstufe I zwischen Tradition und neuen Impulsen. Der Mathematikunterricht 34(6), 5–16 (1988)

Schupp, H.: Allgemeinbildender Stochastikunterricht. Stochastik in der Schule 24(3), 4–13 (2004)

Schupp, P., Schweizer, U., Wagenknecht, N.: Zugänge zur Wahrscheinlichkeitsrechnung. Stochastik MS 2. Deutsches Institut für Fernstudien, Tübingen (1979)

Schweiger, F.: Fundamentale Ideen. Eine geisteswissenschaftliche Studie zur Mathematikdidaktik. Journal für Mathematik-Didaktik 13(2/2), 199–214 (1992)

Shaugnessy, J.M.: Research in Statistics Learning and Reasoning. In: Lester, F.K. (Hrsg.) Second handbook of research on mathematics teaching and learning. A project of the National Council of Teachers of Mathematics, S. 957–1009. Information Age Publishing, Charlotte, NC (2007)

Sikora, C.: Entwicklung einer methodischen Konzeption für die Einführung von Elementen der Stochastik in den Mathematikunterricht der Klassen 5 und 6. Dissertation. Universität Rostock (1991)

Sill, H.-D.: Grundbegriffe stochastischer Allgemeinbildung. In: Beiträge zum Mathematikunterricht, S. 449–452. Franzbecker, Bad Salzdetfurth (1991)

Sill, H.-D.: Zum Verhältnis von stochastischen und statistischen Betrachtungen. In: Beiträge zum Mathematikunterricht, S. 443–446. Franzbecker, Hildesheim (1992)

Sill, H.-D.: Zum Zufallsbegriff in der stochastischen Allgemeinbildung. Zentralblatt für Didaktik der Mathematik 25(2), 84–88 (1993)

Sill, H.-D.: PISA und die Bildungsstandards. In: Jahnke, T. (Hrsg.) PISA & Co. Kritik eines Programms, 2. erw. Aufl., S. 391–431. Franzbecker, Hildesheim, Berlin (2007)

Sill, H.-D.: Zur Modellierung zufälliger Erscheinungen. Stochastik in der Schule 30(3), 2–13 (2010)

Sill, H.-D.: Grundbegriffe der Beschreibenden Statistik. Stochastik in der Schule 34(2), 2–9 (2014)

Sill, H.-D., Sikora, C.: Leistungserhebungen im Mathematikunterricht. Theoretische und empirische Studien, 1. Aufl. Franzbecker, Hildesheim (2007)

Spandaw, J., et al.: Was bedeutet der Begriff „Wahrscheinlichkeit"? In: Rathgeb, M. (Hrsg.) Mathematik im Prozess. Philosophische, Historische und Didaktische Perspektiven, S. 41–55. Springer Fachmedien, Wiesbaden (2013)

Spiegel, H.: Der Mittelwertabakus. mathematik lehren 8, 16–18 (1985)

Stadler, H.: Paradoxien der Wahrscheinlichkeitsrechnung und Statistik, Teil 1. Didaktik der Mathematik 14(2), 134–152 (1986)

Stadler, H.: Paradoxien der Wahrscheinlichkeitsrechnung und Statistik, Teil 2. Didaktik der Mathematik 14(3), 167–182 (1986)

Steinbring, H.: Zur Entwicklung des Wahrscheinlichkeitsbegriffs. Das Anwendungsproblem in der Wahrscheinlichkeitstheorie aus didaktischer Sicht. Institut für Didaktik der Mathematik der Universität Bielefeld, Bielefeld (1980)

Steinbring, H.: Mathematische Begriffe in didaktischen Situationen: Das Beispiel Wahrscheinlichkeit. Journal für Mathematik-Didaktik 6(2), 85–118 (1985)

Stillman, G., Galbraith, P.: Mathematical Modelling: Some Issues and Reflections. In: Blum, W., Borromeo Ferri, R., Maaß, K. (Hrsg.) Mathematikunterricht im Kontext von Realität, Kultur und Lehrerprofessionalität. Festschrift für Gabriele Kaiser, S. 97–105. Springer Spektrum, Berlin (2012)

Strauss, S., Bichler, E.: The Development of Children's Concepts of the Arithmetic Average. Journal for Research in Mathematics Education **19**(1), 64–80 (1988)

Strick, H.K.: Vierfeldertafeln im Stochastikunterricht der Sekundarstufen I und II. Praxis der Mathematik **41**(2), 49–58 (1999)

Strick, H.K.: Bei Zufallsversuchen wiederholen sich die Ergebnisse eher als man vermutet. Praxis der Mathematik **47**(4), 23–29 (2005)

Trauerstein, H.: Zur Simulation mit Zufallsziffern im Mathematikunterricht der Sekundarstufe I. Stochastik in der Schule **10**(2), 2–30 (1990)

Tukey, J.W.: Exploratory data analysis. Addison Wesley Publishing Company, Reading, Mass (1977)

Ullmann, P.: Daten, Zufall und Empowerment. Stochastik in der Schule **32**(1), 7–14 (2012)

Ullmann, P.: Diagramme, die uns etwas angehen. Der Mathematikunterricht **58**(4), 53–59 (2012)

Varga, T.: Logic and probability in the lower grades. Educational Studies in Mathematics **4**(3), 346–357 (1972)

Vernay, R.: Gerade oder ungerade. Mathematik 5 bis 10 **2**, 10–11 (2008)

Vernay, R.: Hier stimmt etwas nicht. Fehlern in Grafiken auf der Spur. Mathematik 5 bis 10 **14**, 36–39 (2011)

Vogel, M.: Der atmosphärische CO_2-Gehalt – Datenstrukturen mit Funktionen beschreiben. mathematik lehren **148**, 50–55 (2008)

Warmuth, E., Warmuth, W.: Elementare Wahrscheinlichkeitsrechnung. Vom Umgang mit dem Zufall. Teubner, Stuttgart (1998)

Wassner, C.: Förderung Bayesianischen Denkens. Kognitionspsychologische Grundlagen und didaktische Analysen. Dissertation. Franzbecker, Hildesheim (2004)

Wassner, C., Biehler, R., Martignon, L.: Das Konzept der natürlichen Häufigkeiten im Stochastikunterricht. Der Mathematikunterricht **53**(3), 33–44 (2007)

Watkins, A.E., Scheaffer, R.L., Cobb, G.W.: Statistics in Action. Understanding a world of data. Key Curriculum Press, Emeryville/Ca. (2008)

Watson, J.M., Callingham, R.: Statistical Literacy: A complex hierarchical construct. Statistics education research journal **2**, 3–46 (2003)

Weinert, F.E.: Vergleichende Leistungsmessungen in Schulen – eine umstrittene Selbstverständlichkeit. In: Weinert, F.E. (Hrsg.) Leistungsmessungen in Schulen, S. 17–31. Beltz, Weinheim [u. a.] (2001)

Wenau, G.: Zur Behandlung ausgewählter Aspekte des Zufalls- und Wahrscheinlichkeitsbegriffs in der Grundschule. Dissertation. Pädagogische Hochschule, Güstrow (1991)

Wickmann, D.: Bayes-Statistik. Einsicht gewinnen und entscheiden bei Unsicherheit. BI-Wissenschaftsverlag, Mannheim (1990)

Wickmann, D.: Zur Begriffsbildung im Stochastikunterricht. Journal für Mathematik-Didaktik **19**(1), 46–80 (1998)

Wild, C.J., Pfannkuch, M.: Statistical Thinking in Empirical Enquiry. International Statistical Review **67**(3), 223–248 (1999)

Winter, H.: Erfahrungen zur Stochastik in der Grundschule (Klasse 1–6). Didaktik der Mathematik **1**, 22–37 (1976)

Winter, H.: Zur beschreibenden Statistik in der Sekundarstufe I (10- bis 16-jährige Schüler der allgemeinbildenden Schulen). Rechtfertigungsgründe und Möglichkeiten zur Integration der Stochastik in den Mathematikunterricht. In: Dörfler, W., Fischer, R. (Hrsg.) Stochastik im Schulunterricht. 3. Internationales Symposium für Didaktik der Mathematik vom 29.9. bis 3.10.1980, S. 279–304. Hölder-Pichler-Tempsky, Wien (1981)

Winter, H.: Zur intuitiven Aufklärung probabilistischer Paradoxien. Journal für Mathematik-Didaktik **13**(1), 23–53 (1992)

Wollring, B.: Ein Beispiel zur Konzeption von Simulationen bei der Einführung des Wahrscheinlichkeitsbegriffs. Stochastik in der Schule **12**(3), 2–25 (1992)

Wollring, B.: Animistische Vorstellungen von Vor- und Grundschulkindern in stochastischen Situationen. Journal für Mathematik-Didaktik **15**(1/2), 3–34 (1994)

Wolpers, H.: Didaktik der Stochastik, 1. Aufl. Mathematikunterricht in der Sekundarstufe II, Bd. 3. Vieweg, Braunschweig (2002). Unter Mitarbeit von Stefan Götz

Verzeichnis der verwendeten Schullehrbücher

Griesel, H., Postel, H., Suhr, F. (Hrsg.): Mathematik heute. Schroedel Schulbuchverlag, Braunschweig (2001). Ausgabe Hessen, Gymnasium, Klasse 6

Griesel, H., Postel, H., Suhr, F. (Hrsg.): Elemente der Mathematik. Schroedel Schulbuchverlag, Braunschweig (2006). Ausgabe Hessen, Gymnasium, Klasse 6

Kliemann, S. (Hrsg.): Mathe live, Mathematik für Sekundarstufe 1, Ausgabe Nordrhein-Westfalen. Ernst Klett Verlag GmbH, Stuttgart (2006)

Lenze, M. (Hrsg.): Sekundo, Mathematik für differenzierende Schulformen. Schroedel Schulbuchverlag, Braunschweig (2009)

Lergenmüller, A., Schmidt, G. (Hrsg.): Mathematik Neue Wege, Bildungshaus Schulbuchverlage, Klasse 7 (2006), Klasse 9 (2007)

Lergenmüller, A., Schmidt, G., Krüger, K. (Hrsg.): Mathematik Neue Wege Stochastik. Bildungshaus Schulbuchverlage (2012). Oberstufe

Liebau, B., Scheele, U., Wilke, W. (Hrsg.): Mathematik: Westermann. Westermann Schulbuchverlag, Braunschweig, Ausgabe Mecklenburg-Vorpommern, Regionale Schule, Klasse 6 (2007), Klasse 7 (2004)

Schulz, W., Stoye, W. (Hrsg.): Mathematik. Volk und Wissen Verlag, Berlin (2006). Orientierungsstufe; Mecklenburg-Vorpommern, Klasse 6

Sill, H.-D. (Hrsg.): Mathematik: Duden. DUDEN PAETEC Schulbuchverlag, Berlin, Ausgabe Mecklenburg-Vorpommern, Regionale Schule, Gymnasium, Klasse 6 (2003), Klasse 8 (2005), Klasse 9 (2006), Klasse 10 (2008)

Sachverzeichnis